U0070341

山
味噌

味噌之書

THE BOOK OF MISO

作者 ◎ 威廉・夏利夫/William Shurtleff
青柳昭子/Akiko Aoyagi
翻譯 ◎ 呂奕欣

作者 Akiko 的來信

Dear Claudia

我想要表達我誠摯的感謝，因為你和你的公司對我們的作品做了非常棒的編排。比爾(在英文中，威廉的小名即比爾)和我終於看到中文版，它們讓我們感動不已，非常謝謝你們的努力。我的台灣藝術家朋友帶來我們寫的《豆腐之書》和《味噌之書》中文版，她已經看完了《豆腐之書》，並且告訴我它們真的很了不起。

身為這兩本書的作者兼插畫家，我還想要告訴你們，你們的美術設計人員完成了極為優異的工作，讓這兩本書更為現代、清新與溫馨，並且也更貼近你們的文化。我在書中看到許多極具創意的處理方式，我很喜歡雙色的印刷，以及那些上了顏色的插圖。我也非常喜歡看到我的插畫經過翻轉處理，配上彩色的背景，還有那些淡棕色的陰影、彩色的章節標題和食譜名稱，以及其他許多許多的細節。

我在22歲到25歲間畫了那些插圖，現在我已56歲，表示這些插畫都已經超過30歲了（此封來函是2010年）。當年，我以全心全意但稍嫌不足的技巧，非常努力地完成那些插畫。因此，現在當我回頭凝望，我在這兩本書中看到了非常年輕的自己。我希望現在的我比當年更成熟了一些:-)因為那些作品現在看來真是粗陋。

我希望我們的拙作能為台灣的讀者帶來些許閱讀樂趣和資訊，並且讓你們為自己的老祖先感到無比驕傲，因為他們創造了那麼了不起的食物。

獻上我誠摯的感謝

青柳昭子

序　我們的味噌記事

在加州塔薩加拉禪山中心（Tassajara Zen Mountain Center）擔任廚師時，我第一次看到味噌，並在那兒首次參與味噌製作，除了每年製作一整桶 190 公升的味噌，也學到各種把味噌當作調味料的用法。但是，直到前往日本生活，並和昭子一起撰寫《豆腐之書》時，我們才真正瞭解到味噌世界裡蘊涵豐富的寶藏與種類，也才明白這道美味的黃豆食品，能為世界帶來巨大的價值。這個學習經驗本身就是一趟探險，而購買食譜所需的各式味噌，更是樂趣無窮。

全日本有好幾千家專賣味噌與味噌醃菜的小店鋪，裡面通常可試吃四、五十種味噌。每一種味噌都裝在 19 公升的杉木桶裡，桶子用竹子編成的粗繩捆著，上面用粗體字寫著味噌的名稱、價格與產地，色調帶有秋楓的喜氣，而整家店鋪也像佛羅倫斯起司店或法國鄉間酒窖，洋溢著溫暖與質樸之美。

識味噌

我們開心地學習各種日本傳統味噌的名字及其優秀的製造者，也慢慢發展出辨別品質與特色的能力；我們將味噌用於日常調味，並發現許多西式料理因而更形美味。味噌彷彿具有無窮盡的彈性，其深厚濃郁的滋味，讓我們的無肉飲食變化多端而萬分精采：在高級餐廳，我們享用許多以味噌為特色的佳餚，並發現它向來是日本兩大高級料理——禪風料理與茶道料理的要角。我很快瞭解，對許多日本人來說，家常菜的風味與香氣所帶來的滿足感，全都濃縮在味噌裡面：只要說到媽媽或是祖母作的味噌湯，就能喚起內心溫暖的感覺。

隨著興趣增長，我們開始拜訪二千四百名以上製作日本味噌的師傅，向他們學習，甚至相結為友。他們通常在家裡附近的店鋪裡工作，秉持著傳統工藝匠師的精神，把日常工作轉化為藝術與靈性的淬練。店鋪裡有漂亮的手工工具、巨大拱椽的挑高屋頂、比人還高的巨型杉木桶（常常超過一百五十年的歷史）。清晨，大鐵釜與大杉木籠蒸煮著半噸的黃豆與米，蒸氣有如波濤般湧出，新完成的麴從花崗岩砌成的培養室端出時，米或麥上面覆蓋著棉花般的芳香白黴菌菌絲體，香氣瀰漫著整家店鋪；豐富細緻的甜味，可以媲美剛烤好的栗子或咖啡豆。

習味噌

後來，我終於有機會成為辻田先生非正式的學徒，他是我家附近的模範味噌師傅。

辻田先生相當秉持傳統且內心純粹，他所做出來的味噌是我們嚐過最好吃的、也是唯一的糙米味噌。跟著辻田師傅學習、看著他工作，我開始欣賞神秘的發酵過程中，複雜的化學、微生物學及其與自然四時的偉大節奏，是何等和諧地配合著。辻田先生強調他的技藝無法以文字言語表達，因為這項技藝與當地的氣候、種植黃豆、米與大麥的土壤，以及瀰漫在店舖裡的空氣、木材與石牆中，代代相傳的微生物種類都有關係，而蘊藏在每個師傅筋骨、感受與直覺之中的部份，也同等重要。這是一種源自於某地方及沉浸於其中的人的默契，就好像走在霧中，不知不覺就全身濕淋淋了。

然而，辻田先生仍想幫助昭子與我瞭解他的技藝，也想把其中的要領傳達給西方人。因此，他鼓勵並幫助我們自己動手做味噌。在他的指導下，我們開始製做許多小小批的味噌，而超過一年的等待時間裡，我們忍受著不知成果如何的忐忑。當我們似乎對成果顯得滿意時，辻田先生也不忘以日本諺語來揶揄我們：每個人都覺得自家的味噌最棒！

尋味噌

我們花了四年的時間，遍訪日本各地的味噌店舖，並學習幾種主要傳統味噌的做法。許多店舖原本都不願透露傳統秘方，但在看到我們是誠心對他們的工作有興趣，都感得很開心，且都不吝費時費力，展示出所有我們想看的東西、回答所有問題，有些之後還繼續與我們通信，進行詳細解說。

1973 年初春，我們第一次接觸到農家味噌，這是源自於數百年前、寺廟僧侶與及農舍農人的傳統，現在仍佔了日本味噌產量的 17%。在「榕樹隱居」這個位於諏訪之瀨島的農務及禪學社區，我們則學到了古時如何「捕捉」漂浮在空氣中的野生黴菌孢子，從而做出麥味噌。我們在一個晴朗的四月天受

邀加入他們的工作，用大大的木臼與木杵搗麴和熟黃豆；在一片純樸熱情的歡樂氣氛裡，大家跟著拍手、踏步與歌聲的節奏來搥搗，女人家則把搗好的材料裝進大瓦缸，進行密封儀式。發酵完成之後，我們又被請回去參加盛大的開啟儀式，並被提醒不要遲到；就算自製麥味噌有 190 公升那麼多，但是在一大群熱切渴望又辛勤工作的男男女女簇擁之下，可是會很快分完的！

等到著作初具雛形，我們又前往台灣與韓國，拜訪當地的味噌製作者，看他們工作的情形，並在蜿蜒的戶外市場，學習新的中式與韓式味噌，也在餐廳嚐到各省如何善用味噌，做出一道道的珍饈。

1974 年秋天，我們進入日本東北方的深山，造訪「長壽」村，當地有許多超過九十歲的人瑞，許多家庭仍依循古法自己製做味噌。一到村子，就有人家招待我們一餐輕食，其中以鄉村田樂為特色：首先用竹籤串好自製豆腐，兩面塗上自製味噌，並在客廳的暖爐上以炭火燒烤。味噌與豆腐全都用鄉村農地所栽種的黃豆製成，其滋味深深地打動了我們；光是田樂烤得滋滋響的聲音，就讓我們 970 公里的漫長旅途值回票價。當我們開始研究味噌製作過程之時，著實無法忽略村民精力充沛又健康的樣貌，這讓我們發現，接近自然的簡樸生活能造就每個人成為實用技藝大師，且更進一步瞭解，味噌能為自給自足的生活做出何種貢獻。

煮味噌

昭子在日常料理應用味噌的同時，我則花許多時間研讀西方與日本文獻，研究味噌的發酵過程、參觀日本最現代的研究機構與工廠，並發現過去數十年，味噌製造業進行了一場革命，他們採用大規模自動化設備，並以加熱的空間來快速發酵，輔以快速的塑膠包裝，因而大量生產的味噌能夠以低廉的價格在全國，甚至全球販售。而傳統各縣味噌的特色漸漸消失，新式味噌工廠已經威脅許多小店舖的生存，使得高品質的天然產品岌岌可危。

我們不斷嘗試各種味噌料理，最後終於完成 600 道菜單，從中取出我們的最愛，收錄於本書之中。我們每天早晚冥想，其他時候則進行著作與研究，也忙著插圖與烹飪。

雖然我們樂在工作，但是，眼前確有著難以忍受的現實：這世界雖充滿食物，分給每個人都還綽綽有餘，但卻有好幾百萬的人正面對著無止境的飢餓、蛋白質嚴重缺乏，甚至餓死。還好，運用味噌能直接利用黃豆與穀類蛋白質，從而善用地球上珍貴的食物存糧，避免這些蛋白質拿去餵養牲口，造成嚴重浪費。謝天謝地，味噌有如此細緻的風味，還有極高營養的價值，加上禁得起時間的考驗，一定可以幫助這個世界，成為所有人類的安居之所。

新味噌

1976 年《味噌之書》問世，非常有助於之後在美國介紹味噌的工作。那個月我們買了一輛大大的道奇（Dodge）箱型車，在一側漆上「豆腐味噌遊美國」，接著在全美展開 24000 公里的漫長旅途。我們受邀開設 70 門公開課程，每次都討論味噌，出示繽紛的幻燈片，並讓大家嚐嚐看——通常是在蘋果片上塗花生味噌。

我們接到許多人的來信，他們對以社區或商業規模來製作味噌相當有興趣，於是

1977 年，黃豆中心推出了《味噌之書第二部：味噌製作》。味噌由於種種新的因素而日漸受到歡迎，如長壽飲食、天然食品、素食運動的成長茁壯，媒體也開始持續關注，許多新的烹飪書籍與文章都納入味噌食譜。1978 年北美黃豆食品協會（Soyfoods Association of North America）成立；之後，新一代的味噌公司更是相繼在北美現身。

1970 年代晚期，民眾越發關注過度用鹽的問題，因而也偏好使用低鹽味噌。在這個過程中，許多人開始瞭解到味噌平均僅有 12%的鹽分（一般調味鹽則是 99%），加上許多天然的提味要素，因此食用味噌能減少鹽分攝取量，同時不必犧牲美味。

1980 年，本出書版了很棒的德文版；1981 年三月，本書初版大受歡迎，因此巴倫汀（Ballantine）出版了更新的平裝本，1982 年底，兩個版本共銷售超過 70000 本，幫味噌「傳福音」。

由於種種變遷，加上我們完成了味噌史的調查（原來西方早在 1597 年就已經提過味噌），以及味噌營養價值、生化學、產量、烹調等種種研究，因此《味噌之書》再版了！很高興能看到味噌能在世界找到重要的一席之地，幫助提升營養，為新烹飪方式帶來嶄新的面貌：更天然、健康、清爽、傳統、多元！

Contents

Contents

2 味噌古味

Contents

3 味噌嚐鮮

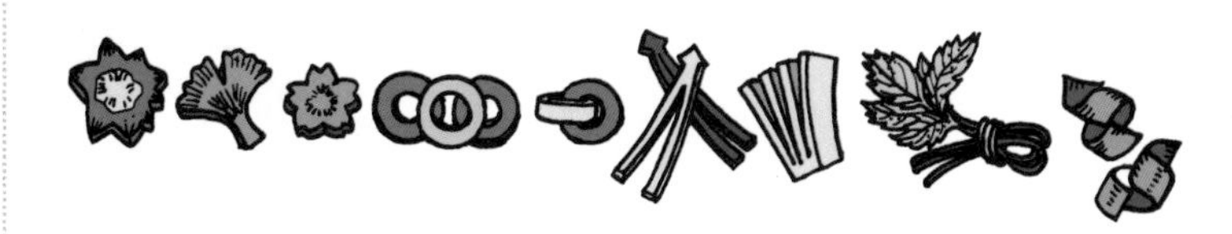

味噌身世

The History of Miso

CHAPTER 1

新蛋白質主義

過去數十年來，全球的人口與食物危機，突然成為人類必須面對的嚴重課題，這個史上最嚴重的飢荒，情況顯然每況愈下中。根據專家估計，飢荒與營養不良所引發的疾病，已造成每年五百萬到兩千萬人喪生，平均每天一萬五千到六萬人，其中半數為五歲以下的孩童。根據聯合國糧食與農業組織（FAO）的調查，全球最貧窮的六十個國家中，有四到五億的孩童正遭受慢性營養不良的侵襲，導致他們的身心發育永久遲緩，而全球現存數十億人口中，每年有超過四分之一的人們正面對著躲不掉的飢餓。我們正處在一個歷史的轉折點，人口膨脹、資源與能源消耗以及污染這三種危險指數，皆以驚人的速度直線成長；這些冰冷的統計資料意味著人類將承受巨大的苦難，且這苦難很快就會成為全球窮人都得面對的現實。

在開發程度最低的國家中，每二十到二十五年人口數就會呈倍數增加，然而好的土地多已密集耕種，食物供給量已經無法跟上急速膨脹的需求量。更糟糕的是，由於國家之間的貧富差距日趨擴大，加上富有國家使用玉米、黃豆、小麥與燕麥來飼養牲口的情形越顯普遍，使得貧窮與飢荒的人們無從獲取糧食。曾經，飢荒只是地方性的短期問題，但現在，其威力卻足以吞噬整個國家，導致社會與政治的動盪。有好幾百萬人已經發現自己竟然陷入了貧困，而貧窮、不識字、營養不良等問題將快速地一代代傳下去，情形會越演越烈，這種惡性循環不斷地降低個人的生活品質，而且會很快地就讓全世界各地的人們陷入嚴重的困境。

糧食短缺

富裕的西方人很幸運，幾乎已經忘卻永遠處在飢餓的感受，彷彿那只是遙遠國家的新聞事件。我們多數人都未曾親眼目睹一個人餓死，但是躲過這種恐怖而難忘的經驗究竟是幸與不幸，卻不得而知。長久下來，許多人對於世上的苦難都已變得麻木不仁，他們覺得無力改善，因而不知不覺放棄努力，但是這種態度只會使情況雪上加霜。有些人認為，救生艇上的空間不足以挽救那些溺水的人，但他們卻不知道，現在地球所生產的食物是可以餵飽所有人的。有些人覺得現在努力已經太遲，已經無法做出任何改變，但他們卻忽略自己的飲食模式可能就是全球食物短缺的原因，要改變其實只是舉手之勞。還有些人悲觀地說，任何形式的幫助只會導致人口如滾雪球般地成長，最後問題只會愈發嚴重，所有的努力不過是延緩世界末日的降臨時間；然而這些人完全不知道，最早以前降低出生率的方式，就是確保食物供給充足無虞和改善生活水準。

只要拋棄錯誤或未經檢驗的迷思與假設，就不會感到無望與無助，而且還能進一步實際地付諸改革。若不理會當前的食物與人口危機，它們絕不會自行解決或消失，反而只會更嚴重，畢竟所有人類都是在這小小的地球上互依互存，沒人能倖免於苦難。我們是否要享有少數有錢人的特權，過優渥的生活，並大量消耗全體人類共有的寶貴食物與能源資源，最後變成飢餓之海上的一座孤島，讓受壓榨的人們絕望地強迫我們停止？我們是否該關心這些問題並著手改變？這攸關生死的議題，在二十世紀就得有個確定的答案。

研究食物危機的專家強調，食物供應鏈中，最缺乏的主要營養成分是蛋白質，全球的飢荒其實是蛋白質飢荒，缺乏的不是熱量，而是珍貴的蛋白質，其中尤以孩童最為嚴重。因此，糧食危機的精確說法應是蛋白質危機，若能填補蛋白質的不足，就解決了糧食問題最嚴重的部份。雖不容易，但專家們幾乎都同意，未來蛋白質的最佳來源絕對是黃豆！因為每一畝土地中，黃豆所生產的可利用蛋白質比其他作物都來得高，其平均值比位居第二的稻米高出33%（理想狀況下更達360%），更比飼養牛或種植牧草要高出二十倍！這點在農田日漸缺乏的現在更顯重要。

兩千年來，黃豆一直是東亞飲食中的主要蛋白質來源，其食用方式包括豆腐、味噌、醬油、豆漿、天貝（發酵黃豆餅）以及毛豆等，是超過十億人口飲食中的重要角色。黃豆含有34%到36%的優質蛋白質，比其他動植物食品都來得高，此外，它還含有人體不可或缺的八種必需胺基酸，因此東方人譽之為「田中之肉」。若從人體的角度來看，半杯的乾黃豆（或一杯熟黃豆）所含的有用蛋白質，與140公克的牛排完全一樣，然而黃豆食品價格便宜、熱量低，又不含膽固醇與飽和脂肪酸，幾乎所有動物製品都無法媲美。

美國是世界最大的黃豆生產國，佔全球總輸出的67%，這個統計數字應該會讓所有美國人大吃一驚吧！1975年，美國有六十萬名的黃豆農，黃豆種植面積高達5400 萬畝，收穫總值達七十五億美元，它是美國最大最重要的農作物之一，總收益僅次於玉米，甚至超過小麥，總種植面積也名列第三。美國所出產的黃豆有一半外銷到國外，是全球最大的黃豆供應商，幾乎佔了總交易量的七成。這些黃豆是美國最大量的輸出農產品，1975年時，它為美國賺進了高達五十億美元的收益。

蛋白質的浪費用法

這些賺錢的黃豆與其中1800 萬噸的蛋白質都到哪裡去了呢？美國的黃豆收成

後除了外銷，其餘部份幾乎都被送到大型工廠，用乙烷溶劑萃取成完全不含蛋白質的沙拉油，而富含蛋白質的可食用殘渣，則有95%直接用來餵養牲口。至於外銷到俄國、歐洲、波蘭、伊朗及其他國家的黃豆，也多是拿來飼養牲口，只有東亞地區的人們把大量黃豆變成了富含蛋白質的食品。如果把美國所生產的黃豆蛋白質全都拿來讓人們直接食用，將能滿足地球上每人每年所需蛋白質的25%。

會造成這種嚴重的蛋白質浪費，「牲畜飼育場」難辭其咎。牲畜飼育場是在二次大戰之後開始出現，為的是把當時生產過剩的穀類與黃豆，轉變成「有利潤」的肉品。雖然現在是個飢荒年代，食物存量低得危險，但是美國竟然有超過半數農地所種植的作物，仍拿來餵養牲口！除了黃豆之外，有78%可作為人類糧食的穀類收成後也都成了牲口的飼料，其中包括90%的玉米、燕麥、大麥以及24%的小麥。

就這樣，每個美國人一年平均要消耗約900公斤的穀類與黃豆，但其中只有10%是直接食用，剩下的90%則是拿去當作飼料，餵養家畜家禽以獲取牠們的肉、乳製品與蛋。反觀開發中國家，每人每年平均僅消耗180公斤的穀類與黃豆，他們幾乎不吃肉，而是直接食用這些作物。這些數字表示，每個美國新生兒對糧食儲存（還不包括水、肥料、能源以及土地等資源）所帶來的衝擊，將是亞洲、非洲或是拉丁美洲新生兒的五倍。

更糟糕的是，當其他國家開始富裕之後，也都很快地步上美國模式。資源地理學者波格史東（Georg Borgstrom）估計，已開發國家人口只佔全球的28%，卻消耗全球三分之二的穀類與四分之三的漁獲量。事實上，富有國家用來餵養動物的穀類數量，幾乎和貧窮人口直接食用的一樣多。美國人口佔全球的6%，卻消耗了30%的肉品與50%的乳品。1950年，美國每人的牛肉消耗量為23公斤，到了1975年更高達56公斤，而牛肉、豬肉及家禽的總攝取量，平均為每日300公克，一年高達115公斤。不僅如此，我們還消耗了兩百五十億美元主要由穀類釀製而成的酒類，平均每個人一年要花費一百二十美元。所以，雖然人口成長導致糧食需求增加，但因富裕而衍生的貪婪，才是使食物短缺情形惡化的元兇。

結果，富有國家的牲口和寵物，直接消耗了其他地方飢餓人口所需的食物。在國際穀物市場上，美國的畜牧業者因為有龐大的肉品需求市場作支撐後盾，因此開出的價錢總能比直接食用穀物的貧窮國家更漂亮，於是，無數的基本食物就這樣落入牛、豬、雞與火雞之口，而非最需要這些食物的人。光是在美國就有九千萬隻貓狗，每年要消耗高達十五億美元的寵物食品，其中的蛋白質足以供給四百萬人使用。墨農卡（Sohan Monocha）在他《營養與人口過剩的地球》（Nutrition and Our Overpopulated Planet）這本權威性的著作中結論道：「較貧窮國家的人口佔全球三分之二，但是他們食物中的營養成分，還不如已開發國家的動物飼料。」雖然最近

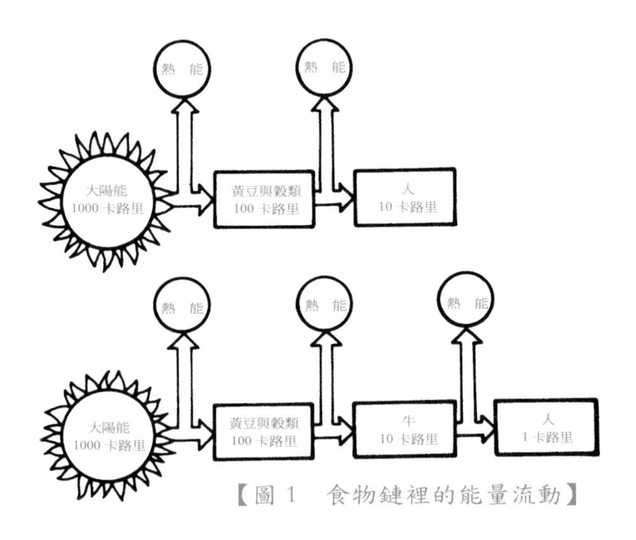

【圖 1　食物鏈裡的能量流動】

人們終於開始有所改變，例如將牛群放牧到不適合農耕的土地上，或者以人類不能吃的蔬菜殘餘部分（如玉米梗）來餵食牲口，但是這些牛群也只佔了 30%。我們實應竭盡所能，以法律、政治與個人方式盡快回歸到這種系統。至於非吃牛肉不可的人們，也應該堅持食用以青草飼養的牛肉。

食物能源

食物也是一種能源！因此，就某種層面而言，最基本的能源危機就是如何讓所有的人類都能得到充足的食物。所有的食物都源自於植物，它們承擔了「能量轉換」的重要工作，讓其他的生命型態得以存活。少了植物，我們依然會有陽光、水、空氣和土地，但不會有食物。能量在食物鏈間流動的每個過程裡，都會像熱力學的第二定律所顯示的，約有 80%到 90%會降級為無法利用的熱（圖 1），因此，如果人與植物之間的食物鏈越短，能量流失就越少，可獲得的食物熱量也就越大。世界上有許多人的食物鏈都很短，尤其是在人口密度高的地區，人們都不吃肉，而直接食用植物。現在全球約有70%的蛋白質來自植物，只有約 30%來自動物食品，但在富裕的國家，比例正好相反。而在開發中國家，光是穀類就提供了65%到70%的蛋白質攝取量和70%到80%的熱量，這種以穀類為主的傳統飲食所養活的人口，比以肉類為主的飲食要高出七倍。

把穀類和黃豆拿去飼養動物後再食用這些牲口的，是非常沒有效率的，不但不符合生態，也非常耗費能源，而地球實在無法承擔這樣的浪費。平均而言，要生產 500 公克的動物蛋白質，需要用掉 3 公斤的穀類或黃豆蛋白質，其中更以牲畜飼育場的肉牛轉換效率最差，需用掉足足7公斤。換句話說，飼養小牛所花費的蛋白質，有93%的都無法為人類使用，它們多在動物新陳代謝的過程中流失，要不就是構成無法食用的部位，其他牲口的「投資報酬率」如下表所示：

【表 1】　蛋白質的消耗與報酬

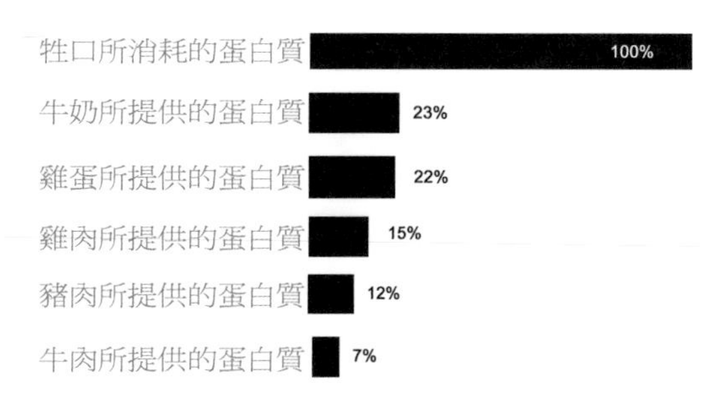

在論點犀利的暢銷書《一座小行星的新飲食方式》中，作者拉佩（Frances Moore Lappe）生動地描寫了這種情形：「只要到餐館點一塊225公克的牛排，然後想像這餐廳裡滿滿地坐了四、五十個人，但面前的碗都空空如也，因為你的牛排所消耗的『飼料』，原本足以提供每個人滿滿一碗穀食——這樣你就能更親切實際的了解這件事在日常生活裡所代表的意義。」

給飢餓星球的黃豆蛋白

研究全球糧食危機的專家都同意，身在富裕國家的我們能趕緊實踐的，就是降低動物食品的消耗量，尤其是肉品。如果每個人能少消耗 500 公克以穀類餵食的牛肉，就能省下 7 公斤的穀類和黃豆，供人類直接食用。美國只要少消耗 10%的肉品，每年就能省下 1200 萬噸的基本食物，足以供應低開發國家中六千萬人口每年所需要的穀類。

要改吃營養均衡的無肉飲食，又要攝取足夠的優質蛋白，其關鍵就在於搭配食用黃豆製品與現在拿來餵養牲口的穀類。穀類幾乎是每個傳統社會不可或缺的食物，所謂糧食之神基本上就是穀類之神，

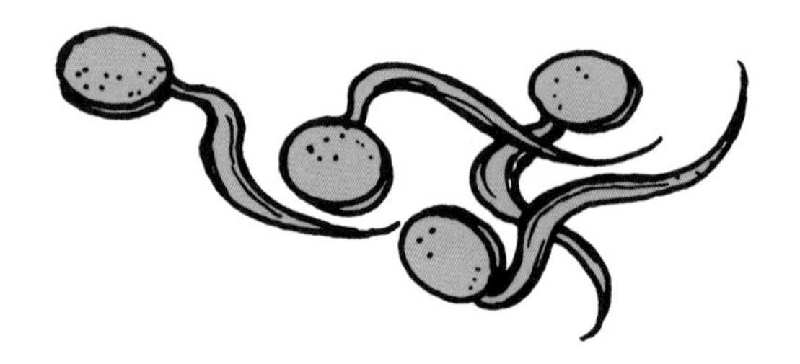

例如穀類（Cereal）這個字，就是從羅馬穀神西瑞斯（Ceres）衍生而來。大部份的東亞地區，長久以來都是以稻米為主食，歐洲則是小麥，美洲為玉米，非洲與亞洲部分地區為高粱，西藏是大麥，蘇格蘭是燕麥，中國北方與日本是小米，地中海沿岸國家是黑麥，俄國則是蕎麥。時至今日，全球有三分之二的人口以小麥和稻米為主食，其他重要穀類依序為玉米、高粱以及大麥。穀類和黃豆是最大眾化的食物，因為大自然提供了豐富的產量，讓每個人都能負擔得起這些食物，而味噌等黃豆製品更富含穀類所缺乏的胺基酸，若能以之搭配穀類成為日常主要飲食，就能達到和大部分肉品無異的蛋白質攝取量，而且獲得的可利用蛋白質還多了40%。基於這些理由，在蛋白質匱乏的發展中國家的人們更應學習如何利用黃豆。

少吃肉、多吃植物性蛋白質的好處多多，對飲食預算、健康、體重、良知與生態環境都有絕佳的益處。或許正因為如此，據估計，美國現在已有一千萬人改吃不含肉的飲食，而且人數還在快速增加中。由於植物沒有膽固醇，而飽和脂肪與有害的環境污染物（如 DDT 等）也微乎其微，因此你較不會攝取到不好的物質，同時還能大大降低罹患心臟病與癌症的風險。雖然世界上有許多地方正遭受營養不良與飢荒之苦，但在美國卻有67%的人想減肥，近來的公共衛生調查更顯示，有25%到45%的美國成年人體重都超過標準20%以上（也就是肥胖）；但另一方面，素食者卻比全國平均體重輕了9公斤。當你放棄肉食，動物們會感謝你不吃牠們，全世界的飢餓人口也會因為你沒有過份掠取糧食資源而感激不盡。

不同於美國黃豆農把作物拿去製油或當飼料，東亞的農人多把自家種的黃豆當作日常飲食中主要的蛋白質來源。不過，最近田納西州一個名叫「農場」的新世紀社區已踏出歷史性的一步！他們自己種植黃豆，並將之納入八百五十名素食成員的主食。「農場」的200畝田地能生產約65噸的黃豆，多數在農場製成豆漿，或是在保溫箱裡做成天貝，其餘的則分送給飢荒地區的人們，希望除了幫助他們外，還能教育他們黃豆的多種妙用。由於「農場」不斷努力告訴美國人黃豆的好處，因此全國都有小社群開始種植黃豆供自家使用。

南美洲近來也開始大規模種植黃豆。1974 年，巴西藉著日本大量的財力與技術支援，黃豆產量首度超越中國，躋身成為全球第二大的黃豆生產國，而阿根廷也跟隨其後。墨西哥的黃豆進口量則從1971年的7050萬公升，躍升到1975年的10億5700 萬公升。黃豆在中南美洲一向被用來當作飼料或外銷，不過在 1975 年，拉丁美洲各國代表已在墨西哥與來自世界各地的專家會晤，討論該如何直接運用黃豆蛋白質來幫助當地居民。這個開啟先河的歷史性會議，對所有開發中國家的人們來說，無疑具有重要的意涵。

黃豆與農業

基本上，要增加糧食生產只有兩個方法，第一是擴大農地面積，第二就是提高每畝的產量。過去四分之一個世紀以來，我們幾乎都是著重於第二種方式，例如運用基因工程混合種子、使用石化燃料來驅動機具、引水灌溉、化肥、殺蟲劑與除草劑等，其結果是：從 1950 年開始，美國的農穫量增加了 60%。然而已開發國家現在知道，密集使用農藥並無好處，這表示糧食問題的本質已經開始改變，正如農業經濟學家布朗（Lester R. Brown）所說：「傳統解決糧食問題的方式需要立即改變——現在應該集中力量，減緩世界的食物需求。」水、肥料、能源與土地等用以生產糧食的主要資源，如今都已面臨匱乏，但全球人口與牲口的數量卻不斷增加，想當然食物價格勢必持續上揚。

如今，已開發國家農民的問題已不再是「我們能生產多少食物」，而是「這樣做對環境有什麼影響」。長久以來，許多大企業都把工業原則運用到農業上，他們不理會土地的健康，且自認為已經可以不再依賴大自然，這些農畜企業的技術人員只把土地看做是混合了氮、磷與鉀的東西，而不是充滿微生物、腐植質與有機物、具有生命力的脆弱物質；大型農牧企業的主管，根本沒時間也沒興趣去瞭解土地的需求及其自然週期。然而，已有越來越多的農人感受到能源價格飆漲之苦（從 1971 年到 1980 年，光是氮肥的價格就提高了四倍），他們堅信不能對土地品質無動於衷，否則將自食惡果，因此，農民又對傳統的有機耕種產生了興趣。

現代的每一畝土地平均要用 68 公斤的化學肥料，但是在 1940 年之前卻幾乎不用。那時的農民實行輪耕，每三年就會種植某些豆類植物（比如黃豆），除了恢復土地的養分，同時還有助於控制單一栽種的昆蟲數量。豆類根部的根瘤菌能夠收集空氣中的氮，並貯存於泥土之中，這些氮（蛋白質的主要成分）就是免費的天然肥料，可以滋養植物與未來的作物。若是施加化肥（無水氨或硝酸銨），那麼植物能利用的氮將只有 50%，其餘的則會經過滲流而污染當地水域；但經由細菌來穩固貯存的氮卻可以完全為植物利用，不會造成污染。每一畝土地的黃豆可固存 45 公斤的氮，而等量的化學肥料卻需花費三十美元。美洲印地安人很清楚豆類可以保持土壤肥沃，他們在種植玉米時，通常都會交錯種植豆類。玉米非常喜歡氮，只要豆類一製造出氮，就會全被玉米吸收，因此豆類又會生產更多的氮。有些農人與園藝者現在利用黃豆以獲得三大好處：第一，黃豆是免費的肥料；第二，黃豆含有高蛋白；第三：這些植物腐植質所構成的有機物，可當作綠色肥料。更重要的是，使用天然肥料（糞肥與堆肥）的有機農人發現，除了不必花錢買化學肥料外，每畝土地可以生產高達 1062 公升以上的黃豆，加上黃豆抗病蟲害的能力很強，不必使用有毒殺蟲劑，也不必使用除草劑，因此根部的細菌能夠維持其生命與活力。

現在全世界興起一股風潮，不再使用現今工業國家的農作方式，以免耗費昂貴能源又破害環境。過去「綠色革命」時期所種植的稻米，每一畝的成本是傳統農作物的十倍，這對各處的貧農來說，可說是一大教訓。然而，從熱帶的巴西到多雪的北海道，黃豆都能茂盛生長，不論小菜園或大農場都適合種植，再加上黃豆具有滋

養土地與人類的能力，因此必然會在全球的新興農業裡扮演一個重要的角色。

傳統與現代的黃豆食品

由於黃豆沙拉油目前已面臨馬來西亞與非洲低價棕梠油的激烈競爭，而人們也越來越抗拒牲畜飼育場的浪費與昂貴，再加上發展中國家對低價蛋白質食品的需求擴大，所以現在正是西方人開始學習如何直接把黃豆當成食物的時候，深具影響力的美國黃豆協會、食品工業與所有相關人士都應該好好開發黃豆食物。

其實西方已經運用先進的科技，開發了許多新式的黃豆仿肉製品，如濃縮黃豆蛋白、分離黃豆蛋白、絲蛋白以及結構性植物蛋白（TVP），其中的TVP常用來當作肉類的增量劑，或加上數種人工色素與調味料製成各種素肉品，如素香腸、素培根及素雞肉等。雖然這些產品仍用不到美國黃豆蛋白的 2%，不過根據預測，美國對這些素肉產品的需求量，在 1985 年時將會成長十倍，從 1972 年的 2 億 2700 萬公斤，增加為 22 億 6000 萬公斤。但要製作這些產品，必須要有高超的技術與昂貴的成本，最迫切需要黃豆食品的窮人根本負擔不起，而這些合成食物對於越來越講究天然飲食的西方人也沒什麼吸引力。

不論是已開發國家還是開發中國家，現在對分散式、小規模及簡單樸實的手工藝製作方法都越來越重視。大量生產與講究集中化的生產方式，不僅會使工作機械化而單調，還會使擁擠的城市瀕臨崩潰，引發工業污染與大規模的失業。東亞多數的黃豆食品都仍是由小店家所製作，不但消耗的能源很少，而且只需小小的資本投資就能開張。傳統的味噌製作就是這種技藝的絕佳例子，這種讓人樂在其中的工作，既能提供營養，又能讓人生氣勃勃，更可以表現出自我、自律與自給自足的美麗模式，這技術使得人類最基本的需求與渴望相容，對未來的世代而言，可說是一種完美的手工技藝典範。

世界飢荒的深度原因

黃豆極有希望能滿足地球這個小小行星未來對於蛋白質的巨大需求，若能再捨棄以肉為主的飲食，我們就不再需要浪費無度的牲畜飼育場，如此，就已邁出了減輕全球食物短缺重要的第一步，然而，我們必須了解，這只是第一步。拉佩在《一座小行星的新飲食方式》中說得好，她說「無肉就無罪」的觀念可能是一個誘人的逃避藉口，讓人不再進一步努力。其實，就算不再把基本食物拿去飼養動物，也無法保證大量直接食用的穀類與黃豆，就能以合理的價位供給窮人。因此，若我們真想解決地球上的飢荒，就必須付出更深的努力，瞭解還有哪些原因導致飢荒，並身體力行來解決問題。那麼，這些導致飢荒的問題是什麼呢？我們又能做些什麼？

人口

目前（作者著書當時）的人口成長率是 1.64%，也就是說地球上的人口每四十三年就會加一倍。許多較貧困國家的成長率更達 3%，每二十三年就會加倍，就這個數字來看，全球人口每過一個世紀就會增加十九倍，實在驚人。1970 年代，人口成長率開始趨緩，這或許是破天荒頭一遭，也是個好的開始，然而，每天早上依舊會出現十七萬八千張的新臉孔要吃早餐，每年都有六千四百萬的新旅客搭上地球這艘太空船，其中約有 85%到 90%的新生兒是出生在人口成長最快、處境最為悲慘的貧窮國家。1789 年，英國經濟學者馬薩爾斯牧師（Thomas Malthus）已明確預言了我們的困境：「人口爆炸的壓力，已遠遠超過了地球提供物資的能力。」，因此人們會「無可避免地陷入大飢荒。」世界展望會主席布朗在他的著作《第二十九天》中指出，人口成長會對地球維續生命的四大生物系統——耕地、海洋漁場、牧草地以及森林造成越來越大的壓力。人類對這四個區域的需求量都已超過了它們的永續產能，這表示人們已經開始威脅到自己的生命福祉和未來的生存；用經濟學的話來說，這些人同時花掉了自己的資本與利潤。布朗催促各國政府應提出多管齊下的方案以解決人口問題，其中包括普遍推行家庭計畫、把婦女從傳統角色解放出來，並且滿足健康照護、營養以及教育普及等與降低生育率有關的基本社會需求，同時教導人們人口急速成長的後果。布朗指出，中國和新加坡等政府都已經針對這些問題做了及時的處理，因而成功的減緩了人口成長。而我們只要控制自己只生一兩個小孩就好，便能對人口控制做出重要的貢獻。

許多人可能認為人口問題僅限於人口最多的發展中國家，其實，從資源消耗與污染的角度來看，人口成長較慢的工業國家問題反而較嚴重。在地球這艘太空船上，搭乘頭等艙的乘客佔 25%，每年卻消耗掉 80%的食物、能源與礦物資源，並造成 75%的污染；其餘 75%的乘客在航行途中反而沒有充足的食物、水或庇護，並漸漸覺得不舒服。很顯然的，為了幫助三等艙的乘客，那四分之一過得最奢華的乘客應盡量採取可能的措施，讓人口降到零成長，並嚴格限制其消耗與浪費。

許多專家都同意，世界各國一定要在各種層面努力，盡快達到人口零成長。但並非所有專家都認為飢荒的主因就是人口成長。在《食物第一：世界飢餓與糧食自賴》中，拉佩與柯林斯（Joseph Collins）大聲疾呼，飢餓和人口成長都只是重病的表面症狀，真正的疾病其實是大多數人的不安全感和貧窮，而病根則是國家的生產資源多為少數有錢的掌權人士所控制。高出生率是社會制度不良的症狀，反映人們需要很多孩子來付出勞力，才能為困頓的家庭帶來收入，為老年人提供食物，並彌補因缺乏營養與健康照顧而造成的高嬰兒死亡率。這些陷入兩難困境的父母們根本無心於家庭計畫，因為他們雖然知道自己無法使大家溫飽，但卻不得不製造一個大家庭。正如拉佩與柯林斯所指出：「對許多貧窮的大家庭來說，高出生率是唯一的生存選擇，因此在對抗高出生率時，若不同時處理貧窮這個問題，不僅將毫無成效，還會招致悲慘的反效果，這是我們的地球無法承擔的。」

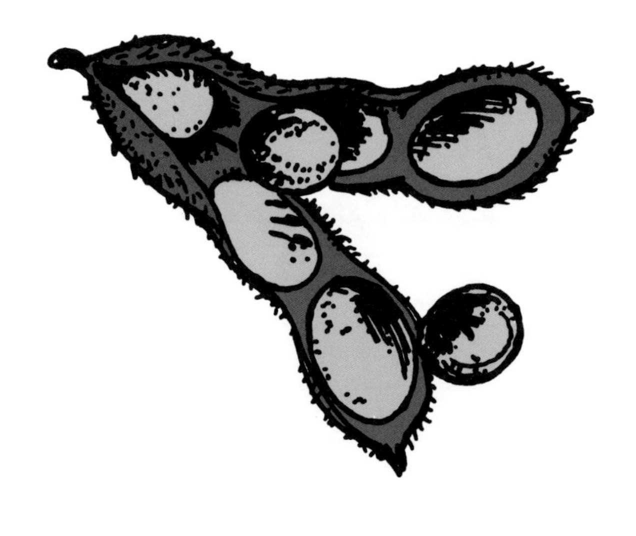

富裕

人們一旦富裕以後，就容易增加動物性食品的消耗量。1979 年，為了生產動物性食品，全球耗費了約 35%的穀類收成（包括美國的 79%）來飼養牲口，但是這些食物原本是可以供給人類食用的。因此，食物需求每年增加，其中雖有三分之二是由人口成長所造成，不過有錢人把穀類和黃豆拿去餵養牲口的飼育場制度，卻必須負另外三分之一的責任。

一味提高生產力

一般分析都認為飢荒是食物匱乏所引起的，因此常運用技術革新來進行糧食增產計畫。但是，每當一種新的農耕技術進入經濟困頓而權力歧異的系統時，受惠的通常都是有錢有權的人，他們擁有金錢、土地、智慧、信用價值與政治影響力，能夠接收新契機的全部好處，最後反而造成貧富差距越來越大。國際勞動組織的一項研究指出，南亞七國的人口佔了非社會主義國家鄉村人口的七成，雖然每個人的穀類產量都有所增長，不過，鄉村窮人的食物消耗卻比十到二十年前還低，陷入飢貧困境的人數也比以往都多。所謂的綠色革命，原是希望能消除飢荒，結果卻適得其反。農場機械化導致許多農場工人失業，而種植特殊的新混種作物則需要極高的「資本投入」，如灌溉、化肥、農藥、農場機具與種子本身，這些投資使小農紛紛破產，只得把農地賣給大地主，這麼一來，窮人們就失去了收入來源，而大地主則把這些土地轉而種植利潤可觀的外銷經濟作物，如製酒葡萄或花卉，而不再生產基本食物。

國際糧食剝削

工業化國家的大型農牧事業近來開始從低開發國家收購大量的基本糧食，賣到本國超市。他們把地球變成一個全球農場，供應全球超市的需求，於是，地球上的窮人必須與富裕的外國人競爭，才能取得自己國家所種植的食物。1976 年，美國超市有 50%的冬季與早春蔬果都是來自拉丁美洲，但那些食物原本應該是當地居民的維生糧食。同時，這樣的系統也造成了許多美國農民失業。

土地壟斷與濫用

許多開發程度較低的國家裡，土地所有權多為少數的有錢人所掌握。一項研究指出，在接受調查的八十三個開發中國家裡，人數僅佔 3%的地主卻掌握了近 80%的農地，他們透過強大的政治影響力，阻礙土地的改革與重新分配。在經過土地重劃之處，自耕農的產量比佃農高出二到三倍，這是因為佃農沒有動力在不屬於自己的土地上，促進長期的農業改良。因此，我們必須盡力讓農人擁有自己的土地，並讓他們種植自己需要的食物。

出口農業的經濟作物系統

在開發程度較低的國家，最好的土地多用來種植外銷的經濟作物，如咖啡、糖、可可和香蕉等，而非養活人命的食物。這套系統嘉惠了有錢人，卻讓窮人陷入飢荒！因此，人類一定得把「生產人們活命必需的食物」當做農業的首要目的。

這些問題在《食物第一：世界飢餓與糧食自賴》中都有深入的討論，並探索其中的相互關係。書中鞭辟入裡的新觀點打破了傳統迷思，讓我們看清飢餓發生的真相。許多人認為飢荒的主因源於人口過度與食物不足，而作者卻指出，在社會、經濟及政治結構的因素下，許多人在富饒之處也面臨飢荒，因為這些因素阻礙了發展，使人們無法以民主的方式生產自己所需的食物。因此，我們希望政府不要支持外國少數的掌權份子以及與他們共謀的多國企業，而應該在提倡終止核武核能及致命環境化學物質的同時，也以同樣的努力終止全球的飢荒。這是艱難而漫長的任務，但在這個偉大而高貴的挑戰中，還包含有無限的喜悅。

除了自己之外……

中國有一句諺語說：「危機就是轉機」。過時的生活型態與思考方式，都因時代快速變遷的壓力而開始瓦解；而許多的危機，也迫使我們全面重新評估生命的基礎。我們仍相信，對於現實的新想法正開始成形，這個想法鉅細靡遺，卻也非常簡單。其中一部分是當代生態學的完整觀點——生態學是所有科學之母，它指出萬事萬物之間完美的互存性，也就是這個世界形體與能量的珍貴基礎。另一部份，則是以古老而神聖的靈性方式，來理解萬物一體性，這麼一來，即便是相反的事物，也終將能融為一體。這廣大的夢想必須付諸行動才能實現，而要解決我們所面對的問題，最好的方式就是無私的付出與仁慈的心，這也正是真正的一體性的體現——在被遺忘的村落中，瘦弱的孩子也是我們的孩子；如此我們就能真正了解，所有人類都是兄弟手足，我們是地球上的一個大家庭！我們必須創造出充足的食物，而這就得看無私的黃豆如何在不久的將來，奉獻自己來餵飽這個飢餓的世界。

CHAPTER 2

健康活力百分百

黃豆含有珍貴的優質蛋白與其他營養素，但當原豆經過烘培、烹煮、燒烤等過程時，這些養分就只有一部分可被人體所吸收。不過透過自然發酵，黃豆會產生生化轉變，這麼一來，幾乎所有的複合蛋白質、碳水化合物和脂質（油或脂肪）分子都會分解成可直接消化的胺基酸、單醣與脂肪酸。最重要的是，從容的發酵過程將可開啟美味與芳香的新境界。

構成所有蛋白質的二十一種胺基酸，也是人體構造的基礎：對孩童及青少年來說，體內新的組織需由胺基酸形成；而對成年人而言，則是日常修護身體的材料。在二十一種胺基酸中，有八種（或十種）稱作「必需胺基酸」，當我們從食物中取得它們後，身體就會製造出其他的胺基酸。由於黃豆與味噌就含有這八種必需胺基酸，因此也成了「完全蛋白質」的來源。

富含優質蛋白

一種食品的蛋白質價值如何，得看蛋白質的質與量，而味噌蛋白質的質與量都非常高。

一種食物的蛋白質的量，是依據蛋白質重量的比例來衡量。各式味噌平均含有12%到13%的蛋白質，而某些黃豆含量高的味噌（如八丁味噌）則超過20%。從這些數值來看，比起西方常見的蛋白質來源，味噌一點也不遜色：雞肉（21%）、牛肉或鄉村起司（20%）、漢堡肉或雞蛋（13%）以及全脂牛奶（3%）。

至於蛋白質的質，則是衡量一種食物中，人體真正能利用的蛋白質百分比，通常以「蛋白質淨利用率」（Net Protein Utilization，NPU）來表示，它主要是依據該食品的必需胺基酸配置和食物的可消化性而來。其實，動物性蛋白與植物性蛋白並無本質上的差異，只有比例上的不同；無論是動物性或植物性蛋白，所有食物都可以簡單地排出順序，以表示其蛋白質含量或是NPU。一般來說，動物性食品的NPU相對的較高：比方雞蛋的蛋白質淨利用率為 94，是所有食物中蛋白質品質最高的，這表示每100公克的雞蛋，就有13公克的蛋白質，其中94%（12.2公克）可確實為人體所利用。其他NPU高的食品還包括：牛奶（82）、魚（80）、鄉村起司（75）、一般起司（70）、牛肉與漢堡肉（67），以及雞肉（65）。但有許多植物性食品的

NPU 也頗高，稻米的 NPU 為 70，是所有基本植物食品中最高的，黃豆（67）及大麥（60）也相當高。

令人驚訝的是，味噌的 NPU 竟高達 72，比其它所有原料都來得高，其主要原因是，製作味噌時要結合米（或大麥）和黃豆，而黃豆與穀類的蛋白質能互補，因此 NPU 會比原料來得高。此外，味噌還含有八種必需胺基酸以及九種非必需胺基酸，其配置方式非常能為人體所使用（見表 2）；不僅如此，製作味噌的發酵過程會使得每種原料更容易消化，這也使得NPU隨之提高。比如最常見的紅味噌含有 13.5%的蛋白質，其NPU為 72，也就是說 100 公克的紅味噌，能提供 9.7 公克的可利用蛋白質。

味噌向來是日本飲食中重要的蛋白質來源，在某些內陸的鄉村地區，25%的蛋白質都來自味噌，而就全體人口來說，味噌所提供的蛋白質也超過 8%。一個日本

【表 2】　100 公克味噌的必需胺基酸與 MDR 比例

胺基酸	MDR（g）	MDR（%）	麥味噌（g）	八丁（豆）味噌（g）	紅（米）味噌（g）
甲硫胺酸・胱胺酸★	1.10	26	0.27	0.45	0.29
離胺酸	0.80	71	0.65	1.36	0.57
色胺酸	0.25	76	0.16	0.33	0.19
苯基丙胺酸・酪胺酸★	1.10	99	1.23	2.10	1.09
纈胺酸	0.80	100	0.79	1.21	0.80
甲硫胺酸	0.20	100	0.17	0.25	0.20
白胺酸	1.10	125	1.28	1.68	1.37
異白胺酸	0.70	131	0.94	1.18	0.92
羥丁胺酸	0.50	142	0.74	1.03	0.71
苯基丙胺酸	0.30	190	0.63	1.25	0.57
蛋白質	61.5	22	12.8	21.0	13.5

1. MDR（Minimum Daily Requirements）是必需胺基酸每日最少需求量；MDR比例則是 100 公克味噌中必需胺基酸的含量除以MDR的百分比。比如說，100 公克(5 大匙半)的紅味噌（含有 13.5%的蛋白質），含有 0.29 公克的硫胺基酸（甲硫胺酸・胱胺酸），佔成年人每日需求量 1.10 公克的 26%。
2. 最容易缺乏的胺基酸列出於前。
3. 有★表示有著相同成分的必需與半必需胺基酸之重要組合。

【資料來源：日本科學研究院】

人平均每年享用7.3公斤的味噌，也就是每天約19公克（3茶匙半）。

把兩種蛋白質互補的食物結合（例如黃豆與穀類），便可提高食物的NPU，因此不必花額外的成本，即可創造出更多可利用的蛋白質，味噌就很適合用來結合蛋白質。由於味噌含有豐富的必需胺基酸，正好是其他基礎食物所缺乏（尤其是小麥、玉米、芝麻和稻米），因此在烹煮這些基礎食物時加入幾匙味噌，可利用的蛋白質就會大為提高，是蛋白質的良好來源與補充劑，除此之外，它還可取代調味鹽，當做日常的調味品。

對於以穀類為主要飲食方式的東亞而言，味噌向來就被做為重要的營養補充品。同樣地，在全麥麵包上塗味噌醬，或是搭配麵、比薩、漢堡和其他西式穀類餐點，也可提高30%到40%蛋白質獲取量。

幫助消化吸收

味噌可以幫助其他食物消化吸收的能力相當受到重視，所有未經過加熱殺菌的味噌，至少含有四種幫助消化的媒介：天然消化酵素、製造乳酸的乳酸桿菌（Lactobacillus）與足球菌屬（Pediococcus）、不怕鹽的酵素、麴中的黴菌與和其他微生物。只有最強健的微生物，才能在數年嚴苛的含鹽發酵過程中生存下來，因此它們在大腸和小腸中也可以繼續工作，把複雜的蛋白質、碳水化合物及脂肪分解成簡單又容易消化吸收的分子。日本市面上用來幫助消化的酵素，通常與製作味噌使用的麴中所含的酵素是一樣的種類。

而經過低熱殺菌的味噌，除了裡頭能幫助消化的乳酸菌及其酵素會被消滅之外，它天然的風味與芳香也將減損。大部分裝在密封塑膠袋販賣的味噌（大部份的八丁味噌與幾種天然進口產品除外）都經過加熱殺菌，使其不再自然發酵，以免產生二氧化碳，造成袋子膨脹破裂。如果是像大部分的鄉村起司、裝在可掀蓋的小塑膠桶或散裝的味噌，都未經過加熱殺菌，如果你在意，可以查看一下標籤，確定味噌是否經過加熱殺菌。

乳酸菌在優格與味噌中，都扮演了重要的角色。二十世紀初期的梅契尼可夫（Metchnikoff）及近年日本科學家的研究都指出，優格之所以能夠讓人健康長壽，可能是因為其中的乳酸菌能幫助消化，或是其酵素能夠改變腸道的酸鹼值。使用盤尼西林或其他抗生素，會殺掉人類消化道中平時存在、有益健康的微生物群（microflora）。使用抗生素之後，要能補足有益的微生物群生長，最快速、簡單又健康的方式就是來一碗味噌湯。

味噌在杉木桶經過漫長的陳年過程，就像是體外的消化系統般，可把味噌80%到90%的基本營養素分解成較簡單的形態。事實上，要人體在短時間作同樣的工作是不可能的：烤黃豆只有60%能被消化，煮黃豆也僅有68%，但是製作味噌的陳年過程，使我們在食用味噌時，可以節省人體原本消化黃豆的能量，並用來消化其他食物。味噌的發酵過程，除了能消除整顆黃豆中可能導致脹氣的因子，還可以鈍化色胺酸抗化劑（生的新鮮乾黃豆都含有這種物質，會導致身體無法完全利用黃豆的營養素）。

【表3】 每100公克的味噌營養成分

味噌種類	熱量 (cal)	水分 (%)	蛋白質(%)	脂肪 (%)	碳水化合物 (%)	纖維質 (%)	灰份 (%)	氯化鈉 (%)	鈣 (Mg)	鈉 (Mg)	磷 (Mg)	鐵 (Mg)	維生素 B_1 (硫胺素) (Mg)	維生素 B_2 (核黃素) (Mg)	維生素 B_3 (菸鹼酸) (Mg)
紅味噌	153	50	13.5	5.8	19.1	1.9	14.8	13.0	115	4600	190	4.0	0.03	0.10	1.5
淡黃味噌	155	49	13.5	4.6	19.6	1.8	12.8	12.5	90	4100	160	4.0	0.03	0.10	1.5
甘口紅味噌	162	42	11.2	4.2	27.9	1.3	14.5	13.0	81	3200	135	3.5	0.04	0.10	1.5
甘口淡色味噌	165	44	13.0	4.2	29.1	1.2	8.5	7.0	80	2500	133	3.5	0.04	0.10	1.5
甘口白味噌	215	57	12.3	1.4	27.5	1.3	4.9	9.1	31	3200	138	1.3	0.03	0.10	1.5
甜紅味噌	168	46	12.7	4.0	31.7	1.4	8.1	6.0	75	2100	134	3.0	0.03	0.08	3.0
甜白味噌	178	47	11.1	1.9	35.9	1.0	7.5	5.5	70	2100	120	4.0	0.04	0.10	1.5
麥味噌	154	48	12.8	5.0	21.0	1.9	14.9	13.0	116	4600	190	3.5	0.04	0.10	1.5
甘口麥味噌	160	46	11.1	5.0	29.8	1.3	14.6	10.0	86	3500	139	3.6	0.04	0.10	1.5
八丁味噌	224	40	21.0	10.2	12.0	1.8	16.8	10.6	154	4100	264	7.1	0.04	0.13	1.3
豆味噌	180	48	19.4	6.9	13.2	2.2	13.0	11.2	140	3800	240	6.5	0.04	0.12	1.2
壺底味噌	160	61	16.3	5.7	11.4	1.6	11.7	9.8	138	3600	220	6.3	0.04	0.11	1.1
金山寺味噌	172	58	11.3	2.0	30.1	2.1	5.1	8.0	95	2800	131	3.5	0.04	0.10	1.5
花生味噌	432	17	16.1	27.6	37.1	1.3	4.8	7.0	80	3100	180	5.6	0.04	0.10	1.3
赤出味噌	169	44	16.0	4.1	31.9	1.4	10.8	8.0	75	2800	135	3.6	0.05	0.10	1.4
乾燥味噌	303	5	32.2	9.0	35.8	3.6	26.6	18.5	180	7500	320	8.0	0.05	0.15	2.0
低鹽/高蛋白味噌	140	53	17.6	6.4	24.0	1.9	13.1	6.3	112	4600	180	4.0	0.03	0.11	1.6

註：每種味噌產品的營養成分，會因製造者而大有差異。食品組成標準表列出了紅、淡黃、甜白、豆味噌與乾燥味噌的詳細資料。味噌協會的表格則包括麥味噌、甘口麥味噌、甘口紅味噌與淡色味噌，以及甜紅味噌的水分、蛋白質、脂肪、碳水化合物與灰份的資料。八丁味噌、花生味噌以及甘口白味噌的資料取自於製造商；其它資料則是之後增補。

【資料來源：日本食品的標準成分（Norinsho 1964; JDAC 1964）、日本全國味噌協會營養表以及味噌廠商提供之資料】

預防重於治療

越來越多西方醫師與營養師認為，要對抗高血壓，最簡單的一種方式就是低鹽飲食，而且還可能避免肥胖。

低鹽有風味

許多人用調味鹽突顯食物的原本風味，但是，由於味噌的平均含鹽量僅有12%，且它本身已有豐富的口感，可賦予食物相當好的滋味與芳香，既能大量降低鹽的用量，也比光用鹽調味的食物更美味。

美國人的飲食習慣非常極端，不是高鹽飲食，就是無鹽或低鹽。然而常識和科學證據都告訴我們，適量用鹽才是健康之道。人類的傳統飲食主要是穀類和蔬菜，但若只加很少的鹽或完全不加，味道就會顯得過於平淡，實在難以日復一日地吞腹下嚥。同樣的，鹽的品質也很重要，天然海鹽能提供豐富的微量元素，是常保健康與平衡新陳代謝不可或缺；此外，近來實驗顯示，發酵過程會改變鹽對人體的影響：老鼠對於味噌鹽分的接受量，比一般調味鹽高出許多。日本人顯然深諳此道，他們長期使用發酵黃豆調味料，現在從調味鹽攝取的鹽量已低於 10%，而味噌佔20%、醬油佔30%、漬物（醃漬的鹹菜）佔40%。

飲食中含鹽量很低的人，每天可以食用1大匙的紅味噌、麥味噌或八丁味噌（相當於半茶匙鹽），而平均攝取量則應為4大匙（相當於2茶匙鹽）。若飲食中必須限制鹽分攝取，那麼低鹽或高蛋白的味噌則是不二之選。

味噌的鹽度雖然比海水高了四倍，但因為它含有胺基酸和天然油脂，因此口感柔順，也不會太鹹；至於少了鹽的味噌，嚐起來則明顯偏甜。

要美食不要脂肪

味噌平均含有 5%的天然油脂，其中大部分為不飽和油脂，且完全不含膽固醇，並可以賦予味噌獨特的風味與芳香。又由於這些油脂基本上是未經精製加工的黃豆油，因此富含卵磷脂和亞麻油酸，可移除循環系統所累積的膽固醇與脂肪酸。

西方人所攝取的脂肪總量（多為飽和脂肪）為日本的三倍。一般認為，日本人比世界各地的人少發生心臟病、高血壓、動脈疾病與動脈硬化、肥胖等問題，就是因為脂肪攝取量少。低脂烹調的祕訣在於以味噌與醬油代替鹽。西方人把調味鹽當成基本調味料，而淋汁、醬料、炒菜中常使用很多油，目的就是為了降低鹽本身過於尖銳的味道。不過，味噌的鹹味因為天然不飽和油脂、胺基酸和發酵的過程而顯得甘醇。味噌法式淋醬、美味的白醬等西式料理，都用味噌代替鹽巴，且脂肪量都比一般食譜要少一半。

注重體重的人可以在飲食中多攝取味噌，因為它是天然食物中，蛋白質與熱量的比值最高的食物：通常 1 大匙味噌僅有27 大卡，亦即每公克蛋白質僅有 11 大卡的熱量，相較之下，需攝取糙米 45 大卡、麵包 34 大卡、雞蛋 12 大卡，才能提供 1 公克的蛋白質。換句話說，每 100 公克的紅味噌（熱量 150 大卡）即可滿足成年人每日蛋白質需求的 30%，卻只佔了每日熱量需求的 5%。一道菜少用一大匙油，就可以減少 153 大卡的熱量，用味噌代替鹽有助於降低脂肪攝取，這更有助於讓我們達到減重的目標。

雖然食物中會讓人發胖的主要來源是碳水化合物，但是其熱量卻能提供我們能量。味噌經過發酵，其碳水化合物多已變成好消化的單醣，其纖維與纖維素相對地很少，因此更能集中提供精力的來源。

素食好幫手

1980 年的調查顯示，美國有一千萬的人不吃肉，且人數正快速增加，近來醫師與營養師也大力提倡素食，其理由如下：

蔬食飲食的推手

❶生理：人類的消化系統與類人猿相似，卻與肉食動物大不相同，肉食動物的腸子很短（比身體長三倍），能快速排出腐肉，而胃中的鹽酸是非肉食動物的十倍，以處理飽和脂肪和膽固醇，並有尖細的犬齒撕裂肉。然而人類的腸子很長（比身體長十二倍），較適合慢慢消化植物性食物。人類牙齒構造顯然也屬於草食性動物，有用來磨碎穀類與堅果的臼齒，以及切斷蔬果的門齒。

❷心臟病：美國有超過 54%的死亡原因是心血管疾病，這種疾病在肉類食用量低的社會是不存在的。我們飲食中的脂肪有 40%來自肉類，其中有 40%是會產生膽固醇的飽和脂肪。近來針對基督復臨安息日會（Seven Day Adventist）素食者所作的研究指出，他們罹患心臟病的比例只有一般人的 40%，而不吃蛋奶的素食者更只有 23%。心臟學者估計如果能少攝取 35%到 50%的飽和脂肪，罹患心臟病的機率會降低一半。

❸癌症：表 4 取自知名雜誌《科學人》，顯示二十三個國家中，女人罹患大腸癌與吃肉的關係。作者們解釋：造成癌症的另一種解釋是少吃穀類，這兩種假設的關聯很難彼此分開，因為多吃肉通常就會少吃穀類。摩門教徒很少吃肉，而大量的研究顯示，他們罹癌的機率比平常人低 50%。

❹長壽：全球人類學家的研究顯示，素食者比葷食者健康長壽，長壽的巴基斯坦亨札斯人幾乎都是全素者。

❺關節炎：治療關節炎疼痛的食療法，都需要嚴禁食肉。

❻肥胖：肥胖是導致心臟病與其他多種疾病的主因，美國素食者的體重比平均值少了 9 公斤，而一般肉食飲食的人則超出理想體重 5 到 7 公斤。

❼精力：許多針對運動員所做的研究皆指出，素食者比葷食者的精力旺盛，可以執行多次耐力測試才會疲倦，且從疲勞中恢復也只需要四分之一的時間。越來越多世界紀錄與奧運金牌得主都吃素。至於力氣夠不夠大？想想大象、牛或大猩猩吧！

雖然證據這麼多，還是有許多人會問，要怎麼吃到我喜歡的肉味呢？

答案就是：味噌。

維生素 B-12 的素食來源

不吃乳製品和肉類食品的人，飲食容

【表4】 女性大腸癌與肉類消耗

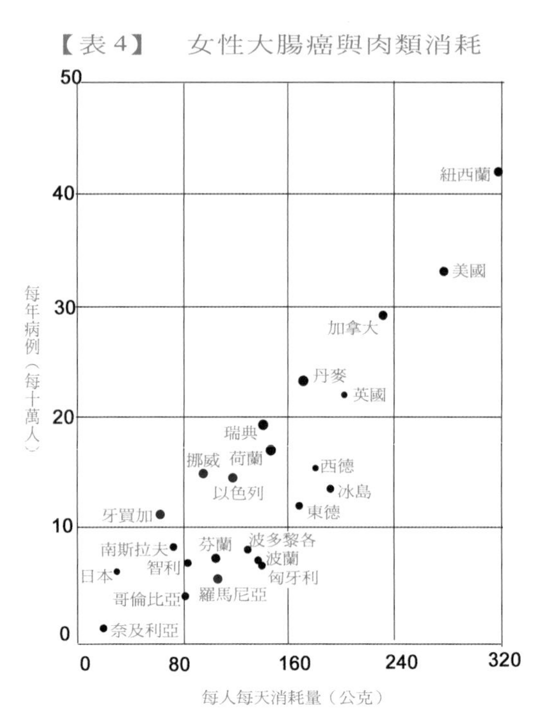

【資料來源：《科學人》1975年11月號】

易缺乏維生素 B-12。1977 年以前，許多營養學者認為：只有動物性食品才含維生素B-12，含量最豐富的食物來源為牛肝、鮪魚、雞蛋以及瑞士起司。然而最近研究顯示，許多素食食品也能提供維生素 B-12，包括發酵過的黃豆製品（天貝、納豆、味噌與日式醬油）、海菜以及單細胞蛋白質。最佳的黃豆來源顯然是天貝，美國市面上的天貝，通常每100公克含有3.9到8.8微克的維生素B-12，1980年時，美國官方的成人每日建議攝取量（RDA）是3微克，因此每份天貝可以提供每日建議攝取量的 130%到 294%。至於 1955 年高橋準策（Jusaku Takahashi）針對日本人進行的研究顯示，每100公克的淡黃味噌含有0.17微克的維生素B-12，是每日建議攝取量的 2.8%，通常 1 大匙的味噌（18 公克）能提供每日建議攝取量的 0.5%。

上一段的每一種食物都是藉由某種細菌或黴菌來產生維生素B-12，由於牲口的瘤胃中也含有細菌，因此只要不是吃全素的人，都可經由食用肉或乳製品，獲取每日所需的維生素B-12。但許多營養學者認為美國維生素 B-12 的建議攝取量實在太高；同具聲望的聯合國糧食與農業組織（United Nations Food and Agricultural Organization）的建議則是2微克。通常來說，每日攝取 0.6 到 1.2 微克就足以維持正常造血和保持健康，但無法補充肝臟的維生素 B-12 存量。在日本，和尚在數個世紀以來，都是從味噌、納豆、日式醬油與海帶中攝取維生素B-12，他們也一向非常健康有活力且長壽。

植酸含量低

生黃豆含有相當大量的植酸（乾黃豆約有1.4%），是大多數種子中磷的主要來源。植酸和它的植酸鹽會與其他重要礦物質螯合或化合（尤其是鈣、鋅與鐵），進而對營養成分造成不良影響，降低人體吸收的能力，導致人類與非反芻動物的營養不良。煮黃豆可摧毀一些植酸（14%），而發酵過程中，麴黴會產生植酸酵素，把剩下植酸的35%分解成肌醇與磷這兩種有用的營養素，更加倍了味噌的營養價值。

防癌又長壽

地位相當於美國《紐約時報》的《朝日新聞》，曾於 1981 年 9 月以頭版報導〈味噌湯意想不到的好處：降低癌症、心臟病與肝病的死亡率〉，這篇報導是依據平山（Hirayama）博士與聲望佳、立場公允的國家癌症中心，在十三年來對二十六萬五千名民眾所做的研究。研究裡顯示，每天都喝味噌湯的人，死於胃癌的機率比完全都不喝的人低了32%到33%，也比偶爾喝味噌湯的人低了 8%到 18%。麥唐諾

與德克也發現，日式醬油能明顯避免老鼠罹患胃癌。

另外，在一些日本人與日本文化的說法中，可以說明味噌能夠促進健康的價值；雖然這些都未經科學證實，不必完全採信，卻可能替未來的科學研究，提供有希望的線索。

雖然日本人很清楚味噌是必需營養素的絕佳來源，不過，他們之所以重視味噌，是因為相信它具有促進健康長壽的特質，即便這些特質無法清楚定義與衡量。幾個世紀以來，人們從生命整體的觀點、運用直覺與有系統的方式進行研究，發現多吃味噌、少吃動物製品，能有效改善人的體質與體內環境。

阪井溫春（Atsuharu Sakai）在1937年出版了《我們日本人》一書，其內容有趣又完整，他在談論味噌的章節中開宗明義地寫道：「日本人相信，身體要健康，就要多吃味噌。」近年來進行的許多科學研究，目的都是為了辨別出個別原因，看看為什麼日本社區有許多年逾百歲的人瑞，其中有一項發現頗受關注，即長壽與常吃味噌有很高的關聯，這些味噌多為手工製作，並煮成味噌湯。知名研究者進藤秋谷博士（Akitani Kondo）發現富士山附近有一個村落，居民每天喝6碗味噌湯，且每個人所食用的味噌高達200公克，位居全國之冠。當我們拜訪這座位於東京西部的村莊，詢問村民們健康與長壽的秘密時，最常聽到的答案是：在田裡勤奮工作、呼吸山區乾淨的空氣、吃穀類與蔬菜，另外就是——多喝味噌湯（有趣的是，巴爾幹半島和東歐的百歲人瑞也提出差不多的意見，只不過他們建議的是另一種發酵食品：優格）。

近來西方所進行的實驗，替「為什麼傳統東方文化對疾病的抵抗力很強」提供了科學性的解釋。其中，從味噌裡分離出來的一百六十一種好氧菌，幾乎全都可以對抗會造成食物中毒的大腸桿菌與金黃色葡萄球菌；而經過分析，有幾種特殊的味噌菌還可以用來控制病原體。1972 年，美國農業部北區研究中心的王博士（H.L. Wang）與海索丁博士（C. W. Hesseltine）指出天貝、醬油、豆腐乳等發酵黃豆製品中所含的黴菌，可以抑制有害菌叢的生長；而日本的橫塚（Yokotsuka）等人也指出，味噌中黴菌所生產的米麴菌，同樣具有抗菌功效。

另外，也有無數的實驗目的是為了檢查味噌中是否含有各種真菌毒素，尤其是黃麴毒素（有害的黴菌造成的毒素），不過在我們蒐集的資料中都沒有找到。而味噌與日式醬油中的亞硝胺含量也極低（一般皆少於 1ppm），對健康無礙。

完美的咖啡替代品

我們認為，早晨一碗味噌湯是完美的咖啡替代品。咖啡以少量的酸性咖啡因（通常因加了白糖而變得更酸）來刺激神經系統，愛睏的雙眼會立即睜開，很快提振活力，但過不了多久，精力就會衰退而更想睡，所以只好喝更多的咖啡來消除疲倦。但是味噌湯可不一樣，它不僅是豐富營養的來源，還可以溫和有效地喚醒神經系統，味噌湯能使血液呈鹼性，並提供你整個早上的活力，這才是真正的甦醒。

東亞人都認為，味噌的鹼化與清淨功效有助於發展鹼性體質，可以促進對疾病的抵抗力。一般東亞的營養資料與書籍中，基本食物就被分成酸性或鹼性，這樣的資訊在東亞文化中是很普遍的知識，也是保持健康的基本條件之一。許多現代人認為特別好吃的食物（甜點、酒類、肉）都是酸性的，過量攝取會導致體質虛弱。在許多富裕的國家中，糖與酒類的消耗量更是竄升到危險的程度，而食用鹼性的味噌，至少能在恢復較佳的飲食習慣之前提供平衡，以促進健康。

日本有句廣為人知的諺語——多喝味噌湯就不必看醫生。而傳統民俗也常把味噌拿來當作治療感冒的藥品、促進新陳代謝、清淨肌膚，並抵抗寄生蟲疾病；同時，味噌湯也可以舒緩胃部不適、減輕宿醉，並避免胃酸過多。

人體守護者

近年來，日本醫師與科學家開始思考味噌是否可用來預防輻射病，這是因為長崎聖法蘭西斯醫院的院長秋月醫師（Shinichiro Akizuki）在 1965 年出版的《體質與食品》一書，引發了大家的關注。

抵抗輻射傷害

秋月醫師小時體質虛弱，長大後便畢生奉獻於研究「如何把食物當做預防性的藥品」，他尤其重視全人療法（較為整體而非單一病徵的治療）與日本傳統食物。他深入研究日本民俗療法、「長壽」村與現代營養學，並親身試驗或實驗自己的發現，希望能發展出更強健的體質，「體質」是他著作中的重要概念。秋月醫師以味噌湯和糙米當作主食後，發現自己恢復年輕、體力變好、精力旺盛，抵抗力也增強了。後來，不光是他的家人，就連醫院職員和病人也每天食用味噌湯和糙米。經過漫長審慎的試驗，他寫下以下結果：

> 我認為味噌應成為每個人飲食中最重要的一部分。我發現，除極少數例外，每天喝味噌湯的家庭幾乎沒有人生病……每天享用味噌湯，體質會逐漸改善，並能抵抗疾病。味噌是最高級的藥品，持續使用就能夠預防疾病與強健身體，有人把味噌當作佐料，不但可帶出所有食物的滋味與營養價值，還能幫助身體消化吸收……我會使用抗生素之類的現代藥品與手術科技，對這些東西也很尊敬，不過只在絕對必要時才採用。然而，一個人的體質，會決定疾病對人的影響是輕微且暫時的，或是演變成嚴重的慢性病，所以最重要的還是透過適當飲食，發展強健的體質。

1945 年，長崎遭美軍投擲原子彈，秋月的醫院距離爆炸地點僅 1.6 公里，於是被夷為平地，所幸他與護士、同事們當時都不在大樓裡，所以未受傷。秋月和職員長期以來都在長崎遭到重創且輻射性高的地區，與受輻射性落塵危害的病人朝夕相處，但他與同事們並未出現一般可預見的輻射病後遺症。秋月醫師對這個現象感

到很有興趣，他推測這可能是他和職員常喝味噌湯的關係，不過他也知道，必須要透過科學研究，才能知道真正的答案。

1972 年，日本幾個科學家，例如森下景一（Morishita Keiichi），受到秋月醫師的鼓舞，開始從事農業研究，並發現味噌含有啶二羧酸 ，它是由味噌與納豆菌產生的生物鹼，可以螯合（抓住）重金屬（例如具放射性的鍶）並將之排出體外。

1978 年時，我們接獲一位美國女性的來信：

我母親因罹癌而剛接受六週的放射線治療。醫師告訴我們，媽媽將會因放射線的副作用而虛弱不適。我讓她喝了味噌湯和其他含有味噌的食品，結果她幾乎沒有發生任何副作用。我告訴醫護人員，雖然他們一笑置之，但我卻深信味噌的神效。

我們認為美國的醫師應仔細研究這個現象，畢竟在美國，有四分之一的人口死於癌症。

降低吸煙與空氣污染的影響

日本人常說吸菸的人應該多喝味噌湯，有些專家也主張，味噌所含的氨基酸可以有效中和菸草的有害物質，並能將之從血液中消除。辰巳濱子（Tatsumi Hamako）在她的《味噌烹飪》提到以下故事：

從小就常聽祖母說，每天早上要小心地煮好美味的味噌湯和醃菜，如果是要給癮君子吃的更是如此。她說味噌可以溶解尼古丁，並能把它排出體外。

有一天，一枝長柄日本煙斗堵住了，祖母用兩三滴味噌湯，滴到煙斗前端那一公分深的小金屬杯裡，之後把小金屬杯放到炭火上，直到味噌湯咕嘟咕嘟地沸騰。一分鐘後湯汁蒸發了，小金屬杯裡的尼古丁都溶在味噌裡，縮成一小球，掉了出來。我們再把煙斗放到嘴巴，發現已經很好吸了，但如果用水或番茶來清理堵塞的煙斗，尼古丁就不會溶，再怎麼用力吹也沒辦法清理。我知道祖母的話是對的！

據說日本交通警察都知道，每天喝味噌湯可以避免汽車廢氣對身體產生不良影響；即便是今天，許多供膳的警察局還是會煞費苦心地加入味噌湯。

如果你吸煙或吸進污染的空氣，不妨也喝味噌湯來保護自己吧！

天然美味又便宜

一種味噌就足以讓你發揮千變萬化的創意，而每種味噌都有其獨特滋味、香氣、顏色和質感，更可讓美味的菜餚增色；本書稍後介紹的許多菜單，將可一窺這些無窮的可能性。吃素的人飲食往往比較簡單清淡，通常都是吃穀類、陸地和海洋的蔬菜，以及黃豆類製品，味噌可用來讓這些食物更美味，口感更豐富。

即使在亞熱帶，味噌也不必冷藏保存，是傳統的天然食品，許多商業品牌的味噌仍在小型工房循古法製作，不含化學添加物。另外，味噌也是相當便宜的食品，即便是最貴的進口品牌，也只比日本貴一點點。無論是在舊金山、波士頓或紐約，一個月只要花幾塊錢，就能天天都吃到最頂級的味噌（每天 1 大匙半）。現在全美都買得到味噌材料，如果自己動手做，成本更是低廉。

【圖 2　日本煙斗】

CHAPTER 3

全球味噌大巡禮

味噌與豆醬的由來，與豆豉和醬油密不可分。豆豉在日文叫做「濱納豆」，西方通常稱作「鹹黑豆」。最早的豆豉是在中國湖南長沙，約西元前 168 年封墓的馬王堆一號漢墓所發現；而豆豉最早的文獻記載，是出現在司馬遷的《史記》。看來，身為味噌與豆醬祖先的豆豉，早在漢朝之前就已經出現在中國了。

中國的豆醬

醬油出現在中國的時間似乎與豆豉差不多：「醬油」二字，同樣最早出現於《史記》，不過無法確定當時的醬油是黃豆製品，或是肉或魚的醬汁；一直到 1578 年的《本草綱目》，才明確指出醬油是黃豆製成的，由於兩書相距十六個世紀之久，因此關於中國的醬油起源，還有許多爭議。比如由發酵黃豆製成的豆醬，起源於西元前一世紀的中國，是味噌的近親，早期它是以抹醬的形式現身，不是用來壓製提煉出液體醬油。

「醬」泛稱各種塗醬，這個字早在西元前三世紀就已出現，至於首次用來指黃豆製的醬，則是被記錄於西元535年的《齊民要術》。此後，黃豆做成的醬，在中國官話就叫做「豆醬」，而其他含有黃豆的醬料也都紛紛出現。中文的「醬油」一詞是表示「從豆醬壓製的液體」，衍生自早期的「醬」。

中國字「醬」傳進日本時，它的發音是 hishio，到了 730 年，「醬」這個字可唸做 hishio 或 miso，現行用來表示味噌的詞語則首次出現在 886 至 901 年間。

由於味噌在西方沒有相對應的食物，因此從最早與西方接觸開始，歐洲語系國家往往用味噌的日語 miso 來稱呼之，只有在極少數的情況下，才以「黃豆醬」稱

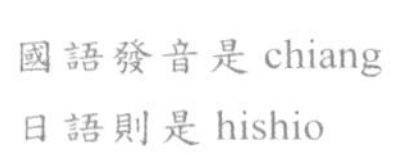

國語發音是 chiang
日語則是 hishio

國語發音是 chiang-yu
日語則是 shoyu

之。1976年，夏利夫和青柳昭子替日本六種基本形式和二十八種變化形式的味噌，首次分別取好特定的英文名稱，此外像是中國九種變化形式的醬、韓國五種變化形式的醬（Jang），以及印尼四種變化形式的豆醬（tau-cho），也都有了特定的英文名稱，而味噌的法文是 le miso，德文則是 das miso。

非黃豆製的醬

據信醬起源於周朝以前，是人類已知最古老的調味料，最早用於保存儲藏富含蛋白質的動物類食物，或連同這些食物做成調味料。事實上，東亞人民發現，海鮮和肉類食物（後來還有黃豆）用鹽漬或浸泡在鹽加米酒（或水）中，其內的蛋白質會經酵素分解成胺基酸，繼而刺激人類味蕾，增添食物風味；他們很快地又察覺到，這種鹽漬方法產生的後續發酵，會讓原本的風味更濃烈且複雜。結合以醬和鹽漬這兩種獨特的保存方法，可以讓古時候的人們打破「非飽即餓」的惡性循環，在食物充足時就保存食物，以備不足之需。

與魚、肉混合的醬

中國最早出現不同變化的醬，應該是與魚類、貝類和野味一同製作，把這些食物的肉，有時候也取骨頭、血和內臟一起碾碎，醃在鹽和米酒混合的液體內，置入密封的陶甕發酵一百天以上。這種醬相當類似現在亞洲的發酵醬汁和醬料，如味道強烈的越南魚露，但基本上仍與現在的味噌或醬油不同，因為這種醬裡並沒有黃豆、穀粒或麴。根據日本研究中國食物的知名歷史學者信田（Shin-oda）表示，麴最早出現於中國第一部詩歌總集《詩經》記載著：麴加入鹽漬的魚肉等混合醬中，可以加速發酵速度。黃豆和穀粒是到西元前一世紀，才做為製醬的材料，早期的醬可能不像味噌那麼濃稠，也不似醬油那麼水，反而比較類似蘋果醬、麥片粥或是酒醪之類的糊狀物（醬油即從酒醪壓製而來）。

根據中國最早的《大漢和辭典》，「醬」的國字首次出現於約西元前三世紀的《周禮》和《論語》中，但不清楚何者出現較早。在記錄周朝禮儀的《周禮》中，「醬」被提及多次，〈天宮〉就記載著：「凡王之饋，醬用百有二十罋。」此外，《周禮》還寫道，為準備八種基本食物，其性質必須與四季調和，應該學會使用一百二十甕的醬：「……凡食齊視春時，羹齊視夏時，醬齊視秋時，飲齊視冬時……選百羞、醬物、珍物以俟饋」。《周禮》有云，此醬是由動物、鳥類和魚類的肉，加上麴粒和鹽粒後，再醃漬於酒甕裡達百日之久製成的。由此可知，中國早在當時就懂得使用麴黴（其孢子會自然落至適宜基質上生長）產生的酵素，製作像醬這種發酵食物和穀物發酵酒，並在當時被視為相當崇高的食物及佳餚，這是相當了不起的事。另外，在《論語》第二卷第十章中，聖人孔子談到合宜的禮儀和社會行為，以及如何明智選擇食物和齋戒之時，提到了醬：「不得其醬不食。肉雖多，不使勝食氣；唯酒無量，不及亂」。

在其他同時代的作品中，我們發現上面談到的一百二十罋醬是由不同配方調製而成，而且風味各異，其中一個資料來源提到芥末醬，應該是和生魚片搭配著吃。

接著，「醬」這個字出現在戰國時代的數本文獻中，在紛亂的東周戰國時代，「九鼎不像醋瓶醬罐，若你帶著一個去齊國，可不能像鳥飛、兔走、馬奔那麼輕快。」意指裝醬的罐子相對來說是很小的；另外，五經中的《禮記》提到五種肉或魚醬，代表醬這種食物的地位崇高。

西漢史學家司馬遷所著的《史記》的世家中也曾提到「醬」：大邑一整年（可能位於今日四川地區），可製造千種發酵產品及罋裝醃漬食品和醬物，可比千乘之國。〈貨殖列傳〉中提到的「醬」，則幾乎可以確定是肉或魚醬。《史記》亦提及，在西元前 140 年，一位旅人在廣州吃到一種名為「苦醬」的發酵食物，是用一種甜甜的野生水果調製而成，味道類似現在的金山寺味噌，只是不含黃豆。雖然廣州距離當時的首都長安有數千里之遠，並且這種醬是在上游的一個偏僻小鎮所製造的，但我們仍然假設各式醬的調配方法，在西元前就已在中國大部分地方流傳。根據這項資料，我們也首次知道不用肉或魚類製造的醬。

班固在西元 90 年所著的《漢書・揚雄傳》中，提到當時的學生是無知的唯物論者，可能他們以後還會用神聖的道家思想書籍去蓋醬罈；此外《漢書》還有提到用麴去製作兩種米酒——醴和酳。

早期的豆醬（100 B.C.～599 A.D.）

西元前一世紀的史遊《急就篇》，最早提到黃豆可做為醬的蛋白質來源，取代以往所用的肉和魚：「豆豉是以黑豆為原料……醬是以黃豆和小麥粉為原料……小麥、稻米和黃豆粥是鄉下人和農民所吃的食物。」西元約 27 至 100 年的王充《論衡》一書中，在〈四諱〉篇提到：「做豆醬時最忌諱聽見雷聲。」有人猜想，是否雷的靜電會影響發酵過程。

西元 533 至 544 年的《齊民要術》是一本分卷的農業百科全書，也是第一本詳細記載豆醬製造過程的書籍。書中第七、八卷在介紹發酵食物，並用很長的一節專談「醬」，其記載有關製醬的方法有「黃衣」、「黃蒸」和「麥麴」，這些使用麴菌屬或根黴菌的培植方式是，藉由空中傳播或是依附在某些植物（蘆葦或蒼耳子）的孢子接芽，讓它們依附在蒸過的穀粒上繁殖。談完肉醬和魚醬的調製過程後，《齊民要術》提到豆醬是用事先浸泡且蒸過的黃豆三斗、麴末一斗、黃蒸末一斗及白鹽五升，混合發酵製成。放置三至五週後（視天氣而定），當混合物開始成熟為汁，將濃度 30%的鹽水加入其內攪拌，二十日後即可食用，不過發酵百日後的風味會最佳。據說孕婦若在發酵過程中接觸醬，醬就會變壞；書中建議在農曆 12 月和 1 月製醬，且最好在夏日酷暑下進行發酵。講到麴的作法時，則談及其有助穀粒或米粒釀酒的發酵；另外，書中也介紹「醬菜」的調製過程，以半乾的蔬菜醃製於發酵中或完全發酵的豆醬內。

這時期，中國人學會用醬醃製多種食物加以保存：醃漬豆腐做醬豆腐、醃漬白瓜做醬瓜或醃豬肉做醬豬。在上述醃製過程中使用黃豆，對於今天味噌和醬油的發展非常重要，早期在《急就篇》和《論衡》提到醬，和在《齊民要術》中詳述醬的調製過程，都顯示製造豆醬的基本技巧，可能在西元前二世紀就已成形。

這些早期的各式醬料主要當調味料使用，它們營養又美味，是很受歡迎的日常食物，廣受各階級人民重視。它們還可以與醋或糖等配料混合搭配煮好的蔬菜或穀物，或當作醃漬的材料。

發酵豆類食物是中國早期歷史相當卓越的成就，這種發展過程需要對微生物和發酵技術有通盤的（憑直覺或有意識的）瞭解。此外，中國人發現並刻意培養至少兩種黴菌——米麴菌和根黴菌，並用來製造酵素。根黴菌加入黃豆或大麥製醬或豆豉的過程從未傳進日本，但日本卻發展出利用根黴菌來製清酒的方法，這在中國從未發現過。

中期的豆醬（600 A.D.～1899 A.D.）

醬在唐代是「食中之王」，在一項知名的儀式中，各式醬料會盛在盤中並置於朝廷的聖壇上，皇帝為了以示尊重，會在食物前公開正式行禮，並且會指派一位特別官員在醬料發酵過程中負責守衛，以防止有人竊取製作秘方。在劉煦的《唐書．百官志》中，提到「醬匠二十三人，酢匠十二人，豉匠十二人」；宋代戴侗所寫的《六書故》中則是嘲諷地表示，當時的人將黃豆和小麥放至發黃再丟到鹽水裡，便將之視為醬。此處我們看到製醬過程中同時使用黃豆和小麥，也就是今日醬油的前身。在大約 1027 年黃鑑所寫的《談苑》中提到類似味噌湯的中國食物：有人問秀水和景德的人民和官員是否清白。他答道：「他們就像醬水的顏色——不清亦不濁。」醬水後來演變成有名的雜炊，是一種味噌粥。在南宋時期，豆醬被視為「開門七件事」之一。

明代李時珍所寫關於植物和醫學的知名鉅作《本草綱目》，提及各式不同的醬，包括豆醬、麥醬以及豆麥醬，並談到有五種可用醬來醫治的疾病。劉獻廷在十七世紀末所寫的《廣陽雜記》則提到：若聖人得不到他想要的醬，他寧可不吃。再次證明醬在文化中的重要性。

廿世紀的豆醬

令人驚訝的是，雖然廿世紀時豆醬在人民飲食中扮演重要的角色，但中國幾乎沒有任何相關記載。

英國人蕭曾寫道：「中國的醬跟日本的味噌醬不同，是農夫做來搭配魚、肉和蔬菜一起吃，而較貴的豆（醬）是富貴人家和餐廳老闆才會做來吃，一般窮人吃不起。醬分成兩種，大醬和小醬。」所謂大醬，是將黃豆煮軟後置於缽內搗成糊狀，然後揉成麵餅，置於蓆上發酵兩個月，再磨成粉與鹽水混合，並置於桶內發酵十五天所製成，發酵期間需要偶爾攪拌；小醬使用相同的製法，但會使用同等份量的黃豆和玉米來做，不會只用黃豆。

1918 年，中國的史（Shih Chi-yien）詳細描寫豆醬，雖然文中未提及黃豆，但有仔細闡述發酵過程。中山（Nakayama）先生的《中國名菜譜》則談到許多不同種類的醬和相關食譜。在美國，只有在英漢對照食譜中提到幾種醬（像是豆醬和海鮮醬），不過並不普遍，顯然大多數美國人不喜歡吃醬。

在台灣出現一種有趣的創新作法，製

作豆漿或豆腐時剩餘的豆渣，有時會拿來做為黃豆在製作味噌時的增量劑。目前中國以黃豆為基本材料的醬主要分成豆瓣醬、辣豆瓣醬、四川豆瓣醬、豆豉醬和黑醬等。

韓國和東南亞的豆醬

東南亞的醬在濃稠度與其強烈風味上，比較類似中國的醬。大多東南亞的醬都是家庭自製使用，並非用於商業販售，且多作為肉類或蔬菜等的調味醬料，而非像日本味噌是當作湯的素材。

中國醬的外傳

初唐時，豆醬和醬油開始從中國外傳到鄰近國家。有不少證據顯示，佛教僧侶是將豆醬往東帶進韓國和日本的關鍵角色；而廣東和福建的商人則負責將豆醬傳至南方。隨著豆醬傳入新的文化之中，它的基本特性和名稱也產生些許變化，可惜的是，除了日本之外，有關豆醬傳入其他國家的歷史記載都付之闕如。

韓國

根據680年的韓國文獻記載，豆醬和醬油是因王室之間彼此進貢獻禮而傳入韓國。現今韓國主要以豆類為主的醬分為：韓國豆醬、紅辣椒豆醬、淡辣椒醬和日本紅醬。傳統的韓國味噌基本上是將黃豆煮過並搗成糊狀後，揉成 15 公分的球體，再用稻草繩將豆泥球綁成一串吊在椽下，放置一至三個月直到表面長出白色的黴菌，接著將它們磨碎製成乾豆麴（meju），做為醬或是醬油的材料。

早期日本提過一種從韓國傳進類似味噌或醬的產品，最早的日語字典《和名抄》將它稱做「芝麻醬」（koma-bishio），是一種發酵的豆類或穀類醬。雖然味噌是否經由韓國傳至日本仍多所存疑，不過日本味噌的作法和名稱很可能受到韓國影響。韓國在 1976 年時，每日豆醬和紅辣椒豆醬的用量分別為 15 克和 10 克，約82%和 76%的豆醬和紅辣椒豆醬都是家庭自製自食。

印尼

荷蘭科學家吉爾里格斯（Prinsen Geerligs）在 1895 至 1896 年，最先提到東南亞出現的一種印尼豆醬，並表示黃豆接種在木槿葉上，稱為 waroe。伯奇爾（Burkill）則提到「豆醬」是將煮過的黃豆與烘過的米粉混合，再配上山棕糖和糯米麴而成的。

以印尼豆醬為基底的主要豆製產物，依受歡迎程度分為軟甜豆醬（內含 25%棕櫚糖）、鹹豆醬汁（又名黑豆醬油），硬乾豆醬（taucho kering，以曬乾的豆醬塊形式販售）及煙燻乾豆醬，豆醬是在製造中心——西爪哇製造與消費。

越南

越南醬稱為 tuong，關於北越醬最好且最早的描述和製造過程，可見裴光沼（Bui Quang Chieu）的記載，他提到兩種基本形式的醬，是用烘過的黃豆搭配糯米或玉米製成。搭配糯米的作法是在蒸過的糯米蓋上香蕉葉，再放置 2 至 3 天等待發黴長麴，之後將黃豆烘烤磨成粉，與水煮過後置入罈中1周，等到自動水解與發酵釋出甜味，再將鹽和六斗米麴加入五斗黃豆中發酵15至30天，於日出前攪拌後蓋好過夜，毋需濾除汁液直接上菜。

越南豆醬有兩種，一種質地濃厚，一種質地滑順；質地濃厚者最受歡迎，質地滑順的則只在北越的東大製造。好的醬芳醇、濃稠且呈褐色，安南（越南中南部）人表示，只有富貴人家才能完成製醬工作，而醬如果從好轉酸，即為惡兆。根據越南西部首位開設滑醬公司的黃文志表示，大約1950年起北越就沒有豆醬，這是因為連年反殖民戰爭造成黃豆和稻米短缺，而支持共產主義的醬油商人一般都是地主階層。從1970年代末期開始，轉而利用花生或棉子濾餅製造醬油。

日本味噌的歷史

有證據顯示，味噌從中國和韓國傳進日本之前，日本早就發展出屬於當地的發酵醬料，不但類似中國的醬，而且也是以魚類、貝類和肉類為基本材料。

非黃豆製的醬（700 A.D.以前）

日本最早期的居民以狩獵採集為生，相傳在約兩萬年前就已來到日本，早在西元開始很久之前，他們已學會從海水中提煉鹽，當時他們的調味料除了天然海鹽，還包括山守椒和海底貝類。在繩文時代晚期到彌生時代期間（西元前200年至西元25年），人們就已發展出類似醬的魚類和肉類醬料，從最近在日北東北省份挖掘出的醃漬瓦罐可以證明，其年代可追溯至3000至4000年前。這些原始調味料的日文是hishio，而當最早的書寫系統從中國引進後，就以「醬」這個字來代表。

許多古老日本醬料（未使用麴）至今仍可找到：鹽辛是將烏賊、烏賊內臟或鰹魚用味醂和鹽醃漬、鹽魚汁（秋田）是將沙丁魚和硬鰭的雷魚用鹽醃漬、御液則是發酵的魚汁，以及一種以清酒加鹽的鰹魚內臟的醬料；所有醬料皆需存放一星期以上，當做米飯的配菜或開胃菜，在冬天冰雪酷寒且時常水患成災的北方地區，這些醬料長期用於緊急救難食品。

如今，東北部省份成為日本味噌的心臟地區，是日本人口平均消耗味噌最多的地區，而且至今多仍保有古代自製味噌的傳統。此外，考古資料亦顯示，當地的人民很早就精通鹽漬和發酵的技巧，因此部分學者願意捨棄中國或韓國，而遠赴日本東北地區追蹤味噌和醬油的起源。

奈良時期（710 A.D.～784 A.D.）

首批關於味噌和醬的文字記載要追溯自奈良時期，在此之前未有任何文獻提及任何發酵食品；更奇怪的是，連寫於味噌出現十年多後的《古事記》或《日本書紀》也都未提及，只有提到黃豆，及宮廷內開始製造一種醬。

首次提到這種醬的是686年的《萬葉集》，書中收錄數千首日本早期歌謠和詩作，年代最早可追溯至315年，約於760

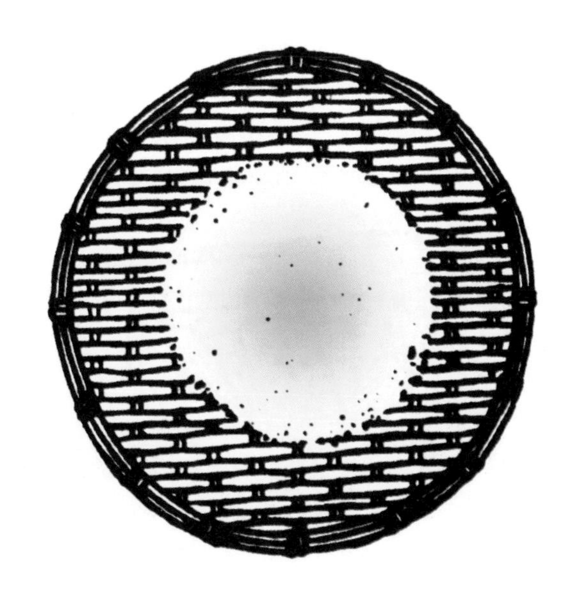

年編纂完成。至於hishio的「醬」這個字就出現在第十六卷由沖丸所寫的詩中，這位詩人風趣幽默，在宮廷貴族的宴會上即興寫下此詩：

我想吃紅鯛

搭配蒜末和醋醬

所以，別給我大蔥湯。

另一首詩描述兩隻滑稽的螃蟹快樂地被人做成蟹醬，還用搗碎的榆樹皮來調味，並且用野生動物及鹿肉當材料。可惜的是，當時的醬究竟是何種類型的產品，並沒有明確說明，不過一般認為，這種醬在當時的貴族階級已廣為人知，至少在平民階級是如此。

醬的日本化

日本在紀元初期就與中國大陸接觸，因此味噌和醬應該相當類似中國的醬，且許多基本原料和複雜的發酵技術大部分都習自中國。不過，日本和中國人在味覺上的喜好一向不同，中國料理偏重口味，喜歡使用大量的香料、油和肉類，而日本人則偏愛較單純且來自食物本身的細緻風味。因此，日本開始逐漸改變基本食材和調理技巧，將醬轉變為有日本味道的食物：他們會單獨使用黃豆，偶爾與稻米或大麥一起使用，取代魚或肉做為基本食材，酒和香料的比例也逐漸減少或甚至不用。醬可能還保有像中國醬一樣的質地，但是味噌只需較短的存放時間，就能慢慢

變成質地較紮實的食物。以這兩種食品來說，醬可能比味噌更重要且多變；兩者最初主要都是米飯上的配料，而醬至今仍是一般鄉下農家用來做為配料的食物。

早期味噌和醬最重要的發展或許是701年時成立的「醬司」，也就是「產品貿易管理及味噌和醬課稅局」，它最早是天皇御膳房擴建來製醬的地方；日本最早的憲法《大寶律令》記載，文武天皇還親自主持「醬司」的開幕典禮。「醬司」採用的製醬方法很類似中國，將黃豆製成高低品質不一的醬、味噌和豉，專供皇室食用。

藤原不比等（Fujiwara Fuhito）718年所撰的《要領律令》認為醬也許只是指一種豆類產品，書中談到各式的醬、豉以及味噌（日文是「未醬」）。

寫於730至748年的大東正倉院文獻，收錄了迄今關於味噌最完整的記載和最早的豆醬記錄，並在東大寺的正倉院皇庫內保存得相當好。文獻中記載，730年時的醬和味噌都要課稅，且已清楚提到了豆醬。740年的文件中則首次提到，「粕醬」可能是指醬油經過萃取後剩餘的渣滓。750年的文件中則指出各式醬的價格：高級醬15文、醬10.7文、荒醬10文和味噌7至8文。此外也提到奈良市場上有賣味噌和醬，並以升（約1.8公升）為單位來計算價格，顯示出它們相當便宜。這些不同種類的發酵食品在一般書寫上是以下列漢字為代表，值得注意的是，連味噌的日文漢字中都有「醬」字，顯示出兩者間的起源和關係。

味噌和鑒真

奈良的味噌大多是在寺廟內使用，提供抄寫佛經的僧侶和一般信徒免費的餐點。小菜、拌菜、醃漬品、麵食、麻糬和湯也會用到少量味噌，而這些料理多是提供給建造東大寺的工人們。東大寺於752

年完工，是全球最大的木造建築，裡面貢奉巨大的大佛神像。

味噌史上最多姿多采的一頁跟中國唐代的鑒真大師有關，他是日本戒律和奈良唐招提寺的創始人。鑒真窮盡十一年的時間想到日本，在歷經海盜、船難、暴風雨等磨難，甚至賠上了視力後，他終於在754年第六次嘗試渡海時抵達了日本。當時的文獻記載，除了一百八十五名僧侶、船員和工匠，鑒真還帶了5400公升的無鹽豆豉。此後，他在奈良的寺廟內也準備了同樣的食物，並徒步帶到京都的街上沿街叫賣。

目前並不清楚鑒真所帶的無鹽豆豉是何種類型的食物，它們可能類似豆麴，但不瞭解要如何避免腐敗，以及它們做為食物的用途。另有一種說法是，鑒真是將日本味噌的祖先從中國帶至日本的人。不過，據文獻記載，在鑒真抵達日本二十多年前，就已有一種名叫「味噌」的食物在奈良的市場上開始販售。部分學者認為，這種受歡迎的「鑒真理論」可能反應出早期製醬業者和佛教僧侶，想將味噌與鑒真崇高的名聲連在一起，而非符合歷史史實。

中國製造不同醬料的技術傳送到日本的主要樞鈕，是於700年末期傳到日本的《齊民要術》。日本人從其中學到製作紅鯛味噌、蟹味噌、柚子味噌、鹹豆豉（濱納豆）以及和金山寺味噌等相關產品的作法，這本鉅作是貨真價實的寶庫，書中記載精確又詳盡的資訊，對於日本農業經營、手工藝及製作料理的方法都具有深遠影響。

甜白味噌之謎

早期日本味噌的發展中有一項難解的謎團，跟甜白味噌的起源有關，這種味噌至今在日本古都（奈良和京都）和瀨戶內海的北部海岸一帶仍然很受歡迎，不過該

豉 荒醬 米醬 未醬

地區的味噌消耗模式和日本其他地區大不相同：味噌湯在當地相對地很不普遍，且平均每人的味噌消耗量只有全體日本人平均的三分之一；此外，他們偏好白味噌的甜味和顏色，較不愛一般深色且帶鹹味的味噌。由這些事實衍生出一種理論：甜白味噌在非常早期就從中國傳進日本古都，因此當地一直保留它的貴族風範和明顯不同的烹調方式。

寫於奈良時期晚期的文獻記載超過二十二種醬、味噌和豆豉，其中以醬的種類最多，但總計超過十五種醬可約略分成以下三種基本形式：

❶魚、貝類和野味醬（肉醬）：一般是用醃漬的蟹肉、海膽或蝦，加入鹽、水和清酒一起調製，也會使用鹿肉和雞肉，有時還會用家禽肉。

❷蔬菜和水果醬（草醬）：會使用瓜類、茄子、蘿蔔、綠色蔬菜、蕪菁、當歸、新鮮毛豆、洋蔥、桃子和杏仁這類食物，用鹽醃漬後加以發酵，有時候會使用醋或水飴之類的糖精取代鹽。這類製作方法後來發展成為「漬物」和不同種類令人吮指的味噌；在此時期，最早的味噌漬物是用瓜類和茄子來做。

❸豆醬或穀醬（穀醬）：最後一種發展出來的醬，使用的材料包括黃豆、穀類（米、麥或大麥）、鹽以及常用清酒或清酒渣滓；與這種發酵豆類食物對應的中國食物是鹹醬（辛醬），韓國食物則是芝麻醬，這三種食物後來演變成今天的味噌和醬油。

平安時期（794 A.D.～1160 A.D.）

日本偉大的佛教創始人之一是空海（死後的法號為「弘法大師」）。他在804至806年（唐代）時前往中國，並於816年在高野山創立金剛峰寺。811年，空海寫信給嵯峨天皇，信中末尾表示，「我把您送我的這塊白布寫得亂七八糟，所以請您將它當作醬料的蓋布。」，由此可知，當時醬已經相當普遍。

漢字「味噌」

平安時期初期，書寫時已用現在使用的漢字「味噌」來代表這種醬料。「味」表示味道，而「噌」表示喉嚨，後者首次出現在806年的日本官方文獻中，是跟一種名為「enso」的鹹味調味料有關。根據川村表示，現代的「味噌」二字首次出現在史書《三代實錄》中；不過一山則表示，「味噌」首次出現在938年的《扶桑略記》中。新字的寫法如下，跟現代相同：

若仔細探究為何這個時期的日本人，要創造新字「噌」取代前兩個世紀所使用的「醬」字，又為什麼要將味字跟噌字組合在一起，其原因似乎在於，當時的日本人已將醬視為符合他們文化和口味的食物，並認為應該替它取一個獨特的日本名字。事實上，《三代實錄》記載的味噌已是真正的日本食物，而非只是從中國進口的食物，然而在文字改變的背後，還存在著更全面的文化改變：在894年平安時期初期，日本基本上完全斷絕與外界連絡的管道，開始對傳入的中國文化進行同化與轉型的工作。與此同時，日本也發展出平假名和片假名的書寫系統，而在十世紀時全面完成，這是味噌和其代表漢字產生改變時出現的較大文化轉型背景。

有些學者相信「味噌」的發音出自日本最早的字典《和名抄》中，它是源順於908至938年所寫的一本百科全書式的字典，除了以中國字典為範本外，並列出許多種類的醬，包括發音為「miso」、「mis-ho」和「kara hishio」的醬和豆豉。

藤原時平（Fujiwara Tokihira）在約927年與其他人合著的《延喜式》，是一本日本律令細則法典，包含最早關於製作味噌和醬的資訊等日本文獻。書中記載，味噌是一種以黃豆為主的發酵食物，包括米、米麴、小麥、鹽和清酒等材料。此外，《延喜式》尚提供「醬司」的詳細資訊，表示當時的文官和武官會收到醬當做年薪的一部分，並列出至少十種不同種類的味噌和醬。其中，味噌至少五種不同的漢字寫法，全部都可唸作「miso」。不過我們並不清楚這五種寫法是指不同的食物，抑或只是寫法不同。另外，書中還提到製作不同種類的醬和味噌所需的基本材料份量，但大部分提供的數量相當不準確，不能用來試做書中食譜。

未　味　御　未　味
醬　醬　醬　曾　噌

首間味噌店

雖然資料記載，早在八世紀時日本古都奈良的市場，就有買賣味噌了，不過首批專門販售味噌的店舖據說出現於925年的新都京都。《延喜式》記載，京都西邊市場出現一家味噌零售店，而東邊市場則有賣醬的商店；此外，尚有五十家店鋪在其他多種食物之外，還出售醬和三十二種味噌。由此可知，到了十世紀中期，醬和味噌似乎已成為日常必需品。《延喜式》還提到「粕醬」和「醬粕」，前者可能只經過輕輕壓製，以產生少量類似醬油的液體，其保有濕度的殘餘物還能當作調味料；後者經過紮實壓製，產生較多液體但只剩榨乾的殘餘物，只能丟棄。

《宇津保物語》中曾提及粕醬，並在969年首次以假名書寫「味噌」，清楚顯示它的發音。而在980年的文獻則顯示，奈良東大寺的僧侶每日都從拌菜、煮物和湯等料理中，吃到大量味噌；同時，其他奈良寺廟受過中國教育的僧侶，也開始製作金山寺味噌、鮑魚和紅鯛味噌。

在《源氏物語》和《今昔物語》等平安時期的敘事史詩中，都記載著達官貴族在皇宮內舉辦通宵宴會的史實。一般典型的晚宴有七道菜，每道菜用不同的器皿依序端上桌，受歡迎的料理包括鮑魚味噌和紅鯛醬、味噌醃漬的瓜類和茄子，顯示此時醬和味噌已是桌上普遍使用的調味料。對於宮中女性來說，味噌是 ko（香），或是一種聲音清徹到連最硬的石頭都能穿破的夏蟬；因為味噌濃郁的香氣和絕佳的味道，據說也能滲透進食物中加以調味，因此京都一帶的味噌有時也稱為mushi或bamushi，指「昆蟲或體面的昆蟲」。

到了十世紀中期，味噌從首都傳到了鄉間，《和名抄》提到味噌在日本各縣製造，通常會依製造地的名稱命名，像是至今仍可享用的滋賀味噌和飛驒味噌，都是當時很受歡迎的味噌。

【圖 3　製作壺底汁】

鎌倉時期（1185 A.D.～1333 A.D.）

日本在 1185 年的鎌倉初期發生大革命，由武士階級組成的新政府推翻了京都腐敗無能的貴族政權，在鎌倉建立首都。此時，佛教喚起一股新的心靈力量，向平民百姓證明，只要生活簡樸，也能達到啟迪效果。而日本人就從這種佛教生活方式，發展出一套簡單而健康的飲食方式，進而成為一般日本人標準的飲食，一大份熟穀物，搭配新發現的漬黃蘿蔔和內含豆腐及蔬菜的味噌湯。

「人民食物」——味噌湯

味噌湯的作法是在鎌倉時期是發展出來的。後來，它成為「人民食物」的象徵，而味噌、豆腐和油豆腐則成為幕府將軍以及一般禪寺都喜歡的基本食物。許多禪寺還在寺內設立「精進」素菜餐廳，做為與一般民眾接觸的管道，在寺內安靜且帶著簡樸之美的氣氛下，提供價錢公道的素食餐點，包括僧侶自製味噌做成的味噌湯，並將作法傳授給國內民眾，直到讓許多人心目中的味噌味道就是禪寺的「風味」為止。在鬧饑荒的年代，大多數農家和城市居民都會囤積大量味噌做為救命食物，因此後來就出現了一句相關的諺語，大意是「只要有味噌，一切就搞定」。這種情形是受到鎌倉時期新興的佛教影響，使得用魚類或其他肉類所做的醬料需求持續降低，而以穀物和豆類為材料的味噌，則開始在日本飲食中扮演重要角色。

湯淺的味噌和壺底汁

鎌倉時期，一種名為「金山寺味噌」的新味噌傳進日本。根據最為廣泛流傳的說法：1255 年左右，日本僧侶覺心從中國返國後，帶進他在中國宋朝五大禪寺之一——金山寺習得的製味噌技術。這種金山寺味噌甘美、濃厚且味甜，添加大量麥麴和剁碎的茄子、生薑根、越瓜、昆布和牛蒡。覺心和尚把製作方法教給和歌山縣湯淺市的民眾，直到現在，當地人仍依循古法製作金山寺味噌。另一種說法則是金山寺味噌起源於幾種中國早期的醬，這些醬裡面有和穀類及黃豆一起發酵的魚或肉，而素食的日本人就用蔬菜和調味料來取代魚和肉，且其基本做法並非源於禪師，而是來自《齊民要術》。不過根據這種說法，金山寺味噌的起源會比無本覺心禪師晚四百年，且與醬油起源無關。第三種說法則認為金山寺味噌是為了做蔬菜醬，於是把蔬菜放到醬裡面醃製而產生的。

湯淺同時也是知名的醬油製造中心，而醬油的前身「壺底汁」，據說就發現於裝金山寺味噌的桶底或桶蓋，是一種黑色帶有香氣的液體。壺底汁（tamari）一詞來自動詞「tamaru」，意指「累積」，起初 tamari 是用「豆油」兩個漢字表示，是指經由過濾或擠壓而得的液體。後來則採用「味噌溜」的「溜」表示 tamari。

1260 年，湯淺和廣町鎮居民只是在家自製這種壺底汁而已，到了1290年，仍屬金山寺味噌副產品的湯淺壺底汁，首次展開商業販售，不過並沒有留下早期文獻。壺底汁一般是用過濾或以杓舀取的方式取得，不使用擠壓的方式，是為了避免破壞味噌。至於擠壓味噌的作法則是源自於以富裕著稱的室町時期（西元 1336 至 1568 年）。「味噌溜」一詞指的是「從味噌中取得的豐富汁液」，應是源自 1500 年代，由當時住在京都五大主要佛寺的僧侶所製作。

代表shoyu的漢字「醬油」，則要到相當後期才出現，首次提到是在 1597 年的日文字典《易林本社葉集》中，不過一般認為應該是由僧人在 1469 至 1503 年所寫下，然後以手稿形式廣泛流通。

室町時期（1336 A.D.～1568 A.D.）

室町時期，日本政府的所在地又回到京都，因此平安時期的禮節，以及輝煌壯麗且帶有貴族氣息的感覺重新復甦，不過，此時社會卻動亂不安且內戰頻仍。知名日本武將武田信玄是東京北部信州地區的領主，也是看出味噌可做為士兵食物的第一人。味噌耐久、便宜又營養，只需幾分鐘就能變成一碗使人溫暖的熱湯，為了確保他的手下能有不虞匱乏的味噌可吃，武田開始教導信州一帶的農民種植黃豆和製作味噌的方法，後來自製味噌的作法就傳遍信州地區，甚至擴及附近省份。十六世紀時，城市裡出現住宅區開設味噌店的情況，每個地區也逐漸發展出製造味噌的技術和不同種類的新味噌，並常以「道德」或「菩提達摩」等崇高的名稱稱呼之。此外，當時的文獻顯示，戲劇、故事和歌曲中亦常常提及味噌，表示味噌不只是大眾流行的食物，還是整個社會不可或缺的一部分。

室町時期發展出兩種新味噌——八丁味噌和甜白味噌。坊間的說法是，八丁味噌早在 1370 年就已出現，但是學者則把出現時間訂在 1400 年代末和 1500年代初之間。在一齣歌舞伎的戲劇中，講述日本中部愛知縣貧農之子豐臣秀吉，如何崛起變成最有權勢的封地領主的故事。相傳豐臣秀吉十歲時的一個夜晚，在住家附近的橋上睡著了，身上只蓋著一塊草蓆，當時一位有名的強匪過橋時，瞧不起人地踹了踹正在睡覺的小豐臣，他驚醒後立刻無所畏懼地抓住強匪手上的長茅，並厲聲制止他的行動；強匪很佩服豐臣的勇氣，決定收他為養子。當時的戲中，豐臣秀吉包的草蓆上，印有附近一家八丁味噌店的商標，草蓆則是拿來製麴用的。歷史學家以此證明八丁味噌早在 1546 年就有（同樣的商標還一直沿用至今），後來的記錄顯示，1590 年德川前往邊遠的江戶鎮建立新首都時，目前日本兩大八丁味噌製造商就已在當地做生意。

至於甜白味噌，雖然有些學者認為它是在奈良時期由中國傳入日本的，但是大部分學者仍相信現今的甜白味噌是在十四、十五世紀時由京都工匠發展出來，以符合好逸惡勞的貴族口味。令人玩味的是，八丁味噌和甜白味噌仍然保有某些高級的形象，或許正反應出它們起源的時代。

到了 1300 年代晚期，日本最受歡迎的味噌料理「田樂」據說已在鄉間村落發展出來，它是在豆腐表面塗上味噌後再火烤的料理，在 1600 年代初期成為全日本受歡迎的食物，到 1775 年更是京都和東京時髦茶室供應的餐點。

十五世紀時，一些最廣為流傳的味噌已經失去其奢侈品的地位，轉而成為一般家庭常見的料理，這時期的許多食譜都會提到味噌的作法。不過與此同時，味噌在日本較有名的高級烹飪學校卻成為不可或缺的尊貴食材：在茶道大師千利體的指引下，「精進」烹飪法的精緻和纖細在懷石料理中達到高峰；也就是在這種新興的高級烹飪學校中，首次發展出甜煮、火烤、柚子和花椒芽味噌的作法，以及其他許多日本精緻的味噌料理。

另外，我們一般認為仙台味噌是起源於1593 年，最初是為了封地領主的士兵及武將伊達正宗所做，且可在饑荒時期做為儲備糧食；同年，這些士兵將仙台味噌帶到韓國。

德川時期（1603 A.D.～1867 A.D.）

1603 年，日本首都從鎌倉遷都到江戶（今東京），而德川幕府就在此地建立日本最長的太平盛世。當時的下總、埼玉鎮製造商業用途的味噌，然後就在新首都的市場販售，因為供不應求，所以德州幕府用船將他喜愛的黃豆和八丁味噌從日本中部進口至江戶。味噌的用量雖大，但一些因素使得當時許多小味噌製造商，無法發展成為大規模公司。首先，味噌一般都裝在大木桶內，不但重且體積龐大，加上當時又缺乏完善的陸路或水路交通，因此長程運送味噌變得既困難又昂貴。第二個較重要的原因，在於人們喜歡在家中以極低的成本自製味噌，這讓市場販售的味噌很難訂出一個具競爭力的價格；當時甚至流

【圖 4　孩童時的豐臣秀臣坐在印有八丁味噌商標的草蓆上】

傳著一句諺語，大意是：「家裡沒有自製味噌的人家，永遠不會有屬於自己的倉庫。」許多人也認為買別人做的味噌很丟臉。不過，都市化的結果仍加速了味噌商品化的過程，許多日本大城市也發展出各自的特產味噌，此時味噌首次在清酒店內販售，到了後來才出現專賣味噌和味噌漬物。

新的口味

在此時期，從以前只做黃豆味噌的許多農夫和小型味噌店家，開始使用大麥或米麴做材料，希望增加更多種口味的味噌。1600 年代的首都江戶有三種最普遍的味噌，包括仙台紅味噌、埼玉縣產的大麥味噌和江戶特有的甜紅味噌。東北部省份和江戶北部的信州地區發展出鹹米味噌，而九州和日本州南端則出產鹹、甜兩種大麥味噌，至於京都奈良地區則有新的甜白味噌出現。隨著穀麴的廣泛使用，許多地區都捨棄將黃豆煮好揉成球狀的傳統作法，而讓穀麴在木盤上發酵。

1661 年，中國隱元禪師前往日本，他對於日本味噌跟他在中國熟悉的醬完全不同，感到相當驚訝。隱元非常喜歡味噌，據說他每日必喝味噌湯，而且還用來代替他服用多年的中國草藥。

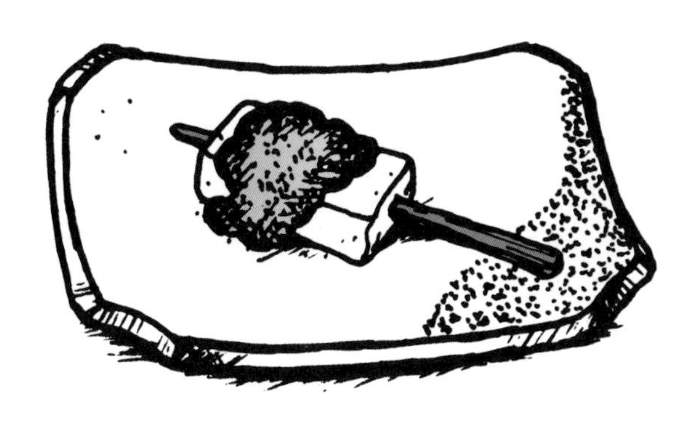

1800 年代早期，北齋（Hokusai）在杉木桶上做了精緻的木版水印畫，而這種杉木桶到 1970 年代，仍廣泛使用在製造味噌和醬油。

另一種源起

日本研究人員和研究發酵食物的歷史學者普遍認為，味噌和醬油都起源自中國的醬，但是東京大學發酵科學教授阪口謹一郎《尋找醬油源頭》一書中，卻提出有力的主張，表示今日味噌的祖先從早期日本味噌和醬，可追溯至中國的醬；而醬油的祖先則可追溯至中國的豆豉。

在醬油的族譜中，麴是從黃豆或是黃豆和小麥中所製造，但是在味噌族譜中，麴一向從穀物中製造。阪口認為這種差異所造成的重要生化結果，比研究人員依照表面形式上的差異，將味噌分成固體或半固體及將醬油歸類為液體產品，具有更大的重要性。在醬油中，麴菌在麴發酵過程中直接對黃豆產生作用，然後酵素會在接下來的鹽水發酵階段對黃豆繼續發揮作用，以產生更複雜的代謝化合物，即高濃度的蛋白質水解和液化產物，使醬油產生比味噌更刺鼻濃烈的味道。阪口認為味噌自中國周朝的醬發展以來，已有三千年歷史，而醬油則從漢朝豆豉發展開始算起，有兩千年歷史。不過，大多數中國人可能不會接受阪口的理論，他們認為醬油就是源於醬，「醬油」的中國字即清楚表示，醬油是「從醬中萃取的液體」，而且中國的醬和豆豉都是從豆麴中製造；我們或許可以說，味噌和醬油源於豆豉和豆醬。

明治和戰前（1867A.D.～1939A.D）

1635 至 1854 年，日本在德川幕府時代經歷相當封閉且與世隔絕的日子，對於這二百二十年來西方科學的重大進展一無所悉，因此這時在味噌或是其他發酵食物的製作上幾乎沒有重要發展。1854年，日本結束鎖國時代，開始與西方發展貿易。1868 年，明治天皇取代日漸勢微的德川幕府，並發展出開放、現代化、西方化、講求科學態度和實證的風氣。1877 年東京帝國大學創校，是日本政府學院和大學中最知名的新學校，主要是教授學生西方科學和技術，由於提供高薪與高階職位，所以這些日本新大學能夠吸引頂尖歐洲科學家到學校教書。

發酵革命

這批以德國和英國為主的外來歐洲科學家和教授，引進西方科學方法的有力工具，以及他們在食物發酵和微生物學方面的新發現，立刻在日本食物發酵領域掀起革命。1870年以前，味噌和其他發酵食物的製造商都不知道發酵過程、微生物學、酵素的基本特性以及它們相互間的影響；製麴的人並不曉得為何穀物和黃豆在溫暖的麴室七天後，表面會覆蓋一層芳香的白色菌絲體，也不知道麴具有什麼法，能變出這些美味的鹹味噌或醬油。

第一代歐洲科學家先驅對於日本眾多發酵食品，充滿極大的好奇與熱誠，首先他們研究的對象是米麴菌和採用麴菌製作的各式食物，像是清酒、醬油和味噌。1874年，德國教授霍夫曼寫下目前已知最早關於米麴的製作方法，內容詳盡又科學。1878 年，另外一位德國人科歇爾特則提出篇幅很長的詳細記載，討論麴和種麴的作法，他是第一位使用koji和tane koji（種麴）兩個詞語的西方科學家；德國人阿爾伯格在東京大學教授自然歷史，將麴菌稱為「阿爾伯格散囊菌屬菌」，並首次對米麴菌提出詳細描述，科歐爾特和日本人松原所寫的文章中，都有引用他的說法。1884年，波蘭植物學家和黴菌分類學者柯恩首次賦予麴菌現在的名稱：「Aspergillus Oryzae」，此後，米麴菌就被稱為「Aspergillus Oryzae（Ahlburg）Cohn」，以示肯定阿爾伯格早期對於麴菌的精確描述。

首個關於日本味噌的研究不是由日本人，而是由德國教授凱爾納所發表。他與兩名日本科學家長岡和倉島共同合作，三人在1889年於英國《東京帝國大學農業學院學報》發表〈味噌製造與組成之研究〉，探討味噌歷史、原料、製造過程和發酵時的化學成分改變，並且提到八種味噌和其中三種的分析結果。他們表示味噌廣受下層階級食用，尤其最受東北省份人民歡迎，一般鄉下人家都是在家自製味噌，只有在大型社區內才會特別興建味噌工廠。凱爾納並且表示，日本每年生產的黃豆有半數以上用來製作味噌。

1905年日本的大島公布數據顯示，住在鄉下以外的日本人每日平均消耗43公克的味噌；農村地區每人每日的平均消耗量則是40公克，由於日本80%的人口都住在農村地區，因此每人日平均消耗量應為40.6公克，或每年14.8公斤。1911年，中國東北九省的英國海關官員蕭表示，根據當時最新統計數字，日本人一共消耗72萬4656公噸黃豆，其中大多數（54%）都用來做味噌。

1913年日本人高橋和安倍估計，日本人每年的味噌消耗量是4萬5000公噸，相當於每人每年消耗0.88公斤。另一位學者河村估計，日本人平均味噌消耗量從江

戶初期開始至二次世界大戰前，應該是固定不變的，也就是每人每日平均消耗 35 公克或每年 12.78 公斤，這是因為產量的增加與人口增加有直接的關係。在這個時期，超過 50%的日本味噌是自製自食，並非用於商業販售；1940 年，35%至 55%的味噌是在家中和農舍製造。

1870 年代至 1950 年間，大多關於味噌和味噌麴的早期科學研究都是由歐洲人所做。直到 1900 年代初期，日本研究人員才開始用歐文（主要是英文和德文）撰寫一些味噌論文，並在日本和歐洲發表。大島探討味噌的營養價值和在日本的消費情形；高橋於 1908 年發表〈味噌化學成分的初步研究〉，並與安倍在 1913 年發表〈味噌化學成分的初步研究〉，涵蓋對味噌中胺基酸的分析；赤木和同事則在

【表 5】日本味噌市場 (1930 至 1980 年)

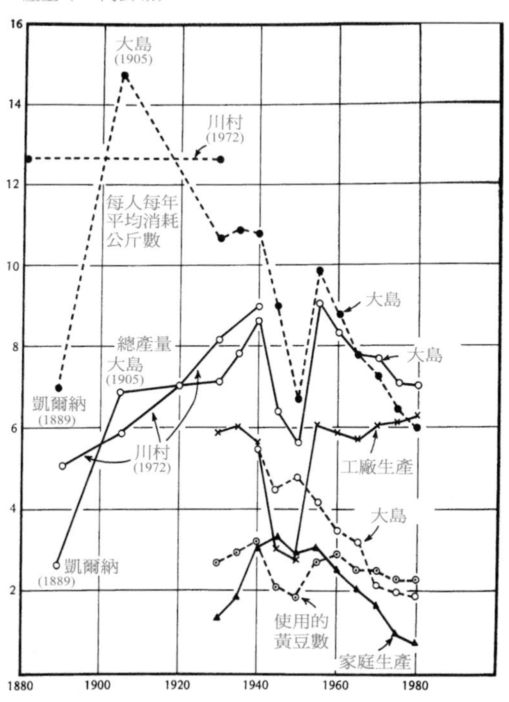

【資料來源：1930 年以前：期刊文章。1930 年以後：日本全國味噌協會、個人通訊，1983。】

1915 年發表〈八丁味噌研究〉；1921 年，木下發表《實用味噌發酵》，是迄今最完整的製造味噌書籍；1924年，西脇發表關於八丁味噌和麴的文章；1935 至 1936 年，岩村在《日本農業化學會誌》用日文發表三篇關於味噌的文章，他是首位在發酵過程中加熱味噌以縮短發酵時間的學者。

1800 年代晚期，可與首創的日本味噌研究相提並論的，是高峰讓吉博士對麴的創新研究，他是將製麴過程引進西方世界的人，並賦予製麴重要的商業應用。高峰早年攻讀微生物學和發酵科學，後來到西方習得麥芽釀酒方法，並野心勃勃地想將製麴過程引進到西方。經過大量增加麴黴的澱粉酶活動的實驗後，他在 1880 年赴美，隨後展開新計畫，萃取出麴黴的酵素供商業使用。1894 年，高峰因澱粉酶製作方法獲得兩項美國專利，隨後並成功上市成為「高峰氏澱粉酶」，這項產品源於傳統的味噌和醬油製法，具有豐富的各類酵素，能廣泛地應用在酵素學領域上，並使高峰和麴黴享譽國際。這些研究成果讓日本人更加瞭解和掌控味噌發酵的過程，其中一項最早的重大進展出現在 1904 年，當時日本人首次將純種培養的麴種用於味噌上。

控管的傷害

1930 年代初期，日本味噌製造界歷經一連串劇烈改變，而且迄今仍然持續發揮影響。隨著日本軍國主義興起，相繼征服韓國及中國東北九省領土，並且發展北海道和北部島嶼，因而出現許多味噌的新市場，並刺激具有國際觀的味噌工廠迅速增加。到了 1936 年，商業用味噌的產量飆到歷史新高的 60 萬公噸——這個紀錄數字要到 1970 年代中期才會再次出現。但是到 1936 年，日本包括味噌在內的基本食物，突然遭受日本嚴格的訂價和品管

限制，為了達到標準化，日本政府將所有味噌分為三種（米、大麥和黃豆）和兩種等級（特級和中級），各種種類和等級的味噌都有固定價格；雖然可以制定特殊種類的味噌名稱，像是江戶、信州或八丁味噌，不過若打上個別廠商的商標名稱卻是非法的。這項政策對於精緻味噌的製造是致命一擊，因為製造商往往會降低生產品質至中級，只要獲得政府保證後，一生產就能夠賣出去。

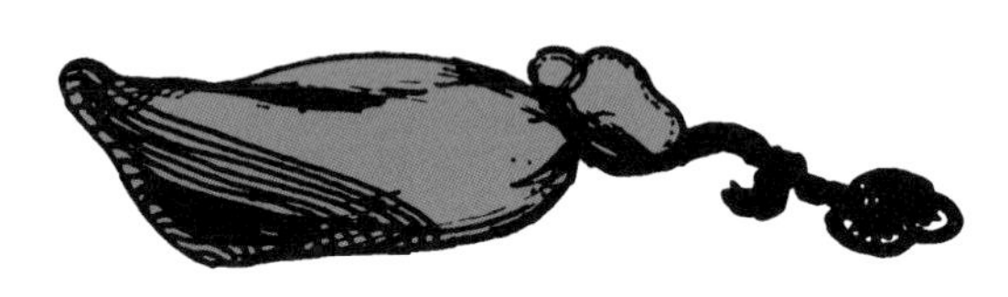

二次大戰和戰後（1940 A.D.～1983 A.D.）

為了反制政府專制控管所造成的味噌品質下滑問題，日本在 1940 年 1 月成立第一個「日本全國味噌協會」，1944 年，協會交由政府控管，但到 1948 年又恢復其獨立自主權。1960 年 11 月，協會以原本的名字重新獲發執照，至今仍相當活躍，在東京擁有大辦公室並出版刊物。

自「日本全國味噌協會」成立後，就將地方性的味噌貿易協會全部納入羽翼管理，雖然協會代表決心要廢除政府專制控管，不過他們並未成功。味噌產量在戰時大幅下滑，儘管控管制度在戰後 1946 年宣告廢除，但它對於味噌製造業者和消費者所造成的傷害仍未能完全癒合：許多業者失去對自家產品品質的自豪，開始接受較快速且成本較低的製造方式，消費者也在習慣制式化且低品質的味噌口味後，失去鑑賞天然精緻味噌的敏銳度。

戰時，由於食物短缺和日本食物制度陷入混亂，味噌的消耗量和產量當然會減少，而且到約 1950 年戰後消費緊縮時期都是持續下滑，直到大約 1955 年時，才突然急劇復甦並達到戰後頂點。不過後來味噌的消耗量和產量又穩定下降，一直持續至今。造成此種趨勢的原因如下：

二次大戰後，日本人的價值系統產生劇烈改變，1868年開始的西化過程突然在飲食、服裝和住宅外觀上有了急劇影響。含有大量動物產品、糖和精緻食物的西方飲食逐漸成為飲食常態，白麵包取代了部分白米飯，同時也部分取代了以味噌為主角的日本傳統飲食習慣。而農業和其他領域的機械化，則形成一種更都市化且久坐的生活方式，大大減少體力消耗，也降低鹽的消耗量和整體食物的攝取量。在 1960 年代，有人擔心日本人鹽的攝取過量（是一般國家的兩倍），也是導致味噌消耗量減少的原因。1955 至 1980 年間，每人平均味噌消耗量從 10 公斤減少至 6 公斤，跌幅約 40%；不過 1980 年仍然維持在每人每日 11.2 公克或約 1 湯匙的味噌消耗量；1970年代，都市商人平均的味噌消耗量是國民平均的 58%。

隨著每人平均味噌消耗量減少，味噌的總產量也跟著下滑。事實上，商業用或工廠製味噌自 1955 年後就維持相當穩定的數量，即使在 1965 年之後也只有因應人口緩慢增加而微幅上升。主要產量下滑是來自家庭自製味噌：日本愈趨都市化，價格低廉的商業味噌就愈趨普及，一般人沒時間也不想要自製味噌。因此就從 1945 年最多的 33 萬 6000 公噸（家庭自製味噌在戰時增加），跌至 1980 年的 7 萬 5000 公噸；而味噌總產量的下滑及味噌中使用較多米來製作，也導致黃豆使用量從 1960 年的 28 萬 8000 公噸減少至 1980 年的 22 萬 6000 公噸。

味噌製作機械化

戰後期間，味噌工業結構開始改變，

了整體經濟從鄉村農業轉型至都會工業外，更具體的原因則在於政府戰後為了刺激現代化、機械化與合併所設計的課稅制度和誘因。在一世紀之內，製造味噌的中心從農舍和私人住宅轉至商店：戰前和戰時，有55%的味噌總產量來自家庭自製，但到了 1980 年，只剩不到 11%了。隨著商店發展成小工廠且移至城市附近，愈來愈高的土地和勞力成本，導致每單位的資金、空間和時間的獲利需求增加，造成味噌製作過程的大量機械化，包括快速溫控的發酵過程、培養快熟的甜味噌和機器包裝。結果，中小型商業製造廠商從 1930 年代的 5500 家，減少至 1950 年的 4800 家，而後再減至 1980 年的 1900 家，30 年內減少了 60%。同時，高度機械化的大型工廠則穩定增加：1958 年，許多味噌工廠的產能接近每日 10 公噸；1965 年，許多較大的傳統工廠合併成大型的現代化公司，有 23 家工廠每年每家的產能至少 4100 公噸，而前十大工廠每年生產 15 萬 4000 公噸，相當於全國味噌總產量的 26%；1974 年，後者的產量更攀升至 30%，而且各家工廠的產量變成每年 1.5 萬至 2 萬公噸，而這「前十大」味噌工廠的名字，在日本漸漸家喻戶曉。

微生物的應用

戰後期間，日本在微生物方面的研究以及食物發酵的應用方面發展迅速，旋即成為此一領域的世界領導國家。中野昌弘博士是日本最先將這些新進展應用在味噌製造的科學家之一，他是明治大學微生物學的教援，也是日本現代味噌研究人員中的泰斗。他曾發表大量日本著作，許多優秀的味噌研究人員都是他的學生，如海老根博士和望月勉博士等。海老根在日本「國家食品研究協會」工作，1966 至 1976 年間與同事發表過許多味噌研究，並在 1982 年 4 月後，到全國味噌協會的中央味噌研究協會工作。望月博士則在知名的「信州味噌研究中心」工作，1972年，他和同事證明嗜鹽片球菌和魯氏酵母，在味噌製造過程中的重要性。

1960 年代中葉，許多日本食品科學家自豪地讚揚各項新的「味噌製造進展」。有些味噌製造商用嗜鹽乳酸菌（醬油乳酸菌和腸球菌）和酵母（魯氏酵母和球擬酵母）做為接種體，以減少發酵時間，並產生具迷人香氣且發酵完全的味噌。而可加熱至 120 度的批次式旋轉炊具，則取代了傳統的鋼鍋或鐵鍋，旋轉的作用還包括烹調；大型的滾筒式旋轉發酵機既能調節溫度和濕度，也能淨化流通空氣，在大型工廠用來取代傳統勞力密集的麴室；環氧化物填充的鋼和混凝土槽取代傳統大型的杉木桶，修桶匠逐漸不復存在。味噌先用聚乙烯袋包裝，取代了以往裝在木桶裡販售的方式；由於結合密封包裝、全國發送、超市零售和少鹽的甜味噌等多項因素，於是開始使用加熱殺菌法和添加防腐劑（含有山梨酸能夠防止袋子破裂）。有些研究調查用酵素製劑取代麴，進行味噌的蛋白質和碳水化合物水解，但是除了黃豆味噌的發酵時間減少 33%而產量減少 8%外，其他結果均不盡理想。

1970 年代晚期，大型工廠使用有排孔不鏽鋼地板的大型麴室，取代旋轉發酵機；室內裝滿了麴，堆積深度達 30 公分以上，而且經過機械化攪動和採收；而乙醇防腐劑開始取代山梨酸。

使用新原料

1960 年代中期之後，味噌的原料也產生改變。1971 年，海老根寫下日本黃豆是最適合製造味噌的材料，其次是中國黃豆，至於美國黃豆雖然「不適宜製造高品質味噌」，不過柴崎和海老根等人仍做了大量研究，找出三種可與日本最佳黃豆比擬的美國黃豆，由於比較便宜，美國黃豆也開始受到廣泛使用。1960 年代，許多成本低的脫脂黃豆也用於製作味噌上，不過品質較差，後來也逐漸放棄使用，到 1975 年後只有不到 0.5%的味噌仍繼續使用脫脂黃豆。

為了加速發酵過程與生產色澤較淡且較甜的味噌，人們開始使用較多的米而少用大麥和黃豆製作味噌；水管提供的氯化水取代了井水，而天然海鹽則被精製食鹽所取代；此外，日本產的黃豆也逐漸被成本低品質也低的美國黃豆代替。除了防腐劑，各種化學添加劑如著色劑、味精、防結塊劑、人工糖精、漂白劑等也開始用於製作味噌。

回歸傳統

日本味噌業施行現代化、機械化和集中控管後，其最主要也最令人遺憾的後果就是，各地所產的傳統味噌逐漸失去原本的個性，但仍有許多地方的味噌師傅，珍惜著傳統方式和他們當地特產的獨特性。這些日本師傅將現代工廠製造制式味噌視為稍縱即逝的流行，他們堅持天然製造過程、固守傳統和直覺，採用上好的木製工具和木桶，並且尋找天然材料，永遠記取「文化」的真實意涵。他們保有技術的祕方和完整性，努力工作並苦苦等候，有的甚至會將味噌出口至有市場需求的北美和歐洲，如仙台味噌醬油和主要的八丁味噌公司。此外，也有人努力想要找回傳統和獨特的味噌。茂木曾提到一些特殊的製味噌方法，採用非常規的碳水化合物材料如馬鈴薯、栗子、蕎麥和小米等。九州出生的小說家三角寬則致力於恢復家庭自製味噌，退休後，他將寬闊的東京住家改為研究和製造味噌和味噌漬物的中心；他寫的《味噌大學》和《漬物大學》富有文學和個人風格，並談及用傳統且天然的方式，製作這兩種發酵食物的過程，還配上許多彩色和單色照片。

在這找回傳統味噌的運動中，出現了一位重要又鮮明的人物，他試著恢復各式傳統味噌和作法、探索味噌歷史並消滅大量製造的制式化現代味噌，他是日本知名的「味噌先生」河村涉。1958 年的《味噌年鑑》，是他第一本關於味噌的專著。1972 年，他與辰己合寫日本第一本《味噌書》，第一部分談到中國和日本的味噌歷史、味噌製造過程和種類，以及味噌在日本各省扮演的角色。第二部分則提出日本數百種最知名的味噌食譜。此外，河村還撰寫了《日本各省味噌湯》、《味噌湯百科全書》和《味噌文摘》等作品，他懷著喜悅的心情注意美國對於天然味噌愈來愈有興趣，並記錄發展過程向日本大眾報告。

健康議題的關注

味噌有促進長壽和健康的功效，也是在恢復傳統天然味噌外，另一項令學者感興趣的議題。除了之前提及的一些有關味噌與健康的研究外，1960 年，黃麴毒素（兩種麴菌黴產生的致癌毒素）引起大眾的注意，因為當時英國有十萬隻火雞和鴨子突然集體暴斃，而原因就是牠們的飼料中含有遭到黃麴黴污染的發黴花生米。這個消息傳出後，立刻引發人們的憂慮，因為味噌和醬油是利用另外一種麴菌來發酵，因此可能也含有黃麴毒素。於是，一些研究者展開大規模調查商業用麴、味噌和醬油的行動，自 1966 年便出現許多相關報告。以日本為例，真鍋和松浦曾檢驗從製麴業者取得的 238 種麴樣本、味噌工廠取得的 28 種，108 種工業味噌樣本、30 種家庭自製樣本，和全國採樣的 20 種醬油樣本，都沒有發現黃麴毒素；其他日本早期重要的研究，包括村上等人所做的味噌和醬油也都表示沒有黃麴毒素污染的問題。

1960 年代在日本，其味噌歷史上發生了一件大事：味噌傳入了西方，其中大部分是透過日本長壽飲食法老師的引介。到了 1960 年晚期，歷史上首次出現大批美國白種人購買進口的日本味噌，並使用在他們的料理上。一些西方人開始自己製作味噌，而且愈來愈多味噌相關資訊也開始出現。

大約在 1970 年初期，人們發現許多日本蛋白質食物內（尤其是烤、炸或煙燻過的魚和含有亞硝酸鹽的法蘭克福香腸）都含有致癌的亞硝胺；但另有許多食物（新鮮麵包屑、菠菜、綠色沙拉、味噌和醬油）只有低量的亞硝胺，被認為在安全範圍內。長堀則發現味噌和醬油內的物質能抑制 62%至 79%亞硝胺生成，讓亞硝胺含量維持在十億分之一以下。

這個時期，日本民眾對於傳統食物標準化的製作過程與使用化學物品的現象開始反彈。人們開始懷念精緻天然味噌和醬油的味道，並大聲反對廣泛使用防腐劑、漂白劑和其他合成添加物。在家自製天然味噌的傳統，開始在城市公寓和社區內復活，傳統味噌和醬油製造商也表示，若他們宣傳自家產品全是黃豆製造，且在自然環境溫度中緩慢發酵完成，又沒有添加任何化學添加劑的話，產品就會賣得比較好。1975年，大部分大型的製造商都放棄使用化學防腐劑，改用較天然的乙醇防腐劑。到了 1980 年初期，愈來愈多人認為味噌和醬油是日本古代精緻技術傳統的高品質產物。

現代味噌的發展

1960 年代至 1970 年代期間，經過冷凍乾燥或噴霧乾燥的脫水味噌，在日本開始風行，尤其是做為速食味噌湯內的主要材料。1959 年海老根和小栗首先披露，

1970年代每年約有1萬至1.5萬公噸脫水味噌，是日本總味噌產量的2.5%至3.5%。在1979年的脫水產品中，估計約有80%是經過冷凍乾燥，其他則是噴霧乾燥，到了1970年代中期，以小包裝販售的速食味噌湯變得相當普及。

另外一種新味噌是低鹽（6.3%的食鹽含量）或無鹽味噌。低鹽味噌在1960年代中期開始進行商業販售，此乃因應各界擔心日本用鹽量過高，造成中風機率偏高和高血壓的問題，所以日本在國內發起降低食鹽攝取量運動。低鹽味噌到1979年時在日本變得相當流行，大部分的大型廠商都開始減少10%至25%的味噌含鹽量。1980年，三種低鹽產品的標準含鹽量：薄鹽味噌含鹽量比一般少10%至25%、低鹽味噌比一般少50%，至於每100公克的超低鹽味噌則比一般少1公克鹽。標準的日本味噌僅含9%至12%的鹽，一般以乙基醇當做防腐劑。

1983年時，味噌仍然是日本飲食基本的一部分，估計約有80%至85%的味噌用於製作味噌湯，其餘大部分則用於調味料、煮物或豆腐上的淋料。雖然味噌大多用於調味，不過它們對於日本人攝取蛋白質可說是貢獻良多。平均而言，每公斤米味噌含有115公克的蛋白質，而八丁味噌則有217公克；每公斤醬油則含有78公克蛋白質。根據報告，1970年代晚期，味噌供應日本飲食約6萬6000公噸植物蛋白，而醬油則約11萬2000公噸。

歐洲味噌歷史

味噌在歐洲和西方出乎意料地有相當長的歷史，其中，歐洲人比美國人早三百年知道有味噌的存在！歐洲最早提到味噌是在1500年代晚期，正值日本江戶時期開始之前。

早期歐洲文獻（1597 A.D.～1899 A.D.）

最早提到味噌或任何豆類食物的歐洲

人，是 1597 年一位最具文學修養和敏銳觀察力的旅行家卡列提，他對於日本飲食文化相當感興趣，甚至特別走訪長埼並在日本待了兩年。他在回憶錄中如此寫到：「他們準備各式魚料理，並使用一種名叫『misol』的調味料。它用各地盛產的豆類製成，將豆子煮好搗碎後再與製酒所用的米混合，然後就放入桶內變酸甚至快到要腐壞的地步，產生一種非常刺鼻又辛辣的味道。他們每次使用一點，增加食物的味道……」。

第二次提到味噌的是，1691 至 1692 年住在日本的德國科學家和旅行家甘弗在，他是一位才華洋溢的自學學者，詳細記載味噌的製造過程。在 1712 年首次以拉丁文出版，寫到：

為了製造味噌，人們先將黑豆用水煮過並放置一段時間。搗碎後與半流質食物混合，接著持續再搗碎並加入食鹽，夏天四匙、冬天三匙；若鹽加得少，那麼成品會較快完工，但比較容易壞。在持續搗碎動作後，將半流質的食物與去殼的米混合，再繼續搗碎。米在製作過程中會被未加鹽的水的蒸氣稍微煮熟，此時有人會讓此混合物稍微冷卻，然後置入溫暖的地窖一天一夜或二天二夜，等待成熟。

此混合物具有粥或果醬的質地，人們將它置入裝有米酒的碗裡；碗在使用前，須先放上一至兩個月不讓人碰觸。因為是有去殼的米，所以成品的味道相當好聞，同時其製造過程就像製作德國玉米粥一樣，需要有經驗的大師手藝，因此必須尊敬那些大師，而且他們是販賣現成的成品。

後來甘弗又詳細描述醬油的製作過程。在甘弗之前，許多西方旅行家也提到豆類食物，像是味噌、豆腐和醬油，不過沒有人知道這些食物是用黃豆做的。經由甘弗對於黃豆的描述和圖解，以及他對味噌和醬油製造過程的描述，西方世界首次瞭解到黃豆與豆類食物的關連。

1776 年，瑞典醫生和植物學家C.P.桑伯格在他著名的《遊記》裡提到味噌，《遊記》是根據他在日本十四個月的經歷所寫成，其中的〈日本食物〉這一章寫到：「日本人一天三餐都喝味噌湯，裡面有魚肉和韭蔥。那些味噌類似扁豆，是一種日本產的小豆。味噌或醬油是日本人的主食，各階層人民，不論老少富貧，一年到頭每天都要吃上好幾回。」由上可知，他顯然以為黃豆就叫「miso」，後來他也有提到醬油的作法。

1783 年，英國植物學家查爾斯．布萊恩提到味噌，認為它是用來做醬油的材料。他使用的術語部分取材自甘弗，不過其觀察卻是第一手的，雖然不甚詳細或精確，他說：「從味噌中調製而來的醬油取名為『Sooju 或 Soy』。味噌的製作過程相當複雜，將大量的黃豆用水煮到完全變軟後，反覆搗碎再加入幾乎等量的鹽。然後將麴加入豆泥中並置入木桶內數月，取代奶油來使用。」他注意到麴的調製是只有少數人才知道的祕密，這些人在街上將麴賣給味噌製造商。

歐洲最早提到中國的醬是在 1855 年，一位名叫朱利安（Stanislaur Julien）的人寫信給巴黎「適應環境協會」，他在信中討論豆類食物時提到：「他們也製作醬，是一種調味料。」

味噌相關研究

日本在明治時期開始引進歐洲科學技術，其中最早的一個食物研究領域就是麴黴。德國人科歇爾特在 1878 年提到關於麴和麴種的製作過程，他注意到製造清酒的麴都是在 11 月至 2 月間製作，蒸好的飯和黃色粉末狀的種麴混合後，用草蓆包好，再放至地下室溫育三天。到了第三天傍晚，再將它放到木盤上培養，偶爾予以攪拌後，一直放至第五天早上。麴種是在麴的季節結束時所製作，用來做為培養基，是米和木屑的混合物。在七至十天的發酵過程後，木盤在麴室內呈上下顛倒狀，將孢子輕拍到乾淨的紙上，然後置入密封的瓦罐，一直放到隔年。

1880 年，法國「適應環境協會」的白立耶提到，黃豆「尤其適合做濃湯，類似豌豆湯⋯⋯根據我的經驗，可以把這種日本人稱之為味噌的醬，搭配其他材料置入桶內度過冬天，作為船上的糧食等。」白立耶顯然嚐過味噌，而且認為味噌漬物在東亞很受歡迎。

德國凱爾納博士是歐洲第一位發表關於味噌詳細科學研究的人，他同時也是一位德國農業化學的先驅。凱爾納在 1880 年獲邀擔任東京帝國大學的客座教授，他在日本待了十二年，娶了一位日本妻子，並且協助日本成立關於農業化學和動物營養的基金會。1889 年，他跟日本同事毛利和長岡共同發表〈關於麴的製造、組成和特性〉，提到麴的化學分析，並且注意到「麴的發酵能讓膠狀澱粉變成麥芽糖和葡萄糖，並將麥芽糖轉換成葡萄糖；麴還具有強烈的糖化特性」。同年，凱爾納、長岡和倉島發表他們的經典論文〈味噌製造與組成之研究〉，談到味噌歷史、原料、製造過程和發酵時的化學成分改變，以及許多不同種類的味噌。文中還提到四種味噌的化學和營養分析，凱爾納指出這些味噌的發酵時間短則三至四天，長則一至一年半，討論的味噌包括了白味噌、江戶味噌、田舍味噌、仙台味噌、金山寺味噌、櫻花味噌、鐵火味噌和小督味噌。他甚至還談到味噌的早期歷史：「日本最早的文獻之一《三代實錄》提到，一位名為晉革的中國僧侶在 1000 多年之前，將少量的味噌傳給當時的日本天皇⋯⋯雖然『Korei Shiwo』這個名字不及『味噌』普及，但代表它是從韓國傳入。」凱爾納相當詳盡的研究，至今仍是西方人所發表過最好的研究之一，也是其他相關研究主要的資料來源。

同時，在 1886 和 1889 年，德國人瑞恩對於味噌和其製造過程也發表簡短的描述，並且提出東京目黑地區農業學院所作關於味噌營養成份的分析，他說味噌「據說在第三年時是最佳狀態」。另外，貝勒士奈德引用不少早期中國文學中提到的醬；荷蘭科學家吉爾里格斯則是最早撰文提到印尼一種類似味噌的食物，並包含其營養成份分析。

首批商業味噌

歐洲首批商業味噌在瑞士開始生產製造，1897 年，美國人朗沃西發表這種瑞士味噌的營養分析，它應是一項乾燥的產品，因為只有 12.5%的水分（傳統日本味噌則有 48%至 50%），以及 26.4%的蛋白質和 13.9%的脂肪。朗沃西還提到許多東亞豆類食物是在瑞士製造，但他沒有指出資料來源。1907 年，德國山夫特表示，「最近位於瑞士坎普索的『尤利烏斯．馬基公司』開始製造並銷售一種味噌。」馬基公司是歐洲第一家開發「水解植物蛋白質」（HVP）的公司，據說他們開發出一種未發酵的醬油。山夫特稱味噌為「植物乳酪」，並採用凱爾納的資料描述味噌的製造過程和組成成分。他還首次報導當時有名的味噌和漬物。

廿世紀的歐洲味噌

1910 年中國在巴黎的黃豆研究先驅李禹英，在他的《黃豆》書中談到中國的醬，並於 1912 年在法國談論中國醬和越南醬。1911 年，英國人蕭在中國東北九省提到兩種中國醬的製造方法，1914 年溫克勒（Winkler）提到味噌的製造，1917 年，佛斯坦伯格重複凱爾納和溫克勒提過的味噌資訊，他也稱味噌為植物乳酪。不過在佛斯坦伯格之後，歐洲四十多年來都沒有科學文獻提到味噌或醬。

1950 年代晚期歐洲重新對味噌產生興趣，這得歸功於一位名叫喬治．大澤的日本紳士。他於 1935 至 1929 年在法國期間，曾經教授味噌，1956 年後，面對著愈來愈多的學生，其教學也更加認真。喬治在長壽健康飲食法和日本天然食品方面的教學，促使吉華家族在比利時成立了繼馬基公司之後的第一家商業味噌公司。他們在 1959 至 1966 年間持續製造傳統和天然麥味噌，後來又於 1981 年 1 月重新開張；同年後期，他們在法國和比利時的工廠一天生產 1200 公斤的麥味噌。至於在歐洲奉行長壽飲食法的社區，則繼續成為引進、分配、教導和使用味噌的一股先驅力量。1975 年，歐洲經濟共同體（EEC）自日本進口 156 公噸味噌，其中最大的進口國英國引進 28 公噸。1981 年，EEC 自日本進口味噌的數量激增至 230.7 公噸，主要的進口國家包括荷蘭（67.8 公噸）、英國（40.4 公噸）、西德（40 公噸）和法國（28 公噸）。其中大部分味噌在日本使用傳統而天然方法特製，以符合歐洲天然食品和長壽飲食的市場。歐洲在 1981 年也成立五家味噌工廠，1980 年 7 月，夏利夫和青柳的《味噌之書》在德國出版，讓歐洲人能更深入認識味噌這種美味的食物。

美、加的味噌歷史

雖然美國比歐洲人稍晚知道味噌，但隨著時間的推移，味噌也將逐漸成為日常飲食的重要調味料之一。

早期發展（1896A.D.～1929A.D.）

美國最早提到味噌的是 1896 年的崔伯，他根據三篇凱爾納早期的出版文章，在《美國藥學期刊》中發表「黃豆和黃豆製品」，詳細且精確地描述味噌。1987 年，朗沃西在「豆類做為人類食物」中簡單提到味噌，並發表早期關於紅、白和瑞

士味噌營養分析的文章，不過他並未指出資料來源。

1900至1960年代早期，派帕和摩斯曾簡單提到味噌，並稱它為「豆乳酪」，他們顯然是根據沙瓦或山夫特的論述。派帕和摩斯根據早期資料來源提供四頁味噌相關資訊，還附上三張日本味噌製造的傑出照片，這是西方首次出版這類照片。1927年，霍瓦斯歸納早期許多味噌研究，並且提到醬豆腐是中國利用醬去醃漬的豆腐，並指出它類似味道強烈的乳酪，可用於西方的三明治。

1920年代初期，美國農業部化學局微生物學實驗室的查爾斯．湯和瑪格麗特．雀奇博士，率先進行麴黴研究。湯是美國農業部菌種中心的一員，中心設在伊利諾州的沛歐瑞亞（1904至1941年）。1904年，湯在中心裡展開研究；1921年，湯和雀奇合寫「麴菌和相關種類」，文中提到味噌、醬油和壺底醬油的製作方法。1923年，雀奇撰寫「豆類和相關發酵」，內容以日本醬油為主，不過對於味噌製造也稍有著墨，並且提到味噌黴菌是「麴菌」。湯和雀奇的研究在1926年集結出版成為專題著作《麴菌》，其後湯的同事拉普延續此題目出版《麴菌手冊》。湯和雀奇的作品為往後味噌重要作品奠定基礎，而這些研究是在1959年成立的伊利諾州美國農業部「北部區域研究中心」所作。湯的菌種保藏在1940年移往沛歐瑞亞，至1983年成為全球最大的菌種保藏中心，約有5萬5000種菌種，用於味噌、醬油、天貝和其他豆類發酵食品。

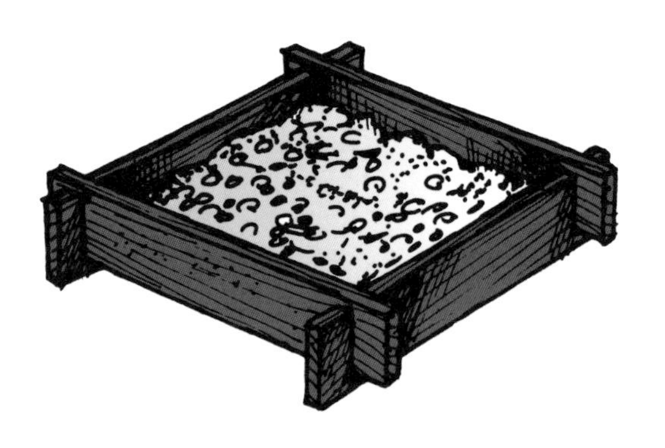

1900年代初期，日本出口的味噌開始增加，且多銷往西方，而這些國外市場也開始吸引日本味噌製造業者的注意。

開始味噌製造

根據威爾考克斯的研究，味噌1908年開始在夏威夷製造，其中大部分黃豆都是由日本進口。主要且可能也是唯一一家的製造公司是「夏威夷黃豆公司」，山上先生為負責人，他們同時也生產醬油，到了1911年，味噌和醬油的製造在夏威夷迅速擴張。夏威夷第二家味噌公司是神田先生在1920年成立於檀香山的「神田味噌公司」，1921年，武井先生在茂伊島成立「武井味噌公司」；其他早期在檀香山的味噌公司包括「上野味噌公司」和「福田味噌公司」。這些年來，夏威夷發展出一種獨特的新味噌，它起源自日本沖繩，那裡是夏威夷早期味噌製造商的大本營。比起大部分日本味噌，夏威夷風格的味噌口味較甜且較不鹹，一般含有70%的米和30%的黃豆，多用來搭配海鮮，而非用於味噌湯或蔬菜料理。許多早期美洲大陸的味噌製造商都是來自夏威夷，或是在夏威夷學習製作味噌；此外，二次大戰前大部分美洲大陸製造或使用的味噌，都是這種口味較甜的夏威夷式味噌。

美國已知最早的味噌公司是1917年由藤本先生在舊金山創立並營業的「藤本味噌公司」。二次大戰期間，約1943或1944年時，由於日本人撤離美國，該公司被迫關閉並搬到猶他州鹽湖城，戰後由藤本的兒子愛德華．藤本及妻子重建。愛德華1958年過世後，由妻子繼續經營公司，直到1976年她把工廠設備和廠牌名稱「金政」，賣給同年於洛杉磯成立的「美彌子東方食品公司」。

美國第二家商業味噌公司是若本（Norio）先生成立的「若本公司」，1919年在舊金山開始營業，只製造白味噌（可能是甘口白味噌或淡黃的甜味噌），大部分出口至夏威夷。約 1932 年，若本公司搬到郵政街 1532 號，交由親戚有川夫婦和兒子經營。1941 年二次大戰爆發後，美國政府強迫他們結束營業（當時一年約生產 82 公噸味噌），雖在戰後恢復了營業，不過兩人卻在 1972 年退休並結束生意，讓出地方興建高樓公寓。

根據「T.天野公司」負責人喬治・土屋表示，在一次世界大戰之前，加拿大溫哥華有幾家半商業味噌和醬油製造業者，且在 1927 年之前，當地至少有一家商業味噌公司。1927 年，日本廣島製造醬油和味噌出身的T.天野先生在溫哥華開了「天野兄弟公司」，製作他個人首批味噌，並於 1931 年推出首批醬油；1982 年T.天野公司同時生產紅味噌、甜白味噌和發酵醬油。

興趣缺缺期（1930A.D.～1959A.D.）

威廉・摩斯在 1929 至 1939 年造訪東亞，他在個人日誌中寫下許多關於日本味噌的記錄，並拍攝許多照片，他提到當時看到的八丁醬味噌已存放二十個月，並在早川右衛門工廠已有三百年的製造歷史。摩斯表示，所有的味噌都裝在木桶裡販售，零售時用竹葉包好味噌賣出，其中甜白味噌主要用於醃漬魚肉和牛肉等。在製作仙台味噌時，則會把蒸好的豆子放在工廠的木頭地板上，排成波浪狀予以冷卻。

米勒談到味噌用於醃漬蔬菜，像是茄子、黃瓜和越瓜。史密斯則提供日本味噌製造和使用情況的最新情報；美國伊利諾州沛歐瑞亞農業部（USDA）所作的西方第一份味噌真正研究，其中部分就是採用史密斯的文章。

這段期間，許多新的味噌工廠在夏威夷開始投入生產：1936 年由喬治・比嘉從福田先生手中買下的「山壽味噌工廠」、「美國夏威夷醬油公司」、「藤井味噌工廠」、「檀香江味噌工廠」、「夏威夷味噌和醬油公司」。大約是 1948 年，「山泉公司」在洛杉磯開始製作味噌，其負責人是來自日本福岡的長井師傅，1960 年代，山泉的生意開始下滑，1972 年則開始重新包裝進口自「檀香山夏威夷醬油公司」的「丸福」味噌，並以「山泉」的名稱在美國銷售。1975 年，美彌子東方食品從長井夫人手中買下「山泉」的使用權，山泉公司則停止營業。

1942 年 2 月二次大戰爆發後不久，羅斯福總統簽署行政命令 9066 號，准許將十二萬住在西岸的日裔美國人扣押在十處拘留營內，所有美國西岸的味噌店也因此強制關閉，店主和員工都被送到拘留營去。當時藤本是美國最大的味噌公司，而年產 82 公噸的有本公司應該是第二大。從戰後一直到 1960 年代初期，非東方裔美國人對於味噌幾乎不感興趣。

興趣成長期（1960A.D.～1982A.D.）

西方世界第一個關於味噌發酵的真正研究，是由伊利諾州沛歐瑞亞美國農業部「北部區域研究中心」（NRRC）的柴埼博士和海索丁博士所作。柴埼是日本農業化學教授，受過良好的微生物學訓練，海索丁則是NRRC發酵實驗室主任及美國知名微生物學家。柴埼 1957 年抵達 NRRC

後就開始研究，他們受到許多鼓吹出口黃豆的美國團體資助，希望能找出新品種的黃豆和加工方法，以克服日本味噌業者對於美國黃豆的反對聲浪。然而研究的進展遠超乎預期，1960 至 1962 年間，柴埼和海索丁發表六篇關於味噌和味噌發酵的科學期刊文章；1961 年，史密斯、柴埼和海索丁在「味噌製作」上獲得公共服務專利；1959 年，美國首批黃豆開始出口日本進行味噌製造，某些部分得歸功於這項研究。此外，NRRC的味噌研究還發現其他實用的應用方法：

❶在味噌發酵第二階段使用純培養酵母，取代傳統上用先前味噌發酵使用過的混合菌。

❷發展和使用固體基質發酵，作為工業生產酵素和次級代謝產物。

❸發展大規模製麴轉筒篩選機系統，可產生更多酵素。

1974 年 4 月，日本研究人員大內到NRRC與海索丁博士花了一年時間，發展西方食物（如：烤肉醬、義大利麵醬、披薩、味噌美乃茲和洋芋片）中味噌的新用法，以引進日本給飲食習慣日益西方化的年輕一代日本人。雖然這項研究的目的就是要增加出口至日本的黃豆產量，不過也有一些美國人對於新食譜相當有興趣。海索丁喜歡加入味噌調製的烤肉醬，也愛推薦訪客用黃瓜條沾味噌吃。1960 年代初期開始，海索丁和沛歐瑞亞的同事出版許多關於味噌的書籍，並在座談會上發表論文。西方微生物學家和食物科學家，原本自 1880 年代後就對鹹的豆類發酵食品不再感興趣，但是在沛歐瑞亞早期的研究和相關出版品的助長之下，西方又重新產生很大興趣，這有助於味噌的「合法化」。1983 年初，NRRC與威斯康辛大學合作，調查低鹽味噌的安全性和保存期限，並且測試大腸桿菌中毒的可能性。

1960 年 5 月的《時代》雜誌還以「癌症：屋簷底下的線索」為題，半頁篇幅報導，東亞人民家庭自製味噌和醬油可能產生的黃麴毒素問題；雖然文章結論只是高度推測，且使用的分析技術遭到強烈批評，但是仍讓對於此議題背景不甚瞭解的部分美國人感到驚嚇，並懷疑食用味噌和醬油的安全與否。為了回應這些憂慮，以及對於美國家畜飼料、花生和玉米是否含有黃麴毒素的大恐慌，沛歐瑞亞的NRRC研究人員開始廣泛調查黃麴毒素。1979 年，此領域頂尖的美國研究人員王和海索丁檢視各項文獻內容，資料皆顯示黃豆不利於黃麴毒素的產生，雖然麴黴跟製造黃麴毒素的麴菌根源相同，但事實上是不同的東西，就像有毒的跟可食的蘑菇同屬一樣。此外，黃麴毒素較常見於花生、玉米、棉子和椰子乾。總之，在任何商業味噌或醬油中都沒有發現黃麴毒素和亞銷胺，人們可以安心食用。

大澤的長壽飲食味噌

影響味噌引進美國並獲得歡迎的主要動力，是喬治．大澤夫婦一手創立的長壽飲食法運動；他們開始這項運動的時間跟USDA和NRRC的研究幾乎同時，但他們

對於彼此一無所悉。1950 年代初期，大澤指導的長壽飲食法學生到紐約攻占據點；1952 年，赫曼・相原開始在紐約販賣大澤從日本帶來的味噌。大澤在 1959 年 12 月抵達美國，1960 年 1 月至 3 月，他進行 30 場長壽飲食法演講，並隨演講販賣《禪長壽飲食法》小冊子，一本 0.5 美元。書中包含可能是在美國首次出版的十種味噌食譜，並提出味噌和醬油是長壽飲食法的關鍵。醬油拼作「syoyu」，大澤起初並未稱它為「溜」，是後來才改稱的。很快地，大澤為數不多但忠誠的學生就以這些新食物，作做他們日常飲食。1950 年代至 1960 年代早期，大澤的日本學生在紐約開了兩家餐廳——茶室和結屋（Musubi）和一家長壽飲食食品店（銀座），他們供應或販售大澤從日本帶來的味噌和天然醬油。約在 1963 年 11 月，久司道夫在紐約四十六街的「鑽石吉姆」大樓開設源平餐廳。山崎順正，從日本到了加州契科，在地下室開始自製麥麴之後，又做出 45 公斤的味噌，分放在三個 18 公升的醬油發酵桶。這是美國所製造的第一批「長壽飲食」味噌，後來存放到久司在波士頓住家的地下室熟化，這批味噌完成後，久司和他的學生就開始享用。

大澤及之後的教授與學習長壽飲食法的人都認為，味噌不光是一種美味的高蛋白調味料，或是幫助消化的酵素與細菌之天然來源，根據長壽飲食的哲學，味噌是「陽」性很強的食物（因為味噌裡面含鹽，並經過長時間的壓製發酵），可以助人痊癒並具藥效，能抵抗陰性體質造成的各種疾病且改善體質，使身心達到平衡。因此，大多數的長壽飲食信徒都建議，無論是平日或藥效用途，應食用陽性較強的麥味噌與八丁味噌，效果會比陰性的各式米味噌好。大澤與長壽飲食都深信味噌的深層價值，因而很注重味噌；在健康又具療效的長壽飲食中，糙米和烹煮過的海陸蔬菜，都是味噌湯的基本原料。

從 1960 年到 1966 年，大澤在演講中一再重申味噌與日式醬油的好處。他著名的長壽飲食食譜《禪風烹飪》在 1964 年與 1966 年出版，兩個版本中都有一整章的〈味噌豆醬〉，裡面有十三道食譜，讓味噌這種原本沒沒無聞的黃豆食品越發受到關注。大澤於 1966 年逝世，當時，許多對天然與長壽飲食有興趣的年輕白種美國人，已常常使用味噌與醬油了。

大澤的日本和美國學生，都非常積極地推動他的志業。1961 年底，一群學生從紐約移居到加州契科，並在 1962 年三月成立一家新的食品公司「契科山」。他們從日本進口傳統味噌，並廣為販售。1964 年，山崎順正開始在契科山嘗試生產味噌與日式醬油，幾年下來，他製造了二十個威士忌酒桶大小的味噌，每桶 145 公斤，釀好後常會與日本進口的味噌一起混合。到了 1970 年，山崎開始製造大批量的味噌，不幸的是，1972 年的 9 月，這棟建築慘遭祝融肆虐，木製發酵桶內 2040 到 2270 公斤正在熟化的味噌都付之一炬。之後，山崎還教一小群學生如何製作味噌，繼續推廣味噌的工作。1968 年，《健康食品企業評論》刊載一篇契科山的報導，稱味噌為「黃豆糊」，這是美國第一篇關於味噌的通俗文章，也是第一篇討論到味噌的營養食品文章。1972 年，赫曼・相原撰寫出版《味噌與壺底汁》，是第一本在西方介紹這類食品的小冊子，裡面首開風氣說明在家製作味噌以及味噌醃菜的食譜，而製作麥味噌、米味噌與八丁味噌的食譜，也都囊括其中；1974 年，這本書經修訂擴充後，以《黃豆飲食》之名出版。相原夫婦大力推廣味噌，並出版多本關於長壽飲食的烹飪書，裡面都有味噌食譜，《契科山烹飪書》便是一例。契科山持續進口、宣傳經銷高級的天然味噌，在1980年代早期努力耕耘。1983年，契科山計畫以三階段，在當地展開味噌製作：他們首先與日本味噌公司合作，進口散裝味噌，把味噌熟化，再以日本冷藏進口的麴應用到他們的味噌，最後在契科製作完整的味噌與麴，同時他們也想做日式醬油。1980年，山崎在北加州的奧蘭購買土地，希望能以最高級的天然材料，做出品質最好的味噌，此外，他也在那兒種植梅樹，以製作鹹梅乾。

久司夫婦的推動

長壽飲食活動與味噌的另一大本營在波士頓。1963年9月，久司夫婦在當地開始推廣長壽飲食與味噌；1966年4月，他們的「理想幻境」長壽飲食食品商店開張，販賣天然味噌與日式醬油。其味噌是從紐約的「無限食品」、加州「契科山」採購，其他少量是從比利時的「利馬食品」進口，另外也有從當地的日本食品公司「西本貿易株式會社」購買。味噌是店裡面的暢銷商品。1968年，撒那埃（長壽飲食餐廳在波士頓成立。同年，理想幻境開始從日本進口味噌與日式醬油等食品；此外，也有家批發經銷商成立，開始買賣從日本進口的高級紅味噌、麥味噌與八丁味噌給為數漸多的天然食品行。1970年代，美國如火如荼地展開天然飲食運動，理想幻境與味噌也趕上這股風潮，開始販售芝麻味噌與鐵火味噌，而各地也陸續出現其他的長壽飲食味噌與天然食品經銷商，極力推廣味噌。

1971年1月，位於波士頓的《東西情報誌》創刊，這是美國領導型的長壽飲食雜誌，裡面許多很好的文章與食譜，對味噌的普及化大有貢獻。在波士頓研究長壽飲食的史提斯肯，創辦了秋天出版社，該社1974年翻譯出版了大澤的《正確烹飪的藝術》，書中收錄許多味噌食譜，1976年則出版了由夏利夫與青柳昭子所寫的《味噌之書》第一版；1978年，艾芙琳・久司撰寫的《如何用味噌做菜》，大受歡迎。1980年，南費城衛理公會醫院的醫師與院長安東尼・薩德勒，接受久司的建議，展開為期一整年的嚴格長壽飲食，而他罹患的末期癌症竟奇蹟似地幾乎全癒了。許多報章雜誌和薩德勒在1982年所撰寫的《癌症奮鬥記》，都刊載了這神奇的經驗。藉由這些報導，在薩德勒每日長壽飲食中扮演主力的味噌湯，就這樣介紹給了數百萬個美國人，波士頓的長壽飲食社群也因而在引介味噌到美國的任務上，佔有舉足輕重的角色。

1960年代，紐約一直是長壽飲食與味噌的重鎮。羅爾的「無限食品」在1960年代中期成立，他們從日本進口長壽飲食食品，並經銷給美國的食品公司。麥克・亞貝瑟拉是年輕的猶太法裔摩洛哥人，在1961年開始研究長壽飲食法，並身體力行；他和妻子於1964年從巴黎搬到紐約，在紐約市成功經營了好幾家長壽飲食餐廳，每一家都供應味噌。他曾撰寫兩本長壽飲食的烹飪書，1968年的《禪食使你健康》與1970年的《生活烹飪》，其中各有四篇味噌食譜，1969年，亞貝瑟拉巡迴全美，以長壽飲食為題作演說，其中內容也包括味噌。

川村昇的味噌教學

另一個重要的長壽飲食味噌大師是川村昇，他在 1971 年從日本移民美國，其知名的著作《自我療癒》提及味噌的數種醫藥用途。1976 年，他在加州葛蘭艾倫附近的研究中心，設立一家製作味噌與醬油的店舖，開始與學生一同研發美式味噌菜單，也把這種食物的技藝交給學生，其中至少有一名學生——艾威爾之後設立味噌公司，而他的通信刊物也刊載幾篇製作味噌的文章。1979 年底，川村把他的研究所遷移到加州艾斯孔迪多，並在那裡繼續教授味噌與其他日本食物的課程。

奇怪的是，許多長壽飲食公司、教師與刊物，都堅持以日文名稱來稱呼味噌，比如大麥稱作mugi、糙米叫genmai、米則稱為 kome，雖能讓味噌帶點異國風情，卻可能減緩美國人認識味噌的速度。此外，長壽飲食社群也很慢才接受醫學界的意見，認為少鹽對身體比較好。雖有這些小瑕疵，但長壽飲食社群在引介味噌給西方國家上，仍扮演極為重要的角色。

白人自製味噌

雖然長壽飲食的學生是最早認真看待味噌、最早每日使用味噌的白種人，還開設了最老牌的味噌店舖，不過，開啟白種人自製味噌濫觴的並非這些人，而是加州塔薩加拉禪山中心的學生。在 1968 和 1969 兩年秋天，日本的知野禪師（Kobun Chino）、主廚布朗（Ed Brown）、夏利夫和幾個美國人一同做味噌，他們從舊金山的日本城取得種麴後，在手工打造的木盤上製作米麴，他們把麴盤放在塔薩加拉山廚房的灶上，並以大湯鍋來煮黃豆，然後再用手搖研磨機一起磨碎。麴、黃豆和鹽會放到一個大酒桶裡面，再用木杵搗成泥（桶內焦焦的部分會先刮乾淨）。味噌在地下室熟化十二個月後，132 到 190 公升的高級味噌就會應用到整個社群的膳食之中，其中大多拿來做湯。和 1200 年前發生在日本的情形一樣，把製作味噌這項傳統藝術傳進美國的是佛教僧侶。

1973 年後，越來越多的美國白人開始自製味噌，其中以長壽飲食的信徒為主。1973 年，艾芙琳・久司在波士頓開設非正式的味噌製作課程，使用店裡購得的現成麴來製作一桶 18 公升的味噌。1974 年，剛從日本學完味噌製作的布雷克・藍金和一起在西雅圖「雙面神食品」的喬治・吉爾哈特，一同用從商店購得的麴，製作出小批量的味噌；1975 年，他們在西雅圖禪修中心為期三天的工作坊中，教學生在紅杉麴盤做出大麥麴和小麥麴，共做出 227 公斤，並出書說明製作過程。1976 年，吉爾哈特在華盛頓與加州教授味噌製作課程，包柏・葛納則在柏克萊的「威斯貝瑞天然食品公司」教作味噌。

1974 年，里歐納在堪薩斯州的羅倫斯市，依照相原的新書《黃豆飲食》做出第一批麥麴與麥味噌，這 36 公斤的味噌，是放在香港醬油桶裡面熟化的；1976 年春天，他又製作了 36 公斤的顆粒麥味噌。之後他移居到阿肯薩斯州的法葉維爾（，並和吉姆・海明格打造出大批味噌的生產設備，1977 年 4 月 15 日，把他們第一批 132 公升的杉木桶裡裝滿糙米味噌。然後，他們更在杉木桶裡面裝滿 454 公斤的味噌熟化，賣給「歐札克合作社」。1980

年，里歐納在密蘇里州實行長壽飲食的莫尼托農場開設味噌課程；同年年底，他開始在久司的研究所以及波士頓的居所進行 15 門味噌與其他黃豆食品製作的課程。1983 年，他前往愛爾蘭的基爾肯尼縣開設味噌廠，不過未能完成。

1974 年，當時住在日本的威廉・夏利夫與青柳昭子開始撰寫《味噌之書》。夏利夫是在 1967 年 2 月的泰馬派山的繞行中，經由詩人金斯伯格以及施耐德引介而首次認識味噌——把味噌和西式淡麻醬一起抹在餅乾上吃，之後，夏利夫就常常食用味噌。1968 年後，他在加州大瑟爾附近的塔薩加拉禪山中心擔任廚師期間，製作了兩次味噌。1973 年春，他在日本南方的諏訪之瀨島上學作味噌，之後又到台灣與韓國研究類似味噌的產品。並在 1976 年出版《味噌之書》，這是西方國家第一本重要的味噌著作，而夏利夫也是在 1889 年以來，繼凱爾納之後第一位在東亞進行廣泛研究，也是第一位向日本味噌師傅拜師學藝的西方人。1977 年，夏利夫夫婦自行出版了味噌製作，說明如何開啟並經營商業味噌工廠，之後幾年許多工廠都會運用這本書。這些書籍除了建立味噌種類名稱，並加以標準化，也全面地把味噌介紹給西方國家。

味噌公司大量出現

隨著精緻味噌的需求增加，美國開始新一波味噌公司的成立潮。其中最早的是 1976 年於洛杉磯成立的「美彌子東方食品公司」，為「日本山印味噌公司」的分支。這家公司由金井先生所創，他於 1955 年從日本到美國，並且注意到美國沒有進口日本味噌，於是他開始進口日本味噌以因應日本新移民的需求。1975 年，金井擴大生意規模，買下夏威夷式味噌「山泉」牌的使用權，然後再將產品進口至洛杉磯。1976 年，金井的「美彌子東方食品公司」開始在洛杉磯投入生產；同年，他又從前「藤本味噌公司」手中買下「金政」品牌和部分設備，然後開始製作日本式味噌以彌補進口產品之不足。金井的主要競爭對手在夏威夷：1970 年代早期，每年約生產 200 公噸「丸祕」牌味噌，以及 100 公噸村福牌味噌（由夏威夷醬油公司製作）。在洛杉磯製造的第一年，「美彌子」製作 150 至 200 公噸味噌，暢銷品牌依序是「山印」、「金政」和「山泉」，公司大部分的味噌都是在加州銷售。1978 年，「美彌子」引進「冷山」牌，躋身天然食品市場，並且開始販售「冷山」牌硬顆粒狀米麴，份量從 340 或 700 公克到 11 公斤不等，供想要自己做味噌的民眾使用。到 1981 年，「美彌子」製造四種品牌的味噌和米麴，並且開始貼上私人標籤：90%的味噌是打著東方食品品牌賣出，其餘 10%則是「冷山」牌，還有四種味噌歸類為天然和健康食品販售，80%的銷售都在加州。根據報導，「美彌子」的製造產量成長率十分驚人，五年內成長 300%，到了 1982 年底，其味噌年產量高達 544 公噸，已超越原來的母工廠。1982 年 9 月，「美彌子」搬到加州鮑德溫公園的新工廠，每年產能是 1800 公噸；盛大的開幕還吸引 500 位味噌愛好者。隨著銷售客每年成長 10%至 15%，「美彌子」開始考慮生產粉狀味噌。

北美第一家由白種人開設的味噌工廠

是位於俄亥俄州蒙羅威爾的「俄亥俄州味噌公司」，由里歐納和克魯丁所創；他們從 1974 年底便開始進行小規模非盈利的味噌製造，並在 1979 年 3 月 13 日開始生產。1980 年 1 月，俄亥俄州味噌公司開始製造不同種類的味噌：糙米、大麥（一或兩年）、甘口糙米、甘口紅米和黑豆。

其他早期公司包括「信美多味噌」、「美國味噌公司」、「南河味噌公司」。信美多和美國味噌的創辦人都曾向日本傳統味噌師傅學藝；「美國味噌」是白人所開的新公司中最大的一家，座落於寬廣的鄉間土地上，並斥資 32 萬 5000 美元興建兩棟建築物和添購設備，結合傳統和現代機械化設施。李維頓在 1981 年夏天出刊的《黃豆食物》雜誌封面故事中，詳細描述「美國味噌」的營運情況：該公司製造紅（米）、甘口麥及頂級的甘口白味噌，並計畫生產味噌調味汁和調味料，且從 1983 年開始生產天然醬油。1982 年，德瑞普位於密蘇里州詹姆斯鎮的「奇想食品／莫尼托農場公司」及重恩位於新澤西州荷姆戴爾的「大眾東方食品」，都開始製造味噌。這些公司大部分都製造天然發酵且未經加熱殺菌的味噌。到 1983 年，許多新公司和個人都認真考慮在美國設立味噌工廠，此舉勢必有助擴大市場。

美國媒體，特別是關於長壽飲食法和天然食品的媒體，對味噌充滿強烈興趣，有許多相關文章問世。1979 年 3 月，三浬島發生核反應堆災難後，他們更是建議民眾食用味噌，因為味噌含有啶二羧酸，可保護人體免於吸收輻射物質。

1960 年代開始，美國對於中國和日本料理的興趣愈來愈濃，米勒的《千萬中國食譜》是其中一本提供中國醬的資料和食譜的好書。柴埼和海索丁則在 1960 年代初期對味噌和味噌發酵，進行史無前例的科學研究，但之後就罕有這類研究出現。1974 年，堪薩斯州大學的 C. 高發表有關味噌及其他發酵食品（從雞豆、蠶豆和黃豆製造而來）的博士論文，並於 1977 年和羅賓森撰寫此項研究的期刊文章摘要。1979 和 1981 年，福島提供日本味噌和其現狀的一般資訊。同時，許多味噌和麴的日本專利也開始在美國獲得專利。

開發新產品

美國味噌製造商和市場商人相當創新，開發許多適合美國口味的新產品。1970 年代中期，美國大部分味噌都是散裝或裝在塑膠袋裡販售，並且從日本進口，最受歡迎的種類是紅味噌、麥味噌和八丁味噌，嘗味噌在美國西岸也很受歡迎。美國最廣泛流行的產品是由龜甲萬在 1968 年引進的「速食紅味噌湯」，味噌被包在箔袋內做為沖泡的材料，美國西岸超級市場內的日本食品區和日本食品店都有賣。1983 年，龜甲萬提供的「速食紅味噌湯」、「速食白味噌湯」和「速食豆腐味噌湯」，都是用大型彩色箔袋包裝。1978 年秋天，喬爾．迪領導的「愛德華貿易公司」引進「味噌杯」，是一種速食天然脫水味噌湯，用箔袋包裝，1980 年時已可買到兩種口味；味噌杯在美國立刻成為最廣為宣傳的味噌產品。隨著時間過去，許多美國天然和健康食品刊物刊登全版彩色或黑白廣告，都在介紹數百萬美國

【圖 5 俄亥俄州味噌的標籤】

民眾食用味噌，有些人靠喝味噌杯戒掉喝咖啡的習慣，他們發現味噌的香味和味道跟咖啡一樣令人喜愛。

1982 年，「愛德華」引入兩種粉狀味噌蘸料，若把它們加進酸奶油、優格、鱷梨等食物內，就能迅速變成蘸汁和沙拉醬。1970 年代晚期，San-J 引進一種粉狀黃豆味噌，含有 33%的蛋白質，可以賣給食物加工者當做味噌的天然替代品；科羅拉多州「白浪公司」則引進「黃味噌調味料」。1980 年，丸三引進兩種速食味噌湯，紅白味噌都有，並在貿易雜誌刊登全版彩色廣告。1982 年，「夢幻公司」大肆廣告一種「速食飯」——糙米飯配味噌、「健康谷公司」引進「素烘豆配味噌」和「玉米片配味噌」，以及「玻德魔法師」推出「嗆食配味噌」。1983 年初，「威斯貝瑞天然食品」推出速食味噌湯，有白色和紅色兩種口味。漸漸地，味噌成為其他美國流行食物的主要材料。

美國味噌廠商也開始嘗試用新材料製作新味噌。1975年開始，師傅利用花生、雞豆、黑豆和納豆取代正規的黃豆，都得到不錯的結果。他們還從玉米、小米、小麥或蕎麥中製麴，並使用粉狀海草作為食鹽的部分替代品。然而，除了「南河味噌公司」和「奇想食品公司」製造玉米、黃豆味噌和粕麥味噌外，幾乎沒有新的美國式味噌在市場上販售。

消費量的大幅成長

1970 年代和 1980 年代初期，美國味噌市場穩定成長，在味噌進口量和國內產量都有增加。日本進口至美國的味噌從 1970 年的 219 公噸，增加至 1982 年的 959 公噸。值得注意的是，1968 年之後成長率顯著增加（表 6）。約 20%至 25%的進口味噌是傳統味噌，其中天然味噌賣至天然食物市場，其他大都進入東方食品店。

進口味噌必須課 14%的稅，但有趣的是，味噌和醬油是卻是「唯二」大量進口至美國的豆類食品，少量的利樂包豆漿和豆腐也進口至美國。

儘管味噌的進口數量迅速成長，美國的味噌產量似乎反而以更快的速度增加，據可靠的數字顯示，1975 至 1982 年美國 48 州的味噌產量從 120 公噸攀升至 750 公噸，成長幅度高達 525%；夏威夷的產量則穩定成長，從 543 公噸增至 640 公噸，增幅約 18%。因此，美國總味噌消耗量（進口量加上國內產量）從 1970 年的 756 公噸，增至 1975 年的 1122 公噸，在 1982 年更高達 2349 公噸。到了 1982 年底，美洲大陸的美國人消耗的味噌是 1975 年時的三倍，且市場成長幅度每年約達 10%！

1983 年，美國味噌產業共有八家製造公司（包括夏威夷三家），加上加拿大兩家。最大的製造商依序是「美彌子東方食品」、「夏威夷味噌和醬油公司」、「美國味噌公司」和「美國夏威夷醬油公司」。美國味噌產業約使用 463 公噸黃豆，以及雇用 27 名員工去製作味噌，換取 490 萬美元零售價格。美國國內製造和進口味噌的總零售值約 820 萬美元。

亞洲人和美國白人消耗的味噌數量都在成長，白人味噌消費者主要來自幾個團體，最主要是因天然食品、長壽飲食法或素食運動而來，有些人則是因為對於日本、中國和其他亞洲料理愈來愈有興趣；味噌的主要消費者年齡層是在 25 至 40 歲。對於全素或大半素食的飲食來說，味噌增添飲食中的鹹味以及蛋白質。雖然美

【表 6】 美國味噌進口製造與消耗

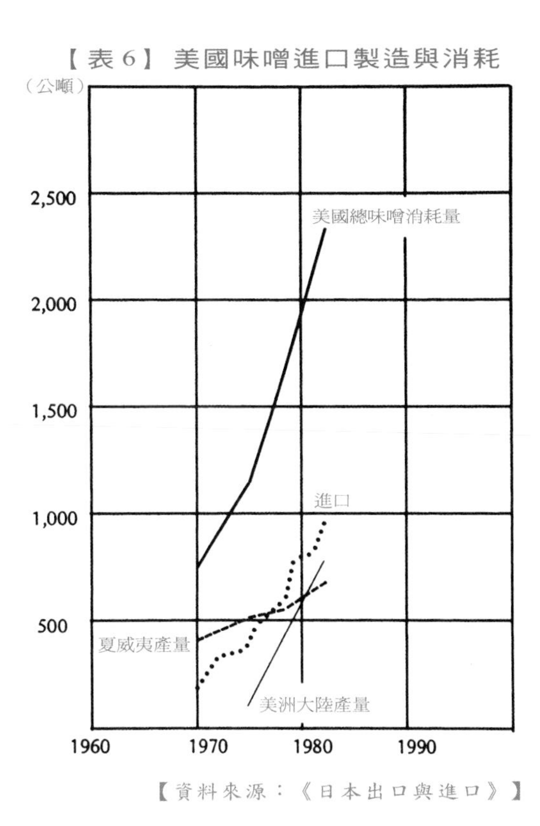

【資料來源：《日本出口與進口》】

國白人消耗味噌的比例，在 1970 年代迅速增加，但以 1983 年來說，仍然比不上東方裔美國人（主要是日裔美國人）。

1970 年代中期至 1983 年，美國味噌市場出現重大改變。味噌的總消耗量呈三級跳，而且味噌以當作其他熱門食物的材料去販售的比例愈來愈高。美國製味噌雖比進口味噌貴，但市場占有率仍穩定增加；其自產的味噌是裝在裝乾酪的紙杯，加上蓋子好脫拿，比一般用密封塑膠袋裝的味噌更方便取用，也不用經過加熱殺菌。包裝味噌（紙杯裝和袋裝）迅速取代成本低卻散裝和自行取用的味噌。將進口味噌分配到主要白人市場（大多也販售國產味噌）的廠商，依公司大小依序為加州的「威斯貝瑞天然食品」、佛州的「生命之樹」、密西根州的「伊甸園食品」、麻州的「理想幻境」、加州的「契科山」和新澤西州的「丸三公司」。1982 年，《新世紀》雜誌針對 6 萬名讀者所作的調查顯示，36%的人每月至少購買一次味噌。然而更重要的是，愈來愈多的典型美國人也開始使用味噌，通常是當作其他食物的材料。愈多愈多天然食品餐廳（包括豆類熟食店、餐廳和咖啡廳）的菜單上都有味噌料理。在家中和餐廳最常見的使用方式就是煮味噌湯，其次是蘸料、調味料、醬汁和塗醬。大多數美國人喜歡味噌湯的香氣。

1982 年底，總部位於洛杉磯的日本貿易振興機構（JETRO），以日文發表對美國味噌市場研究。在洛杉磯所作的調查顯示：63%到店裡去買味噌的人是亞裔美國人，37%則是白人；主要買主年紀在 30 多歲或 50 多歲；洛杉磯共有七家主要的味噌進口商；在洛杉磯 450 家日本餐廳中有 20 家，以味噌為主的主菜是味噌湯、石狩鍋、豆腐味噌「田樂」、味噌火烤牛排和味噌醋醬沙拉。

味噌在西方的未來

味噌自 1960 年代就是以一種有益身體健康的食物介紹給美國白人認識的，1970年代晚期開始，愈來愈多美國人擔心自己食鹽攝取量過高，且在一開始，味噌平均含有 12%的食鹽，可能損及它的健康食品形象，而這股低鹽飲食風氣，使得低鹽、淺色且具甜味的味噌較受喜愛。然而在過程中，愈來愈多人瞭解味噌其實是有助降低食鹽攝取量的絕佳食物。研究顯示，人們以味噌而非以純粹食鹽調味，可以減少 50%的用鹽量，因為味噌本身的味道就夠；此外，其他還有許多日本對於味噌和身體健康之間的關連所作的大量研究。最後，營養學家和醫生逐漸達成的共識是，含有較少飽和動物脂肪的飲食較健康。由於重視養生、世界饑荒、動物權利和減少食物開銷的人，對於吃素愈來愈有興趣，因此使用味噌來增加食物鹹味和蛋白質的人也愈來愈多。

比較日本和美國在味噌和醬油的消耗量，是很有趣的事。1980 年，日本每人每年的味噌消耗量是 6.0 公斤，而醬油則是 11.86 公斤，因此日本人用掉的醬油幾乎是味噌的兩倍重，而美國的消耗數字則低得多。美國人每人每年的醬油消耗量是 254 公克，大約只有日本消耗量的 2%。至於美國人每人每年的味噌消耗量則是 7.37 公克或 1.3 茶匙，只有日本的 0.1%。因此日本人平均比美國人用掉 50 倍的醬油和 800 倍的味噌，而美國人平均用掉的醬油是味噌的 35 倍。

有人可能會問，既然味噌和醬油在日本使用都如此普遍，為何味噌比醬油在西方的知名度低，也未獲得廣泛使用，這可能是因為味噌和醬油工業結構上的不同，而非兩者本身的吸引力。大部分日本醬油是由少數大公司製造，他們具有產能和遠見，能夠發展國際化的廣告和商業。相較之下，日本大型的味噌公司很少，而且只有數十年的現代化商業經驗，因此無法將產品推廣到全世界，或許這些公司也不瞭解美國和歐洲對於精緻味噌的興趣和市場潛力。我們深信，如果日本大型味噌公司能像龜甲萬醬油公司一樣，相信產品具有市場潛力，而且也能像龜甲萬一樣盡力將產品推廣到全球，那麼味噌受歡迎的程度勢必會大幅增加。

1983 年，味噌似乎在西方擁有大好前景，主要市場趨勢都如此顯示，就連食鹽攝取量的擔憂，似乎也變成味噌的優勢。同樣地，日本在過去一千多年來將中國的豆醬，逐漸轉變為獨特且真正日本式的味噌，想必西方人會延續這股創意，將味噌逐漸融入他們口味、技術和料理中。由於人們在許多不同種類的精緻味噌身上，逐漸發現各種美味和香氣，想必味噌在美國不斷演變的烹調方法中，將扮演愈來愈重要的角色，而且會像醬油一樣，成為必備的家庭調味料。

CHAPTER 4

奇妙的發酵

製作優質的味噌是一門藝術，其訣竅在於發酵過程。「發酵」在全世界都有著漫長而不同的歷史淵源，透過這個過程能讓食物更好消化、轉變食物的色香味，還能讓食物不必冷藏就能長期保存。如果用一個放大千倍的鏡頭，以快速播放來觀看這戲劇化的場面，就會發現一個奇妙的世界，在這個小世界裡，小小的孢子如同優雅繁複的花朵般綻放，酵素好奇地伸出長長的手指，使固體融化，而黴菌叢快速擴張，最後滿滿地包覆著它們賴以維生的食物——「基質」。

西方人把牛奶發酵成乳酪、優格或發酵葡萄製成酒，而東方人則運用技巧，讓黃豆與穀類經過發酵而製成味噌、醬油與天貝。無論在東方或西方，發酵這齣戲碼的登場人物都是無數的微生物，他們是發酵過程中的基本要素與力量。這些小生物聽從著四季的韻律節奏，並配合它們所居「房子」的細膩生化改變，以不疾不徐的速度賣力演出；而人類則負責最重要的工作——了解這個生命過程的改變法則，並為這個自然發展過程提供最佳的環境。如此人們就變成了魔法師，與大自然攜手合作，創造出美味的傑作。

味噌製作流程

所有的天然味噌基本上都要利用兩階段的發酵過程來製作。比方說要製作米味噌時，要先把米浸泡整夜，瀝乾後再蒸過，待其冷卻到和體溫差不多的時候，加入少量橄欖綠色的「種麴」，其主要成份是一種叫做米麴菌的黴菌孢子。每個師傅都非常珍惜並守護自己最愛的黴菌品種，因為特殊的黴菌能讓自己的味噌獨具風味。有些菌種甚至被密藏在家族經營的店舖中代代相傳，它們滲透了所有的工具和桶子，瀰漫在獨特的空氣之中。東亞人們利用黴菌來促進味噌、醬油、米酒與醋的發酵過程，就如同西方人拿黴菌來製作美味的起司一般。

加了種麴的米會被鋪到淺木盤上，在溫暖潮濕的室內培養四十五個小時，這時，米上會綻放出芳香的白色黴菌，而覆蓋了白色黴菌的穀類就稱作「麴」。麴菌的功用在於生產酵素，把蛋白質、澱粉與脂肪分解成較好消化的胺基酸、單醣與脂肪酸。

第一個發酵階段完成後，把麴壓碎以切斷網狀的菌絲體，如此麴的外觀就會變成像灑上了麵粉的米片。此時，加入煮過的黃豆、一些煮黃豆的水、鹽和少許前一次發酵製成的熟味噌。這個「種子味噌」不僅為新製的味噌植入該店鋪獨特的酵母與細菌，更延續著店舖的味噌譜系，同時加快下一個步驟的完成。

混合好的材料必須一起壓碎，通常是把它們放進淺木盆中用腳踩碎，然後裝入深達 180 公分的杉木桶中，蓋上一層布與木製的壓蓋，上面放上重物，第二階段的發酵便就此展開。酵素進行消化的同時，浮到表面的液體會產生氣密的環境，防止微生物進入污染了味噌。一旦複雜的黃豆與穀類養分被分解成單純的型態，酵母和細菌就會開始增殖。這些細菌多會變成乳酸菌，它們會把單醣轉變為各式有機酸，替味噌增添特殊風味，同時避免味噌腐壞。酵母和糖的交互反應則製造出酒精，讓味噌具有香氣，而酒精和酸會交互作用而產生「酯」，這是味噌香氣的主要成分。時間會讓鹽銳利的味道化為甘醇，並與其他更深厚的滋味相互混合協調，而這一桶桶原本是淺棕色或黃色的混合物，就隨著時間的推移，慢慢轉變成深厚的棕色。

【圖 6　味噌的熟成過程（取自《味噌大學》）】

各式味噌的特徵，主要是由麴、鹽與黃豆的比例來決定。若麴的含量多，味噌就會較甜，因為麴酵素會把穀類豐富的碳水化合物都分解成單醣。若放入大量的鹽，則會減緩發酵過程，漫長的熟成過程會讓味噌的顏色變深，口感也會更深厚豐富；鹽分低而麴多的味噌，則只需短短的發酵過程，味道較甜，顏色也較淡。

味噌通常被存放在有屋瓦但窗戶少的大房子裡，以隔絕過大的溫差。發酵過程會持續好幾年，以溫暖的月份最為活躍，隆冬寒天則幾乎沒有動靜。經過了一到三個夏天後，味噌便成熟了，裡面含有大量具活性又有益健康的微生物和酵素，會隨著你所吃的天然味噌進入你的身體，準備在人體中發揮幫助消化的功效。

粗略了解味噌的製作過程後，現在則要更深入這個陌生的世界，認識參與其中的要角，並追尋它們彼此影響的轉變過程。首先介紹用來製作種麴的基本孢子，再詳細討論兩個階段的發酵過程。

種麴黴菌

味噌發酵過程的主要演員是數種不同的黴菌孢子。就植物學而言黴菌都隸屬於一種通稱為真菌類的低等植物，包括黴菌、蕈與酵母。所有的真菌類都沒有葉綠素，而且可能只有一個細胞大，並藉由孢子來大量繁殖。

所有的黴菌和真菌都生長在其他有機物質上，這些物質就是「基質」，麵包、水果和蔬菜如果放在櫃子裡太久，就會變成不良真菌的基質；在味噌店舖裡，則是以熟的米、麥或黃豆當做基質。除了適當的基質外，黴菌還需要特殊的環境才能生長旺盛——優質的味噌需要相當暖和的溫度（26.7℃到35℃），空氣潮潤但不悶濕，而且要有充分流通的氧氣。

米麴——味噌好伙伴

幾乎所有的地方都有大量黴菌，幾十年前，許多日本市售的味噌就是用這些野生孢子來當促酵物，直到現在，依然還有一些農家味噌是使用野生胞子。不過味噌製造者漸漸發現，有些種類的黴菌效果似乎比其他種類要好，他們依據直覺和個人經驗，培養出若干菌種，並把味噌黴菌的純系菌株分離出來，結果發現，幾乎所有的種類都屬米麴菌這單一品種。

麴黴菌和青黴菌一樣，隸屬於不完全真菌綱，這些真菌都是無性生殖，因此稱做「不完全」（圖 7）。真菌是靠著「分生孢子」（conidia，源自希臘文「細塵」）來繁殖，這種孢子生長於名為「分生孢子柄」（conidiophores 指孢子孕育處，圖 8）的特殊真菌絲尖端。「麴黴屬」之名（Aspergillus）源自於「聖水器」（aspergillum）一詞，指的是刷子或是帶有把手及小孔的容器，通常是神父或修女在禮拜儀式時灑聖水用。而「米麴」這個字（oryzae）則

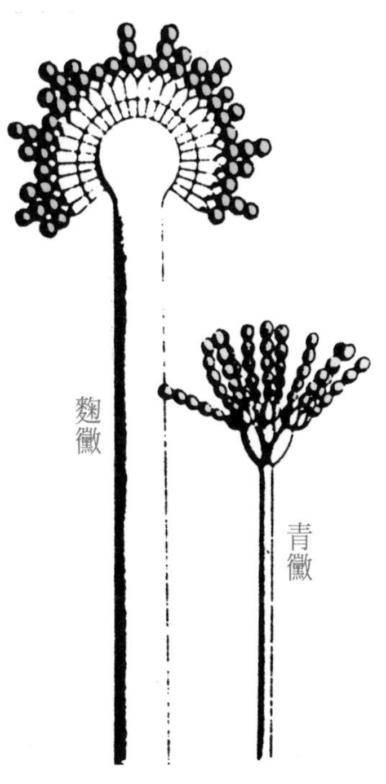

【圖 7　麴黴和青黴的菌絲】

可能是源於「米」的拉丁文屬名（Oryza sativa），因為在早期東亞文化中，這種黴菌經常會在米粒上大量繁殖。

米麴菌有個近親，叫做黃麴菌（Aspergillus flavus），會在花生、玉米以及其他未妥善保存的食物上產生黃麴毒素，而黃麴毒素會導致肝癌。不過，黃豆並非是適合黃麴毒素生長的基質，而味噌或其他麴菌發酵製成的黃豆食品中，亦無黃麴毒素出現的報告。

米麴菌屬有非常多的品種，據估計可能介於一萬到十萬種，而每一種都有其特殊的形體特質與名稱。有些真菌學家終其一生都致力於研究米麴菌，並專精於其中一種以上的重要品種，也就是能產生良好發酵力道、並賦與味噌絕佳風味的「麴」。有些品種的麴菌特別受到重視，因為它們能產生大量的澱粉酶，可以消化分解澱粉，最適合用於穀類含量高的甜白味噌。其他菌種則含有蛋白酶，可分解蛋白質，很適合用來製作豆味噌。有些黴菌的「毛」很長，可形成堅韌的菌絲體，最適合當作雜貨店裡賣的軟網麴，其他「毛」較短的黴菌則適合現代化工廠拿來生產各種麴製品。有些黴菌的毛是白色的，做出來的現成麴特別好看，其他種類的黴菌則能很快生熱，可在短時間就把麴做好。

【圖 8　麴黴菌的生命週期】

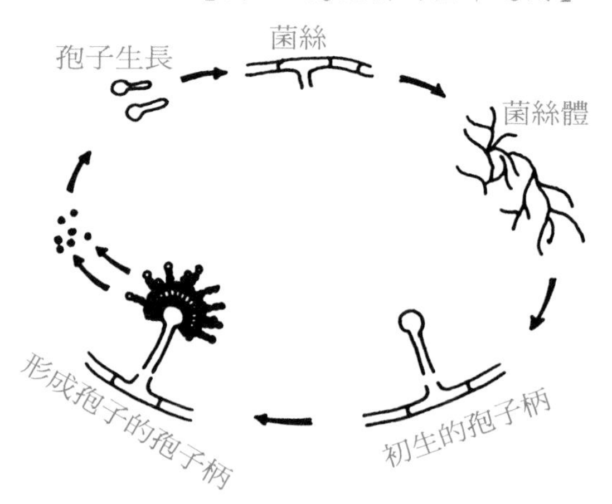

日本味噌製造者多半不自行培養米麴菌種麴，因為過程中需要很多技術訣竅，所需的設備也相當複雜。培養米麴菌的工作多交給少數專業店舖，這種店舖全日本不到十家，每家都有幾種小心培育的品種，有些甚至已經培養了好幾百年。這些黴菌的配種與交叉混種已有悠久歷史，如同賽馬一樣，都經過嚴謹的過程，以賦予味噌精確而理想的風味與香氣。一家店舖所儲存的黴菌是最重要的資產，店主人也會使盡渾身解數來保存它們，甚至可能放到地窖或者洞穴裡，以免失火毀損或被竊取。至於平日所需的原料，則是以純系菌株的狀態，小心地裝在密封瓶子中，存放在一塵不染的實驗室裡，以防外來種污染。

製作種麴

黴菌在專門的店舖裡做成「種麴」後，會依照訂單賣給味噌製造商。以小份量的種麴來製作麴，是製作味噌的前置步驟，種麴的基本做法和麴差不多，但做種麴時，蒸過並加了麴的米會在溫暖的培養室麴盤上放上五天，當黴菌從白色轉為橄欖綠時，就表示孢子形成了。這些被菌絲體包覆的穀類會放到一個大房間裡乾燥，然後分裝到小小的密封包裡販售。

種麴的基質是煮過的糙米或大麥混合少量的（約 2%）落葉性樹木灰燼（如山茶樹或橡樹）而成的，採用糙米是因為白米缺乏讓黴菌蓬勃成長的必需養分，而生物鹼的灰燼既可預防生熱過快，又能為剛形成的黴菌提供所需之鉀、磷鹽、錳和其他微量元素，使 RNA 和 DNA 能分別達到平衡，促進孢子生成，並避免米粒結塊。米和灰燼所做成的溫熱基質與所選取的米麴菌純系菌株混合後，就一起放進一個淺木盤中，在一個大型潮濕房間中以 24.4℃開始培養，過程須非常謹慎，以確保沒有會造成污染的細菌進入菌株。

開始培養後，黴菌孢子就會伸出毛髮般的幼芽——「菌絲」。這些成長中的細絲會形成孢子的身體，也就是白白的菌絲體。許多菌絲細胞會變成長長直直的孢子柄，頂端有個圓圓的球。等到三四天後，這個球就會形成花苞般的團狀物，開始大量形成孢子。在這個階段，黴菌會從乳白色變成淡淡的橄欖綠，也就是孢子本身的顏色；最後，孢子的數量會增加一千萬倍。菌絲體會把米結合在一起形成一張網，這張網會被裝在盤裡，移到 45℃的乾燥室置放三到四天。種麴會散發出烤栗子或杏仁般的迷人香氣，味道比一般的麴要來得濃甜，本身就是美味的零食。

市面上的種麴基本上有三種型態，第一種是菌絲體所結合的穀類，有時只稍微壓碎，這就是「全穀粒」種麴。第二種是把覆蓋了孢子的米稍微磨過，以粗粉的型態販售。第三種是以「孢子粉」的形態販售，今天約有 50%的種麴都屬於這一種。它是把全穀粒種麴過篩，去除沒有黴菌的穀粒後，再收集橄欖綠的孢子而成的。每 1 公克的純孢子粉含有六十億到一百億個孢子，通常會加上粉狀的澱粉補充劑，這樣比較容易包裝及使用。

一般販賣種麴的店舖都會出售八種以上的基本種麴，不過多數的現代種麴都不只有一種黴菌品種，而是精心挑選數種菌株來混合，以達到酵素完美平衡，做出更理想的麴。有些還會加魯氏酵母等酵素來讓營養更豐富，或是加上嗜鹽片球菌和德氏乳桿菌等細菌，它們在味噌原料展開第二階段發酵時，將扮演重要的角色。

製作麴：第一階段發酵

種麴交到味噌師傅的手上後，就會用來製作「麴」，這是味噌製作過程中最困

難也最關鍵的手續，做法是把黴菌植入煮熟的穀類或黃豆中發酵兩天，等到芳香的白色菌絲體覆蓋在穀類或豆類上，使它們結合成「麴」。黴菌所產生的酵素能分解基質中的複雜分子，如蛋白質、澱粉與脂質（油或脂肪），使之成為較單純而易消化的物質之後，再以酵素和細菌發酵。酵素是活細胞所產生的複雜物質，扮演著催化劑的角色，負責促成化學反應（如水解或氧化），但在這些過程中，它本身並不會起明顯的變化。發酵製做啤酒的過程中，大麥會長出麥芽（未利用黴菌）而產生酵素——麴和味噌的關係，就和麥芽與啤酒一樣。

「麴」這個字本身就表現出了麴的特質，在指稱大部份的味噌麴（尤其是麥麴）時，傳統的寫法都是把「麥」與「菊」排在一起，而現代日文的寫法則是把「米」與「花」合併為一個字。第一種寫法據說源自中國，第二種則是日本在一千年前發展出來，這兩種寫法都生動的展現了穀類覆滿黴菌的意象。

製作麴時，首先要把種麴與基質（蒸煮過並冷卻到與體溫相仿的穀類或黃豆）以 1:1000 的重量比例混合，然後放在一個

隔熱良好、舖了一層布的大型發酵槽裡，蓋上厚厚的隔熱墊靜置一夜。幾個小時後，發酵作用會釋出熱能，發酵槽裡的溫度也隨之上升。隔天早上，掀開蓋子，將原料徹底攪拌以補充氧氣並釋出二氧化碳氣體，同時讓中央溫度較高的基質與箱子側邊、底部和頂端較冷的部份混勻。之後蓋好發酵槽，繼續放個數小時才能再打開。剛形成的麴會被堆成一堆放在到淺木盤上，以維持發酵時的溫度，不過每堆麴的頂端都會壓出一個宛如火山口的小凹陷，以避免麴堆過熱。麴盤被放入特殊的培養室，裡頭的溫度會保持在 27.8℃到 30℃，濕度則介於 90%到 95%。麴的溫度會緩緩上升，如同 76 頁的表 8 所示。

溫度與濕度

為避免會造成污染的微生物進入，味噌師傅的手與工具都要非常潔淨，麴也要存放在要求的溫濕度範圍內。天氣熱時，有害微生物會多又都特別活躍，故需特別注意。麴的溫度若超過 40℃，酵素就不再生產，而不好的細菌（如黑黴或納豆菌）就會開始繁殖，而基質上的熱和游離水份還會讓細菌生長得更快。被黑黴菌污染的麴會發出一股臭味，通常都只能丟棄不用。若麴的溫度上升到45℃，麴菌就會因為過熱而開始死亡；若溫度低於25℃，發酵就會漸漸停止，而無毒性的藍綠色黴菌（通常與青黴有關）就會開始生長，麴與味噌的味道就會比較差。

如果溫度及濕度都維持在理想的範圍內，那麼就只有米麴菌的孢子會繁殖。麴堆上形成的菌絲體一定要定時搗碎分開並攪拌均勻，在避免溫度過熱之餘，還能排除二氧化碳、提供氧氣，並幫助黴菌穿到基質的更深處。第二次攪拌之後，要將麴堆均勻的一層層舖在麴盤上。依據種麴的生長速度和培養溫度，在四、五十小時之

後，茂密的黴菌就會徹底覆蓋基質，把它們結合成一塊結實的硬餅。趁著孢子柄尚在成形、橄欖綠的孢子出現之前，就得把麴收成起來，因為在這個階段，麴的可用酵素最多，若繼續任由黴菌生長，會讓味噌產生不好的霉味。因此，上好的麴都有毛絨絨的白色菌絲體與芬芳的香氣，嚐起來也有甜甜的滋味。

穀麴或豆麴會提供能量支持黴菌的生長與新陳代謝，並創造出必要的酵素，在第一階段的發酵過程中，黴菌會消耗掉基質 5%到 10%的食物能量，雖然人類無法完全自成品獲得這些有營養的能量，不過味噌卻更好消化、風味也更佳。做好的麴從盤子取下後，就會壓碎、冷卻並加入適量的鹽以防止黴菌繼續生長。現在，製成味噌的第一階段發酵就算完成了！

煮黃豆

麴的發酵快完成時，即可開始煮或蒸黃豆，使其軟化到可以用拇指和無名指輕易壓碎的程度。經過徹底的烹煮後，黃豆的蛋白質會較易接受酵素活動，並且能鈍化生黃豆中的生長抗化劑——胰蛋白酶。烹煮黃豆的時間和溫度會影響成品的顏色與風味——烹煮的時間越長，味噌的顏色就越深。白味噌和淡黃味噌所使用的黃豆，都是以相當短的時間加壓蒸煮（30

到 60 分鐘），煮豆水也會倒掉。若把黃豆燉煮六到八小時，並在大鍋中靜置一夜，隔天早上再把黃豆煮滾一次，便能創造出甜紅味噌的深紅色澤。不論製作什麼種類的味噌，在蒸煮之後都會把黃豆稍微或徹底碾碎，讓麴中的酵素更容易進入滲透。總而言之，味噌的香氣與甜味主要是來自麴，而滋味則是來自於黃豆。

作味噌：第二階段發酵

第二階段的發酵分為四個步驟，首先是混合基本原料，接著讓麴酵素消化原料中的蛋白質、澱粉與脂質，然後細菌和酵母會把消化過的產品發酵，最後就是靜靜等待味噌熟成。

一、混合基本原料

準備一只木製的大發酵桶，以沸水徹底將內部刷洗乾淨後灑抹鹽巴，以去除木頭表面會造成污染的微生物，並驅走躲在木板縫隙中的小蟲子。為了要更具保護效果，許多製造者每年都會把房子徹底消毒一、兩次，所有進入店舖的小桶子及製作味噌和麴所使用的蓋布也都會以蒸氣殺菌殺毒。雖然小蟲子並無法在味噌裡生存，也對健康無害，不過食品督察員和味噌製造者都非常小心，確保味噌店舖裡完全沒有小蟲。

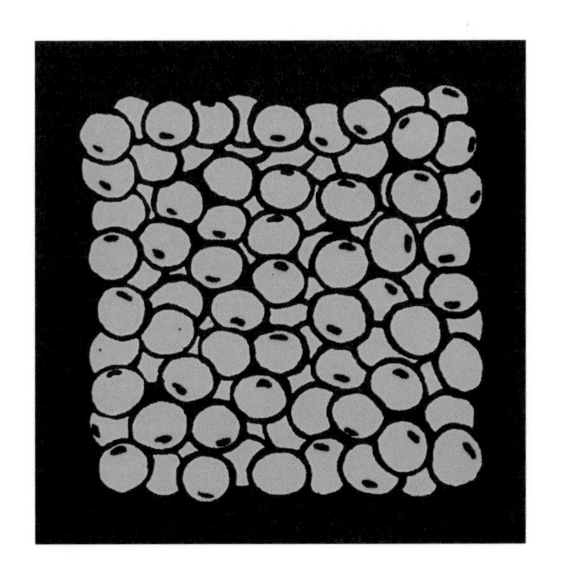

把加了鹽的麴、水或煮豆水、少量的「種子味噌」，以及壓成泥的黃豆一起倒入大發酵桶中混勻。其中水必須佔味噌總重量的 10%，好讓味噌能有 48%到 52%的含水量，水在加進味噌之前須先煮滾，才能去除污染性的微生物。至於先前發酵完成且未經加溫殺菌的「種子味噌」，不但可以促進味噌的香氣與風味，其中活躍的酵素與細菌還能縮短 50%的發酵時間。現代味噌工廠大都用純種菌株來取代種子味噌，它是由嗜鹽酵母（如魯氏酵母或球擬酵母屬）及乳酸菌（如嗜鹽片球菌、德氏乳桿菌或者鏈球菌等）所構成，每公克味噌裡會加入十萬隻這些微生物，並放入 30℃左右的溫控環境中發酵，因為這些微生物在這個溫度下運作的效果最好。同一種菌株可用於許多不同的味噌上，現代的味噌製造者都堅持，優質味噌的秘訣就是選用好的菌株。

二、麴酵素的消化作用

如同製作葡萄酒的傳統方式，味噌製造者會用腳徹底踩過桶中的混合物，以防止氣室產生，導致外來黴菌滋生或液體累積其中。味噌表面會小心地順過，然後蓋上一層封布，壓上與桶口密合的壓蓋以避免表面發黴，這種黴菌雖然不會傷害人體，但卻會減損味噌的風味。然後放顆石頭到壓蓋上，把稀少的味噌汁逼至表面，從而產生氣密無氧的環境。這對馬上要開始運作的厭氧性細菌及酵素非常重要，同時也能預防污染性的微生物進入。在許多店舖裡，發酵桶口還會鋪上第二層封布，藉以防塵及防蟲等。

在第一階段的發酵過程中，每公克基質的黴菌數從13000增加到了295000個，現在這些黴菌已完成任務，而極敏感的菌絲體也因為缺氧和高鹽的環境而死亡，不過，留下來的酵素卻正要開始大展身手！在這只密閉的大發酵桶中，酵素開始分解（也就是消化）黃豆與穀類的營養成分，基本上，進行運做活動的有三種酵素：蛋白酶（負責分解蛋白質）、澱粉酶（分解碳水化合物）以及解脂酶（分解油與脂肪等脂質）。這個稱做「水解」的化學過程，是讓水離子和基本食物的養分發生反應並產生弱酸，好把複雜的分子解構成簡單分子，進而更容易被人體吸收。

蛋白酶會把黃豆蛋白分子先分解成多胜肽與胜肽，再分解成十八種以上的簡單胺基酸。黃豆主要的蛋白質是黃豆蛋白，佔80%到90%，其所形成的主要胺基酸是麩胺酸，這是精製化學調味料如味精裡的活性成分。天然胺基酸（尤其是麩胺酸）能增添味噌的風味與顏色，並使鹽原本尖銳的味道變得甘醇。

澱粉酶在少量的麥芽糖幫助下，可以把麴的澱粉分解成單醣及多醣——主要是葡萄糖，但也有麥芽糖、右旋糖及糊精，為接下來要上場的酵母與細菌提供可發酵的醣類。微生物會把八、九成的蛋白質與澱粉分解成簡單的物質，由於澱粉多變成了醣，因此一開始含有大量穀麴的味噌就會有甜味，而澱粉含量少的豆麴所製作的味噌就不會那麼甜。

解脂酶可以把黃豆中所含的18%脂質都分解成簡單的游離脂肪酸，因此味噌會有各式各樣的游離脂肪酸，其中有些所含的酯還能賦予味噌香氣。

三、細菌和酵母的發酵作用

發酵的過程會持續發生各種變化，需要各種不同的微生物，各自連續發揮自己的功用，因此味噌的每一個發酵階段都有各種活菌在活躍運作，這些微生物都是植物（真菌類和細菌），而且嗜鹽，也多能在高滲透壓下茁壯。氣密的環境特別適合厭氧菌與酵母，另外，基本原料裝進發酵桶之前已有氧氣融入，因此也能提供好氧菌生長。

酵素消化作用即將完成之際，就輪到由種子味噌或純種菌株而來的酵母和細菌來主導發酵。在氣密的環境下，每公克基質的厭氧菌數量會從100萬增加到9億3000萬。其中最重要也最豐富的就是乳酸桿菌。在天然條件下，味噌原料在桶子裡放了兩、三個月後，這些細菌就會開始主導把醣類轉化成各種酸（尤其是乳酸與醋酸），賦予味噌溫和的酸味，同時避免味噌腐壞。

很快的，各種酵素開始進行酒精發酵。這些酵素在消耗醣類的同時會產生酒精（乙醇或高級醇）與有機酸（尤其是琥珀酸），酒精能賦予味噌怡人的香氣，有

機酸則能增添味噌的風味。有些酵素會在味噌表面形成一層薄膜，讓味噌更為香醇。酵素的消化作用及細菌或酵母的發酵作用會產生各式物質，它們彼此之間會開始產生複雜的化學反應（表 7）。有機酸會與乙醇或高級醇、游離脂肪酸及醋酸等發生作用而形成酯，這是水果與花卉香氣的主要元素，也是造就味噌香味的主成分；就快製味噌而言，酯的獨特芳香要到第八到十天才會出現。胺基酸會與醣類反應，形成紅或棕色色素，並與黃豆色素黃酮結合，隨著味噌熟化的氧化作用，顏色越變越深。由於胺基酸扮演著增添風味與深化色澤的雙重角色，因此據說顏色最豐富的味噌，味道也最濃郁。

烹煮與發酵會鈍化胰蛋白酶抗化劑、血球凝聚素與皂素等不好的物質，並去除羰機化合物，例如帶有豆味的己醇。看似沉睡的發酵桶，裡面的化學變化默默地接連發生，麴與黃豆分別依序慢慢分解後，再相互融合，形成獨特的味噌質地。服膺魯道夫・斯坦那（Rodulph Steiner）所提倡「生機互動」的學生認為，味噌在漫長的天然發酵過程中，會有宇宙射線進入，能帶來細微而有益的影響。

四、熟化味噌

以傳統的天然方式發酵味噌時，發酵桶會放在一個無直接日照的地方，靜靜體驗著四時韻律。大自然的節奏會喚醒、加速或放慢味噌原料的變化：寒冷的季節通常是味噌開始發酵的時節，溫暖的日子則是轉化進行最多最快的時候，最後，一切會在秋天時漸漸安靜下來。就這樣，味噌經歷了溫度的上升與下降，形成一個鐘形曲線的變化過程。當人們以現代化溫控發酵技術來製作快製淡黃味噌時，發酵桶會被放入一個加熱的大房間裡，大約一個禮拜後，溫度會從 26.7℃ 上升到 32.2℃，如此維持數週或數月，然後降溫到 26.7℃（表 8）。這麼一來，味噌就能在較短的時間內經歷到同樣的溫度升降，而且溫度還比自然環境要來得高一些。製做甜白味噌或甜紅味噌時，會在原料還沒發酵時就趁熱裝進隔熱良好的發酵桶中（30 到 32.2℃），並在天然環境或稍暖的地方發酵。而甘口淡色味噌則會放在加熱的房間，直到內部溫度上升至 32.2℃ 之後，再

【表 7】 味噌基本成分的互動

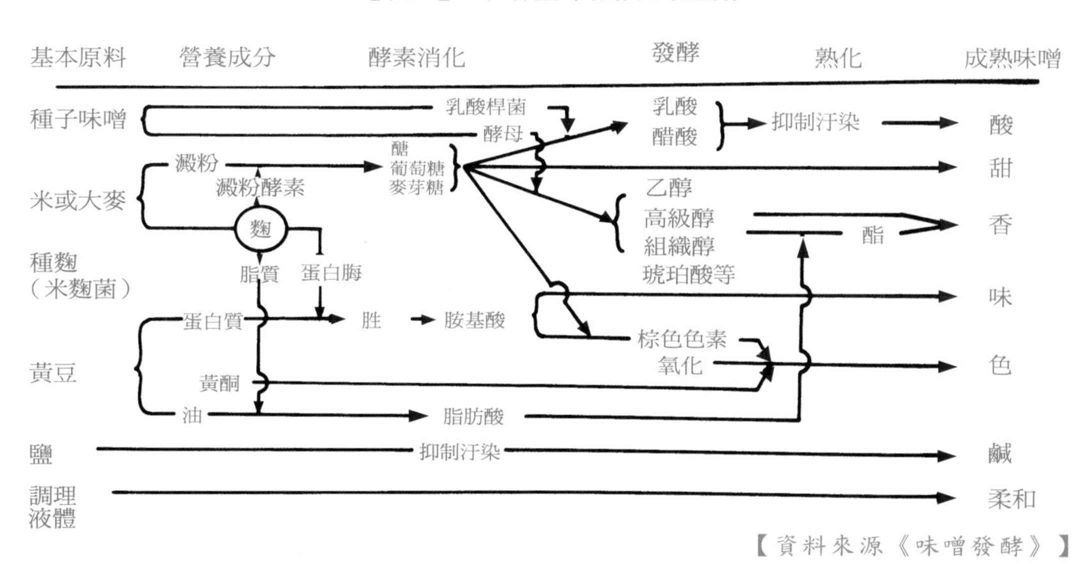

【資料來源《味噌發酵》】

【表 8】四種快製味噌的溫度控制曲線

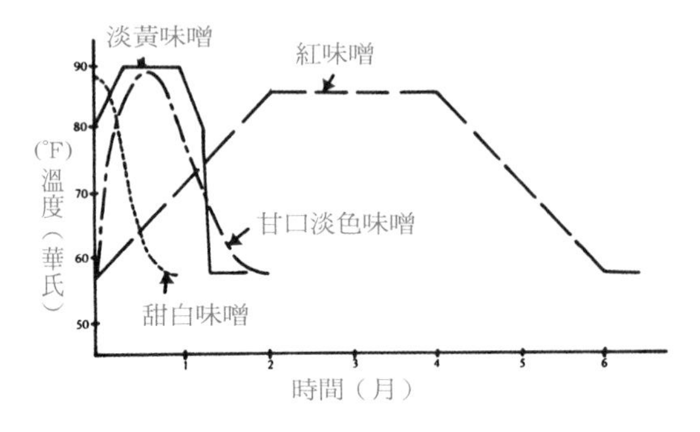

自然放涼。

在整個第二階段的發酵過程裡，天然味噌通常都是靜靜待在發酵桶內，不做任何其他處理，但快製味噌多半都會攪拌，並移到另一個新發酵桶或環氧化不鏽鋼槽裡，而且這個動作會重覆一、兩次，好為酵母和好氧性細菌提供氧氣，同時提高內部的溫度。基於同樣的理由，有些農家味噌也會在夏天時定期攪拌味噌（至少會攪拌一次）。快製味噌從加熱的發酵室取出後，會在室溫下靜置數週，這個最後的熟化過程會更增添味噌的風味與香氣。

味噌成品

依著四季循環的韻律，不疾不徐的熟化，向來是喚醒味噌最佳風味的秘訣。因此，天然味噌的品質通常比快製味噌要好，當然價格也比較貴。

天然味噌完成後，每 1 公克都含有極大量的活性益菌，包括 4000 個黴菌、6000 個酵母菌、150 萬個好氧菌以及 200 萬個厭氧菌。顯然，味噌裡的鹽分會發揮挑選微生物的功用，協助有益人體並能賦予味噌風味的微生物生長，若少了鹽，有毒的厭氧菌就會開始發酵。不僅如此，唯有最強韌的微生物才能經年累月的在味噌缺氧又含鹽的環境下生存，因此當它們進入人體的消化道之後，依然能夠持續活動，分解食物的複雜分子。鹽不僅能當做防腐劑，更能提振人類的味蕾與消化系統。同樣的，乳酸菌也會阻礙許多會造成污染的細菌孳生，而許多益菌也能抑制會導致食物中毒的危險細菌（例如金黃色葡萄球菌與大腸桿菌），因此，全球各地的實驗室都能一再證明味噌不含任何毒素。

上好的味噌是裝在小木桶裡販售，維持著從發酵桶取出時的型態，因此上面仍有生氣勃勃的微植物群。味噌只能短暫烹煮，因為高溫會破壞味噌裡有益人體的微生物（尤其是乳酸菌）和酵素，可惜今天市售味噌多以塑膠袋密封包裝，為了防止微生物產生二氧化碳導致袋子膨脹，味噌都經過漫長的加熱殺菌（60℃），這兩種新發明的處理方式都會減損味噌的香氣與風味，也會降低味噌的食物價值。因此，味噌還是以天然發酵方式製作，且不含任何添加物，也未經過加溫殺菌的最好，幸運的是，現在西方國家也能買到這類天然味噌了。

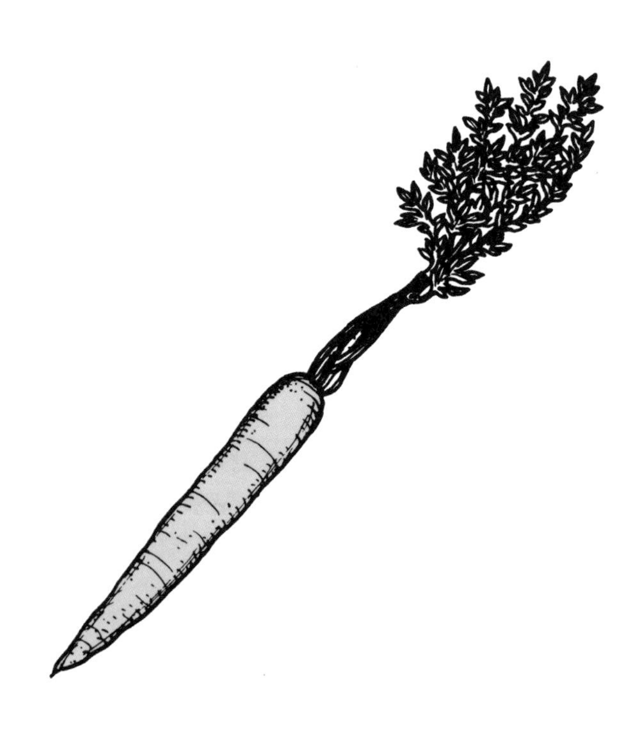

CHAPTER 5

味噌的種類

味噌又稱作發酵黃豆醬，是種美味的高蛋白調味料，原料為黃豆、穀類（通常是米或大麥）、鹽、水和米麴菌菌株。味噌源於二千五百年前的中國「醬」，在西元七世紀由僧侶傳進日本，之後歷經數個世紀，日本師傅把醬轉變成味噌和日式醬油；「味噌」一詞為日本所創，而許多味噌種類也在日本創造並發展出來。西方國家並無類似味噌的產品，或許正因如此，味噌能很快地風靡歐美。味噌有各式各樣的風味、顏色、口感與香氣；其質地像是軟軟的花生醬，而溫暖的色澤從深巧克力色、紅棕色、黃褐色，到琥珀色、紫紅色、肉桂紅都有，較甜的現代味噌，還有米白色和陽光般的金黃色。若味蕾敏感點，會發現沒有任何兩種味噌嚐起來是一樣的，較深色的傳統味噌，味道與香氣都較濃厚，有時甚至像肉，很適合用來製作美味的無肉飲食；現代味噌的味道較淡，帶有細緻的甜味，非常爽口。傳統味噌的香氣，能媲美剛磨好的咖啡豆。

味噌通常可分三大類，然後再細分成二十八種：第一大類是一般味噌，包括米味噌、麥味噌與豆味噌，前兩種的原料為黃豆、鹽以及米或麥，而豆味噌則只以黃豆和鹽製成，一般味噌多用於烹調，日本人常用來煮味噌湯。第二大類是特殊味噌，有嘗味噌與甜醬味噌兩種，裡面含有蔬菜末、堅果，有時還會加入各式佐料，吃起來又甜又脆，通常淋在穀類、新鮮蔬菜或豆腐上，而不拿來煮。第三大類則是現代味噌，是二次大戰後所發展的一些味噌。每一大類都含有各種不同樣式的味噌（表9），而每一種所使用的原料比例、烹調方式，以及發酵的時間與溫度都不盡相同。無論是專家或業餘愛好人士，每個師傅所製作出來的味噌，都能傳達出他所依循的傳統與高超的技藝。若是天然味噌，還可看出師傅居住地區的氣候對製作環境有什麼重大或細微的影響。味噌就像好的乳酪和酒，即使屬於同一類，但仍會分別冠上產地名，並依據所在地區和出產年份而有所不同：例如仙台的紅（米）味噌就和東京的紅味噌不同，而 1980 年某店舖所「釀造」的麥味噌，也和先前使用相同原料所釀造的麥味噌不同。

近年來，味噌已逐漸在西方社會落地生根，也將成為美式料理不可或缺的調味品；往後，味噌能夠也應在烹飪上扮演重要的角色，為全球人類的健康加分。

概述

所有的味噌都能依照六種基本特質來做分類：發酵方式、口味、顏色、質地、價格與產地。

天然味噌與快製味噌

天然味噌通常口味最細緻，是依循古法製作，其主要特色有三：第一，它是在自然溫度，經過長時間的緩慢發酵，一般需要六個月到三年；第二，天然味噌使用全天然材料，不含任何去脂黃豆粉或化學添加物（除了有時候會添加乙醇）；第三，天然味噌不會經過加溫殺菌。大多數的天然味噌可清楚地看見完整的黃豆與麴，其質地也因此顯得比較特殊。日本味噌有 97.5%是整顆黃豆所製成、70%不含化學添加物、50%未經加溫殺菌，而 35%在自然條件下發酵；由於未經加溫殺菌的某些味噌會含有添加物，因此日本僅有 25%的產品是完全天然的。

至於味噌的年份計算方式，日本人和中國人用的系統較特殊。在東方，味噌和人的年齡的計算方式，「出生日」是哪一天並不重要，而是新年的時候會增加一歲。因此，在某個秋天開始製作的味噌，十二個月後收穫時就是「兩年味噌」，因為它經過了兩個日曆年；至於「三年」的麥味噌和八丁味噌，其實通常是十八個月的味噌。

快製味噌則是現代產品，價錢比傳統味噌便宜個兩三成，其發酵時間較短，通常約為三週，但也有在溫控的溫暖環境中發酵三天即可完成的種類。由於發酵時間短，因此快製味噌不如天然味噌的風味甘醇、香氣濃郁，顏色也較淺，無法長久保存。為了彌補這些缺點，快製味噌會加上許多化學或合成物（漂白、食用色素、增甜劑、維生素與味精），也會加入防腐劑（乙醇或己二烯酸）。許多快製味噌會經過加溫殺菌，以避免微生物產生二氧化碳，造成塑膠袋膨脹甚至破裂；然而，加溫殺菌就像過度烹調一樣，會降低味噌的風味與香氣，也會殺死能幫助人體消化的益菌，減損味噌的營養價值。大部分的快製味噌口感滑順，因為黃豆和麴都一起經過兩次研磨，一次是在大桶子，以縮短發酵時間；另一次則是在加溫殺菌的過程。由於快製味噌含有大量麴和少量的鹽以加速發酵，因此通常相當甜。

現代味噌工廠

在 1950 年代中期，味噌製造業間掀起了一場革命，味噌製造過程開始完全採用現代科技，運用自動化設備、新的原料、連續製程法與包裝技術，而新的營銷方式也大大改變原本古老且傳統的技藝以及味噌本身。

1965 年，許多較大的傳統味噌製造者開始進行合併，變成幾家大型現代工廠，尤其是前十大，他們逐漸能以足夠的資金，透過電視、印刷媒體與告示板，在全國做廣告，因此十大味噌廠的名字在日本已家喻戶曉。這些味噌工廠擁有薄利多銷的大企業優勢，能以極低的售價，把標準化產品賣到日本的每個角落，無論是超市或街坊的雜貨店，都能看到大廠產品的蹤影。近年來，這些公司開始把產品行銷歐美，有家公司甚至已在洛杉磯設立分廠。

促成工廠現代化的重要技術創新，首

推溫控發酵的發展，這使味噌成熟的總時間從一兩年縮短到一個月，甜味噌更只要三、四天即可。雖然得加熱讓味噌成熟的房間，會需要更多的能源支出，但自由資金可以快速週轉，加上廠房有更多空間從事生產，所以其實能節省更多成本。現代味噌成熟的速度快，顏色也比傳統味噌淺；味噌製造商知道，現代日本人會把白色的食物（白麵包、白米、白糖）與新穎、聲望、好滋味聯想在一起，因此會在產品中加入漂白劑，並採用特殊的壓力烹調技巧，做出更潔白的味噌；而產品中使用大量米麴，可使味道更甜、發酵時間更短、顏色更淺。1960年代中期，淡黃味噌與甘口白味噌的銷量更是一飛沖天。

第二項重要的技術革新，是以塑膠袋包裝。過去味噌都在專門零售店，裝在桶子裡販售，店主得幫每個顧客秤重、包裝，售價當然會較高。但一夕之間，幾乎所有的商店貨架上都找得到袋裝味噌。

現代味噌工廠的室內和傳統味噌店舖大不相同，往往讓人想起科幻片的場景：一棟鋼筋混凝土建築中，長長的輸送帶把剛蒸好的米送到三層樓高的地方；一座座不鏽鋼的設備，在非常衛生的環境中進行生產，每分每秒都抓得精準無比。在研發測試實驗室裡，穿著白袍的科學家研究黴菌菌株，而工程師則針對品質控制、工作時間與工作量的統計方式進行調整。

新型機具的發展，不僅大幅降低勞動成本，也快速提高生產速率。在各道烹煮與發酵過程中，整個製程時間、溫度與溼度的控制都與電子回饋系統相連，幾件最重要的新型機具包括：旋轉式黃豆高壓蒸鍋，它在蒸汽進入時可慢慢旋轉，一次就能以 120℃均勻烹煮 1335 公斤的黃豆；利用真空幫浦讓空氣快速蒸散，可避免黃豆顏色變深，之後壓力鍋會自動把黃豆卸到輸送帶上。滾筒式培養機（圖 10）是一座座水平架設的金屬圓筒，直徑約 3.7 公尺與 1.8 公尺，可以設定溫溼度條件，然後慢慢地旋轉攪拌麴。連續製程的米麥蒸籠則從溝槽中裝進穀類，之後送到寬約 0.9 公尺，長 6 公尺的不鏽鋼網狀的輸送帶上，再緩緩通過四間加壓的蒸煮室。自動包裝機每分鐘可封裝好30包塑膠袋裝味噌。而原料的最後混合物，則是在容量 12 公噸、鋪有環氧化物的不鏽鋼槽裡面發酵。

1950 年代以後，製作味噌的過程中還使用了許多新原料，最重要的是純系菌

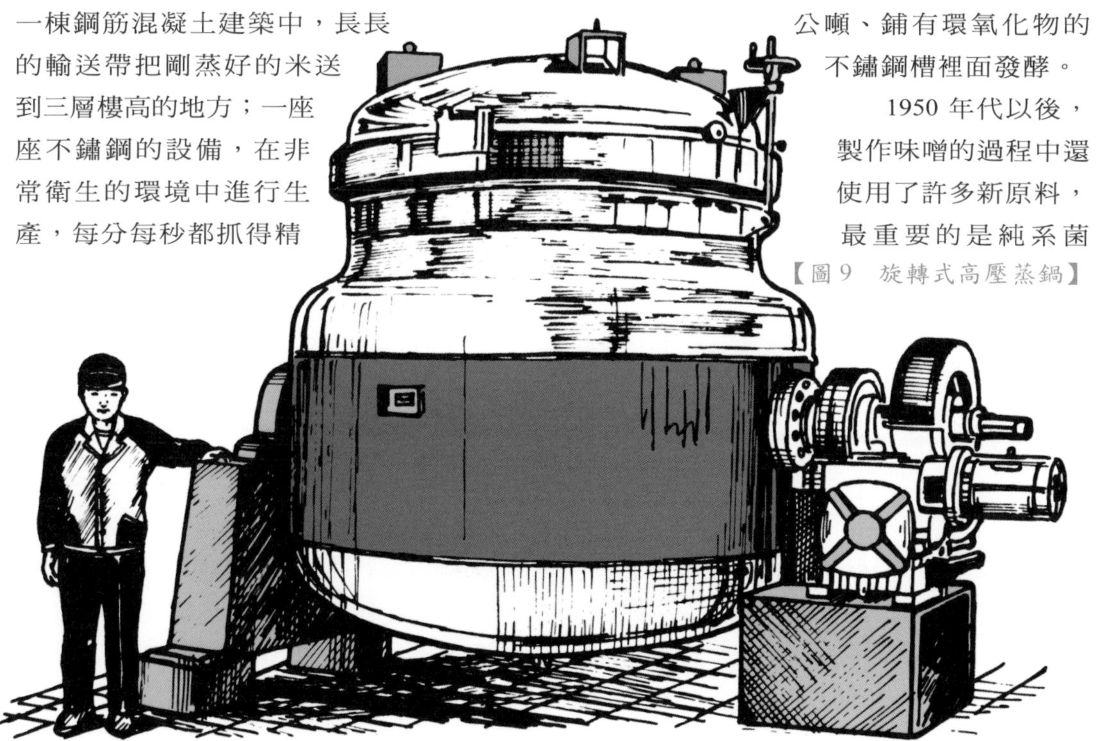

【圖 9　旋轉式高壓蒸鍋】

【表9】 味噌的種類

歸類	類型	種類	口感	顏色	香味	天然熟成時間	日文名與次分類	產地	蛋白質(%)	碳水化合物(%)	鹽分(%)	每4.5公斤黃豆需加的原料 麴(KG)	鹽(KG)
一般味噌	米味噌	紅味噌(包含有糙米味噌)	豐富多元的鹹味	亮紅色到深紅棕色	香味濃郁	6至12個月	紅味噌、糙米味噌仙台、佐渡、越後及輕津	東北、新潟、佐渡、北海道、北陸、中國	13.5	19.7	13.0	3.9	2.0
		淡黃味噌	成熟甘醇的鹹味	淺黃色	淡而清新	1至2年	信州味噌以及秋田味噌	長野、東京地區、秋田	13.5	19.6	12.5	3.2	1.9
		甘口紅味噌	豐富的半甜味	深紅棕色	濃郁	3至6個月	甘口紅味噌、紅味噌、御前味噌	都會中心	11.2	27.9	13.0	5.9	1.8
		甘口淡色味噌	微甜	黃色至棕色	淡淡香氣	5至20天	甘口淡色味噌、相白味噌、糯米味噌	長野、東京地區、市中心	13.0	29.1	7.0	5.4	2.1
		甘口白味噌	豐富甘醇	淺米色	豐富細緻的發酵甜香	4週	白麴味噌	夏威夷	12.3	27.5	9.1	6.8	1.5
		甜紅味噌	深厚甘醇的甜味	淺紅棕色到深紅色	令人垂涎的香甜	10至30天	江戶甜味噌	東京	12.7	31.7	6.0	5.9	1.0
		甜白味噌	清爽、類似甜點豐富甘醇的口感	象牙白至淡黃色	有如春天般的清新甜味	1至4週	白味噌、山口味噌、府中味噌、讚岐味噌	京都、廣島、高松	11.1	35.9	5.5	9.0	1.1

一般味噌	麥味噌	麥味噌	深厚細緻的鹽味	深紅棕色	濃郁的麥香	1至3年	辛口麥味噌	九州、埼玉	12.8	21.0	13.0	4.5	2.1
		甘口麥味噌	豐富深厚細緻的甜味	黃棕色至黃褐色	微微的麥香	10至20天	甘口麥味噌	九州、中國、四國	11.1	29.8	10.0	7.7	2.2
	豆味噌	八丁味噌	深厚甘醇的甜味、微妙的酸	巧克力色	特殊豐富醇厚的香味	18至36個月	八丁味噌、嫩八丁味噌、三州味噌	愛知、岡崎	21.0	12.0	10.6	0.0	0.9
		豆味噌	甘醇的鹽味	深紅棕色	濃郁的豆香	1年	一年豆味噌、名古屋味噌	愛知、三重、岐阜	19.4	13.2	11.2	0.0	1.0
		壺底味噌	濃濃的鹽味	深棕色	豆香	1年	壺底味噌	愛知、三重、岐阜	20.0	12.3	11.3	0.0	1.1
特殊味噌	嘗味噌	金山寺味噌、醪、醬、嘗味噌、納豆味噌、五島味噌	濃濃的發酵甜味	金黃棕色至琥珀色	深厚的麥香	20至60天	嘗味噌	日本全區	11.0	30.0	8.0	9.1	1.4
	甜醬味噌	花生、核桃、芝麻	多采多姿的甜味	各種顏色	各種香味		甜醬味噌	日本全區、家庭、餐廳	14.0	37.0	7.0	—	—
現代味噌	現代味噌	赤出味噌	豐富甘醇的口感	深紅棕色	令人垂涎的甜味		赤出味噌	愛知、京都	16.0	31.9	10.0	—	—
		乾燥味噌	各種口感	各種顏色	各種香味		乾燥味噌和味噌粉	東京	32.2	35.8	18.5		
		低鹽／高蛋白味噌	微鹹	棕褐色	淡淡的香氣		減鹽味噌	東京	17.6	14.0	6.3		

株，或者強化的發酵劑，包括抗鹽酵素與乳酸桿菌；和傳統的種子味噌一樣，它們可以幫助縮短發酵時間，並賦予味噌更好的風味與香氣。1950年代晚期，日本味噌所使用的黃豆中，有30%是去脂黃豆粉，所幸現在已經降到2.5%以下了。

另外，二次大戰後，味噌開始使用添加物，以製作出能大量配銷、顏色更白、味道更甜的產品，並彌補溫控快速發酵的反效果。一開始，消費者不知道這種新產品含有防腐劑，或也經過加溫殺菌，以免袋子膨脹，也不曉得新的味噌加了漂白劑，防止產品變黑。添加物使用一直持續增加，直到1975年，由於消費者的反應形成氣勢，因此政府通過法律，要求製造商要在味噌包裝上列出所有原料與添加物，但在此之前，這些有添加物的味噌的銷量已漸下滑，因為顧客愈來愈喜歡天然產品。多數的紅味噌、麥味噌和八丁味噌完全不含添加物（除了可能有酒精），而許多甜味噌或白味噌卻都含添加物。

乙醇防腐劑：又稱酒精（C_2HO_5），可以避免密封的塑膠袋膨脹，並防止發酵作用或表面黴菌的生長，它是在包裝之前才加進味噌裡。根據法令規定，可佔總重量的2%，有些公司只在夏天加入酒精。在日本，標示不含添加物的味噌卻含有酒精是不違法的；因此，酒精也取代了己二烯酸，成為最常見的防腐劑。最常使用酒精的味噌是比較甜、裝在密封袋或罐子裡，或在溫控環境下所製作的快製味噌；不過部分口味較鹹、散裝販售的天然發酵味噌也會使用酒精。傳統店舖會在未經加溫殺菌的味噌裡面使用酒精，而現代製造商則是用來強化加溫殺菌的效果。

食用色素：淡黃味噌和半甜淡色味噌會偶爾使用核黃素（維生素B_2），在發酵前加入味噌裡，能賦予味噌更好看的色澤、更自然的黃色，以彌補漂白與快速發酵過程所產生的顏色流失。

化學調味料：快製的甜白味噌、淡黃味噌及赤出味噌可能含有麩胺酸鈉（即味精），可刺激舌頭上的味蕾，因而使味噌的風味更明顯；快製的溫控發酵，加上為了讓味噌色澤較淡而倒掉煮豆水，都會減損味噌風味，所以才需在味噌裡加味精。不過，如果不能消化味精，雖是適量使用仍會引發身心不適。

防凝固劑：Eimaruji 這個品牌所出產的化學物質，有時候會在烹煮米的時候加進來，以防止米結塊。

人工甘味：幾乎所有的赤出味噌都含有水飴或麥芽糖漿，有時候甜白味噌或甜麥味噌裡面也含人工甘味。

維生素：通常米蒸好了，也會放入種麴時加入維生素B_1，以補充在製作淡色味噌時，因為倒掉煮豆水而流失的水溶性維生素。另外，黃豆所缺乏的硫胺酸或其衍生物，也會在發酵完成時一併加入，其他尚包括維生素A、B_2和碳酸鈣。

【圖10　滾筒式培養機】

己二烯酸：根據規定，每1000公克的味噌可含1公克的己二烯酸與其鉀鹽。其用法同酒精，但已快速被酒精取代，因為一般認為酒精比較安全、天然。

硫代硫酸鈉漂白劑：又稱為次硫酸鹽，在1970年代晚期，製作淡色味噌時曾用以漂白黃豆，但現在已不再使用。

焦糖：許多赤出味噌皆用焦糖來增加色澤與甜度。

日式醬油：赤出味噌會用少許日式醬油來增加色澤與風味。

日本人富裕了之後，對味噌品質的要求也越高，因此大規模生產與標準化的趨勢逐漸降溫。加上現在天然發酵的味噌種類和快製味噌一樣，也有500到1000公克左右的塑膠袋包裝，以方便販售。不過，小型的傳統味噌商人是否能撐過這場風暴，仍有待觀察。

鹹味噌與甜味噌

所有的味噌都可以依照含鹽量來分類，如表10所示：

【表10】 各種味噌的含鹽百分比

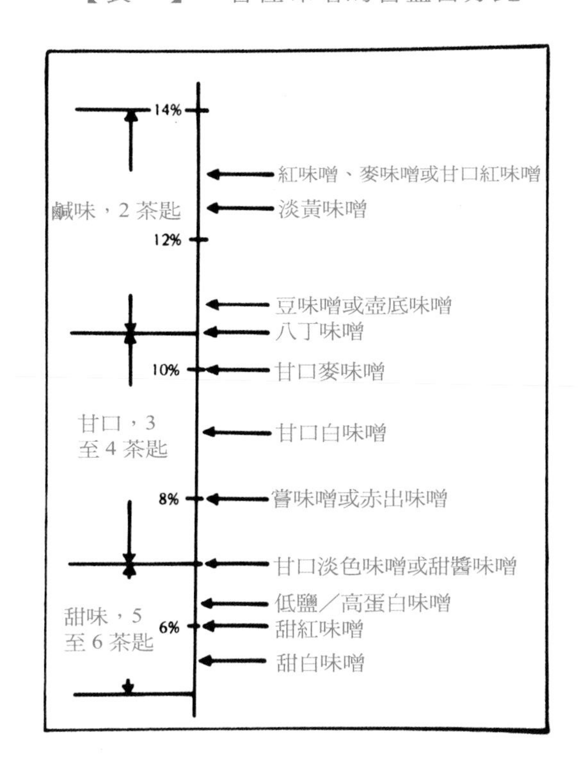

鹽分含量為10.5%到14%的味噌，通常碳水化合物含量低（20%以下），嚐起來鹹鹹的很好吃；而含鹽量不到7%的味噌正好相反，通常富含碳水化合物（30%以上），味道則是誘人的甜味。未經特別標明的味噌，應該都是鹹的，若用半碗水加以稀釋，2茶匙鹹味噌的鹹度相當於3到4茶匙的甘口味噌，或是5到6茶匙的甜味噌（甘口紅味噌含有13%的鹽，但未分類為鹹味噌，它富含碳水化合物，滋味像是甘口麥味噌）。

日本最甜的味噌出產於古代首都京都，以及今天的都會中心東京，如果從現代都會中心往傳統的農漁村移動，會發現人們的口味越來越偏好鹹味噌，也喜歡自家口味。從味噌食用的模式，我們可以看出都會的白領階級、年輕人以及上層社會較喜歡偏甜的種類，而農人、工人，和年長者則喜歡鹹一點的味噌。二次大戰之後，日本快速都市化與工業化，甜味噌的消耗量也隨之增加，鹹味噌則逐漸減少，除了是西方人食用糖的模式（美國每日每人超過14大匙）深深影響日本人的口味外，甜味噌發酵時間較短，更是促使廠商重視甜味噌的重要原因。

甜味噌多用來當作淋汁、抹醬等各式沾料或小菜，而鹹味噌則多用於湯和蔬菜醃料，1大匙的甜味噌或1茶匙半的鹹味噌，約含有¼茶匙的鹽。甜味噌富含天然醣類，容易快速發酵、形成酒精，因此保存期限較短，不容易出口；鹹味噌正好相反，在室溫中放很久也不會壞。

味噌的甜或鹹，和其顏色並沒有直接關係。但一般鹹味噌顏色較深，這是因為發酵時間長，因而鹹度高、顏色深。

紅味噌與白味噌

味噌可分紅味噌（赤褐色以及溫暖的栗子棕色）與白味噌（柔和的淺黃色和米色）：大多數的紅味噌需要長時間釀造，才能自然地變出紅色，而白味噌的製作過程較快，且發酵過程的溫度會受到控制。一般來說，米味噌的顏色比麥味噌淺，而麥味噌又比豆味噌的顏色淺。

日本的白味噌多由米麴製成，含有高比例的碳水化合物，其鹽分偏低，因此相當甜。甜味噌所使用的黃豆皆經過仔細篩選，除去顏色較深的黃豆並去皮，使顏色變得更淡。接著將黃豆置於水中加壓煮熟，有時還會在烹煮或浸泡黃豆的過程中加入少量漂白劑。黃豆煮好後迅速排乾水，但也因此流失許多珍貴的養分。另外，黃豆會在壓力鍋的半真空狀態下快速冷卻，以避免黃豆氧化和顏色變深。在發酵前，則會添加一些含核黃素（維生素 B_2）的黃色食用色素，讓原本已經漂白的產品更具有自然色澤。味噌在裝入大桶子密封後，會置於溫暖的環境快速發酵，顏色很淺的味噌種類，在尚未完成發酵就會運送到零售商店，讓味噌直接在運送途中與架上成熟，以避免味噌腐壞或使顏色變得太深；裝在密封袋的白味噌，可能在包裝前才加入漂白劑的。另外，白味噌的保存期限短且不容易出口。

許多白味噌是很新的產品，以前京都的甜白味噌是經過自然發酵而成，過程並未加入漂白劑或加壓煮熟，所以顏色不如今日的白，它碳水化合物也較少。近年來，由於廣告強調白就是美，因此淡色味噌的食用量快速增加，為數漸多的大型味噌廠也發現生產淡色味噌的很有利潤。

此外，在日本，「紅味噌」可專指鹹味的紅米味噌，也可泛指任何紅色或深棕色的味噌。至於「白味噌」通常只指京都的西京白味噌；「淡色味噌」則是指所有黃色或白色的味噌。另外偶爾會看到的「黑味噌」，則是指顏色較深的豆味噌。

顆粒麴味噌與滑順味噌

顆粒味噌泛指還看得到黃豆形狀（通常也看得見麴穀粒）的味噌，這是最古老的味噌，1945 年之前的味噌幾乎都是顆粒味噌。天然味噌的原料在發酵時要混合磨碎，在此之前，幾乎所有麴和半數以上的黃豆都保有原來的形狀，麴會隨著味噌成熟而漸漸溶解，但是黃豆即使經過了三年的發酵過程，通常還是會保持原有的形狀，因此味噌成品帶有特殊的質地，而且味道更好。

麴味噌的米麴穀粒，形狀與質地都還看得見。要製作麴味噌之前，煮過的黃豆要先壓碎後，才加入麴和鹽，麴味噌的質地特殊，雖然陳年時間較短（僅 12 到 18 個月），但仍深深吸引著味噌行家。

滑順味噌經混合或磨成粥狀，是 1945 年後才出現的產品，但是現在佔了全日本所販賣的味噌的八成。滑順味噌的靈感，源於日本人以前把味噌加到湯裡面前，會先把味噌磨過並加水，所以滑順味噌的出現，讓現代人在烹調時更省時省力。快製味噌工廠生產的一定是滑順味噌，他們在製程中磨碎所有材料，既可縮短發酵時間，亦能加強加溫殺菌的效果。

昂貴味噌與平價味噌

日本超市和雜貨店隨處可見的塑膠袋

裝味噌，是最便宜的種類；同樣的味噌，若置於有蓋的小桶子裡，在傳統味噌的零售店販售，價格就會提高，天然味噌仍多以這種方式販售，不必加溫殺菌和添加防腐劑；不過，在天然食品行也可看到便宜且未經加溫殺菌的天然味噌，因為其中含有乙醇，故可裝在塑膠袋中低價販賣。

通常米味噌比麥味噌便宜，麥味噌又比豆味噌便宜，最便宜的味噌是大量生產的快製味噌，其質地因加了水而柔軟。至於較昂貴的味噌通常是較天然的種類，由講究品質的傳統小公司所生產。

各地味噌

日本許多味噌是依照生產區域來分類的，日本傳統味噌有其產地的名字，如圖11 所示。如果一種味噌和產區的歷史淵源甚深，那叫做「當地味噌」，也就是當地特產的味噌，是特別地珍貴。

從西南到東北走遍整個日本群島，會發現氣候從溫暖變為寒冷，居民偏好的味噌口味會從甜味轉變成鹹味，且食用量也逐漸增加。日本南部偏好麥味噌，中部喜歡豆味噌，北部則喜歡米味噌（圖 12）。

一般味噌

有了基本概念後，現在要來談談味噌的主要分類。第一大類為一般味噌，佔日本市面販售味噌的 90% 到 95%，主要分為三種形態：米味噌、麥味噌和豆味噌，分類是根據主原料或是麴所用基質而定。米

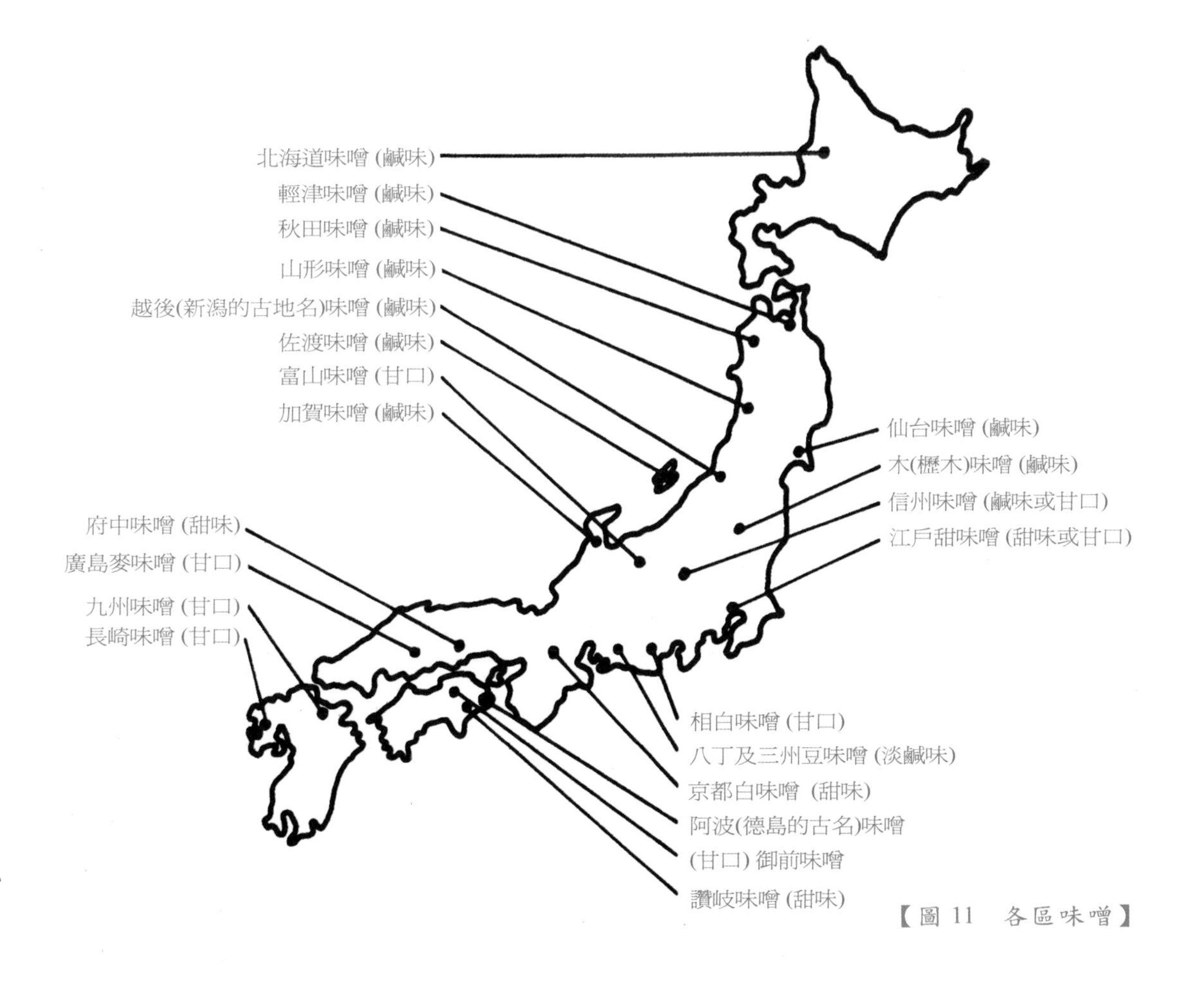

【圖 11　各區味噌】

味噌的產量最大，佔了一般味噌年產量的81%，之後是麥味噌（11%）與豆味噌（8%）。每種又可依口味分為甜味噌、甘口味噌和鹹味噌，此外還能再依顏色分為紅味噌、淡黃味噌以及白味噌（表9）。

接下來介紹的三大類十二種味噌，在整個日本都買得到，且這十二種味噌，每一種又可依製作者、製作過程、原料與產地，再細分成幾百種。

米味噌

米味噌約五十到一百年前還非常昂貴，但現在已佔了日本市面販賣味噌的81%。若無特別標明，今天的味噌就屬於米味噌，所以鹹味的紅米味噌通常簡稱做「紅味噌」。米含有豐富的葡萄糖和天然醣類，可當作麴的基質，作出許許多多的甜味噌、快製味噌和白味噌。最頂級的鹹米味噌向來是在東京北方的寒冷地區製作，那些地區生產的米，品質非常好。

以前米味噌非常稀少且珍貴，大部分都必須碾過後才交給貴族和武士。封建時代的農民得把米給地主，自己只能留下大麥，只有一些地方的農民可收集殘餘的米粒來製作味噌；米味噌如今在日本如此廣受歡迎，就是因為米和米味噌向來被認為是上層階級的食物。

紅味噌：紅味噌會經過一到三年的天然發酵，或在溫控的環境下發酵三到四個月，它的口感非常豐富的鹹味，並隱約散發著細膩的甜。紅味噌的香味濃郁，色澤從亮紅色到深紅棕色都有，有些是帶有顆粒的軟質地，有的則滑順又紮實。其日文又稱「仙台味噌」，仙台位於日本東北，自古就是紅味噌的生產中心。

無論是米味噌、麥味噌或豆味噌，紅味噌是所有類別中碳水化合物比例最低（19.1%）、蛋白質比例第二高（13.5%）、而鹽的含量最高（13%）的，因此它可以在室溫中保存好幾年，且味道會越陳越好。紅味噌很受歡迎，也可以靈活運用於各種烹調，根據估計，日本市面上的米味噌有75%是紅味噌，而農家所製作的米味噌幾乎全都是紅味噌或淡黃味噌。

表11列出各種知名的紅味噌，其中美味的「佐渡味噌」有著有趣的歷史淵源，它源於三百五十年前，東京北方日本海的佐渡島。幾世紀前，日本有條知名的航線是從大阪出發，行經本州南部和佐渡島，再前往北海道。北海道太冷，無法生產味噌，於是船隻會將佐渡味噌送過去，回程時則帶著高品質的北海道黃豆到佐渡島製作下批味噌。現在佐渡島的人已能自行種植品質佳的黃豆，佐渡味噌也因其細緻的甜味和帶麴的質地而聞名。

糙米味噌近來在西方國家廣受喜愛，其發酵時間為六到十八個月，具有美味的天然風味，味道深厚甘醇且香氣宜人，口感實在且富含糙米糠的養分，價格又合理。多數紅味噌皆以白米製作，而不是糙米，其原因如下：

❶糙米的表層營養豐富，會讓外來的微生物和米麴黴菌非常茂盛，使味道不對。
❷為避免上述現象，製作麴的時候需要非

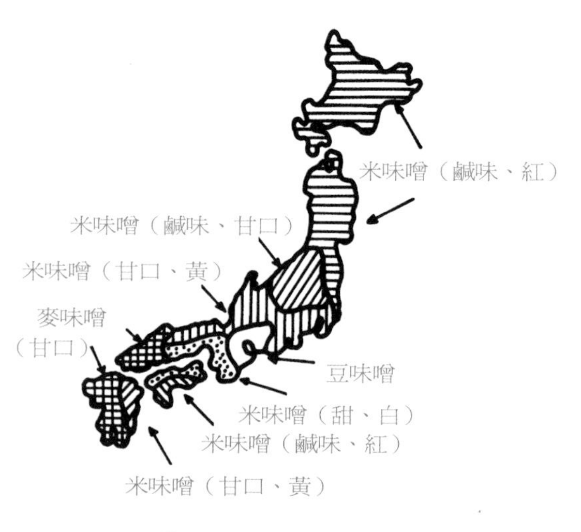

【圖12　各地所偏好的味噌】

常小心地控制溫度。

❸麴菌絲體不容易穿透米糠，因此無法分解米粒的中心部份。

❹現代日本人大多喜歡白米的味道，而不是糙米。

用來製作糙米麴的米會稍微碾過，以幫助菌絲體穿透；每 45 公斤左右未碾過的米，會去掉約 1.2 公斤的米糠，而白米則需要去掉約 4.5 公斤，有時米在蒸煮前會先被切開。製作糙米麴的過程和白米麴一樣，但是過程中的每個步驟，溫度得控制在更狹小的範圍。

淡黃味噌（信州味噌）：信州是古代東京北部的一個地區，位於今天的長野縣，是廣受歡迎的信州味噌的發源地。信州味噌與仙台紅味噌的基本原料比例、顏色和口味原本很類似，但信州味噌較不鹹，嚐起來口感細緻，頗受好評；仙台味噌通常帶有顆粒，而信州味噌則較為滑順，有些信州味噌甚至會以黑豆製作。傳統的信州味噌至少要發酵一年，現在產地仍有農家製作的種類，但無法在市面上廣為販售。而信州味噌的近親秋田味噌口味較甜，顏色較淺。

現代的信州味噌稱作淡黃味噌，是快製味噌中帶有成熟甘醇鹹味的種類，其質地柔細，香味淡而清新，顏色從淡黃色到棕黃色都有，口感紮實而滑順。信州味噌的碳水化合物的含量低（19.6%），鹽份（12.5%）與蛋白質（13.5%）的含量相當高，可在室溫中保存兩個月，冷藏則可保存得更久。淡黃味噌只在溫度控制的環境下發酵三到四週，是日本最便宜的味噌。需要注意的是，有些種類可能含有漂白劑或維生素 B_2 食用色素。

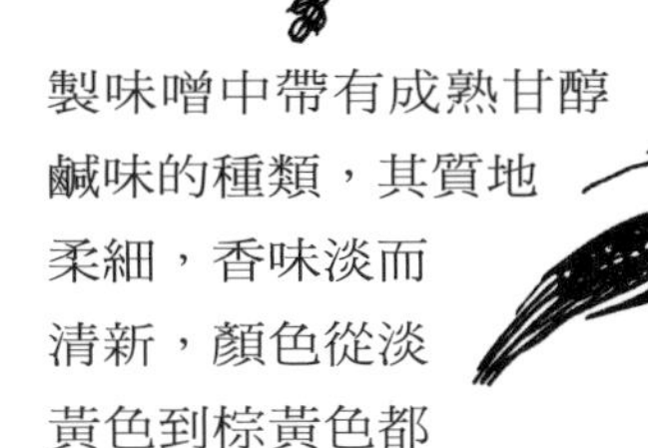

相傳信州味噌的發明人，是四百五十年前、長野一帶勢力非常強大的幕府將軍武田信玄。現代信州味噌的始祖，可追溯回 1924 年在農舍製作來販賣（用亞硫酸納來漂白）的味噌，不過大量生產販售則是 1945 年之後的事了。現代淡黃味噌仍多在長野製造，其中 95%送到日本各地銷售，佔味噌總消耗量的 20%，它在東京與日本中部特別受歡迎，可用於各類烹調，而美國產量最大的也屬淡黃味噌。

種類	原產區	黃豆	米	鹽	自然發酵時間
紅味噌（包括糙米味噌）	北方各縣	10	8.5	4.4	1-3 年
淡黃味噌	信州	10	7.0	4.1	1-3 年
甘口紅味噌	都會中心	10	14.0	4.0	4-7 週*
甘口淡色味噌	都會中心	10	12.0	4.7	3-4 週*
甘口白味噌	夏威夷	10	15.0	3.4	4-6 週*
甜紅味噌	東京（江戶）	10	13.0	2.2	2-5 週
甜白味噌	京都	10	20.0	2.4	1-4 週

1. *僅限快速發酵。
2. 表格中列出米味噌所需原料的重量比例，如紅味噌的原料重量比例為：黃豆 10、米 8.5、鹽 4.4。

甘口紅味噌：是紅味噌的近親，含鹽量相同（13.0%），但因為加了更多麴，碳水化合物含量隨之提高（27.9%），因此顯得比較甜。傳統甘口紅味噌以御膳（Gozen）味噌為代表，它是四國德島市的特產，天然發酵過程要六到十二個月，帶有深紅棕色。二次大戰後則有許多快製的甘口紅味噌出現，原料經過加壓蒸煮，並在溫度控制的環境下發酵三到六個月，不加入任何添加物。

甘口淡色味噌：這類味噌有很多種，包括許多仿現代信州味噌的快製淺色味噌，但因「信州味噌」經過註冊，故無法任意用這四個字。甘口淡色味噌的味道介於甜味噌與鹹味噌之間，顏色也介於紅味噌和白味噌之間。1969 年，這種味噌（加上其近親甘口紅味噌與淡黃信州味噌）佔了日本販賣味噌的 70%，不過近年來由於傳統味噌種類較受歡迎，因此淡色味噌的歡迎度有消退之勢。

甘口淡色味噌的原料比例經過特別安排，可縮短發酵時間和材料成本，利潤也能達到最高，一般的甘口淡色味噌富含碳水化合物（29.1%），其鹽分（7%）和蛋白質（13%）都較低。由於經過加壓蒸煮，並在溫度控制的環境下短時間發酵（三到四週），通常會使用漂白劑和食用色素，因此顏色總是淡淡的。

傳統甘口淡色味噌以九州（Kyushu）和相白味噌（Aijiro）味噌為代表，現在都不太容易買到，後者只在靜岡縣製作，是三百五十年前仿製西京白味噌而來，但沒那麼甜。

糯米味噌是一種獨特的甘口淡色味噌，以三份黃豆和七份糯米製成，其口感厚實滑順，顏色是淡淡的黃並帶有甜味；糯米味噌是在 1970 年代開始發展，現在只有「日之出味噌公司」販售。

甘口白味噌：這種味噌豐富的天然風味與細緻的發酵甜香非常協調，讓人想起甜酒（amazake）。甘口白味噌是在室溫下發酵、不經加溫殺菌，也不添加防腐劑或漂白劑，是完全天然的產品。它只在檀香山生產，現在美國也都買得到，價格十分合理（每 450 公克 1.29 美元），通常是裝在和裝鄉村起司一樣的白色容器中，上面寫著「Shiro White Miso」，這在日本是買不到的。

【表 11】　各類知名的鹹米味噌

	日文名稱	麴（與黃豆重量比例%）	鹽（與黃豆重量比例%）	特色
紅味噌	仙台	60	13.6	顆粒口感、黃豆碎粒較粗、深紅色且成熟時間長。
	新潟	新潟種 60-65 上越市種 80-120	14.0 12.2	顆粒口感，在磨碎的黃豆上，點綴著麴粒。
	佐渡	60-65	15.4	顆粒或滑順口感，成熟時間長。
	輕津	50	14.6	深紅色且成熟時間長。
淡黃味噌	信州	60-90	13.0	亮眼的淺黃色，質地滑順。
	秋田	80-100	12.3	介於信州與仙台味噌之間的金黃色，鹽份很低。

甘口白味噌的含鹽量介於紅味噌與甜白味噌之間，用途相當多，本書大多數的食譜都可以用甘口白味噌，其用量是紅味噌的兩倍或甜味噌的三分之二。若在4茶匙的甘口白味噌，拌入半茶匙的蜂蜜，那麼口味就像甜白味噌；如果以一小撮鹽代替蜂蜜，味道就會像淡黃色味噌。

甜紅味噌（江戶味噌或江戶甜味噌）：江戶味噌帶有令人垂涎的香氣，甜味深厚而甘醇，含大量的碳水化合物（32%），而鹽（6%）與蛋白質（12.7%）的含量皆低，顏色從淺紅棕色到深紅色都有。傳統江戶味噌帶有顆粒，而許多現代產品則是滑順而柔軟；若未經冷藏保存，即使加了防腐劑，幾乎所有的江戶味噌仍是二到四週就會走味，很不容易出口。

江戶是東京的舊稱，也是1603年之後的一個年代名稱，據說當時領導日本的幕府將軍德川家康，為了結合他最愛的家鄉味八丁味噌和當時上流階級非常喜歡的西京白味噌，於是發明了江戶味噌。過去日本沒有糖的時候，江戶味噌常會加入甜味劑，今天江戶味噌多會加入紅味噌來煮湯；若加入紅豆，就可以成為柏餅（一種日式年糕）的餡料，是每年男孩子的兒童節所必備的甜點。另外，甜紅味噌也用於田樂、涼拌、甜鐵火味噌以及土手鍋等鍋類料理中。至於在西方料理，則可用於抹醬等各式沾料。

日本大部分的甜紅味噌仍在東京一帶製作食用，現在的製作方式很巧妙，發酵的環境溫度控制，而黃豆會趁熱裝進木桶，桶外包著厚厚的稻草蓆來保溫。雖然發酵過程很短，夏天只需二十天，冬天則四到五週，不過江戶味噌還是能呈現紅色，這是因為它的烹煮過程很特殊：黃豆需要煮很久後，置於鍋子裡放一夜，且在將它裝到桶子前，還必須再加熱。若用三份紅味噌加上一份蜂蜜，也可以製作出類似江戶味噌的好滋味。

甜白味噌（西京白味噌）：又稱「京都白味噌」或簡稱「白味噌」。這種味噌有四份麴、兩份黃豆和鹽一份。它甜而順口，很適合抹在鬆餅或麵包上，其清淡的滋味與新鮮蔬果非常對味，也能賦與甜點豐富甘醇的口感。甜白味噌的顏色從象牙白到淡黃色皆有，其香味則讓人想起春天的氣息。

甜白味噌是所有味噌中碳水化合物含量最高（36%）、鹽與蛋白質含量最低（分別為5.5%與11%），它豐富的自然糖分可加速發酵過程，因此平均自然成熟過程只要三週，夏天只需一週，而冬天則是兩個月；此外，許多製造者會把運送與在架上的時間也算進發酵期。若未經冷藏，夏天只要一個星期，而冬天一個月，甜白味噌就會產生淡淡的酒精或酸味，並且變紅；但在冷藏下，則可以保存兩個月以上。由於甜白味噌不容易出口，所以無論是裝在有蓋小桶或是密封的塑膠袋，都需要加溫殺菌，並加入防腐劑和少量的漂白劑，有些還會增加2%到3%的精製穀類糖（水麥芽糖）當做甜味劑。

甜白味噌是較昂貴的日本味噌，可用來醃菜、當作烤豆腐的田樂淋汁、加入新年要喝的雜煮，也可加在日式甜點與紅豆混合；許多涼拌或沙拉醬、抹醬等醬料，也常使用甜白味噌作為材料；京都一帶的居民，還會在湯裡加入甜白味噌。

甜白味噌幾個世紀以來都是京都的名產，當地許多禪寺與茶道料理餐廳，都以甜白味噌為其特色食材。日本的甜白味噌，幾乎都由本田（Honda）與石野（Ishino）這兩家位於京都的知名企業所生產；十分美味的花菱白味噌（Hanabishi Shiro Miso）在美國很容易買得到，是由「中村屋公司」所生產，它經過加溫殺菌，並含防腐劑與漂白劑；其他知名的甜白味噌還包括廣島的府中（Fuchu）味噌以及高松的讚岐味噌。

市面上甜白味噌的製法繁複，據說是京都製造者的最高機密，許多東京店舖想學都學不來。甜白味噌的保存期限短，因此商店通常只在寒冷的月份製作（十月到隔年三月），不加防腐劑或漂白劑；和歌山縣的農家也會製作甜白味噌，尤其是在三、四月份的時候。在現代化的工廠，甜白味噌的製作法大致與白味噌相同，不過會和甜紅味噌一樣，趁熱把混合物裝進桶子裡發酵。

事實上，甜白味噌可以很快速地製作，所以很適合在家裡自己動手做。只要取兩份淡黃味噌、一份蜂蜜和一份水，就有像甜白味噌的美味了。

麥味噌

大部分的麥味噌顏色較深，製作時間比米味噌要長，它多含有顆粒或麴的形狀，其特殊的質地使之大受歡迎。每顆大麥都有明顯的深色線條貫穿整顆麥粒，日本人稱它為纏腰布，這條線使得麥味噌有特殊的外表。而麴就是從碾製成呈珍珠狀的大麥製成——無論是一般大麥或是「裸麥」，都比精米的蛋白質含量要來得高（11% vs. 7.5%），而碳水化合物較低（67% vs.73%），因此一般麥味噌比米味噌不甜，且需要較長的時間來發酵。

現在日本所販賣的味噌中，麥味噌僅佔 11%。過去日本較溫暖的地區幾乎都種有便宜的大麥，漢字「麴」是由「麥」和「菊」所構成，因此許多學者認為麥味噌曾是日本自古以來最受歡迎的味噌，直到五十、一百年前才有所改變；而其他專家則指出，味噌是以當地盛產的穀類製成，由於大部分的地方都產米，所以米味噌產量比較多。如今雖還有許多農家以麥麴製作味噌，農人也依舊相信大麥及麥味噌能促進健康長壽，但過去一個世紀以來，麥味噌受歡迎的程度仍漸漸降低。

麥味噌的食用量減少，在都市與年輕人之間最為明顯，對於這個現象，日本味噌製造商、學者與廚師，提出了幾種可能

原因：第一，大麥的售價僅有米的40%，向來被認為是窮人的食物，容易讓人有社會階層低的聯想，因此隨著人們社經階級的提高，便少吃麥味噌，而較偏好米味噌。第二，麥味噌風味與香氣質樸、鹽分高、含糖量低，無法符合都市人精緻的口味需求，其較深的顏色也顯得有些過時。第三，其顆粒質地不適合用來煮口感滑順的味噌湯，若要用麥味噌煮味噌湯，還得先以手工磨製過濾，較花功夫。第四，帶有麴質地的麥味噌是從一般大麥作成的，而不是較軟的裸麥，據說堅硬的「纏腰布」會在舌頭上留下些許殘留物。

然而，日本有些麥田比稻田多的地區，還是秉持傳統，持續地生產麥味噌並大量享用；至於都會區，甘口麥味噌很快取代了傳統的鹹麥味噌，一般販賣四十種味噌的東京零售店，只有一種是麥味噌，而且通常是甘口的種類。

據估計，全日本的麥味噌約有80%仍是天然發酵製作，且多數鹹味噌只在十一月到隔年四月的寒冷月份製作，此時收成的大麥滋味最好，水清澈甘甜，而清涼的空氣中也沒有會造成汙染的微生物。

製造麥味噌的傳統家庭與現代生產中心，多位於日本群島的南部三分之一，特別是最南邊的九州島，從1600年以來麥味噌就很受歡迎，而日本的麥味噌總產量中，75%來自九州，而其各縣總味噌產量中麥味噌所佔的比例如下：鹿兒島100%；熊本80%；長崎、佐賀分別為70%，福岡則占了50%。而同樣位於日本最南端的中國區，山口與廣島的麥味噌比例各為50%與30%。

至於東京附近的埼玉與四國島這兩大傳統麥味噌區，現在只生產少量的麥味噌。

種類	原產區	黃豆	麥	鹽	自然發酵時間
麥味噌	日本南方	10	10	4.6	1-3年
甘口麥味噌	日本南方	10	17	4.8	10-14天

麥味噌：它的名稱和整個類別的名稱相同，通常食譜中所需要的麥味噌就是它。麥味噌的含鹽量高（13%以上），但因為發酵時間長，所以味道顯得甘醇，而麥子隱含的細緻甜味，更是賦予麥味噌深厚豐富的口感；事實上，許多行家認為麥味噌比仙台米味噌還要甜。麥味噌的碳水化合物含量低（21%）、蛋白質含量高（13%），且需經過至少一年的自然發酵，最後變成紅棕色，並帶有顆粒質感和濃郁的香氣；若經三年發酵，那麼顏色會轉為帶有巧克力色的深棕色，質地會更均勻，風味也會更豐富細緻。雖然大麥的價格比米便宜一半以上，但由於發酵時間長，所以麥味噌比大部分的米味噌貴了些；天然的三年麥味噌，通常每450公克超過一塊錢美金，是日本最貴的味噌之一。

現在出口到美國的天然麥味噌，多是這種鹹味的產品，非常受到美國長壽飲食社群的喜歡，是西方社會大力推行麥味噌的主力之一，用麥味噌來煮湯以及各式佳餚都很適合。

甘口麥味噌：這種味噌有宜人的甜味，但其實製作甘口麥味噌的麴，需要很多鹽才能適當發酵，因此，麥味噌無法和甜白味噌或甜紅米味噌一樣甜。甘口麥味噌的鹽含量幾乎是甜味噌的兩倍（10% vs. 6%），碳水化合物較少（30% vs.32%），蛋白質也較少（11.0%vs.12.6%）。製作時間較短的甘口麥味噌顏色偏淺黃，天然製作的則是紅棕色；甘口麥味噌通常具有顆粒的質地，並有麴與黃豆的風味特色和發酵過的淡淡芳香。三百五十年來，麥味噌在九州島很普遍，尤其是長崎與熊本，有些地區則把甘口麥味噌稱為「十日味噌」，因為它的自然發酵期間只需要一到兩個星期。現在，甘口麥味噌多以大規模生產，發酵過程會經過溫度控制，通常是置於溫暖的空間20到35天，再移到室溫放15到20天，有時甚至只放4到6天。雖然甘口麥味噌常含有防腐劑和漂白劑（有些還有1%的蜂蜜），但這種快製味噌若未經冷藏，仍然會很快就壞掉、變色，因此也不容易出口。甘口麥味噌多用來煮菜，或是當做田樂醬，通常和鹹的麥味噌搭配來做湯。

豆味噌

豆味噌基本上和米味噌、麥味噌都不同，因為它不含穀類。豆味噌的麴只含有黃豆，由於缺少碳水化合物，含鹽量也高，故需要較長的時間才會成熟，且大多以緩慢、自然的方式來製作。

日本早期農家和販賣用的味噌，大多屬於這個種類。而在清新寒冷的日本北方，現在仍會遵循古法，把野生黴菌孢子和煮熟的黃豆壓碎，滾成大大的味噌丸，再以稻草包好或綁好，掛在室外屋簷下、室內暖爐上或燒著木柴的廚房火爐上，大約過一個月，味噌丸就會覆蓋著黴菌，然後將之壓碎，並加水加鹽拌勻，最後放入木桶或瓦缸之內發酵。

目前豆味噌占全國所販賣味噌的8%，而市面上的豆味噌多來自於日本中部的愛知縣、三重縣、岐阜縣，現在這些地方也還很多人製作。由於豆味噌不含穀類，無法在原料中變化穀類比例，因此各式豆味噌的風味與香氣變化不那麼豐富。其中，顏色最深的豆味噌有時稱「黑味噌」，也常稱作三州（Sanshu）味噌，這是日本中部的古稱。

種類	原產區	黃豆	鹽	自然發酵時間
八丁味噌	名古屋附近的岡崎	10	2.1	18-36個月
豆味噌	日本中部	10	2.1	8-12 個月
壺底味噌	日本中部	10	2.5	10-12個月

八丁味噌：這是日本最名貴、歷史最悠久的味噌，數個世紀以來，日本詩人、味噌行家與政治人物，都讚賞過八丁味噌曼妙的美味芬芳和深厚甘醇的甜味，它還帶有特殊的澀味。因為這些特質，日本人認為八丁味噌給人「雅緻」的感覺，「雅緻」通常用在美學上，指「精緻近乎嚴肅的美所留下來的細緻餘韻」，如禪筆法的畫、短短的俳句和熟到要發皺的秋柿等，即具這種內斂之美，而八丁味噌內斂精緻的滋味，更是符合「雅緻」之感。

八丁味噌呈現深深的可可色，帶有顆粒質感，有時還硬到得使用刀子來切；八丁味噌的蛋白質含量較高（21.0%），碳水化合物與水的含量則分別為12%與40%，比其他味噌都低，但它的含鹽量沒有紅味噌或麥味噌多（10.6% vs. 13%）。

雖然廠商使用「八丁味噌」這個名字不違法，但只有據稱已創立六百年的早川右衛門與大田這兩家公司，才是日本人認為最道地的製造商。這兩家公司都在繁忙的名古屋市附近的岡崎，而且位於同一個街區（日文稱作「丁」），鄰近矢作古川

（Yahagi）河畔。顧名思義，八丁味噌就是指「第八條街的味噌」，1603年建立日本封建幕府的德川家族，在遷都江戶之前原本是住在這一帶。他們非常喜歡家鄉的味噌，甚至用船運到新的首都，可惜這種味噌未能在江戶廣受歡迎。

製作八丁味噌的時候，要用一種特殊的黴菌「八丁麴菌」來取代一般用的「米麴菌」。發酵的黃豆麴與鹽巴和少量的水混合後，裝進大杉木桶（有些杉木桶已有一百五十到二百年的歷史）：桶子是用厚厚的杉木板所構成，以編得很美的大竹圈綑好，深度通常是 180 公分，直徑可達200公分，容量則有6000公升左右。味噌上面會以厚重的木蓋壓住，木蓋上至少還會放 100 個大石頭，總重量和味噌差不多。即使已經加了這麼大的壓力，但是混合物的水份實在太少，幾乎沒有任何液體（味噌汁）會浮到表面上來。

八丁味噌需整整發酵兩個夏天，因此最嫩的八丁味噌，從春末開始發酵約十六個月，而較老的八丁味噌，則從秋初開始發酵至少二十四個月。製作八丁味噌的人說，需要發酵二十四個月才會展現味噌最佳的風味，而要整整三年後美味才會達到最高峰，不過這麼老的味噌現在已經很少見了。由於日本特殊的計算味噌年齡方式，只有十八到二十四個月的八丁味噌，販賣時也會稱作是「三年味噌」。

所有的八丁味噌都要經過漫長的自然發酵過程，因此價格大約比大多數的米味噌貴40%；最老的八丁味噌，其蛋白質多已分解成胺基酸，具有藥效的價值。每年日本所生產的味噌，只有1%到2%是八丁味噌，其中有半數用來製作赤出味噌（akadashi miso）。八丁味噌多用來煮湯，使用的時候會搭配三份的甜味噌、淡黃味噌或甜米味噌，以軟化其澀味；同時，它也是鐵火味噌的主原料；而單單一小塊八丁味噌，也可當作豐富而甘醇的開胃菜來享用。若要用來取代本書要用的紅味噌或麥味噌，份量就要增加15%到20%，這樣才夠鹹。

近年來，市面上開始販賣一種稱作「嫩八丁味噌」的產品，也是由傳統的八丁味噌製造商所生產，不同之處在於只經過一個夏天的成熟過程，通常為十二到十四個月，而且桶子上所壓的重量較輕。其風味稍微不那麼甘醇、顏色較淺、質地較軟，價格約便宜15%，因此學習長壽飲食法的學生比較喜歡，他們認為真正的八丁味噌在溫暖氣候下發酵那麼久，實在太「燥熱」了。

據說八丁味噌是天皇的最愛，連出國都要帶。以前某些優良的味噌、醬油等食品製造商，可以獲得御用供應者的榮耀，但近年來則因為民主化而不復存在，現在已沒有任何公司是御用供應商，也不可以免費提供皇室商品，因為隨之而來的廣告作用會被認為對競爭者不公平。

日本前往南極六次的遠征隊都帶著八丁味噌，許多運動員和登山者也會將它用來當作蛋白質與能量的濃縮來源。八丁味噌是茶道料理的重要原料，現在西方國家也容易買得到，而且是少數裝在密封袋中，卻未經加溫殺菌，也不含酒精的味噌。

豆味噌：為了與其他豆味噌區別，這種味噌也稱作「一年」或「一般」豆味噌，其做法和八丁味噌相仿，不過成熟過程只要一年以上而非兩年，還會使用米麴菌來做麴。與八丁味噌相比，豆味噌的口感較不那麼豐富、顏色偏紅、質地因為含水量

【圖 13　皇室專屬供應商】

較高而偏軟（48%vs.40%），價格也便宜三成左右。在製做赤出味噌時，便可用豆味噌取代八丁味噌。日本約有八到九成豆味噌都屬於這個種類，而最有名的牌子「名古屋味噌」，幾乎是豆味噌的代名詞。

壺底味噌（Tamari Miso）：1500年起，日本中部製作味噌與醬油的店舖就已開始生產壺底味噌，它是製作壺底醬油（現代醬油的早期原型）時類似味噌的殘留物。壺底醬油由純黃豆麴所釀造，而現代醬油所使用的麴，則是等量的黃豆與烤麥。

製作壺底味噌所使用的豆麴和鹽量，和八丁味噌或一般豆味噌相同，不過必須加入五倍的水，這麼一來所產生的糊——「醪」，就會有著像蘋果泥的質地。醪會放進巨大的杉木桶，大木桶中間堆著倒置的無底小木桶，形成一個中空的圓柱，圓柱底部有倒過來放的 V 型槽，槽上佈滿小孔，其中一端和大桶底下的龍頭相連，這樣一來，醪的液體壺底汁會很快地收集起來，灌滿中間的空心柱。每天都要記得把一些壺底汁舀到醪上以促進發酵，並且可以避免沒有加蓋的醪發霉。以前，大桶底部排乾水的醪，就是可以拿來賣的壺底味噌，但是，現在的醪會舀到布袋裡擰乾，把壺底液的精華完整萃取出來，而剩下來的泥狀乾燥物，則會丟棄或用來當飼料，也因為如此，壺底味噌現在雖尚未絕跡，但已十分少見了。

壺底味噌向來被認為是非常高級的食物，其細緻的天然甜味，和天然中式醬油的好味道十分類似，不過壺底味噌不含穀麴，且發酵時間相當短，因此不怎麼具有香氣。壺底味噌通常用來做湯，也可以當作和佐料一樣的淋醬或用來沾新鮮蔬菜。

特殊味噌

特殊味噌和一般味噌有四大不同：第

【圖 14　槽（倒置）】

一，除了使用常見的味噌原料（黃豆、麴與鹽）之外，還會加入碎青菜、堅果、種子、海鮮或天然調味料與香料，因此帶有特殊的顆粒質地。第二，特殊味噌通常很甜，未經冷藏就無法在長久保存。第三，常用來當作淋醬或調味醬，而不會用來煮味噌湯，只有很少數的菜餚會用特殊味噌來烹調，如田樂以及烤味噌。第四，通常是用 2 公升的小瓦罐裝來小量販賣（200 公克），而不是大桶裝，價格也比昂貴的一般味噌還高。一般來說，特殊味噌大約可分成嘗味噌與甜醬味噌兩種。

嘗味噌

每一種嘗味噌（從日文的 nameru 演變而來，指「舔」），它是用少許切成末的鹹醃菜與辣調味料（約 10%），加上煮熟的全黃豆（15%）和大量的特殊全穀麴（75%）一起發酵而成的，這種麴通常含有大麥或小麥，其質地雖也類似蘋果泥，不過卻更具顆粒口感，顏色則是暖暖的淺棕色。由於富含穀類的碳水化合物，分解成糖後，使得嘗味噌帶有濃濃的甜味，而其細緻的香氣相當令人陶醉。

在日本，各種不同的嘗味噌最適合當作淋醬來搭配脆脆的蔬菜、熱騰騰的飯或粥、茶泡飯、一般豆腐或炸豆腐、餅乾或小菜、飯糰或麻糬、烤洋芋或其他根莖類蔬菜，就連拌菜沙拉也很適合。另外，嘗味噌似乎也特別符合西方人的口味，可以用來當作西式的各式醬汁，尤其和西式淡麻醬，或是柳橙汁、大蒜、洋蔥、薑、醬油和蜂蜜等調味品特別對味。以下各種嘗味噌，在日本的平均零售價約為 1.5 塊錢美金，並依據是否容易取得與受歡迎的程度來排列，這些味噌在冷藏下可保存三到六個月。

金山寺味噌：這種味噌使用的麴很特殊，含有整顆麥穀與黃豆（大部分的味噌只含其中一種，不會兩種都有）。金山寺味噌有許多顆粒分明的麥穀，而經過烘烤的去皮碎黃豆，使得味噌成品帶有淡淡的堅果香與顆粒質感。許多金山寺味噌都含有切成丁的茄子、薑、越瓜、昆布與牛蒡，有些種類的可能還加了白蘿蔔和小黃瓜，以及青紫蘇葉與種子、花椒、辣椒來增加香味，這些蔬菜與調味料可在六個月的天然發酵過程一開始就加進來，也可以半途加入。傳統的金山寺味噌含有等重的黃豆與大麥，不過現在的大麥含量比黃豆多了四倍，可使味噌更具甜味，又能降低製作的成本、時間與難度。為了要讓味道更甜，有些人會在原本的混合物中添加米麴，最後加水麥芽糖（從大麥、米或小米萃取而成，類似蜂蜜天然甜劑）來增添色澤。現在的金山寺味噌可能含有棕色食用色素，也可能經過加溫殺菌或添加防腐劑，使之可在貨架上放久一點。金山寺味噌有兩種，一種頗甜，另一種則較淡，現在的大阪與和歌山一帶是金山寺味噌的生產中心，不過北邊靜岡縣的製造商已經研發出了十種新的金山寺味噌和現成乾麴，可用來在家製作味噌。

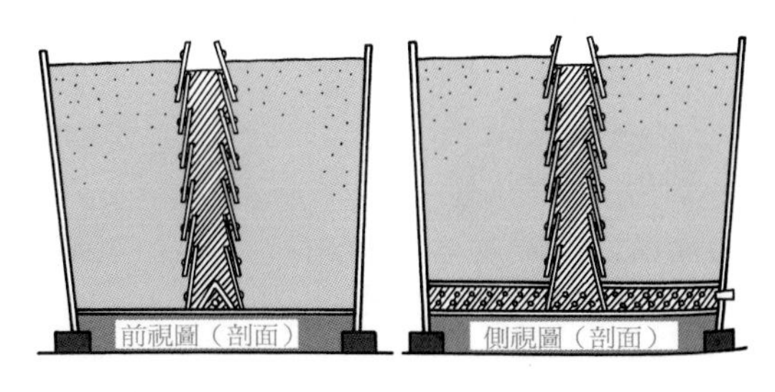

【圖 15　壺底味噌發酵桶】

金山寺味噌有四個近親：櫻味噌（Sakura Miso）、支那味噌（Shiina Miso）、濱名味噌（Hamana Miso）與鰹味噌（Bonito Miso）。深紅色的櫻味噌是用麥麴加上水麥芽糖與糖製作而成。「支那」的意思是「中國」，這是為了紀念大多數的frac嘗味噌都起源於中國。濱名味噌含有黃豆、小麥或大麥麴及米麴，加上茄子丁、紫蘇子和薑，有些含有甜酒，這些味噌在冬天發酵二十天，多在福井縣生產販賣。鰹味噌是位於四國島土佐市的特產，它用生的鰹魚塊取代常用的蔬菜，有時候用來做湯。

醪味噌：這是製作日式醬油時所用的糊狀物，它所用的麴含有黃豆、碎烤小麥，鹽與水，自然發酵一年之後，通常會舀進布袋，壓製出醬油。

醪味噌最早是在十六世紀時，由九州與四國的醬油製造者所發展出來的，當時只是在醬油過濾前或後，從發酵桶取出的醪（用整顆小麥製成，而不是碎烤麥）；後來為了要創造出自己的風格，味噌製造者會減少醪裡面的水份，加入切碎的鹽漬菜，並把醬油促酵物換成味噌促酵物（米麴菌），之後才開始發酵。完成之時不會把液體過濾或榨出，因此成品是深棕色，並帶有蘋果泥的質地。

今天，大部分的醪味噌含有切丁的茄子、小黃瓜與薑，而長崎所出產、美味的長條醪味噌含有切成小段的海帶芽。現在有兩種醪味噌，一種偏甜，帶有淡淡的粉紅色，另一種則是棕褐色、口味較淡，兩種都很適合搭配新鮮小黃瓜片。

醬：日文讀作Hishio，是漢字「醬」的發音。一般認為，今天的醬很類似日本味噌和醬油的先驅。通常醬是把水排乾、卻尚未經過壓製的醬油醪，加上鹹醃菜（茄子、越瓜與白蘿蔔），混合之後再以天然發酵二十到六十天，通常是在三、四月的時候進行。大阪、中國以及四國一帶，傳統農家所製作的醬也叫做嘗物（namemono或O-name），通常在開始製作時，就將蔬菜和麥麴一起發酵，而且會加入去皮切開的黃豆。無論是市售或農家所製作的醬都很珍貴，只有在最好的味噌店才買得到。

嘗味噌：這種味噌和上述三種很像，其特色是有五公分長的昆布以及茄子、薑與越瓜的丁；有些種類只有小麥或大麥麴，並不含黃豆。

納豆味噌：1700年代起，長崎一帶就開始製作納豆味噌，它含有大量的黃豆，因此外表酷似納豆。其實，納豆味噌裡面並沒有真正的納豆，但卻含有全黃豆、大麥麴、昆布片和薑，有時候還有水麥芽糖，它是在室溫下發酵三十天。這種好吃的味噌很受歡迎，在美國也很容易買到，除了不含防腐劑、人工或精製過的甘味，也不含其他添加物。

五島味噌：島（to）在日文指「18 公升」，而 go 則表示「五」。這種味噌含有五種材料：煮過的黃豆、米麴、清酒渣、鹽與糖，並製作 18 公升，其發酵過程只需十天。

嘗味噌的親戚：各式各樣的農家味噌因為添加了馬鈴薯、蕃薯、南瓜或玉米（或者從這些食物所製成的麴），因此滋味豐富、種類繁多。此外，農家把蔬菜埋進味噌醃製，也很類似嘗味噌。

甜醬味噌

甜醬味噌的製作方式，是在一般味噌裡加入甜味劑（糖、蜂蜜或水麥芽糖）、一點水或清酒，以及堅果、種子、蔬菜丁或調味品，混合後放進長柄鍋裡煮，不停地攪拌到和一般味噌一樣的硬度。市面上最常見的甜醬味噌有花生味噌、烤芝麻味噌等，其中最特別的應該算是葡萄乾味噌。若在製作過程中使用水麥芽糖，則能使味噌產生如太妃一般的黏稠感，並帶著深琥珀色，而添加花生和芝麻則可提高味噌的蛋白質到 16%以上。販賣甜醬味噌時，是以 100 公克的密封塑膠袋或是方形容器包裝，不過現在在市面上或是學校的自助餐廳也有一份 20 公克的迷你包，只要區區幾塊錢就享受得到，可用來當做三明治抹醬或配飯、沾豆腐或新鮮蔬菜；其他現成種類還包括核桃、芝麻、柚子、花椒嫩葉與紅鯛。甜醬味噌可以在家裡或餐廳製作，不一定要拿來賣。

現代味噌

現代味噌共有三種，全都是 1945 年之後才開發的，這些味噌都含有以特別方式處理或搭配的傳統味噌。販賣時使用兩種以上的味噌搭配，就稱作「綜合味噌」，其中最有名的就是赤出味噌。目前，現代味噌約佔日本市場的 5%。

赤出味噌：這種深紅棕色的味噌口味相當甜，製作方式是一份八丁味噌配上兩份不同的其他味噌（甘口淡色味噌、甜白味噌，有時還有一年豆味噌）。許多赤出味噌還會加上焦糖漿、水麥芽糖、精製糖、味精、醬油和己二烯酸防腐劑。成熟的味

噌只要和其他材料拌勻，經過加溫殺菌後包裝起來即可，花不到兩天，也不需另外發酵。八丁赤出味噌是最好的一種，裡面一定有真正的八丁味噌，比較便宜的種類則用一般豆味噌來代替；櫻味噌和京櫻味噌則含有約三分之二的甜白味噌。

有人說，「赤出」這個字起源於京都，原指任何香味濃郁的豆味噌，據說藝妓要煮味噌湯前，會先把豆味噌放到缽裡研磨並篩過。京都人最早把豆味噌和甜白味噌加在一起，成為赤出味噌的始祖。由於香氣濃郁、口感豐富，因此即使價格相當高，赤出味噌在許多都會還是很受歡迎。「赤出」指的是「以八丁味噌製成的傳統深紅色味噌湯」，通常還含有蛤蜊，滋味非常美妙。

乾燥味噌（冷凍乾燥或噴霧乾燥）：又稱味噌粉，從 1959 年開始發展，到了 1970 年代晚期都還非常受到歡迎，常用來當作速食味噌湯的材料，也是速食味噌拉麵常用的湯頭。知名的味噌杯湯（Miso Cup）所出產的天然速食味噌湯中，含有脫水洋蔥、荷蘭芹、海菜（海帶芽）與味噌，日本最受歡迎的種類還包括冷凍乾燥的韭蔥片，加上乾燥的海帶芽與麥麩（或油豆腐）。要注意的是，許多日本生產以及超市販賣的產品，都含有化學添加物，例如味精、丁二酸鈉（sodium succinate）與次黃嘌呤核酸（inosinic acid）。乾燥味噌通常是小包裝，每包為一、兩份（9 公克可以做出 230 公克的速食味噌湯），而一大包裡面有五到十包，裝在小箔包或小盒子裡。乾燥味噌至少有三種，可作成紅味噌湯、白味噌湯與赤出味噌湯，只要加點熱水，不到 1 分鐘就可以享用這種便宜的味噌湯，除了適合外帶與露營的時候食用，也很適合用做調味料：我們喜歡在攪拌器裡面放點味噌，然後灑在沙拉、三明治、麵或是酥炸天貝上，或者和豆腐拌一拌，拿來當抹醬或沾醬。

1979 年，日本生產的味噌有 56 萬公噸，其中不到 2.5%到 3.5%做成乾燥味噌，其中又約有八成是以冷凍乾燥，兩成是噴霧乾燥。「山印釀造」是最大的冷凍乾燥味噌製造商，而「マルユメ」與「永谷園」則是噴霧乾燥味噌的兩大廠。

最早之前，日本大部分的乾燥味噌多以噴霧乾燥法來製作：味噌（含有 50%的固體）和適量的水混合成糊，其中固體成份約僅 10%，然後經由霧化器噴出，把糊狀物噴進 45 公尺高且充滿不斷循環的熱氣的塔中，等味噌乾燥後就會自己掉下來；噴霧進入的溫度為 250℃，而噴出之後的溫度為 75 到 80℃。近年來則多用冷凍乾燥法，也就是在一個大型不鏽鋼盤上鋪上 2 到 3 公分深的一般味噌，再置入大型真空室的架上，以強力真空（0.5 到 0.8mm 汞柱或托爾）在較低的溫度（40℃）乾燥十到十五小時，所產生的乾燥味噌會僅剩下 4%到 5%的水份、32.2%的蛋白質、18.5%的鹽與35.8%的碳水化合物。冷凍乾燥的味噌雖然比較貴，不過風味與香氣都較佳（噴霧乾燥所使用的高溫，會破壞食物的風味）且營養，還能立即溶於水。冷凍乾燥比較費時費工，而且所使用的設備較為昂貴複雜、產能較低，但是噪音較小；噴霧乾燥比較容易機械化，乾燥時間較短，使用的機器也較簡單便宜，產能較

高，不過噪音很大。

低鹽與無鹽味噌：一般低鹽味噌是用壓力蒸煮的去皮去脂黃豆，並以酵素水解，再和相等重量成熟的紅味噌或淡黃味噌混合，最後在 30℃到 35℃的溫度下發酵三到五天所製成的。它在 1959 年發展出來，成品含有 5.1%的氯化鈉、17.6%的蛋白質與 53%的水份；由於鹽分低，因此新鮮味噌必須保存在 10℃以下，也常經過冷凍乾燥。一般來說，低鹽與無鹽味噌常作為健康食品，乾燥的味噌則有 14%的氯化鈉、26.4%的蛋白質和 6%的水份。

有些低鹽和無鹽味噌的鹽分含量為 5%，製作方式類似淡黃味噌，需要八十天的發酵過程，這種味噌含有 3%到 3.5%的酒精當作防腐劑，並以加溫殺菌之後裝瓶販賣。其他低鹽味噌會以酒精來替代部分的鹽（2%到 5%），其作法是加入魯氏酵母，使之產生天然酒精，或降低水份含量到 40%。

無鹽味噌通常含有 3.5%的酒精，帶有非常明顯的酒味，除非以調味料掩蓋，作為淋醬與醬汁，否則味道不怎麼好。罐裝的無鹽紅味噌含有 53.7%的水份，13.9%的蛋白質、6.7%的脂肪和 24.2%的碳水化合物（其中含有 3.5%的酒精），每 100 公克的熱量是 189 大卡。1977 年，日本的「長野味噌公司」首次推出無鹽味噌，1978 年以 Jepron 為名打入市場，並在 1981 年取得專利，也是擁有日本唯一的無鹽味噌專利的味噌公司，它是以殺菌過的麴，加入一些酒精和煮過（卻未發酵）的黃豆製成，其自由胺基酸含量比一般味噌高出三倍，價格約貴了 50%，而蛋白質含量約從 12%到 20%不等。它呈現金黃色，滋味豐富，可以取代許多食譜中使用的味噌，卻完全不含鹽。1982 年，日本每個月的無鹽味噌產量為 250 公噸。1983 年初，長野味噌在九個國家申請專利，得到核發美國專利 4,311,715 號，之後又在 1979 年推出低鹽味噌

雖然這兩種產品的總產量偏低，但其受歡迎的程度卻越來越高。日本人每人的鹽消耗量是全球最高的，北方是 30 公克，其他地方為 18 公克，但是美國卻只有 11 公克。不過，由於大家已知道，過度食用鹽分會導致高血壓，所以這些產品很有可能可以在西方國家佔有一席之地。

新美國味噌：在家庭、社區與商店的美國味噌製造者，已經會用各種材料來替代黃豆，做出各種很好的味噌，例如花生、雞豆、黑豆、紅豆、一般豆類（Phaseolus vulgary，包括花豆、四季豆、大紅豆、北方雪豆等）、納豆、豆腐渣、扁豆、豌豆，這些豆子和黃豆一樣，都是很好的蛋白質來源。另外，美國人也會用各種材料來製造麴，例如玉米（黃色馬齒種或黃色硬粒種）、小米、小麥或蕎麥。1982 年，密蘇里州的「奇想食品公司」引進了一種味噌，是以海藻來代替一部分的鹽；或許還會有人引進像金條一般的味噌塊，或者可和藥草以及（或）香料，用攪拌機拌勻的味噌粉。

美國的「洛馬琳達食品公司」，生產了很類似味噌的產品「美味專家」（Savorex），基督復臨安息日會的成員常常使用，它用了啤酒酵母的萃取物、蔬菜調味

料與鹽作為材料，口感很豐富且帶肉味。1983 年，多以 250 公克的塑膠包裝出售，價格大約比一般的天然味噌貴了一倍。

其他東亞味噌

中國在西元前就已經發展了醬，並成為遍及東亞的各種味噌與醬油之前驅。醬進入了各個民族之後，基本特徵逐漸改變，以符合當地條件。

中式醬

各式中式味噌雖通稱為「醬」，但其實「醬」囊括了各式各樣的食物，其中多以米麴菌發酵而成，但許多不含黃豆，也不含穀麴，其味道很重，通常含有大量辣椒和少量的大蒜等其他香料。醬的基本原料尚包括堅果與種子、蠶豆、麵粉或饅頭、蔬菜與許多海鮮。最常見醬的應屬豆瓣醬、甜麵醬和辣椒醬；在西方國家，最普遍的則是原豉醬、海鮮醬和豆瓣醬。

日本味噌多由專業味噌師傅製作販售，但是中式醬則在家製作，就好像西方人會製作自家的果醬、罐頭水果或醃菜一般。醬和醬油多依循古法，在每年三、四月開始製作，然後裝進 3.8 到 38 公升的瓦缸裡，放在院子、屋頂或者公寓的陽台上發酵十二個月，有許多種類會加上米酒，每天攪拌；在中國，醬油的總產量比醬要大得多。中文有許多用詞來指「麴」：「釀」是最常用的，音義皆和「娘」有異曲同工之妙，它常與其所要發酵產品一起使用，例如「酒釀」用來發酵穀類做的酒、「醋釀」則是用來發酵醋。

家家戶戶所做的醬各具獨特風味，有一種產品氣味濃、鹽分高、顏色深且味道辛辣，只有少部分的顧客能接受。然而近年來為了大規模販售、行銷全球，醬的味道漸趨一致，迎合大眾口味，甜麵醬最合西方人的口味，這道巧克力色的美味醬料是拿來搭配北京烤鴨的。

在台灣與中國，無論醬是在家庭製作或商業販售，都是從「醬園」中、有著大大開口的木桶裡舀出來，而醬園也販售鹽漬醃菜和醬油；許多醬園只販售上述三種醬以及當地的一、兩種特產醬。中國菜的各主要系別都會用醬，多當做調味醬的基礎，來搭配肉類、海鮮或家禽肉，偶爾也配炒豆腐與蔬菜，並不會像日本人一樣，把醬拿來做湯。在西方國家的中國餐館，各式各樣寫著「醬」的菜色，就是以醬做成的中式佳餚。

醬最常分成四大類：紅醬或一般醬、黑醬、綜合醬，以及調味醬。而每種類別還有各種小分類，依歡迎度排列如下：

紅醬或一般醬

豆瓣醬：也稱作中式豆醬，是由麥味噌與黃豆或蠶豆混合而成，通常含有麵粉。豆瓣醬的質地柔軟，裡面有未磨成泥的豆子，因此具顆粒口感，顏色從暖暖的巧克力色到深棕色都有。大多數的豆瓣醬含 18%的鹽分，因此很鹹，不過現在販售的種類鹽量已較少，味道比較溫和。豆瓣醬的做法和中式醬油類似，但液體的比例要低得多，並且放在戶外的大瓦缸裡發酵七到十二個月，每天都要攪拌。有些豆瓣醬含整顆的烤芝麻、油和魚，原料的重量比例一般為，黃豆：大麥：麵粉：鹽＝ 10：3.3：3.3：5。把豆瓣醬以水溶解之後，就會變成知名的「黃稀醬」。

辣豆瓣醬：又稱「辣豆醬」，這道香辣

的醬，是在豆瓣醬裡面加進紅辣椒；若還加了乾辣椒粉，就稱做豆瓣油辣椒。

四川豆瓣醬：比豆瓣醬要辣，但是比辣椒醬溫和，是以大量使用辣椒而馳名的四川特產，為川菜的重要調味料。

豆豉醬：類似把日本顆粒紅味噌和豆豉加在一起的醬，和中式豆豉有緊密的關係，若加了辣椒，就變成了豆豉辣椒醬。

麵豉醬：是從廣東特有的豆子做成，醬裡面含有麵粉。

大醬或黃醬：皆用黃豆當作主原料。

黑醬

甜麵醬：這道巧克力色的醬在西方叫做甜黃豆醬、甜麵粉醬或麵醬（flour jam），是把麵粉、鹽和水加在一起做成的。其質地均勻柔順，像是融化的巧克力，味道則類似日本的赤出味噌。市售的甜麵醬在製作時會先把麵粉和水加在一起，做成直徑 10 公分的饅頭後蒸好，或是壓成 2 公分厚的麵皮，乾燥變硬後切成直徑 12 公分的麵糰。蒸過的饅頭或者麵糰會放在直徑 1.2 公尺的竹盤上，然後在培養室裡發酵約四天。有些地方會在五月份把蒸過的麵糰放到高粱梗上，置於戶外有陰影之處三週，使之長出黴菌。這些生出黴的饅頭或麵皮會被放到院子或屋頂上的大瓦缸，和少量的水與 5%左右的鹽分混合，然後很快地開始融解。每天都攪拌混合物，並發酵三到四個月，甚至是六到八個月；發酵的第一個星期，有時候會每天加點水進去。白天時蓋子會打開，晚上偶爾也不加蓋，據說這樣能吸收露水以及月光精華。

【圖 16　醬園】

在家裡製作甜麵醬時，會把蒸好的饅頭或者濕麵糰放到盤子上（通常會用從店面購得的黃色種麴黴來產生麴），然後置於溫暖潮濕的地方七到十五天，等待黴菌形成。發了黴後的成品會放到小瓦缸裡，並以鹽水蓋過；混合物不會加蓋，在陽光與夜空下放置五天，並每天用手擠壓。接下來的十五天，需以竹竿攪拌混合物，此時醬已經做好了，不過，發酵過程會持續兩個月，以賦予甜麵醬更甘醇的風味與更深的色澤。若在甜麵醬裡面加上壓製醬油的殘留物，味道會變得更鹹一點；而市面上所販售的甜麵醬，若加了大量的辣椒末，就是成了辣麵醬。

在中國餐館，甜麵醬通常會加上少許的糖、麻油和米酒，變成北京烤鴨或中式煎餅的沾料。日本較少見到甜麵醬，比較類似的應屬以八丁味噌製作的醬料。甜麵醬可以塗在肉片上，當作開胃菜，也可以和大蔥一起塗到蒸饅頭或烤麵包上，還可與牛絞肉、辣椒加在一起做成麻婆豆腐；若與牛絞肉拌過，則當做炸醬麵的醬料；此外，還可當成炒雞肉或豬肉等的佐料；醃菜也常使用甜麵醬來製作。

黑醬：帶著深深巧克力色的黑醬，是由黑豆做成，很類似豆醬；把黑醬加到水中融解，就成了知名的黑稀醬。

什錦醬

最早的醬據說是用發酵的鹹魚、貝類與肉做成，現代的什錦醬和知名又味道重的越南魚露以及日本鹽辛很類似。這些自古流傳的食品現在仍很常見，可用來當作調味料和醬料。

辣椒醬：這道萬用的調味料用法類似塔巴斯哥辣醬，它以發酵的鹽漬辣椒作為材料，味道又香又辣。辣椒醬裡不含黃豆，顏色鮮紅，並具有半液態的柔軟質地，和西式辣椒醬類似。餐廳會把辣椒醬裝在小罐子，放在餐桌上。

粵式海鮮醬：類似日本的甜醬味噌。廣東附近的佛山一帶，會在海鮮醬裡加入茴香和其他香辣粉，稱「柱侯醬」。

乾醬：這是一種醬料類別的總稱，是發酵後再乾燥而成，日本傳統味噌裡面沒有類似的產品。

其他醬料：以下醬料皆不含黃豆或穀麴：

- ◆麻醬：和西式芝麻醬一樣。
- ◆花生醬：和西式花生醬一樣。
- ◆酸梅醬：用酸溜溜的鹽漬梅子做成。
- ◆蝦醬：通常用來搭配肉類。
- ◆蜆介醬：含有鹽漬的貝類。
- ◆桂花醬：含有蒜蓉、陳皮與芝麻。
- ◆醬坯：用大饅頭麵糰做成。

調味醬

以下各種調味醬的質地類似濃稠的滷汁，西方國家的中式雜貨店也可以買到。

原豉醬：又稱黃豆醬，這道巧克力色的醬料是由特殊黃豆、麵粉、鹽和水加在一起製成，質地濃稠且味道鹹。一般原豉醬裡面有顆粒，而「麵豉醬」（麵粉和豆豉混合而成的醬）則較為滑順。中國人在製作醬油時，是過濾出醬裡的液體，剩下的粕則作為豆醬的主要調味料（日式醬油的粕壓過後則就會丟棄）。有些原豉醬會添加芝麻、糖、焦糖色素、糖蜜、味精或醋，有時還會加防腐劑。原豉醬是炸醬麵醬的基本調味料，也常用於炒菜、醃菜，或與薑蔥混合，灑到蒸魚上調味。

海鮮醬：海鮮醬事實上不是主要拿來搭配海鮮的，這道深黑色的醬料濃稠滑順又帶甜味，其外觀或口味都很像是融化的巧克力或甜麵醬。製作海鮮醬時，先把醬裡淺色的醬油取出，剩下的大豆粕先壓製出醬油，然後再磨成均勻的醬，並與麵粉、糖、醋、鹽、辣椒粉、水混合；有些海鮮醬裡面還含有大蒜、食用色素與防腐劑。西方國家所販售的海鮮醬，多為450公克或 400 公克的罐裝，最適合搭配北京烤鴨、木鬚豬肉以及中式排骨。海鮮醬甜甜辣辣的味道非常適合當烤醬，搭配日式烤雞更令人愛不釋口。

蠔油醬（蠔味醬）：鹽漬並發酵蠔的時候，表面上會有液體浮上來，這就可以做成蠔味醬。

沙茶醬：這道廣式或台式的烤肉醬，吃壽喜燒與日式烤雞的時候很常用，也會配飯、麵、海參、豬肉與炒牛肉。

其他醬料：以下醬料皆不含黃豆或穀麴：

◆蝦油：裡面含有許多蝦米。
◆酸辣醬或辣醬油：類似西方國家的烏徹斯特醬油。
◆蕃茄醬：西式蕃茄醬的姐妹品。

韓式醬

韓國三大發酵黃豆食品是：豆味噌、醬油以及辣椒味噌。1976 年，三種產品分別佔了韓國黃豆用量的 18.3%、10.6%、6.6%。同年，每人每天這三種產品的食用量為 15 公克、20 公克和 10 公克。韓國和中國一樣，這些食品多在自家製作並食用，農舍或都會家庭皆如此：自製豆味噌佔了 82%、醬油 64%和辣椒味噌 76%，每個家庭每年光為了做這些食品，就使用了 2.7 公斤的鹽；即使在首爾市中心的高樓住宅，八、九成的陽台上都有六到八個瓦缸，裡面存放著家裡做的味噌和醬油，也因如此，要到傳統市場和食品商店賣味噌與醃菜的區域，才找得到小規模販賣的醬油。韓式醬通常用來製作辣辣的湯，一般都比日本味噌湯濃稠；而韓式醬油比日式醬油要甜，味道也較重，製作時會用黃豆、鹽和水，但不用穀麴。

各式韓式味噌與醬油皆從乾豆麴（meju）製成，和日本的味噌丸很類似。製作乾豆麴時，黃豆要先浸泡、烹煮、在臼中搗成泥，再捏成丸子、以稻草包好（或不捏成形，放進稻草袋裡），懸掛於椽或屋簷下一到三個月，直到表面上綻滿了天然的白黴菌。材料之後會分成小塊，在陽光下曬乾，通常再以手推石磨，磨成細粉。乾豆麴幾乎不含鹽（僅 0.2%），營養成分如表 12 所示。現在市場上已可以買到現成的乾豆麴，可用來作某些自製醬。有些家庭近來開始以種麴（米麴菌或醬油麴菌）來培養自己煮好的黃豆，這些種麴都可在市場買到。種麴與少許麵粉混合之後，灑上風乾的熟黃豆上，然後黃豆就在溫暖的地方（26℃到 30℃）發酵 24 到 48 小時，使其表面覆蓋滿白色的黴菌，之後黃豆會乾燥、壓過，並與鹽和水混合。

【圖 17　零售的韓式醬】

韓式豆醬：這是唯一傳統的韓式醬料，稍微帶著灰棕色，由於含有少量尚未壓碎的黃豆，因此具顆粒口感。傳統市場裡可找到兩種味道又鹹又重的韓式豆醬，都不含穀麴，其中一種較鹹，也比較多顆粒。韓式豆醬多在家裡製作，即使是販售的種類也是家庭製作，因為韓國人較喜歡自製的產品。

製作韓式豆醬時，會把麴和 18%到 22%的鹽滷加到容量 3.8 到 38 公升的大瓦缸裡，有時會加上芝麻或芝麻葉。瓦缸蓋好（但不加壓）後放在戶外陽台、屋頂上或院子裡。傳統上要從三月發酵到九月，持續六個月。如果用市售種麴來做乾豆麴，發酵過程可縮短到二至三個月；若乾豆麴以熱鹽水浸泡，或容器曝曬於陽光下，發酵時間還可以再縮短。在基本發酵期過了之後，累積在容器裡的液體會過濾掉，並燉成韓式醬油，燉煮過程中也可順便加溫殺菌。而發酵桶中剩下的非液態物質會留在桶裡繼續熟化幾個月，使其成為高品質的韓式豆醬（味噌）。

韓式辣椒醬：這道香辣的韓式味噌帶著鮮豔的紅棕色，質地滑順，比日式味噌要稍軟一些；韓式辣椒醬主要有三種，差異在於辣椒含量多寡。製作韓式辣椒醬時，先把豆麴乾燥、磨碎，再和煮過的糯米、辣椒末及鹽水或韓式豆醬一起放進瓦缸裡。發酵時間通常需要二至三個月，但若把瓦缸放到陽光底下，則可加速發酵，品質好的韓式辣椒醬綜合了酸、甜、辣、鹹四種口味。有些地方會把米粉和水混合做成米糰，放到沸水中煮，再與黃豆麴和辣椒末一起做成泥，之後分成三天，每天加入三分之一的鹽，辣椒醬第四天就可以吃了，但通常還是會發酵六個月。據說有些辣椒醬是以米麴和麵粉做成，或用熟黃豆與麻糬或糯米飯混合而成。韓國人製作含有絞肉的濃湯或燉菜時，辣椒醬是少不了的湯底，還會加點糖。

美國的韓國與日本食品市場上，可以看到一種韓式豆醬，每罐450公克，上面寫著「辣豆泥」，其原料包括米、辣椒、黃豆、鹽與水，若沒有加辣椒，則是「豆泥」，其營養成分如表12所示。

淡辣椒醬：這道醬和韓式辣椒醬很類似，但黃豆麴的含量較多，辣椒末和鹽的含量較少，通常含有糯米，增加了天然的穀類糖分，故味道較甜。淡辣椒醬是包在毯子裡，在溫暖的地方以較短的時間發酵（約兩週）而成，類似日本的嘗味噌，通常當做沾醬或淋汁，搭配生菜或豆腐。

中式甜黑醬：這道柔軟的黑味噌和中國甜麵醬很類似，多由韓國華僑所製作，或從中國進口，最適合搭配炸醬麵。

日式紅醬：這是一種鹹的紅味噌，很類似日本的仙台味噌，不過味道已調整為符合韓國人的口味，比日本味噌鹹。這道滑

【表12】每100公克的中式與韓式醬的營養成分

醬的種類	熱量 (cal)	水分 (%)	蛋白質(%)	脂肪 (%)	醣 (%)	纖維質 (%)	灰份 (%)	鈉 (Mg)	鈣 (Mg)	磷 (Mg)	鐵 (Mg)	鉀 (Mg)	維生素B1 (硫胺素) (Mg)	維生素B2 (核黃素) (Mg)	維生素B3 (菸鹼酸) (Mg)
豆瓣醬	194	48.6	11.6	5.2	27.2	2.1	7.4	761	55	365	1.3	334	0.07	1.19	1.2
辣豆瓣醬	185	52.7	8.1	4.1	30.2	3.5	4.9	680	126	72	13.6	280	0.35	0.35	1.5
甜麵醬	192	47.0	5.4	1.2	40.1	2.7	6.3	570	32	104	5.7	183	0.18	0.80	0.9
韓式豆醬	—	59.4	10.6	8.4	5.7	2.6	16.0	—	—	—	—	—	0.002	0.01	1.8
韓式辣椒醬	—	49.3	9.3	4.2	23.4	2.3	13.7	—	—	—	—	—	0.08	0.11	1.2
韓式豆麴	—	23.2	43.0	17.8	11.9	5.7	4.1	—	—	—	—	—	—	—	—

【資料來源：東亞食品成分表（USDEW 1972）與 Wang（1979）】

順的醬料帶紅棕色，是從日本傳來，在日本佔領韓國的 36 年期間曾在韓國販售，現在韓國已經大量生產紅醬。

印尼豆醬

印尼豆醬（taucho）是發酵的顆粒黃豆醬。這種豆味噌長久以來多在西爪哇生產食用，生產中心為姬安朱爾（Chianjur），它有四種不同的口味和質地，不過都是深棕色，通常也只通稱做豆醬。

甜軟豆醬：也稱作姬安朱爾豆醬，是最受歡迎的一種，質地類似粥或蘋果泥，含有許多黃豆顆粒，而總重量的 25%是椰糖，因此非常甜。

鹹豆醬汁：又稱黑豆醬、鹹黃豆或鹹黑豆，是由各種不同的硬豆子碎粒混合，從紅棕色到黑黃豆都有，浸泡在類似醬油的濃縮液裡面，其味道又重又鹹（比日本味噌或日式醬油都鹹）。

【圖 18　韓式醬】

硬乾豆醬：這是種新產品，由前述幾種豆醬曬乾成餅之後製成。

煙燻乾豆醬：這種產品很少見，多由華人製作。

各式各樣的豆醬基本上都當作調味料，用於湯、蔬菜、海鮮、麵食裡面，諸如燉蔬菜、煮豆醬魚、煎豆醬魚、三巴辣椒豆醬、三巴辣椒炒豆醬、炒豆醬、豆醬炒麵、豆醬天貝、椰汁炒蝦等等。

無論甜鹹或者軟硬程度，印尼豆醬都與日本味噌並不相同，製作時天然發酵期也較短，並且含有大量的糯米粉。據估計，印尼八十四家生產豆醬的店舖中，有七十七家位於西爪哇。

傳統上，印尼豆醬都經過兩個階段的發酵：先是黴菌發酵，再是鹽滷發酵。首先清洗 100 公斤的乾黃豆，再於大量的水中浸泡 15 到 20 小時，然後趕緊煮滾，並以腳踩或手剝去除黃豆殼，接著再把黃豆洗淨，這時黃豆殼應該都會浮起來。把黃豆煮滾 5 個小時之後瀝乾，並在直徑 90 公分的竹編盤上鋪好，靜置 12 個小時，使之冷卻到室溫（約 27.8℃）。把 10 公克曬乾的天貝打成粉，並且與 190 公克的烤糯米粉混合，當作黃豆的種麴。種麴裡活動的細菌是根黴真菌、米根黴和米麴菌，這種混合菌株可賦予印尼豆醬最佳的滋味與香氣。把 200 公克的混合菌株種麴，與 50 公斤的烤糯米粉混合，再徹底與黃豆拌勻，然後在竹盤上平鋪 3 公分，有時候還會蓋上一層紗布，放到架上以 27.2℃發酵三、四天（過去會長達 7 到 14 天），讓黃豆上面覆蓋了一層密密的白菌絲。這個類似麴的物質之後會分成小塊，加進 9.5 公升的大瓦缸，與 18%的鹽水混合；麴與鹽水的比例為每 100 公斤的麴配上 200 公升的鹽水。做好的泥會靜置在室外曝曬約四週，每天早上都要攪拌，瓦缸晚上會加蓋。有益健康的細菌與酵素，如德氏乳桿菌與漢遜酵母會變得很活躍，幫鹽水發酵。完成的產品會裝在小小的塑膠袋裡販售，如同鹹豆醬汁。

若要做甜軟豆醬，則原本 100 公斤的豆醬中加入椰糖與水各 25 公斤，並煮成均勻粘稠的質地；硬的乾豆醬就是把甜軟豆醬曬乾或煙燻製成。

印尼以黃豆所製成的基本食品，尚包括天貝、豆腐與醬油，豆醬的重要性並不如另外兩種食物高，僅佔了印尼每年黃豆用量的 1% 不到，而每年每人各式豆醬的消耗量也只有 7.2 公克。馬來西亞的豆醬（taucheo），其實與印尼豆醬相當類似。

味噌古味

Traditional Miso

CHAPTER 6

農家味噌

本章主要介紹農家味噌的傳統技藝，以及其在日本的文化與料理中扮演的角色，並說明農家味噌的做法與工具，以作為西方國家在社區製作味噌的模範。

日本最早的味噌多由農人與和尚所製作。東亞味噌店舖與專業師傅的出現，算是相當晚近。韓國現在仍有 85%的味噌是自家製作的，而 1940 年代前，許多日本農家與寺廟的味噌完全可自給自足。

自豪的「手前味噌」

雖然日本的味噌鋪子比遠東其他國家多，但農家味噌的傳統仍然存在，尤其是東北部的偏遠鄉村地帶。每年只要時候到了，日本任何一個知名的農家味噌產地（青森、長野、福島、岩手、山梨）就可看到依循古法的味噌技藝與儀式。每年的三、四月時，農家會製作一大批味噌，那時桃花綻放，農夫們等著插秧，而水質清澈寒冷，空氣沒有黴菌，溫度剛好夠暖，可製作麴。其他地區則在農忙剛歇的秋天製作味噌，天氣好，而剛收成的米和黃豆有著最好的風味。

製作味噌的農家都有其自豪的獨特味噌種類，日本有句諺語「手前味噌」，除了指「自家做的味噌」，更代表每個人都最愛自己家裡的味噌。事實上，日文的自吹自擂就叫「手前味噌」，若有人對於自己所做的事自豪得出奇，那麼別人可能會諷刺說：「對自家的味噌很得意嘛！」或「又來了，又在炫耀自家的味噌。」

在日本，農家味噌也稱作「鄉下」味噌，充份表達出城市居民對故鄉的懷舊之情，那裡的味噌令人滿足又具樸實幸福之感。在新年或于蘭盆節（日本的普渡週）等重要節慶，許多人會回鄉下拜訪親戚，離開時則會獲贈許多農家味噌，以留下拜訪時的美好回憶。雖然行家說，空氣冷而清新或日夜溫差大山區所做的味噌才好，不過許多日本人深信故鄉的味噌最好。

日本農家出產三種不同的味噌：最常見的是紅味噌或麥味噌，用相當大量的鹽和當地盛產的穀類所製成，發酵時間從一年到三年都有。此外，許多農人還會製作五種以上的嘗味噌；其他有些地方則以味噌丸做成的豆味噌為主。第一種和第三種常用來做味噌湯，在特殊場合還做成農家式的田樂、關東煮或醬油煮；嘗味噌則多用來當做熱米飯的沾醬，或偶爾當做搭配清酒的下酒菜。

農家每年所製作的味噌有些鹽分較多，有些較少。鹽多的種類在夏天用來做湯，因為農夫們在烈日下揮汗工作，得多補充一些鹽分。兩種味噌的用量都很大，直到現在，鄉下人的味噌用量仍比都市高20%。

全家總動員

每年製作味噌時多半會全家動員，不過在許多村莊，味噌製作主要還是女人家的事，男人則是幫忙搥打和其他粗活，不太管其他細節。開始製作味噌前，得先從穀倉、閣樓或地窖拿出器具，這時孩子們間會瀰漫著歡樂興奮的氣氛；用來磨黃豆的大木缽、大木杵，也喚起人們過年搥打年糕的美好記憶。再來則要備妥味噌的主要原料：在稻米或麥田小徑旁種植的黃豆已經採收，而穀類也剛剛收成或從家裡的穀倉拿出來。做味噌在有些地方是鄰里大事，整個村子或許多家庭聚在一起三、四天，大夥兒載歌載舞，洋溢著歡笑。

節慶氣氛通常伴隨著儀式存在，在傳統社會中，人們滿懷著感恩接受大地之母所賜予的食物，而食物的製作過程更是神聖的活動。做味噌要看日子，這樣過程的第三天，同時也是味噌開始發酵時，才會是農曆上的良辰吉時。製做味噌要用到廚房的大釜，點火前全家會聚在一起，在釜的基座角落或釜的邊緣灑上兩撮鹽，代表淨化獻祭給能保佑味噌完成的大小力量。一年後要打開發酵桶時，全家會再挑個黃道吉日聚在一起，並會分送一些新做好的味噌給鄰居，全家也會在下一餐煮一道特殊的湯，品嚐新味噌的好風味。

許多農家做麴時只靠無所不在、漂浮空氣中的天然黴菌孢子就已足夠，若同時剛好有其他味噌正在發酵，那麼空氣中的天然黴菌孢子就會更豐富。在穀類或黃豆稀少昂貴的地方，或要做出特殊的風味，有時會在製作農家味噌的基本混合物中，加一點煮好的澱粉類蔬菜或玉米，甚至把這些蔬菜當做麴的基質。

在味噌發酵前，許多農家會把各式各樣先以鹽壓製並去除水份過的蔬菜埋進味噌裡面。日本鄉下已經演化出各種醃漬技藝，自製味噌醃菜特別受到授乳媽媽的喜愛，據說可幫助消化，還可促進母乳分泌，提高母乳品質。

打理好一切後，家人會齊聚一堂，封好76公升的木桶或38公升的瓦缸。由於許多農家味噌的鹽分很高，天氣很冷且家裡多無暖氣，再加上天然野生孢子所製作的麴較缺乏「力道」，種種原因往往使味噌的熟化過程變得漫長，通常需要二到三年。近年來，鄉村的人紛紛移居都市，許多偏遠地區的農舍已被遺棄，我們在許多穀倉找到了很多裝著好吃味噌的大發酵桶，顯然是因為太重，連搬到最近的大路上也十分困難。

雖然日本某些地方還可看到農家味噌的傳統作法，但也漸漸被淡忘，幾十年後

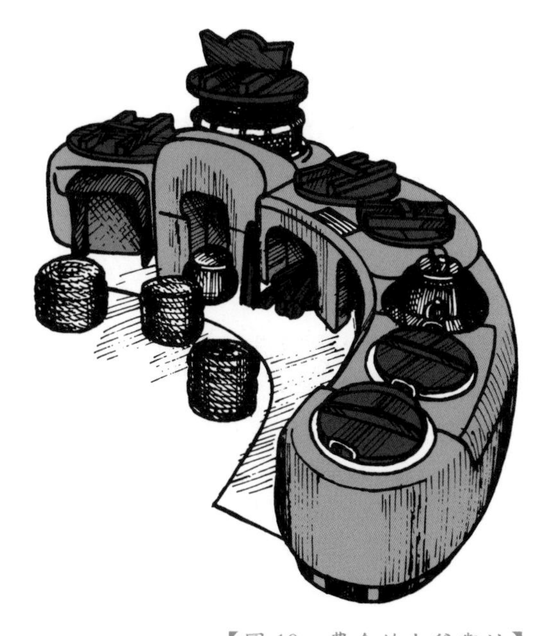

【圖19　農舍的大釜與灶】

甚至可能失傳，因為連最偏遠的地區都很容易就可以買到味噌。以往會自行做麴、煮黃豆的家庭，現在也喜歡買現成的麴或者「釀造味噌」，也就是放在桶子裡的綜合基本材料，隨時可開始發酵。幸而日本年輕一代對農家味噌的興趣逐漸復甦，住在鄉下社區的他們，極力過著自給自足的簡樸生活，並尊重、珍惜這樣的傳統，希望能夠力挽狂瀾。

味噌的舞台——農舍

鄉下味噌通常就在農舍裡製作與發酵（圖 20）。廚房和玄關是泥土地，非常適合進行搥打黃豆的粗活，也很適合擺上加熱大釜的柴火。溫暖的米，通常是放在鋪於戶外走廊屋簷下的草蓆上，或擺在供客人進入榻榻米客廳時置放鞋子的木階上。培養麴時，通常會把麴放在階梯的一端，旁邊就是直徑 60 公分、支撐著房子的木頭樑柱，從玄關和客廳都能通往這個地方。有些農家會在屋裡燒著木柴的灶的後面發酵味噌，因為這裡最暖和，不僅發酵得快，要從廚房拿取成熟的味噌也較方便。有些農家在附近穀倉、柴房或倉庫發酵味噌，防火的倉庫有著厚磚牆，能讓味噌保持冬暖夏涼，以促進均勻的發酵。有些家庭還有熟化味噌專用的倉庫，地面也是泥土的，環境也比倉庫來得潮濕一點。

工　具

農家味噌的工具多由手工製作，通常是用又香又堅固的杉木製成，不怕鹽、水和熱，並巧妙地結合實用性與藝術性，可說是民俗工藝的模範。

大釜：直徑 60 到 75 公分，深達 45 公分的大鐵鍋，有著圓底，通常放在石頭的基座上，下面是燒柴的灶，大釜多附有重且用接榫結合木板而成的大木蓋。一般在特殊場合使用，比如過年做年糕和節慶做豆腐，使用前須先進行灑鹽的獻祭。

篩子：以竹條編成，直徑約 105 公分，深 35 公分，也常用篩米箕。

麴盤或厚草蓆：用來培養麴。製作大量麴時，會用四、五個麴盤，每個長寬約 75 公分，深 7.5 公分，有些村子也會用來放年糕。麴盤會疊在 75 公分的隔熱墊上，蓋上麻布袋或棉被，或一起蓋上；若要更熱，被子下可放金屬或瓷的熱水瓶。

許多地方會把麴放在織得很密的厚草蓆裡培養，其長寬各約 105 和 200 公分，厚度約 1、2 公分。它會放在一層厚厚的稻草上保溫，天冷時則用到四、五個厚草蓆，有時還會在麴與墊子之間鋪一層乾淨的布。

【圖 20　農舍空間配置】

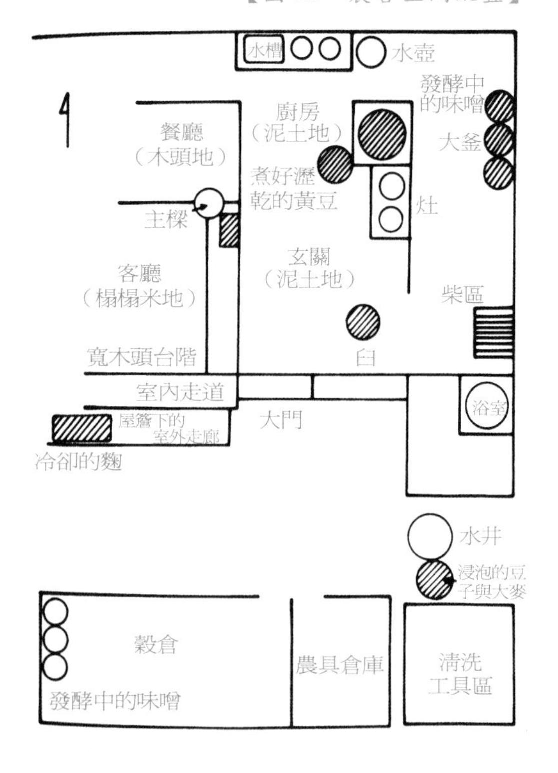

杓子：2 公升，木頭把手約 90 公分長。

臼與杵：農家用的大型木臼直徑約 75 公分，深 60 公分；大部份的臼有好幾百公斤重，最高級的木臼是以櫸木接近根部、最堅固的地方做成。用來搥打味噌黃豆的木杵則有兩種：一種的像馬球球棍，有個大而稍微帶點圓形的頭，另一種則是底部直徑約 7.5 到 10 公分的木條，長約有 120 公分。據說某些地方，煮好的黃豆會放在大木盆裡，工人會則穿著草鞋用腳踩黃豆。

飯匙：25 公分長的木製飯匙，用來盛飯。

浸泡桶：72 公升的木製容器，容量和下面提到的木製「發酵桶」一樣。

蒸籠以及大釜蒸蓋：一般蒸籠有四到六層木匣，每層約 12.5 公分深，有長寬為 40 或 60 公分的方形蒸籠，或直徑 55 公分的圓蒸籠，每個木匣底部皆由竹片作成，蒸的時候竹籠會一個個堆疊起來，其寬的兩側會有刻痕或孔，以便於插進長條，在不必接觸到滾燙的木頭下拿起蒸籠，最上層的籠子有扁平的蓋子，而整組蒸籠都會放到大釜口上的蒸蓋上。大釜蒸蓋上中間有個長寬 2.5 公分的方洞，可讓釜中的蒸氣上升，有時候還會放上一個蒸氣分散器，使蒸氣更均勻地流到蒸籠底層的穀類。

冷卻用的草蓆：可用厚草蓆墊，或藺草編成同樣大小的墊子，用來放剛蒸好的穀類。通常需要用到兩個到四個草蓆。

發酵桶：瓦缸或木桶都是很好的發酵容器。瓦缸通常直徑為 40 到 50 公分，深度為 50 到 75 公分深，內部上了釉，可避免水份流失，且開口很大，可塞進壓蓋。一般木桶的容量為 36 到 72 公升，它以竹子

【圖 21　搥打味噌原料】

編成的環綁好，也一定要非常乾燥。

每個發酵桶都有一個約 2.5 公分厚的木製壓蓋，直徑約比桶子小 1.2 公分，有些發酵桶的桶蓋很緊，可以防塵。桶蓋外緣與發酵桶口可用繩子綑好，這樣會更緊密。若一般木蓋與桶口接觸的地方有一圈勾槽，就具有同樣的功效。

原料

穀類：農家味噌皆以當地最容易取得的穀類所製成，有些家庭使用的穀類是自家種並於當地米店碾製而作的。一般農家味噌多指麥味噌，有些地方小麥會和大麥一起使用，能賦予味噌更深的色澤。

水：水質會對味噌的味道產生極大的影響，所以最好使用從農家深井所汲取、冷而純淨的井水，而用來當調理液的水常會先煮沸。

種麴：至少有四種：

❶天然黴菌：或許是最古老、最難也最費時的做麴方式，利用空氣中、麴盤上或草席上的黴菌孢子，讓熱熱的米產生麴，據說日本空氣較好的地方，會產生

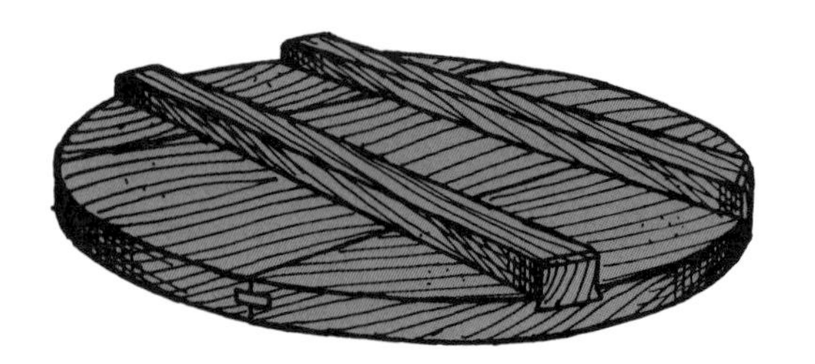

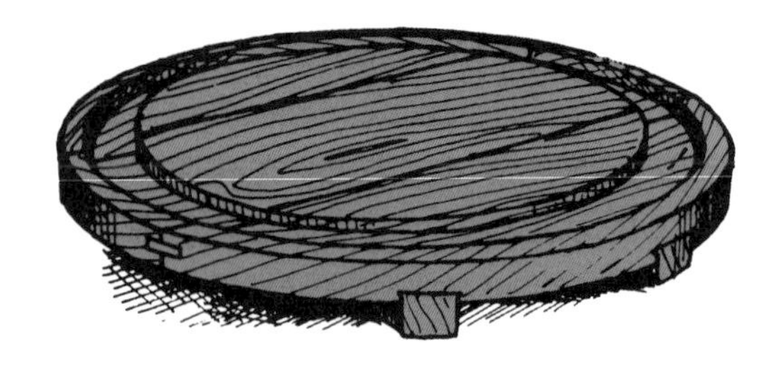

【圖 22　有溝槽的蓋子】

毒素的黴菌也比其他國家少。

❷現成乾麴：請參考 151 頁。

❸市售種麴：從麴的製造商或釀清酒的酒商所購得的全穀粒麴。

❹一般麴：少量的市售或自製乾麴，會與熱穀類加在一起，再藉由天然黴菌孢子而演變成種麴；添加乾麴只是為了加速過程，但效果可能不如 2 或 3 好。

黃豆：通常日本黃豆（尤其是剛收成的）能做出最好的味噌，許多家庭會自己種黃豆，或從當地的豆腐或味噌店購買。

鹽：常稱作「浪花」，使用天然海鹽較好。許多農人會購買一大袋未精製的鹽，裝在稻草編成的袋子裡，放在室內的木盆子瀝乾幾週，流到盆子裡的鹽滷可用來做豆腐，而袋子裡面「天然精製」的鹽，則拿來做味噌。農家大多不在溫控的環境下做味噌，且農家味噌需要長時間發酵，因此會加進相當多量的鹽，避免腐壞，並防止會產生污染的微生物滋生。

替代碳水化合物與蛋白質來源：含有大量蕃薯和馬鈴薯的味噌，非常受歡迎。

醃漬物：許多農家會把以鹽壓製的蔬菜和味噌基本原料一起放進味噌桶發酵，直到味噌成熟再取出。

農家麥味噌〔約 61 公升〕

用下面材料製作的味噌可供一整年食用，使用的種麴簡單快速，而且保證有最好的品質。在開始製作前，請先閱讀自製麴（146 頁）與自製味噌（151 頁）。

▶材料

碾製大麥……………………………15kg
全穀粒的種麴……………2 大匙（17.6g）
整顆的黃豆…………………………15kg
天然鹽……………………………6.75kg
調理液………………………………11kg

第一天的開始——蒸大麥

清早便開始動手：在水源旁邊擺上浸泡桶，大麥清洗數次後，浸泡 2.5 到 3 小時。同時將水倒入大釜中，約半滿，蓋上蒸蓋，用柴火將水煮滾。

接著把三層蒸籠都鋪好布備用，等大麥瀝乾後，以 4 到 5 公分的厚度，分別均勻鋪滿三個蒸籠。把蒸籠一層層疊到蒸蓋中央，在最上層的蒸籠蓋上蓋子、一層厚布或粗麻布。自蒸氣從布裡冒出後算起，把大麥蒸 60 到 90 分鐘。

請兩個人用兩根桿子抬起上面兩層蒸籠，第三個人則拿起大鍋蓋上的蒸籠，之後把這兩個蒸籠放回大鍋蓋上，原本最底層的蒸籠則擺到最上層，再蓋上蓋子或布繼續蒸。同樣地，以 20 到 30 分鐘的間隔，把最底下的蒸籠換到最上面，蒸好每層大麥（每次取出最底一籠的大麥後，可稍微灑上水加速烹煮，並以飯匙用力拌過，以分解結塊的部份）。

冷卻

檢查穀粒是否已帶點透明、有彈性且夠軟。在戶外陰影處，鋪上雙層厚的冷卻用草蓆墊，或在毯子上鋪好乾淨的墊布，在墊子上鋪上一層 3 到 5 公分厚的麥子，不時以飯匙攪拌，加速冷卻和乾燥。

加入種麴

當麥子的溫度冷卻到與體溫相仿且手

掌碰觸只有幾顆穀粒會黏在手上時，就夠乾了，此時可灑上種麴，用木匙輕輕地把麴拌入大麥中，弄碎所有結塊，再用力拌 5 分鐘，接著用指尖弄碎剩下的穀粒結塊，最後把加了種麴的麥堆到墊子中央。

收攏墊子的尾端與週邊，形成密實的包裹，使空氣無法輕易進入。在一塊空地鋪上 30 公分厚的稻草床墊、厚坐墊或充氣墊作隔熱墊，面積約與其中一塊草蓆墊一樣大，於稻草上鋪上底層的冷卻墊，再放上裝了麥子的包裹，蓋上兩層以上的草蓆、毯子或被子；如果氣溫低，在大麥包裹旁邊放二到四個熱水瓶，一起蓋好。

靜置 10 到 12 小時，或等麴開始自行產生熱度。每過幾個小時就檢查一次溫度，如果可能的話，夜間也看一次，以確保溫度不會低於 25℃ 也不高於 32℃；若要提高溫度，可加上熱水瓶或多蓋上幾層墊子，要降低溫度時移除即可。

第二天的檢查

清早就打開包裹檢查溫度，徹底拌勻大麥，再包好、蓋好，靜置 2 個小時以上。打開包著麥的草蓆墊，平鋪在稻草上的冷卻墊上。在最上一層的墊子上，將麥子鋪 5、6 公分厚的一層，再蓋上二到四層墊子。下午一點和五點時，分別打開墊子，確保麥子的溫度介於 27 到 35℃並拌勻。若溫度不夠高，可增加大麥的厚度，有時也可增加覆蓋的墊子，記得用指尖把所有結塊壓碎後，一定要再蓋回來。

準備黃豆

晚上要徹底洗淨黃豆，把浸泡桶放到水源附近，將黃豆置於水中浸泡隔夜。

第三天確認麴

清早打開麴檢查，若麥子已覆蓋一層芳香的白色黴菌，那麼就已獲得最佳風味。用指尖壓碎小結塊，不要加蓋靜置幾個小時，待冷卻至室溫，再蓋上一層墊子，以免會產生污染的微生物進入，若麴黴變黃且帶有甜香，雖不理想但可接受，當做白色黴菌處理即可；若是黑黑的黴就得丟掉。若麴還沒好，則重新蓋上墊子，提高溫度到35度，靜置到白色的黴出現。

煮黃豆

黃豆浸泡約 16 小時後，瀝乾洗淨。把豆子和約 57 公升的水加入大釜中，蓋上大釜，把水煮滾後，燉煮 5 到 6 個小時或等黃豆變軟，期間需要偶爾加水。即將完成時，調整水量，讓黃豆瀝過後還剩下 11 公升的水。

在大釜或浸泡桶上，放一兩個篩子，並舀進黃豆，充份瀝乾，同時洗好備妥發酵桶、臼與杵。等黃豆冷卻到與體溫相仿，快速地搖搖篩子，再把十分之一的黃豆放進臼裡。三個人一起徹底打過豆子，若同時有好幾支杵，可邊唱歌來保持節奏。

完成味噌

準備 6 大匙的鹽，並量出 11 公升的煮豆水。把剩下來的鹽、麴與煮豆水的各十分之一，加到臼裡的黃豆泥上，用杵拌勻後再稍加搥打。在發酵桶的桶壁與底部抹好 2 大匙的鹽，然後加進打好的混合物。重複混合與裝桶直到處理完所有的材料，發酵桶也至少裝了八分滿。

用長臼或拳頭輕輕搥打桶裡的味噌，讓味噌層混合得更均勻，同時也驅出空氣。用飯匙壓緊味噌表面並順平，再把剩下 ¼ 碗的鹽灑到味噌表面，邊緣也要灑到。蓋上沒有加重物的壓蓋，把蓋子壓進味噌約 0.5 公分（有些地方會在味噌與壓蓋中間舖上昆布、木蘭葉或一塊布，再於蓋子上壓 3.6 到 4.5 公斤的石塊）。

發酵桶口以桶蓋或者蓋子封好後，再蓋上一層紙，並以繩子繫好。在標籤索引卡上記錄確切的原料、日期和預計成熟日，並貼在發酵桶上；把發酵桶放到適當的發酵區，靜置至少 18 個月，最好能放 2 到 3 年，記得不時試吃一下味噌。

完成味噌

打開味噌桶，用飯匙徹底拌過味噌，讓各層味噌的鹹度拌勻即可，食用與保存方式如同自製味噌。

百變農家味噌

◆若希望發酵時間縮短到6到9個月且製成較甜的口味，則將食譜中的鹽分降低到65%；若想要鹹些，則把鹽分增加15%，並陳年2到3年。

◆若社區要大規模地製作味噌，可參考長野縣的做法，共需十五到二十人。做味噌的建築設有一間小小的麴培養室（1.8×2.4公尺，高2.1公尺），裡面有五十六個麴盤。在麴發酵的過程中，培養室裡燒著炭爐，使溫度維持在25℃。他們把1份大麥配2份黃豆，浸泡並蒸4小時後做成麴後，分足夠的量到每個家庭。人們將之與鹽混合，放到桶子裡發酵（有人一開始只加一半的鹽，2週後才加入剩下的鹽）。每天要攪拌味噌，持續六個月即可食用，但多數家庭會發酵一年半到兩年，風味會更佳。有時還會用長的竹製濾器，從味噌裡取出壺底汁。

◆有些農人為了幫小批的麴的保暖，會把麴放在客廳被爐旁邊或下面。

◆黃豆有時會放在加蓋的鍋子裡，以小火整整燉煮24小時；夜裡需把火裡面的柴要取走，只以炭火烹煮。

◆有些村莊在夏天時會每個月攪拌一次味噌，以避免發黴並加速發酵。

◆**用麴箱製作，不加種麴或用麴盒：**這種做法要成功的先決條件是相當乾淨且置冷的空氣，環境中則需有夠多的天然黴菌孢子。

▶作法

❶蒸好的大麥放到冷卻墊上冷卻至45℃。在三到五個麴箱（可用稻草墊代替）中，鋪上3公分厚的熱麥子。

❷把一個箱子放在隔熱墊上，再把箱子一個個堆疊上去，每個都要完全遮住下方的箱子，以避免熱氣散失。

❸最上層的箱子與這堆箱子的周圍，包上幾層厚的稻草墊或被子與毯子。

❹冬天以熱水瓶加熱，等到麴發酵24小時後，每天以飯匙拌一次麴。等麴開始自行產生熱度，稍微把箱子交錯放置，讓氧氣進入、二氧化碳溢出。依據天氣和環境中的酵素數量，白或黃色的黴菌菌絲應該在4到7天後會出現；若麴出現青綠色的黴菌，把那一部分丟掉，處理方式同麥味噌。

◆**製作有味噌醃菜的味噌：**
雖然做味噌醃菜，會稍微減損味噌的風味，不過農家味噌通常還是常常會放一些味噌醃菜來製作。70公升味噌

桶，可從以下材料中擇一或全部加入：

白蘿蔔 ……………………………5~6 條
小茄子 ……………………………10 條
薑 …………………………………15 條
昆布捲………………………………2 條
牛蒡…………………………………4 條
胡蘿蔔………………………………5 條

▶作法

❶把大型的白蘿蔔縱向切四等份，一般大小則切二等份，其他蔬菜則保持完整大小。徹底洗淨瀝乾蔬菜，分放到盆子或大碗中，並灑上相當於蔬菜重量 7% 的鹽份。

❷直接在蔬菜上放置壓蓋，並用蔬菜重量五到六倍重的重物壓好，夏天壓 1 週，冬天則壓 2 週，之後洗淨蔬菜，並倒掉壓蔬菜的鹽水。

❸當發酵桶裝進四分之一的味噌時，在上面擺上三分之一的蔬菜和幾大匙鹽。等味噌裝到半滿和四分之三滿時，再分別鋪上剩下的蔬菜。在第三層蔬菜上鋪上剩下的味噌。發酵桶裝滿時，勿攪拌味噌，且在味噌發酵完成前，都不要碰醃菜。

❹食用時，先從桶中取出所需的味噌醃菜，撥回表面上的多餘的味噌。洗淨蔬菜，切成薄橢圓片或圓片食用。

◆**蕃薯味噌：**在基本食譜中加入 6.3 到 6.8 公斤的蒸蕃薯，鹽的份量降低到 4.5 公升。把蕃薯和麴一起加到搥打過的黃豆中，徹底壓成泥後，再裝到發酵桶裡，同上文所述。從四月或五月開始發酵至少 5 到 6 個月。有些地區的人會先煮過蕃薯再以鹽壓製，加點市售味噌，拌過後裝進發酵桶裡；有些農家會用蕃薯麴替代穀麴。

丸味噌

丸味噌是一種非常古老的日本農家味噌，做法源自於韓國，現在韓國仍使用味噌丸製作韓式味噌和醬油。

把熟黃豆壓成泥，做成一個個丸子，

再以稻草綑好，懸掛在柱子上，或放在暖爐或灶邊的特殊乾燥架上，靜置三十天或表面覆滿黴菌，有些地區會把味噌丸在農舍戶外的屋簷下掛 60 天。之後，把這些有了麴的味噌丸放到臼裡壓碎，加上鹽和水混合，裝進大桶裡發酵一年以上。

天然的味噌丸製作不易，除非有清新寒冷的空氣，環境中也有豐富的適當黴菌，因此這種做法已逐漸成為過去式，但許多偏遠地區仍可見到。長野、岐阜與愛知縣在深秋製作丸味噌，而岩手與宮城則是在三月底或四月中。此時這些地方的空氣又冷（但不至於無法發酵）又乾淨，有污染性的微生物很少。

西元 1600 年前，許多日本農家味噌仍從味噌丸製作而成，但隨著米麴、麥麴和味噌湯的普遍，傳統的純黃豆味噌也開始衰微，農人先把米麴或麥麴與味噌丸豆麴混合後，再把味噌基本原料裝進味噌桶。隨著時光流轉，味噌丸幾乎被用稻草墊或麴盤中的米麴或麥麴取代；現在以味噌丸製作的農家味噌，在壓碎之後丸子後，多會加進米或麥麴以縮短發酵時間，同時提高味噌的甜度與產量。不過，依舊有許多農人喜歡純黃豆製作的傳統產品，其風味與香氣更令人難以忘懷。

以下做法是岩手縣的岩泉町附近的三浦太太（Saiyo Muira）與真矢太太（Kazuko Shinya）所提供；當地的每個家庭都自製味噌與豆腐，因此家家戶戶的廚房都備有大釜（直徑 90 公分、深 50 公分）、大木盆（直徑 90 公分、深 30 公分）和其他必備工具。

以下的原料可做一批味噌，通常連續做四天，共做出四批味噌，剛好可裝滿一個 180 公升的木製發酵桶。

▶材料

黃豆（浸泡整夜、瀝乾）…………… 6ℓ

a

b

c

【圖 23a、b、c】

鹽……………………………………3~18ℓ
水……………………………………適量

▶作法

❶把黃豆放進大釜，加進 76 公升的水，燉煮 5、6 小時到黃豆變軟。大釜口的一邊放上瀝乾架，再放上一個 11 公升的竹簍；用竹編湯匙把煮過的黃豆舀進竹簍（圖 23a），再把 2 個竹簍的黃豆裝進木攪拌盆。
❷穿上 25 公分高的竹編或橡膠靴子，在黃豆上踩 15 到 30 分鐘或徹底壓碎黃豆（圖 23b），也可用手推磨或在臼裡打過；剩下的煮豆水則與鹽一起加進大瓦缸或木桶，加蓋存放到陰涼處。
❸用雙手把壓過的黃豆做成稍呈橢圓狀的黃豆丸，每個約 18 公分長。
❹將 4 條 90 公分長的乾稻草束的尾端綁好後，在乾淨的地面上將之排成十字形，並於中間交叉處放上味噌丸（圖

【圖 23d】

【圖 23e】

23c），接著再將稻草束繞道味噌丸的頂短綁好，形成一個支撐網。
❺等做好 50 個味噌丸後，將之掛到室內天花板、穩固的水平樑上（圖 23d），距離熱源約（如農舍客廳暖爐）180 到 240 公分的地方。讓味噌丸發酵 30 天，直到表面佈滿青綠色的黴菌且丸子非常堅硬。
❻從稻草上取下味噌丸，放到裝滿水的攪拌盆中浸泡幾個小時，讓有灰塵的表面都溶解到水中，再倒掉水並瀝乾味噌丸。一次把幾個味噌丸放到大木臼裡，加點放了鹽的煮豆水（可斟酌需要再多加點水），然後以杵打成類似一般味噌的質地，重複步驟，把所有的味噌丸槌打混合好。
❼在發酵桶底部排上蒜葉或灑鹽，放到發酵區（倉庫或穀倉）
❽將打過的味噌材料放到發酵桶確實塞緊，並弄順表面，上面再灑上 1.2 公分厚的鹽，接著擺一層蒜葉，然後擺一層赤竹葉（或以重重的壓蓋取代蒜葉和竹葉），竹葉以六個扁石頭壓好後，蓋上竹蓋子發酵桶（圖 23e）。
❾讓味噌至少發酵 1 年，若發酵 3 到 4 年風味更佳。等味噌完成後，丟掉竹葉，舀起蒜葉與鹽上的味噌，並與少量飼料混合後可餵食牲口。拌勻味噌，不用的時候要蓋緊發酵桶。

CHAPTER 7

傳統味噌店

傳統味噌店舖象徵著日本自古流傳的一項精緻技藝，其質樸之美非常類似古雅的酒廠：晨曦中，浸在大木盆裡的黃豆閃耀著金色光芒，黑色的大釜與木頭蒸籠冒出波濤般的蒸氣，湧向古木架構而成的拱椽，一簍簍剛蒸好的米，則被木製推具平鋪在杉木地板上。在幽暗而溫暖潮濕的培養室裡，有著一排排的淺木匣，上面堆著一座座綻滿白黴花朵的米山。工匠們用雙手壓碎麴，淡淡甜香瀰漫在空氣中；穿著草鞋的人，把木盆子裡黃豆踩成泥，或把黃豆放進堅固的木臼，用木杵敲打。巨大的杉木板拼成的發酵木桶，一個個緊挨在一起，腰上繫著漂亮的竹繩圈。有些人用腳踩過剛拌好的味噌，再密實地裝進大發酵桶，有些人則手持木鏟，忙著把成熟的味噌填進小木桶。妻小則站在家門口，望著大家在共同經營的店舖裡工作，而師傅則細心又有恆地輔助所有的事情。

味噌之道

傳統味噌師傅對於自己作出來的味噌品質，以及身為哪些大師的當代傳人，都非常自豪。身為學徒的過程漫長而艱辛，而且早早就展開了，學徒的師父（通常是父親）只在確定年輕弟子能夠勤奮工作、無私奉獻給這項技藝後，才會傳授所有的秘方。欣賞真正的味噌師傅工作是件樂事！積年累月磨練出的耐心加上仔細的練習，他們輕輕鬆鬆就能展現優雅流暢動作；師傅與工作已融為一體，他們非常細心，什麼也不浪費。他深深地明白，唯有與四季規律和大發酵桶中細微的生化力量的相互配合，才能做出最細膩的味噌。他的工作是不斷向大自然學習，而味噌正展現了他對大自然深深的瞭解；許多店舖大鐵釜後的牆上，常常小心翼翼地供奉著一座小神龕，表達師傅的感恩之心。

許多了不起的日本味噌師傅，都把日常工作看做是鍛鍊心靈的方式──「道」。他們分分秒秒都全神貫注於細節，此時此刻，他們的時間與自我都已不存在；他們不在乎名利，作品本身就是他最大的滿足與報酬。

傳統店舖製作味噌的方式有幾項特色：穀類和黃豆是放在大鐵釜上或裡面，以木柴或炭火烹煮；所有過程皆以人工完成，不假機器之力；工具與容器是以天然材料手工打造而成。另外，麴則是放在培養室的木盤上，室內視需要以小炭爐或煤氣爐加熱。而味噌是以純天然原料製成，放在巨大的杉木桶自然發酵後，再分裝進18 公升的小木桶配售。

日本的氣候宜人潮濕，非常適合會發酵的微生物生長，這樣的天時地利，加上數個世紀所累積的經驗，因此日本師傅已經發展出無與倫比的技術專業。

傳統店鋪古今路

日本早在西元 700 年就已有味噌店鋪出現，但是直到 1600 年，味噌仍多在私人家庭中製作。味噌店鋪初發展時，是採用基本的農家作法與工具，不過規模較大；有些店鋪一年只做一次味噌，通常在秋收之際，以新收成的黃豆與穀類製作。圖 24 就是十七世紀一家味噌製造廠：左下角有個灶，熊熊的爐火不斷地加熱上方的蒸籠。蒸好的米會裝進桶子，再鋪到稻草席上冷卻。將麴加進米後，就捲起草蓆，放到培養室（圖中上），等麴完成後，再和鹽一起加進大桶裡拌勻（圖右下）。有些人正用竹繩把木板綑成桶子，好盛裝味噌成品來販售（圖右上），此時，有人正把水挑到味噌工廠；而儲藏室裡，一堆堆的稻草袋裡裝著米，還有一疊疊的麴盤等著使用。

以前「倉庫」（kura）一詞曾用來表示味噌店，這個詞原本是指有著厚實牆壁的儲藏間或帳房，為大戶人家存放貴重物品之處，有時也存放家裡做的味噌。不過若用來指味噌店，意義就較廣泛，是指整個事業與傳統。倉庫一詞也指建築和培養室，據說這些地方有自己的「習氣」，指「獨特的個人特徵」，習氣結合了常駐的微生物、房屋的結構建材、當地氣候、店鋪裡過去所有師傅們摸不著卻實在的心靈感應，以及他們活生生的智慧。習氣是味噌店的靈魂與生命力，相當受到重視，也會好好培養，因為一般相信，習氣會決定這座店鋪所製作的味噌品質。

日本傳統味噌的基本工具和方式，數個世紀以來幾乎沒變，直到二次大戰後才有所不同。現在，味噌店鋪差不多整年都在製作味噌，可能每天製作，或每個星期做三、五次。有些味噌則是季節性的，因此許多地方一年只做一次麥味噌。每個味噌師傅都有自己搭配原料的方式和秘方，以賦予味噌獨具一格的色、香、味。

今天，純粹的傳統味噌店鋪已成了過往雲煙，據說座落於遙遠的鄉村地區僅存的幾家傳統味噌店舖，已在 1950 年代中期消失。雖然現代店鋪還是常用傳統工具，不過幾道基本手續已機械化，以提高生產力、降低勞動成本。於是我們看到了半傳統的味噌店鋪，使用中等級的科技。

【圖 24　十七世紀的味噌工廠】

傳統與半傳統的店舖做味噌的基本方式差不多，關鍵仍是做出好的麴；要精通這道手續，且在四季不同的氣候條件都能運用自如，需花上多年的工夫學習。麴在許多日本食品中都是不可或缺的，但能夠熟練做出各式麴的師傅少之又少，因此可贏得光榮的頭銜——釀造大師。許多釀造大師都能製作七種以上的麴，其中包括白米或糙米麴、麥麴與豆麴等基本種類。

根據 1974 年的統計，日本有二千四百家的味噌店舖與工廠，每年共生產 640000 噸的味噌，售出 4 億 9200 萬元；同時他們每年也使用 212000 噸的黃豆、101000 噸的米、22000 噸的大麥和 82000 噸的鹽。大多數的商店是小規模、半傳統的企業，由一個人和家人經營，並由一兩個親戚或聘來的工匠幫忙。多數店舖都生產數種味噌，有些還會準備幾批新鮮或乾麴來販賣，在寒冷的月份，有些人會把麴做成甜酒出售。

與家共處

許多傳統與半傳統的店舖，就位於味噌製造者的家。在都市，家與店舖是在同

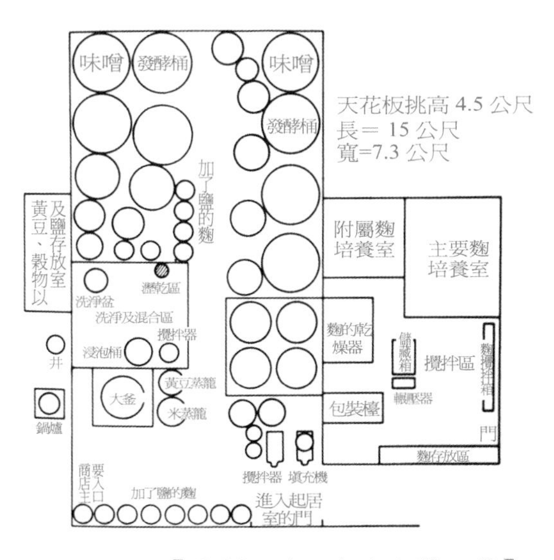

【圖 25　辻田商店空間配置】

【圖 26　麴盤】

一個屋簷下，辻田（Tsujita）味噌店舖就是一例（圖 25）；而在鄉下，家庭和幾棟用來製作味噌的建築通常位於同一產權的土地上。

味噌多在主建築製作，這棟建築像個穀倉，棟樑有 6 到 9 公尺高，由樑與椽架構出的複雜系統支撐，這些樑柱完全不用釘子來連接，而是由拱型樹幹架設而成。高高的屋頂通常覆蓋著磚或茅草，以隔離夏日的暑氣與冬天的冰雪；牆壁是木頭或灰泥漿與稻草混合製成。由於窗戶不多，因此室內往往相當昏暗；地板覆蓋著人工裁砌的大花崗岩或混凝土，有些店舖的部分地板則保留著泥土地。店舖會把大釜、麴發酵室與發酵桶都配置於主建築內，有些店舖的麴發酵室是在鄰近的建築裡；通常主建築靠近大釜或清洗浸泡區之處，會有一口井。黃豆、穀類或鹽巴的儲藏室可能位於主建築或就在附近。

麴的培養室多位於店舖中央，是一間隔熱良好的房間，通常以25公分厚的石頭築成，或以泥磚或紅磚砌成。培養室平面長寬約為 3.7 與 2.7 公尺，天花板不會高過 2 公尺，門通常小（1 公尺高）而厚，以避免因開門而導致熱氣散失，兩面牆距離地面 30 公分處有長檯子，麴盤可放在上面發酵；房間以小炭爐或煤氣爐加熱，

牆上會掛著溫溼度計。許多培養室中央有大型的儲存箱，但不是每一間都有；麴會先在儲存箱發酵再裝到小型的木盤上。

麴攪拌區通常橫跨整個熟成室的前半部，前後約 3.7 到 4.2 公尺長。這個地區是由密合平滑的杉木板鋪成，比地面高 15 到 20 公分，剛蒸好的米可放於其上冷卻，並加進種麴。有些店舖會用1.8×2.7×0.3公尺的大型攪拌箱取代，木箱可以放在牆邊，而此區域也可用作其他用途。

有些傳統店使用大型的保溫箱，每個保溫箱可放進四個中型的發酵桶（圖 27）。等發酵桶裝好尚未發酵的味噌混合物、分別壓上壓蓋後，還會在箱子上擺上一個木蓋來保溫。味噌發酵所產生的熱會提高箱裡的溫度，便可產生類似天然溫控的發酵過程，進而縮短味噌熟化的時間。

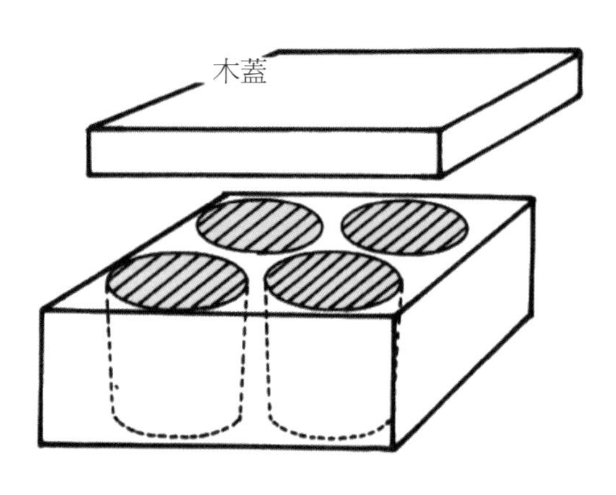

【圖 27　保溫發酵箱】

傳統器具與設備

歷經數個世紀日常經驗的累積，製作味噌的用具兼具功能性與簡樸之美。許多木頭器具是以乾的日本杉木製成，即使碰水、熱與鹽，依舊十分堅固耐用，還會散發清香。主要的小型器具則如圖 29 所示。

最重要的大型設備是大釜、蒸籠與發酵桶。圖 28a是一家店舖，裡頭有一個大釜，上面疊著黃豆蒸籠，另外還有一個較小的鍋子，上面則是穀類用蒸籠。大釜下有燃料箱，若要增減柴火，可爬下小梯子，到達 120 公分、深 150 公分的小地窖。柴堆放在地窖的一邊，中間則放著一個餘燼箱，裡面裝有工作完成後尚未燒盡的木材，可供日後使用。有些店舖只以一口大釜來煮黃豆和一具蒸穀類的蒸籠。

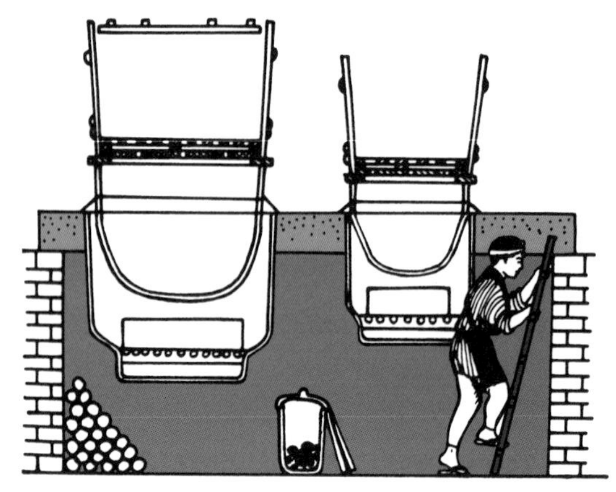

【圖 28a　籠與大釜（剖面圖）】

圖 28b是蒸籠與大釜的爆炸透視圖。右邊是蒸籠的底，裡面有個架子，架子上會鋪一塊布來包住米。請注意，木頭的紋理是放射狀的，這樣蒸籠遇熱會膨脹。蒸籠的木板是以竹圈（而非金屬圈）綑起，萬一蒸籠著火，竹圈就會燒起來，而木板也會解體，便可利用蒸籠裡的水分滅火。

圖 30 是一個發酵桶，這種桶子可以裝 4 到 6 噸的味噌，一般發酵桶 165 公分深，桶口的直徑 210 公分。發酵桶只採用品質最佳、沒有節疤的杉木板，若經常使用，平均壽命可達 150 到 200 年，但木板的紋理要與發酵桶是保持同心圓的，以防止壺底汁漏出。發酵桶會用磚塊架起，以保持底部的空氣流通，確保發酵桶的使用年限長長久久。有些店舖的樓面，會架高到發酵桶邊緣附近，以方便接觸發酵桶（圖 31）。有些發酵桶有壺底油槽與龍頭，這樣味噌發酵完成後，就能萃取出沉澱在裡頭的壺底汁。現在，製作日本發酵

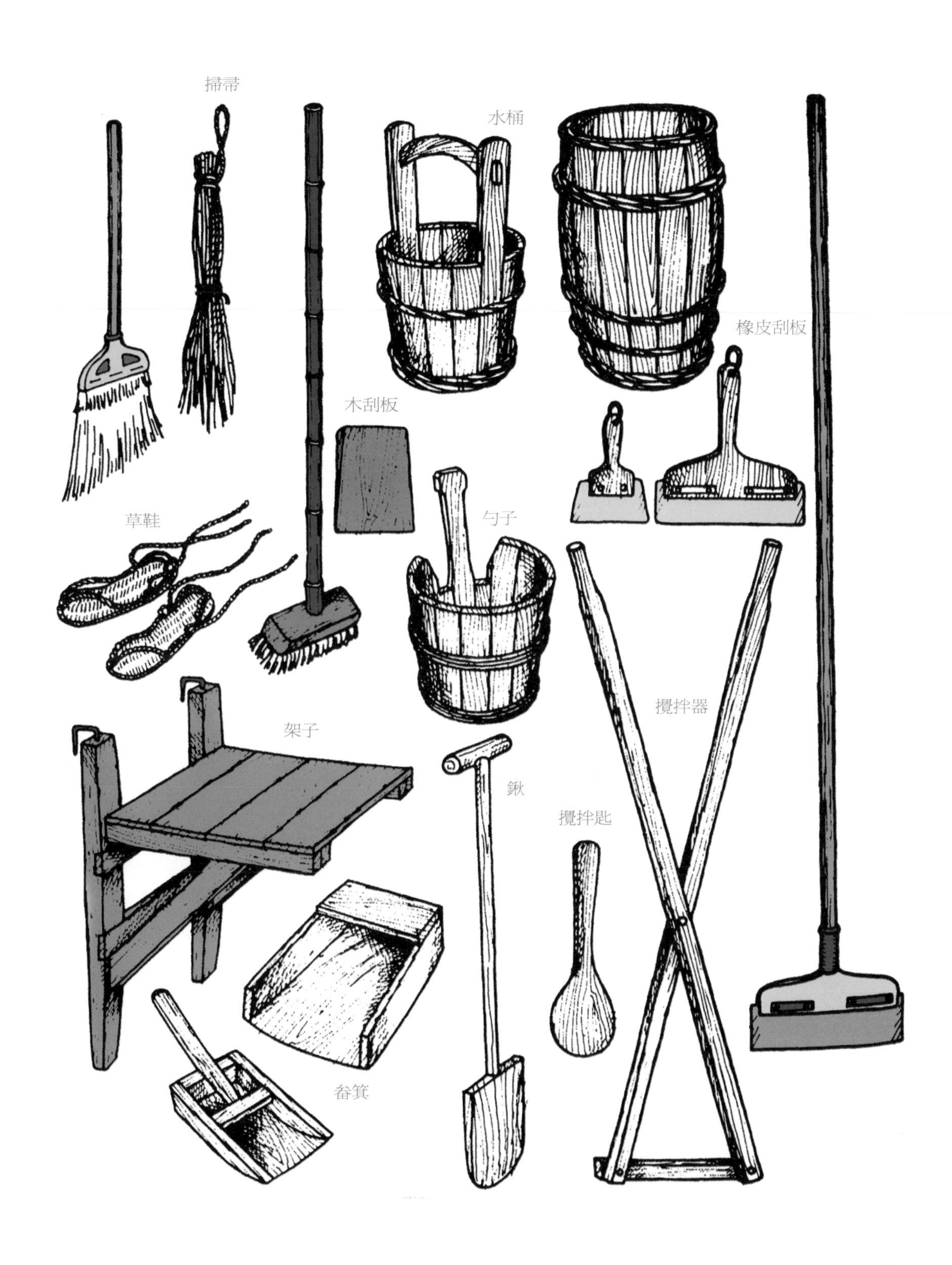

【圖 29　製作味噌的小型器具】

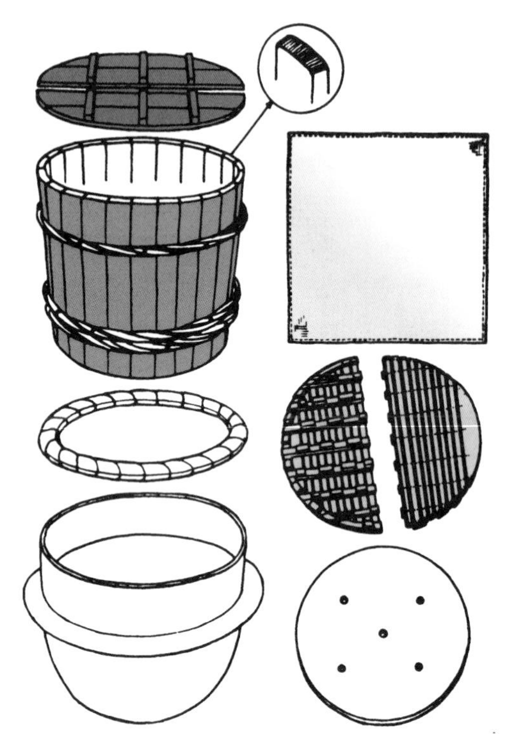

【圖 28b】

桶的藝術幾乎已失傳，要找一個新的發酵桶，幾乎是不可能的任務，而訂做一個要花上 2500 到 5000 美元。

半傳統的味噌店舖

二次大戰後，許多傳統味噌店開始進行現代化與機械化，以提高產量、降低勞動成本，與大型味噌工廠競爭。半傳統的味噌店舖仍比現代味噌工廠規模小得多，所使用的新器材也還算簡單便宜；雖然靠

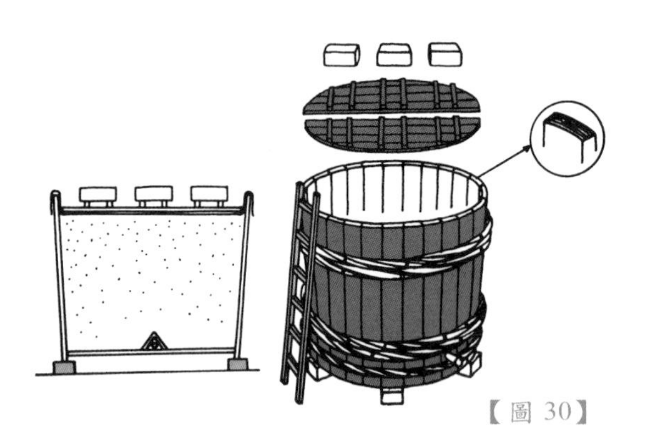

【圖 30】

【圖 31　與發酵桶緣邊緣差不多高的樓面】

著機器製作味噌能省時省力，但做出的感覺就是不同，環境也不再那麼樸實寧靜。所幸味噌製造過程本身與傳統無異，機器對成品的品質影響也相當小；許多現代化的製造者仍秉持著傳統味噌師傅的精神，並在產品中發揚光大。有些製造商做天然味噌，也做快製味噌，通常前者留著自用，而後者則拿來販售給不那麼注重風味與品質，而較重視成本的現代日本人。

從傳統轉型到半傳統味噌店舖的過程，最明顯的就是基本器具的改變。過去以灶或燃油的爐子煮沸大釜的水，後來都改用小型鍋爐（圖 32），鍋爐可定時，師傅開始動工時，水就已經煮好了，不用耗上許多時間生火、等水煮滾。鍋爐有根管子連到蒸籠底部，可用來蒸煮穀類，有些店舖也會以這種方式煮熟黃豆，或者接到大釜，把要煮滾黃豆的水加熱。然而，黃豆基本上需要煮五個小時，許多半傳統的店舖已經改用蒸氣加熱的壓力鍋，這樣一個小時就能完成工作且不損及品質。

過去的麴用手壓碎再揉過篩子，如今則交給小壓碎機來代勞（圖 33）。以前黃豆是放在木盆中用腳踩成泥，現在則放到擠壓器或攪拌器，並加入種子味噌與調理液即可。這台機器以循環熱水來加熱，亦也以替味噌加溫殺菌，但許多傳統師傅會省略這道手續（圖 34）。

【圖 32】

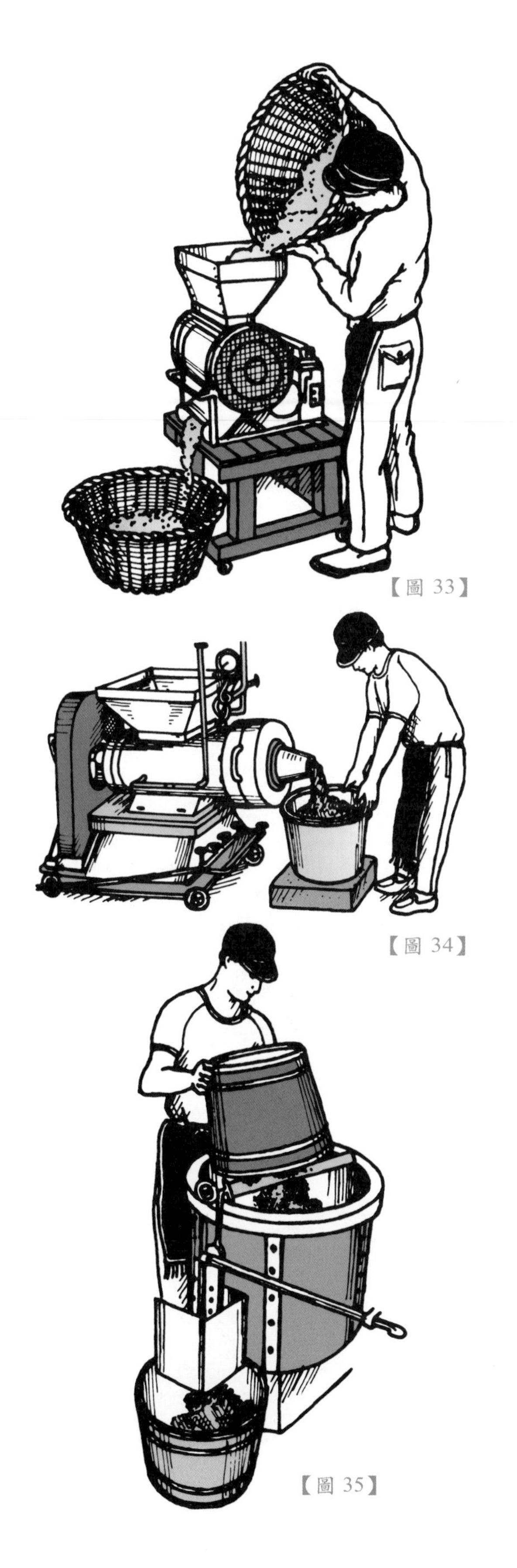

【圖 33】

【圖 34】

【圖 35】

以前的攪拌盆已被現代攪拌機取代，它有點像小型的水泥攪拌器，除了不鏽鋼的機身，還有四個似耙的葉片，繞著垂直軸心慢慢旋轉：先攪拌麴與鹽，再攪拌黃豆和加了鹽的麴，攪拌好的混合品，會從機身底部的一道開口出來（圖 35）。

最後，味噌可用一小台充氣填充機裝到塑膠袋中，取代以往 19 公升的木桶，並以電子裝置加熱封口（圖 36）。

由於井水逐漸受到工業污染，因而被自來水取代，但自來水同樣也含有不理想的化學物質。輕質的塑膠桶也取代了以前的木桶，發酵桶的表面改用塑膠膜覆蓋，有些麴培養室則以溫控的煤氣爐來加熱。雖然有了這些改變，許多小店舖依然秉持傳統的味噌基本做法，真正起了革命性變化的，其實是現代味噌工廠。

製作傳統味噌

傳統味噌的美味令人無法抵抗，以下將介紹傳統和半傳統店舖如何作味噌。

製做麴（使用天然黴菌孢子）

有些傳統店舖在二次大戰結束前皆未使用種麴，而是採用飄浮在空氣中、原本就存在於店舖的各種天然黴菌來啟動發酵過程，這種方式需 70 個小時的發酵時間（使用種麴約 45 個小時）。

第一天

第一天早上，剛蒸好的大麥會鋪到培養室前方攪拌區已拭淨的平坦木質地板上。為了防止大麥被壓碎，師傅會穿上有點像是高蹺的木屐，讓他的足部高度高於熱麥子，並以推具翻轉大麥，使其摸起來不再燙手（圖 37a）。然後，師傅脫下木屐、捲起褲管、洗淨雙足，再一步步以腳趾把大麥拍動到空中，加速冷卻，同時讓麥子接觸到更多孢子。大麥拍好後，靜置約三小時。午後，師傅用推具把大麥堆到地板的一邊，約 15 到 20 公分厚，讓大麥得以發酵生熱。麥子不要蓋起來，靜置一夜，讓黴菌孢子附著於其上。

第二天

第二天早上，麴培養室先加熱到 25.6℃到 30℃，再於每個麴盤中放入約 1.6 公斤的大麥，麴盤垂直的方式排好，每十盤堆一疊，堆放在培養室的地板上。若培養室或麴不夠熱，可蓋上一個倒置的麴盤，再替整疊的麴盤套上麻布袋，並斟酌需求以開水淋過，然後靜置過夜。

第三天

第三天一早，用手攪拌每個麴盤，並把麴盤斜斜地排好（圖 37b），第四天一早則重複一次攪拌的工作。第五天的同一時間，從盤中取下麴，加鹽攪拌；稍後煮黃豆，混合好原料，在傍晚加入發酵桶。

傳統米味噌

以下原料可作一批 1 噸的味噌，四批味噌可裝滿一個大發酵桶。這份工作由一名味噌師傅擔綱，兩名工匠協助，以下食

【圖 36】

【圖 37a】

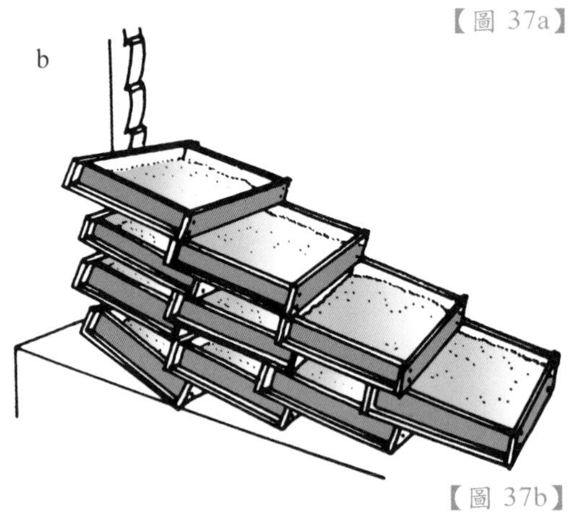

【圖 37b】

【圖 38】

【圖 39】

【圖 40】

譜專供只做一批味噌的店舖使用。為避免過度擁擠，小店舖通常每天做一批麴，連做四天，且每批都加鹽儲存。之後連續四天，他們每天都煮一批黃豆，並拌入四分之一加了鹽的麴，再裝到發酵桶裡，故要裝滿一個發酵桶得花八天。材料重量的基本比例為黃豆：米：鹽＝ 10：10：4.4。

▶原料

白米或稍微碾過的米……………240kg
全穀粒的種麴…220g（或胞子粉種麴 4g）
天然鹽……………………………6.6kg
整顆的乾黃豆……………………240kg
調理液………………………105~130kg

▶作法

前一天的準備

前一天下午或晚上先量好米，若米不乾淨，可用簸穀機除去粗糠、稻草或其他殘骸。把穀類裝進清洗桶至約⅔滿，再加水至淹過穀粒。接著將攪拌器壓到清洗盆的底部，快速地來回轉動，拌 30 到 60 秒直到米洗淨（圖 38）。

用大木勺把米舀到兩個簍子中，簍子下面擺了一個瀝乾架。用兩、三勺的水沖淨簍子裡的米，使米在瀝乾的同時，也洗得更乾淨（圖 39）。

徹底洗淨很深的浸泡盆，底部排水孔塞好木塞（圖 40），並在上面放一小塊濾網；瀝過的米都倒入桶子裡弄平，然後加入足夠淹過米的水，浸泡整夜（約 12 到 16 小時）。

蒸米

第一天清晨六點半，師傅在大釜裡裝⅔滿的水，再爬下梯子到柴火窖點燃柴火。抽起浸泡盆的木塞，瀝乾米後，把蒸籠和蒸籠架放到大釜上，底下的蒸籠布也蓋到蒸籠的木頭格板上。另一方面，先備妥拌麴的箱子，並墊好一大張帆布（如在地板上拌麴，先把地板掃淨、拭淨）。

等大釜的水滾了，師傅就把泡好的米舀進蒸籠並弄順表面，先蓋上一層布，再蓋上兩層的粗麻袋。麻袋的邊緣要塞緊，把米的周圍包好，以鎖住蒸氣。15 分鐘後，當麻袋開始冒出蒸氣時，把米再蒸40 分鐘（圖 41）。

【圖 41】

進行冷卻

師傅拿開麻袋及米上的那塊布，同時助手會在蒸籠一端掛上架子，上面擺個簍子。師傅用木鏟翻轉米十到十二次，並以鏟子平坦的一面拍散大型結塊，再用木勺把米舀進簍子，讓簍子裝滿熱騰騰的米，助手會將簍中的米倒進攪拌箱，而師傅會繼續弄碎蒸籠裡結成塊的米（圖 42）。

【圖 42】

接著把簍子的米倒入大型的攪拌箱（1.8×2.7×0.3 公尺），均勻地鋪成 6.5 公分厚，使其冷卻。每 5 分鐘攪拌米一下，以分散結塊的米，並加速冷卻（圖 43）；每次攪拌過後，用手或溫度計測量米溫，等溫度降到 45℃時，師傅會在攪拌箱上面放上麴盤，裡面放進種麴及約 1.6 公斤壓碎的米，並用雙手緩慢而謹慎地把麴和米混合好。

師傅會灑一半混合好的米和種麴到攪拌箱，助手則用鏟子徹底拌過米，讓黴菌孢子分布均勻。幾分鐘後，再把另一半加了種麴的米灑進攪拌箱裡拌好，要記得弄碎結塊的米，這時差不多中午了。

【圖 43】

準備第一次發酵

米在冷卻時，麴培養室裡面或外面會擺出一個儲存箱，大小約 1.4×1.2 公尺，深度 0.6 公尺，裡面要鋪上乾淨的帆布（圖 44）。等米的溫度降到 35℃時，便拉起攪拌箱墊布的一端，讓米堆到攪拌箱的一側，再將米舀進儲存箱裡，並以手壓碎有結塊

【圖 44】

【圖 45】

【圖 46】

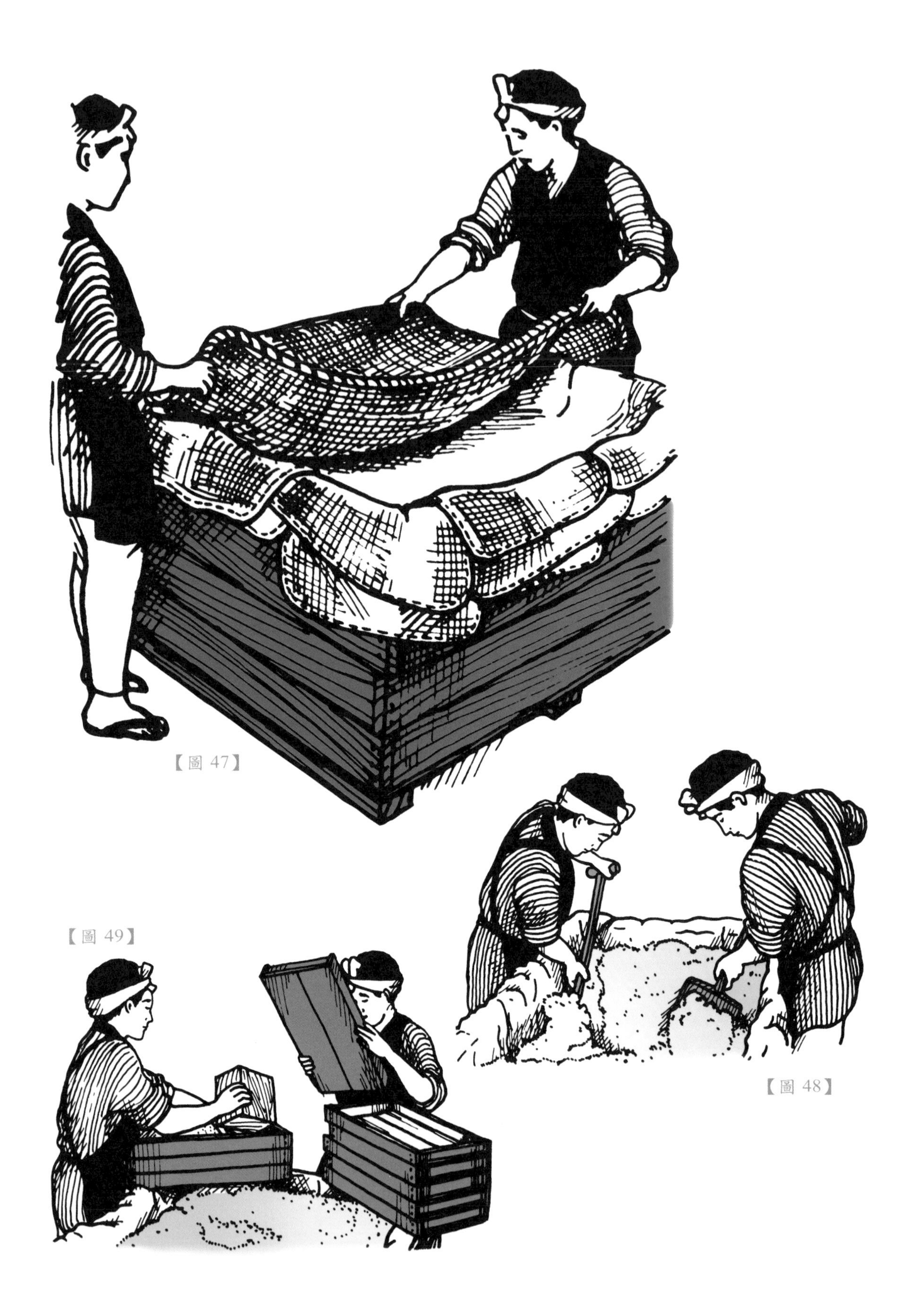

【圖 47】

【圖 48】

【圖 49】

的米（圖45）。等所有的米都鏟進去後，用手將表面壓密壓實，防止米太快涼掉（圖 46）。等米的溫度降到33℃時，將帆布折起來蓋好，再蓋上四層能隔熱的厚稻草墊（圖 47）。現在麴的第一次發酵過程已展開，而整個晚上也會靜靜地進行。

溫度確認

第二天清晨六點半，師傅用小炭爐或煤氣爐，把麴培養室的溫度預先加熱到27℃到 30℃（夏天時通常不用）。

七點，助手們打開麴並測量其溫度，應該約是 32℃，但有時會高達 38℃。接著拿起鏟子，從儲存箱的一頭開始把溫暖的米翻過來並打散所有結塊，再鏟到箱子的另一端；等剛開始那一端的鏟到底時，再從對面那一端鏟回來（圖 48），可使氧氣進入，幫助麴黴菌成長，同時也能排出二氧化碳，而儲存箱中央較熱的米，也能和底部與兩旁較冷的米混合。等翻過所有的米後，表面就會壓好、弄平再蓋好。

移至麴盤

早上九點，儲存箱旁已排好約 160 個麴盤（需倒置放好，以免外來的黴菌孢子進入）。打開儲存箱，以前述方式把米徹底翻過與壓碎。一名助手把九個麴盤堆在儲存箱的一角，另一名則把米（約 1.37 公斤）分別裝進麴盤，形成一個橢圓形的小米丘（圖 49）。然後第一個助手以手很快在橢圓小丘的中心壓出一個中空的橢圓凹洞，避免麴的中心過熱（圖 50）。

九個麴盤都裝滿壓好橢圓凹洞的米丘，並一個個疊好後，把麴盤拿到培養室裡，放到靠牆的檯子上，垂直疊好（圖 51）。等到所有的盤子都拿進來後（共七堆，每堆二十二個麴盤），在每堆麴盤最上面倒置一個空麴盤，然後關好培養室的門，讓米繼續發酵成麴。

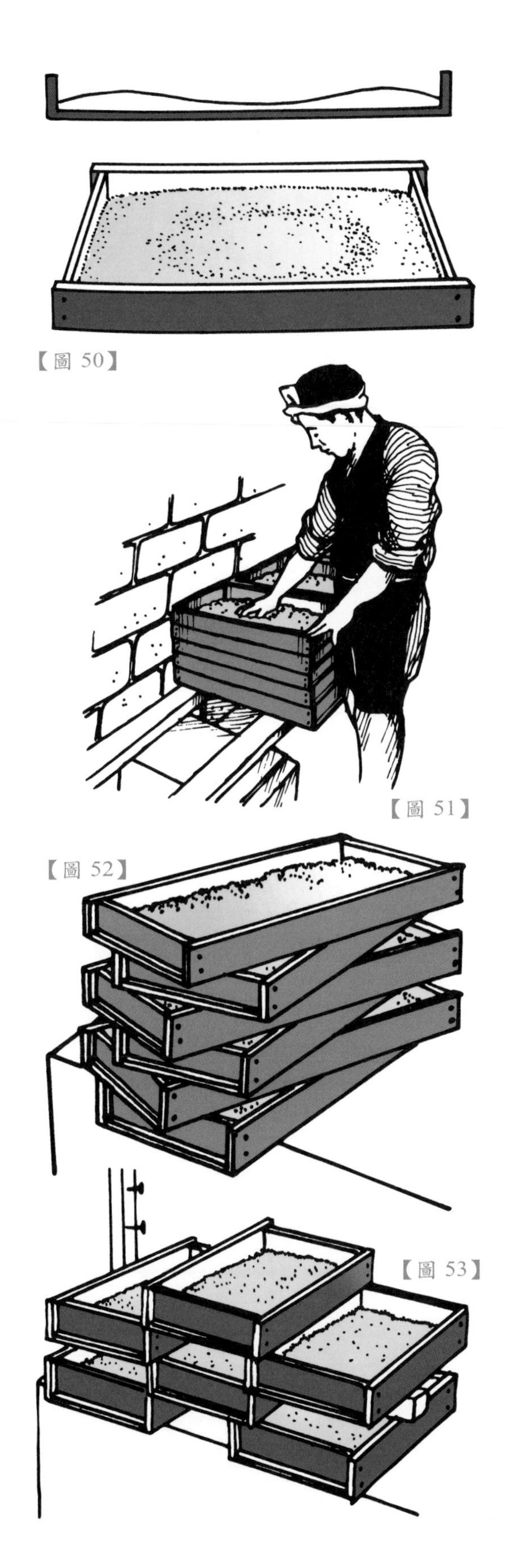
【圖 50】

【圖 51】

【圖 52】

【圖 53】

【圖 54】

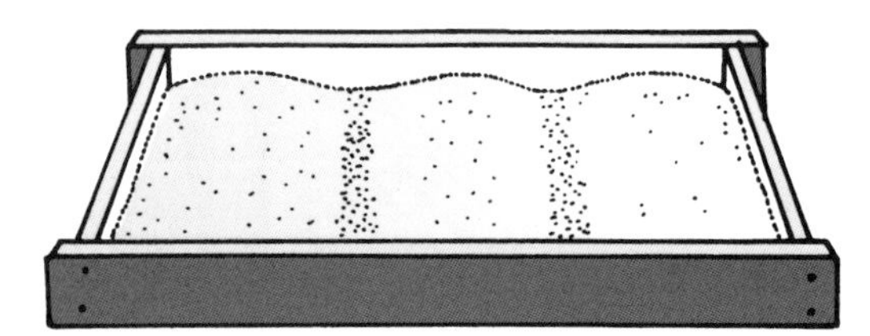

【圖 55】

【圖 56】

持續發酵

一個小時後，師傅會檢查房間的溫溼度。冬天溫度最好介於27℃到30℃，絕不要低於25℃，夏天的時則別超過33℃；溼度則應維持在93%到95%。要使房間變更暖，師傅會點碳爐或煤氣爐（煙會從煙囪散去），有時還會將天花板的通風口關起；若要房間變涼，可打開通風口或門；要增加溼度，則在地上灑熱水。

下午一點，師傅和助手會洗淨雙手，測量麴溫（應該約35℃），他們把每一堆最上面的麴盤放到長檯子空著的地方，一手快速攪動麴，以分解剛長好的菌絲體，並促進繼續生長。每盤麴的中間也要壓出一個凹洞，等所有的盤子都重新放置、攪拌後，之前在每一堆最上面的盤子，現在應該已在最下面。這次盤子要以交錯的方式疊好，以可以避免麴過熱，並提供更多氧氣，促進生長（圖 52）。

下午五點，師傅和助手會再洗淨雙手並檢查麴溫（應該約38℃），而房間的溫度與溼度也應該如同前述。然後便把每疊最上面的一盤麴，搬到長檯子空出來的地方，再把每個盤子堆成「磚牆」狀（圖 53），此時以雙手攪拌麴，把麴從最遠的一端移到最近的一端，共八回合（圖 54）。

浸泡黃豆

最後，用指間很快地把壓過的麴做成三道波浪的形狀（圖 55），等所有的麴都拌好、重新堆疊完後，就靜待培養整夜。傍晚六點（冬天可以提早幾個小時）以前，用之前洗米的工具與方式將黃豆洗淨、瀝乾，再以黃豆專用的浸泡盆來浸泡。

米麴完成

第三天早上要蒸第二批米。十點時先檢查麴溫，這時應該要升高到 40℃，外觀應有芳香的白菌絲體把軟軟的米粒連結

【圖 57】

【圖 58】

一起，形成一張 2 公分厚的墊子。此時從培養室裡把麴盤拿到靠近攪拌區的地上交錯堆疊，將麴盤一個個放到竹簍上，用木製刮板把米麴從盤子撥進簍裡（圖 56）。

簍子裝滿後，在更大的籃子上放一張扁平的大濾網，將所有的米壓透過去，可壓碎所有的結塊（圖 57）。

攪拌區中間擺個專用木盆，周圍再放上幾個 130 公升的木桶，並分裝進所有壓過的麴；師傅現在會用籃子秤出鹽，並均分成和桶子一樣的份數，再一桶麴與一份鹽地放到中間的攪拌盆裡（圖 58）。師傅會用長柄木製的推具，混合鹽和麴（圖 59），再舀進小桶中，等所有的鹽和麴都拌好，桶子就加蓋、靜置一旁。

蒸煮黃豆

等麴都做好，第二批米也蒸好時，重頭戲就輪到煮黃豆。現在先移開大釜上蒸米的蒸籠，改放上稍大的蒸籠來蒸黃豆（有些店舖會直接以大釜煮黃豆）。生火後，師傅會把浸泡在盆子裡的黃豆舀進蒸籠，然後在上面蓋上木蓋。約過了 35 分鐘後，蒸氣會從蓋子冒出，從此時算起，把黃豆蒸 5 到 5 個半小時。

同時，助手們要備妥發酵味噌的大桶子，他們在發酵桶的一側搭起走道或斜坡，接著以熱水和堅硬的刷子刷洗發酵桶，反覆沖洗桶壁，打開一側靠底部的孔排乾水（若無孔，就以畚箕移除水）（圖 60）。然後把洞塞住，擦乾發酵桶內部，在底部灑上約 450 公克的鹽，若使用壺底槽，趁現在裝好，並關起龍頭。

黃豆蒸好後，取出鍋爐的柴，放到一個加蓋的餘燼桶裡。之後把黃豆舀進約十個洗淨的桶子，搬到攪拌區；這時從大釜取出 150 公升的煮豆水，裝到大桶子後一起搬過去，讓黃豆和水冷卻五、六個小時且不再燙手（約 43℃ 到 48℃）。

混合

所有基本材料都裝在小桶裡後，再放到攪拌盆附近，以黃豆與米麴各一桶的比例加入大盆子，約把桶子加到半滿。當師傅用推具或木鏟攪拌材料時，一名助手便捲起褲管，徹底洗淨雙腳，有時還會穿上草鞋，邊以推具保持平衡，邊踩黃豆約 2 到 4 分鐘（圖 61）。

同時，師傅用一個空桶，把部分種子味噌（約 6.6 公升）與調理液（12 到 15 公升）加在一起，再加到用腳踩過的麴與黃

【圖 59】
【圖 61】
【圖 60】

【圖 62】

【圖 63】

豆的盆子中，一次加一點。等到一半的黃豆已經壓成泥，而整個混合物和熟味噌的質地差不多時，就以空桶子舀起，然後提起桶子走上斜坡，把小桶子裡的東西全倒入發酵桶中（圖 62）。攪拌與壓泥的過程不斷重複，直到所有材料都做好並放進大發酵桶裡（圖 63），之後工具以刮板小心清理、洗淨。夜裡，尚未發酵的味噌上面會鋪上一層麻袋或布。

【圖 64】

連續製作幾批味噌

▶作法

連續四天，師傅與助手都在蒸黃豆，並與麴壓成泥，然後把混合物加進大發酵桶中，發酵桶會裝到與距離邊緣不到 12 公分的距離，而這些未發酵的棕褐色味噌，大約有 4 噸重。

之後師傅用鏟子把味噌表面弄平，同時一名助手以腳踩味噌，使味噌密實以免產生氣室。把味噌壓平、順過之後，師傅就會在發酵桶上放上一塊板子，並跪在上面，以溼潤的木鏟，把味噌表面弄得非常平滑，然後將三碗鹽灑於味噌表面，避免黴菌滋生，接著蓋上以蒸氣消毒過的麻袋，確實塞進邊緣。鋪好麻袋後，把兩半壓蓋放上來拼好，再壓上 16 到 18 塊每塊約 25 公斤的重物（圖 64）。

最後助手以好幾層麻袋蓋好蓋子（近年來多用塑膠布），師傅會用一張耐用的紙張，記下他所使用的原料、日期和預計成熟日，再把貼到味噌發酵桶或附近的牆上。味噌就在自然環境的溫度下靜置發酵至少 6 個月，其中包括一整個夏天，而通常會發酵 12 到 18 個月。

味噌完成時，助手會先把重物、壓蓋與布袋都搬開。浮到表面上的壺底汁會撈到一個小桶子裡保留；若發酵桶裝有壺底

【圖 65】

槽，就打開龍頭，便可收集沉澱在發酵桶底下的壺底汁，可當作以後做味噌的調理液或家常調味料（圖 65）。

現在，在發酵桶邊緣下方幾公尺處架好斜坡或梯子，並掛好一個架子，架子上放幾個小桶。等師父與助手試吃、驗收新做好的味噌後，一個人就會爬上斜坡，用推具或木鏟把上面較鹹的部份與下面的味噌混勻，然後裝進桶子裡（圖 66）。

最後，就是包裝好足量的味噌，以應付訂單需求；而發酵桶裡剩下的味噌會以布袋蓋好，但不加壓蓋或重物。味噌大多裝進 20 到 75 公升的木桶運送，每個桶子都有木蓋；家裡會留下少量的味噌，也會拿去送人（圖 67）。

【圖 66】

【圖 67】

八丁味噌

八丁味噌的製作過程結合了現代與傳統的最佳技法：運用大型的現代工具來烹黃豆、培養麴，但味噌仍放在巨大杉木桶裡，以自然溫度，經過至少兩個夏天的漫長發酵。八丁味噌做好後，雖多以金屬箔包裝好，但都未經過加溫殺菌，也不含酒精、防腐劑或其他添加物。

傳統上，熟黃豆泥會用手捏成球，類似味噌丸。過去只在冬天（十一月到三月）把豆麴做好、裝桶，不過現在八丁味噌整年都在製作，每個星期都會裝個四大桶。這些深達 180 公分的大發酵桶已有好幾百年歷史，桶蓋上石頭疊得高高的，存放在穀倉般的木建築裡，巨大彎曲的椽木和高高的天花板讓這裡顯得典雅，整個氣氛仍保留著古老的傳統，令人屏息。

1926 年前，黃豆丸是放在閣樓的竹編格架上，靠著野生黴菌孢子附著於其上而變成麴，這就是知名的八丁麴菌孢子；1926 年後，則可從京都與豐橋市的專門種麴店，購得以乳酸桿菌強化的八丁麴

菌。今天，八丁味噌的特殊風味並非出自於黴菌，而是源於岡崎夏熱冬暖的氣候、豆麴與少量的水、非常重的重物壓製、漫長的發酵期，以及八丁味噌製造者的習氣。假使離開了發源地，就很難做出八丁味噌。

日本兩家八丁味噌製造商所使用的方式與器具，其實大同小異。要製作一桶八丁味噌的基本原料的重量比例為黃豆：鹽：調理液＝10：2：3.4。

▶材料

整顆的乾黃豆……2500kg
八丁種麴孢子粉……3 ¼碗
烤好後磨成粉的全麥……12.5kg
鹽……500kg
調理液……840kg

▶作法

處理黃豆

以振篩篩選乾黃豆，先靠風吹清理，再以水洗淨，並浸泡3小時，瀝乾後比之前重1.5倍。然後將黃豆放到大型旋轉式壓力鍋蒸3到4小時，加壓靜置過夜。

壓力鍋的水平軸心旋轉著，把煮好的豆子倒進大型的研磨器裡，經過研磨機的葉片擠壓後送到一個金屬模具，裁切約5公分厚，直徑約6公分的立體十字型（比起圓形的黃豆丸，立體十字形有較大的表面積供黴菌生長，圖68）。

加入麴

種麴黴菌孢子會和麵粉加入過篩機，黃豆「丸」則從過篩機下方的輸送帶上經過，種麴加到黃豆上，之後輸送帶會把黃豆送進幾個不鏽鋼的培養空間，每個約9×15公尺，高約2公尺。工人用鏟子把黃豆丸在不鏽鋼地板上鋪成30公分，地板上佈滿許多小孔。靠著現代的電子溫濕度控制裝置，房間的溫度可維持在30℃，而在發酵的3、4天中，麴裡的溫度約36℃。每個黃豆丸裡面有厭氧的乳酸桿菌活躍著，能製造特殊物質，賦與八丁味噌獨特的酸澀滋味。第一次發酵完成後，每個黃豆丸的表面會覆蓋上一層淡黃綠色的芳香黴菌，裡面則是溼潤且帶著棕色。之後，2995公斤重的豆麴丸會以鏟子放到輸送帶上，送到輾壓機裡用金屬軋輥滾壓，壓好的麴會放到直徑75公分的機器攪拌機，和水與鹽一起攪拌。

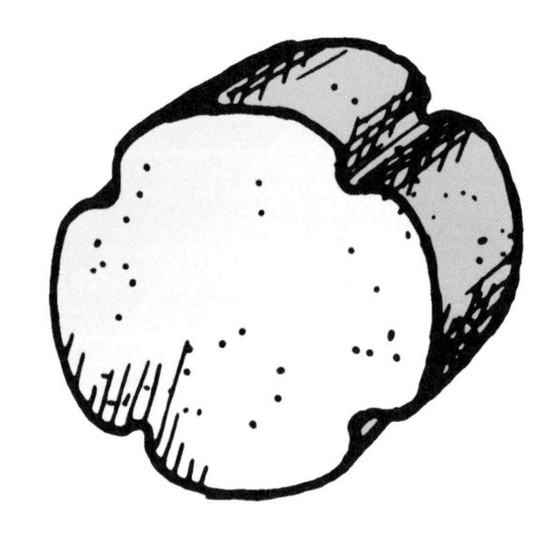

【圖68　八丁十字球】

味噌發酵

接著用小推車將混合物送到具4920公升容量的大發酵桶裡，直到約八分滿，此時味噌重約4310公斤。之後以結實的木製壓蓋壓好，再壓上和味噌等重的石頭（圖69）。味噌就在這棟高大又沒有隔熱與暖氣的木造建築中，發酵至少整整兩個夏天。由於基質的碳水化合物與水分的比例都低，重物帶來嚴苛的無氧環境，故發酵時間很漫長。接到訂單後，完成的味噌會以先進先出的順序從發酵桶裡取出；若賣得較慢，有幾批味噌可能發酵兩年半到整整三年。味噌會以小木桶或塑膠桶裝好，也可能是金屬箔包或塑膠袋來配銷。

自製甘口白味噌

這道作法由夏威夷的半傳統味噌店所發展，其三個特色如下：1.只靠傳統天然的方式，作出相當甜的白味噌；2.雖然含鹽量低，只要一個月就能製作完成，卻非常美味；3.若要以社區的規模來製造味噌，可採用這道過程。

▶作法

把蒸過並加了種麴的米鋪到210×300公分的大桌子上（不鏽鋼或木桌，邊緣會高出7.5公分），以帆布蓋好，並在自然的室溫發酵，夏威夷約25℃到28℃，相當溫暖潮濕。然後在麴的45個小時發酵過程中，混合物要攪拌二、三次。

肯瑞奇黃豆（Kanrich，很好用）先浸泡4到5小時，再以大氣壓力煮1個小時，把水瀝乾並倒掉。把做好的麴、煮好的黃豆與鹽都加在一起（不再加水），在研磨機裡面打成糊，如此還可加熱混合物，之後趁熱裝入208公升的大木桶，大木桶是以五塊錢美金，從一家鮭魚商購得的，原本是用來裝鮭魚。之後把二、三層厚，用來裝米的厚棉布袋鋪到味噌表面上，並塞進味噌邊緣，以減少空氣接觸。壓蓋上放上450公斤的重量，發酵桶口再鋪上塑膠布防塵。味噌會在室溫中發酵4個星期，之後取出表面聚集的味噌汁，而味噌則分裝到鄉村起司的塑膠容器裡，不必加溫殺菌，也不需要添加防腐劑或漂白劑。

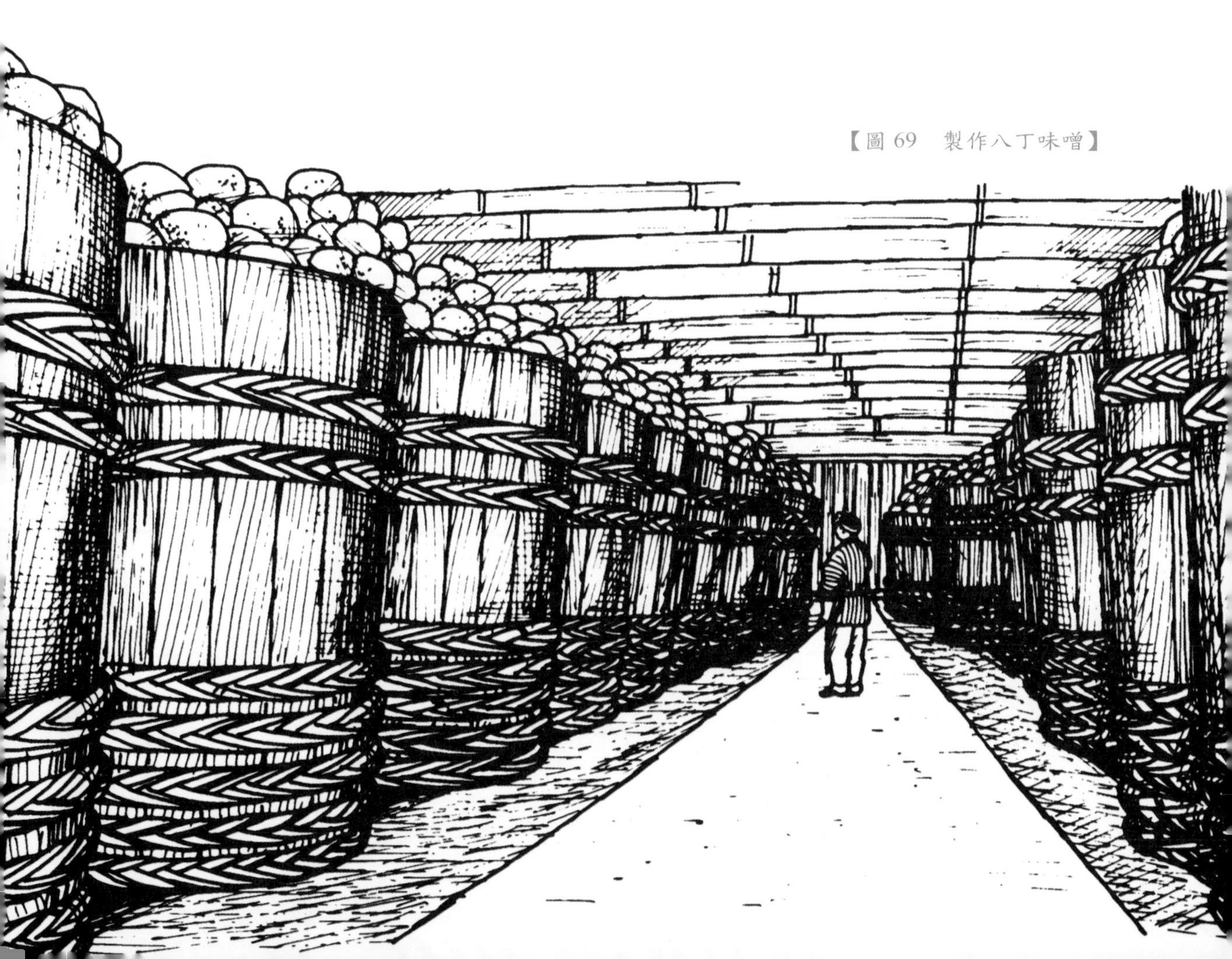
【圖69　製作八丁味噌】

味噌嚐鮮

Cooking with Miso

CHAPTER 8

自己做味噌

日本人向來以自家做的味噌為傲，即使在今天，無論住在高樓大廈或農舍，許多人還是自己做味噌。主人聽到我們對味噌有興趣，就會邀我們到廚房、後廊、儲藏室或穀倉，展現出三、四個桶子或罐子，請我們嚐嚐他們最愛的種類，並詳細說明其製作味噌的方式。

在日本，自製味噌的家庭與社區為數逐漸增多。有些人以此來面對食物價格上揚、市面產品標準化與品質惡化的趨勢；有些人則覺得自製味噌可依自己的口味選擇材料搭配，又可隨喜好決定陳年時間，簡單又有趣。現在市面上至少有一家店生產「釀造味噌」，且生意蒸蒸日上；釀造味噌，是指把 20 公斤的高品質麴、熟大豆、鹽和水都裝在一個小桶子裡販售，隨時能展開熟化過程，做出紅味噌或淡黃味噌，不僅比市面上的老字號便宜 10%到 20%，且未經加溫殺菌又不含添加物。然而，無論是從頭製作或用新的便利包來做味噌，大家都認為古諺說得好：「每個人最愛自己家裡的味噌」。1960 年代晚期起，許多美國人也開始自製味噌。

自製味噌有三大要素：首先麴的品質要好，其次則是使用適當的發酵容器；最後，就是製作味噌時需保持環境整潔，以乾淨的雙手和廚具來製作味噌，是預防微生物污染的不二法門。

四個決定

開始自製味噌前，得先決定四件事：

一、每年製作時節

在較冷的月份製作味噌效果最佳，因

為此時空氣中較無會造成污染的微生物；較熱的時節會有較多黴菌與細菌，易導致成品味道不佳或變酸。十一月底或三月初是製作麴的最佳時機，這時氣溫剛好。有些日本人喜歡在秋天製作味噌，此時黃豆和米剛收成，味道最好；但也有部分的人喜歡在天氣剛回暖的早春做味噌，因為這時發酵桶的變化過程正好開始活躍。若在較冷的月份製作味噌，十月即可展開。日本家庭通常一年做一次味噌，數種味噌各做一大桶。

二、自製或購買麴

自製麴的花費不到商店購買的四分之一，但得花上兩天的時間，且初學者不一定能做出品質最好的成品。不過若能小心依照本章「自製麴與種麴」的步驟，成果應該不錯。現在許多日本自製味噌都以現成麴來製作：這些食譜很容易學，製作時間也短，幾乎可說是「傻瓜食譜」。

三、發酵桶的大小

本書的「發酵桶」泛指各種大小和種類的發酵容器。發酵桶的容積得看要做多少味噌來決定，通常桶子越大，越能做出好吃的味噌，因為發酵桶越大，味噌的表面積（底部、兩側與頂端）與總體積的接觸比例會越小（如下表所示）；味噌在大容器中，每單位容量與桶子接觸的表面積，僅約有小容器的三分之一左右，因此在大容器中，味噌未接觸周圍環境的體積較大，僅有小比例的表面積與桶子內壁、底部和頂端接觸，如此可避免因接觸到容器的孔隙，導致水份逐漸流失或外在（空氣）的影響；而容量只有 1 到 2 公升的容器，味噌可能會出現一點酸味或酒精味，水份流失率也會達原重量的 5%到 7%，導致鹽份濃縮而變得太鹹。為了確保最佳效果，發酵桶容量不應低於 3.78 公升（兩批小規模的味噌）。日本家庭通常會做一桶 37 公升，或兩桶 19 公升的味噌；個人的話或許可考慮和朋友共同努力，一起做出能裝滿一大發酵桶的味噌；社區則常用 190 公升容量的木桶。

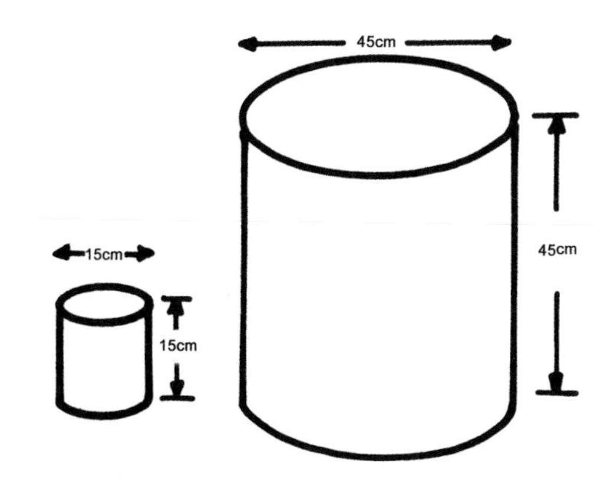

	小	大
面積（平方公分）	1060	10538
容量（立方公分）	2649	71533
比例（表面積：容量）	0.4	0.15

四、批量

決定共要製作多少味噌後，就能決定每批需做出多少份量。通常來說，每批份量得看你廚房的鍋子和攪拌容器大小而定，要裝滿一桶，通常需要做兩、三批。一般通常有三種批量：小、中、大。一小批味噌約 2 公升，中批量約 7.6 公升，大批量則為 30 公升，以下食譜皆採小批量，因為大部份廚房中的標準壓力鍋或者 3.8 公升的鍋子，剛好夠煮完所需要的 2 碗黃豆。但若有更大的壓力鍋或鍋子，就可把一下菜單的份量加倍或製作更大批量，如此還能省時、省燃料。

自製麴與種麴

要做出高品質的麴，過程要仔細謹慎，還得需要一些特殊器材（如蒸籠與麴盤），這些器材可以自己做，也不難買到。只要能小心依照步驟進行，誰都能做出很好的麴。但請務必注意以下兩點：首先，手、所有廚具與整個工作區都要盡量保持乾淨，其次，在45小時的培養期間，麴的溫度必須維持在建議的範圍。

和製作味噌的時間一樣，許多日本人會在深秋和早春製作麴，這時天氣涼爽，空氣中帶污染性的微生物很少。麴通常是在有著乾淨木質地板的房間裡製作，基本上，一批麴需要13.6公斤的米或麥，比以下食譜的規模大得多；我們建議以較小批的份量開始著手，因為器材較容易取得，而且等你第一次做成功之後，就能隨心所欲地增加所有材料的份量。以下食譜所做出來的麴，份量剛好夠做一批中等份量的自製紅味噌。米的份量剛好裝滿一般蒸籠一次能蒸的份量。

要更瞭解麴的製作，可閱讀第七章的傳統味噌做法；若想知道如何相互搭配麴與自製紅味噌的手續，閱讀圖 70 的流程表。依據接下來的時間表行事，能讓你在醒著時完成所有的工作。所有的麴食譜中，450 公克的生米能做出 517 公克的鮮麴；而表 13 的基本味噌比例中，現成乾麴的重量和要做鮮麴所需的生米重量一樣。

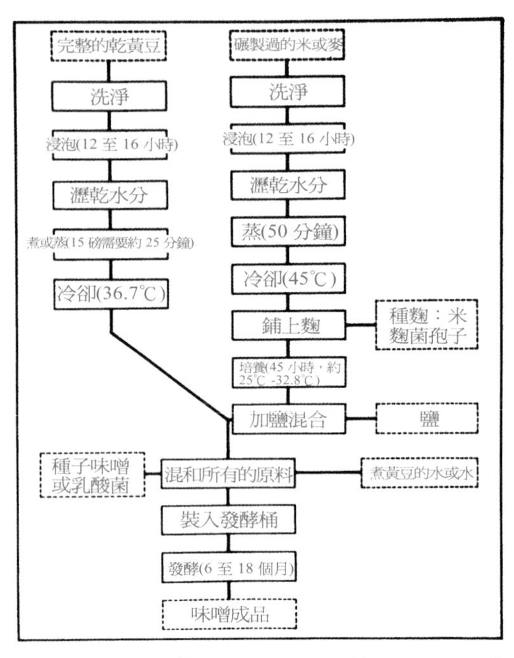

【圖 70　味噌製作流程圖】

用具

木製麴盤：一個，約 45×25 公分、深約 7 公分，並附一個由一或兩片薄木板作成的蓋子，一般用杉木做成。釘木板時用木釘或木栓，以免生鏽。也可以用抽屜、鋪了布的瓷盤、不鏽鋼盤或淺的水果箱代替。

浸泡容器：1 個約 3.8 公升的容器。

湯鍋或炒菜鍋：1 個，5.7 到 7.6 公升，鍋緣平滑且把手勿高於鍋緣。

濾網或鋪布濾鍋：1 個，2 到 3 公升。

方形蒸籠（與湯鍋一起搭配使用）或有竹蓋的中式圓形竹蒸籠（搭配炒菜鍋使用）：若要製作 6 到 8 碗以上的米，可增加幾層蒸籠。方形蒸籠是用 2 公分厚的杉木板製作，裡面長寬各約 25 公分，高 10 公分；底部有兩塊兩公分的板子，撐著長寬 25 公分的竹墊，蒸籠基座是 33 公分長寬的方形木板，中央有直徑 2 公分的孔；蒸籠蓋由兩片板子做成，頂部有避免卡住的設計。亦可用西式蒸籠替代，只要在幾塊磚頭上擺一個濾鍋，或在一個更大的鍋子中倒置一個碗即可。

蒸籠布：一塊，用粗織的棉布或麻布做成，約 45×75 公分（若是圓蒸籠，則用長寬 60 公分的方形布）。不要用一般抹布，因為織得太密，蒸氣無法通過。

木鍋鏟或木匙：一把。

厚毯子：五、六條，其中兩條可用幾公尺大的方形靠墊和一塊防水布代替。

乾淨的麻布墊：一塊，可用一塊相同大小的棉布或做餃子時的墊布代替。

瓶子或大碗公：一個，可以裝幾杯水的容量。

熱水瓶：兩個，各搭配一個可包瓶子的毛巾或毛巾袋，袋口有可收縮的繩子。

溫度計：兩支，溫度範圍 18 到 35℃。

培養箱：一個，最好是 50×30 公分、深35 公分的堅固紙箱，須比麴盤稍大些。距離箱子底 7.5 公分的地方，戳一個直徑 0.6 公分大的洞。

製麴原料

米：大部分用來做甜酒、醃菜和味噌的米麴，是磨或去糠的白米所製成，穀粒較短。現在許多製造者都認為，糙米的糠皮會阻礙菌絲的穿透與生長，而糙米麴的基本製作方式與困難之處，可參考 86 頁。剛開始學做米麴的人，可先從綜合了白米和糙米的麴著手：首先去除 50%到 75%的米糠，並把米粒壓碎，這樣裡面較軟、含有碳水化合物的部分就會露出來，供菌絲生長。米一定要用蒸的，而非煮的，以免水份含量太多，造成不良細菌的孳生。一碗新鮮白米（205 公克）約可做成 1.8 碗（234 公克）的鮮麴。

大麥：做麥麴時向來用的是碾製的大麥（天然大麥去糠後的整顆穀粒）。大麥比米含有較多的蛋白質，但碳水化合物和天然醣類較少（表 13），因此麥麴比米麴營養，但較不甜。若不考慮其他因素，麥麴缺乏醣類，也會導致麥味噌的發酵時間比米味噌長。有些做味噌的人喜歡用裸麥，使味噌有特殊的香氣與風味。裸麥較軟，沒有「中線」殘留，也無一般碾製大麥殼的特色，許多人覺得口感比較好。

其他可作成麴的穀類：一些傳統味噌店舖與許多農家，會用全小麥來當作醬味噌與金山寺味噌的麴。有時也會用玉米粉當作麴的基質，以做出比較便宜的味噌。這種做法源於信州一帶，當地人會先把玉米粉在水中浸泡 1 小時、蒸 40 分鐘，冷卻到和體溫相彷後，和種麴一起培養。有些地方還使用黑麥、燕麥、小米、玉米粒，甚至蕃薯來當作基質。

種麴：日本釀造公司生產有種基本種麴：紅味噌、麥味噌與甘口麥味噌各一種、

【圖 71　製麴的工具】

【表 13】 每 100 公克基本味噌營養成份表

成分	熱量	蛋白質	脂質	碳水化合物	灰份
	cal	百分比	百分比	百分比	百分比
米麴	336	6.0	0.7	73.4	0.4
白米	351	6.2	0.8	76.9	0.6
糙米	337	7.4	2.3	73.5	1.3
碾製大麥	337	8.0	0.7	76.6	0.7
未碾製大麥	335	10.0	1.9	71.7	2.4
整顆黃豆	392	34.9	17.5	31.2	5.0
去脂黃豆粉	322	49.0	0.4	36.6	6.0

【資料來源：日本食物成份標準】

兩種用來做豆味噌，還有三種作甜白味噌。每種都至少有三種型態（全穀粒、粗粉或孢子粉），並有以酵母與乳酸菌強化的各種類。許多種麴其實是各種黴菌的菌叢綜合而成，每種黴菌有不同的能力來分解蛋白質、碳水化合物與油脂。日本釀造公司生產十七種不同的種類，在北美洲最歡迎的是能做紅味噌、麥味噌、豆味噌、淡色味噌與醬油的孢子粉。每種都裝在金屬箔包，約 43 公克。種麴要放到冰箱，以 4 到 15℃的溫度保存。

所有種麴都是橄欖綠色，孢子粉比粗粉或整顆穀類的種麴濃五倍，只要 10 公克就能培養 50 公斤的生米。但是另外兩種形式的種麴，一大匙約 8.8 公克，則只培養 8.6 公斤的生米。天氣冷或米量少時（少於 2.3 公斤），種麴的用量可增加到包裝上所標示的兩倍，效果很好。

【表 14】 麴的溫度變化

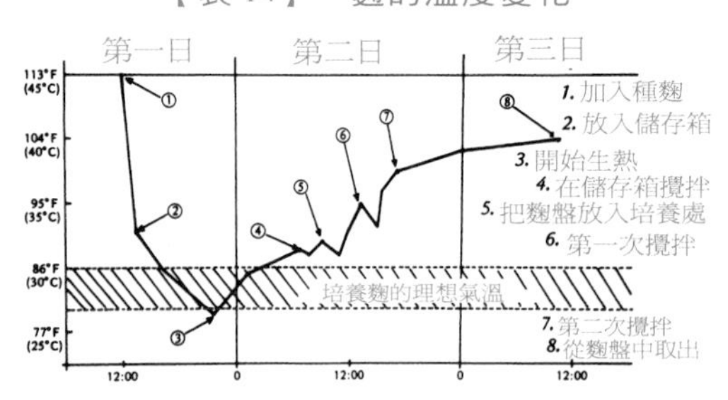

如果你已有一點點麴，想自己多做一點，參閱本章的「自製種麴」與第四章的「製作種麴」。

麴的保存

若麴未能立即使用，則把麴在幾張報紙上平鋪薄薄一層，並於乾淨、溫暖處乾燥 10 到 20 小時，再封好麴，置於陰涼乾爽處收藏。若環境條件好的話，可保存一兩個月，甚至六個月，不過風味與效果都會稍減。若還要放更久，在乾淨的墊布上鋪好麴（原味或加鹽的麴皆可），直接讓陽光曬，或放進45℃的烤盤烘烤到完全乾燥。密封後放到陰涼乾爽之處，可保存一年。

自製米麴〔11 碗〕

▶材料

白米……………………6 1/10 碗（約 1.2kg）
孢子粉種麴……………5/8 茶匙（1.9kg）
稍微烤過的白麵粉或全麥麵粉……1/4 碗

▶作法

前一天下午，先徹底拭淨麴盤，並以沸水燙過後，在乾淨有日照的地方倒置晾乾。米清洗三、四次後，浸泡於水中 12 到 16 小時，便可等待明天開始自製麴。

蒸米

第一天早上八點，先在鍋裡裝⅔滿的水並煮滾，同時把泡過的米放到大濾網或鋪了布的濾鍋上，以冷水沖過後瀝乾。接著洗淨蒸籠，放上竹墊，蒸籠底部和邊邊都鋪上濕蒸布，再把蒸籠和底座放到大鍋上（圓蒸籠則放到炒菜鍋上）。把米倒入蒸籠，深約 5 公分（若麴的量較大，一層蒸籠裝不下，可再增加一層或分成連續幾批蒸），用木匙或木棒把米緊壓到蒸籠的角落，並順順表面（圖72）。最後收攏布的邊緣，蓋好；等蒸氣開始從米上冒出時，加蓋轉中大火蒸 50 分鐘（圖 73）。

加入種麴

蒸米同時，在一張大桌子鋪上兩層毯子，再對折一張乾淨的墊布，平鋪於毯子上。另外，把麵粉和種麴（胞子粉種麴可以用 1 茶匙半的粗粉或全穀粒種麴代替）加到小杯子裡拌勻、加蓋，放到桌上靠近毯子的地方。接著在熱水瓶裡裝滿熱水，用毛巾包好或放進毛巾袋裡面。把蒸過的熱米放到墊布中間（圖 74），用木匙徹底拌勻，分散所有結塊，並在中間鋪出厚約 2.5 公分的小區域。將溫度計插入米中，待溫度下降到 45℃後，把種麴和麵粉的混合物，灑一半到米上，以木匙用力攪拌，使種麴的孢子均勻分布到米上，再灑上剩下的種麴拌勻，若有任何結塊的米團，都要分散（圖 75）。

準備發酵

把加了種麴的米堆到墊布中央變成一座半圓小山後，將溫度計插入米裡，把布墊從邊緣緊緊收攏，變成一個密實的包裹，再以桌上的兩張毯子用力包好，盡量

【圖 72】

【圖 73】

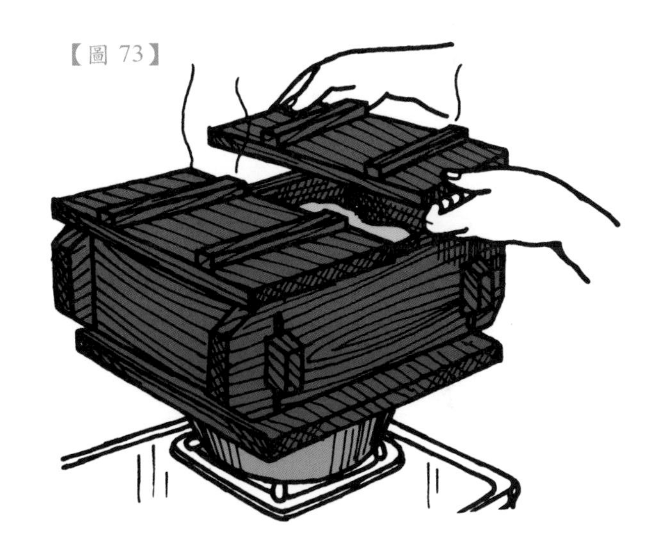

【圖 74】

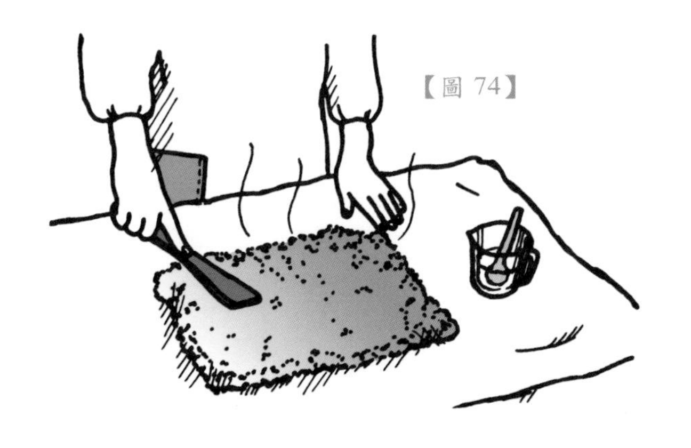

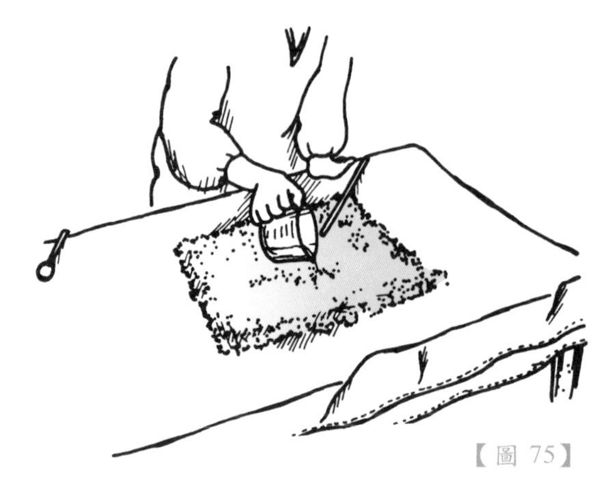

【圖 75】

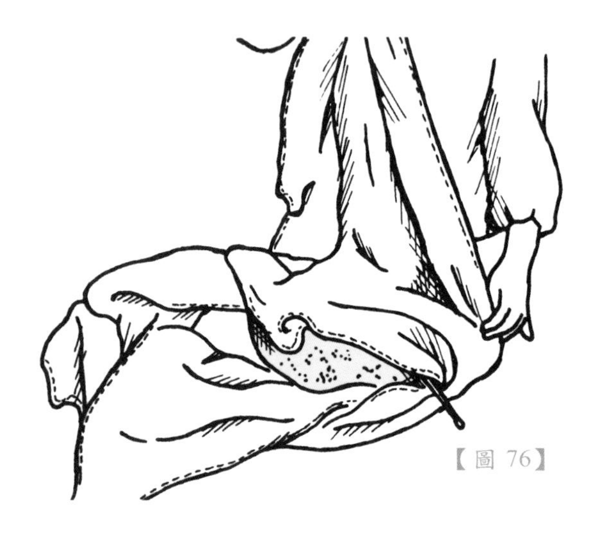

【圖 76】

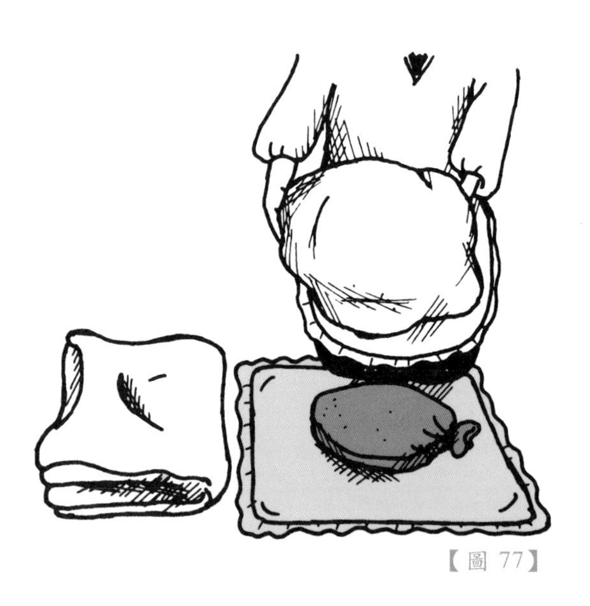

【圖 77】

避免熱散失（圖 76）。把熱水瓶放到另一張折成四折的毯子（或一個大而平坦的靠墊），把米包裹放到熱水瓶上，再蓋上至少兩層厚的毯子（圖 77）。然後把整個「隔熱包」放到一個乾淨、不擋路且相當溫暖的地方（切勿靠近循環空氣的暖氣附近，有些日本人會在熱水浴缸上放塊板子，然後把麴放到上面）。每 2 到 4 個小時檢查一次米的溫度，看看是否保持 25℃ 到 35℃。若要提高溫度，可在熱水瓶裡裝新的熱水，或加上新的熱水瓶，亦可多裹幾層毯子；若要降低溫度，則把熱水瓶放到最底層的毯子下，或移除最上層的毯子。就寢之前先檢查溫度，並塞進重新裝熱水的水壺。

檢查發酵狀況

第二天早上八點，先確認米麴的溫度仍在上述範圍之內，再把溫度調整到 35℃。洗淨雙手，打開包裹，鮮麴現在應該已散發出宜人的香氣，而一顆顆的穀粒也該長出白色粉狀的外層，彼此間有幾乎看不到的菌絲體相連。若出現藍綠色、黑色或粉紅色的黴菌，則小心移除丟棄。接著把米徹底拌勻再重新包裹好。早上十點，檢查麴溫，洗淨雙手，打開包裹後，再檢查香氣與外觀，之後把麴從墊布撥到麴盤上（圖 78），拌勻米麴，分散所有結塊的小米團。

培養箱裡進一步發酵

把米麴堆成 5 公分高的橢圓形（圖 79），中心挖個凹陷。把一支溫度計插進麴裡，蓋上蓋子，放進培養箱，再放兩個熱水瓶與一個打開瓶口的熱水罐，讓濕度保持在 90%到 95%。把培養箱放到折了六到八層厚的毯子，或一兩層厚的靠墊上，把第二支溫度計插到箱子一側的洞裡，再用兩三層厚的被子蓋到箱子上（圖 80）。

不時檢查箱子的溫度：盡量保持在28℃，或至少在25℃到32℃的範圍。

下午二點半，洗淨雙手，確認麴溫介於27℃到36℃間，絕對不要低於25℃或高於 40℃。快速且徹底攪拌麴，以分解會導致麴過熱的米塊，並促進通風，讓菌絲體分布均勻後，把麴堆回橢圓的火山形，盤子輕輕虛掩，再蓋上培養箱的毯子。傍晚六點，先檢查麴溫是否介於上述範圍，再徹底拌勻麴，並均勻鋪滿整個麴盤底，約2.5公分厚，半蓋上蓋子，熱水瓶和熱水罐中重新裝進熱水。此時，依照基本自製味噌食譜，開始浸泡黃豆。最後，晚上十點或就寢前，確定麴溫在29℃到36℃間，可視需要重新填充熱水瓶。

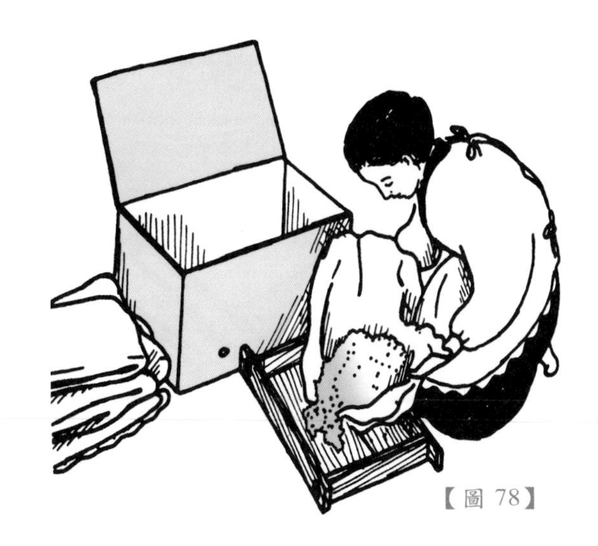

【圖 78】

完成品

第三天早上十一點（培養45小時）打開箱子，看看麴是否已經完成，芳香白黴菌的菌絲體，應該已把一顆顆的米粒結合起來了。弄破幾粒米，這時米應該很軟，很容易弄破，並檢查白菌絲體是否已經往穀粒中心穿透至少三分之二。若麴變成藍綠色且有霉味，表示發酵過度，要開始壞掉了；如果麴變黑且濕濕的，表示過熱，且產生會污染的黴菌。在這兩種情況下，把米麴放到大濾鍋，以熱水清洗幾次，洗掉不好的微生物，然後重新培養；或丟掉米麴重做一次。

【圖 79】

使用與保存

徹底拌勻做好的麴，取出培養箱的麴盤，放到涼爽乾淨處約1個半小時，或等麴的溫度降到與室溫相同。取出做味噌要用的麴量，放到大湯鍋，如中等批量的紅味噌需要的鮮麴，是 1240 公克乘以 1.14 或約 1420 公克。把鮮麴與所需要的鹽量加在一起，再加入煮過的黃豆，如同自製紅味噌基本食譜的做法變化三所述。如果

【圖 80】

【圖 81　製作味噌的用具】

麴沒有用完，則裝到一個容器裡封好冷藏，可用來做甜酒或麴醃菜，也可留待製作另一批味噌時使用。

自製糙米麴

糙米麴近來在西方家廣受歡，營養又價格合理。

▶作法

❶把稍微碾過的糙米，和白米一樣浸泡和蒸過。

❷為避免外來微生物滋生，小心控制麴溫，盡量比白米所處的平均溫度低 2.5℃，其他處理方式都相同。

自製麥麴〔12 碗半〕

若要製做中批量的自製麥味噌所需之鮮麴，只要用碾製過的大麥取代基本食譜中的白米即可。

▶作法

除了以下幾點，自製麥麴的做法和自製新鮮米麴一樣：

❶大麥浸泡 2 到 3 小時。

❷大麥蒸 90 分鐘，或等穀粒變得有點透明，稍微有點彈性。

❸若要獲得最佳效果，等菌絲體變純白（36 小時後），就拿起培養的麴，黃色菌絲體的效果也不錯，不過做出的味噌會較甜；黑色菌絲體效果不好。

不用種麴的自製米麴或麥麴〔約 12 碗〕

用野生的黴菌孢子來製作麴，就好像酸麵糰來做麵包，不使用促酵物一樣。在空氣乾淨且有點兒冷，或味噌店舖與味噌發酵之處，因為空氣中有許多米麴菌的黴菌孢子，所以效果最好。除非你住在很乾淨又寒冷的地方，否則我們還是建議使用種麴，以免發酵麴時產生毒素。

► 作法

❶米或大麥的浸泡與蒸的方式，和自製米麴或麥麴一樣。

❷蒸過的穀粒平鋪在墊布上，不加蓋靜置一夜，使之「捕捉」空氣中漂浮的野生黴菌孢子。

❸均勻地平鋪一層穀類在麴盤的底部，然後再將盤子放到培養箱，處理方式同自製米麴。

❹三、四天之後，待表面覆蓋一層白或淺黃色的菌絲，麴就完成了。

自製種麴

首先，請先參閱商人如何製作種麴，最佳的種麴是用自製麴做成的，製作過程必須非常謹慎地控制溫溼度與清潔等條件，若有污染性的微生物進到米麴裡，而米麴又做成種麴，只會導致更嚴重的反效果。製作種麴可採用市售麴，但可能不如自製麴純淨；傳統日本自製味噌是用野生黴菌孢子，或把每一批自製麴的一部分培養 5 到 7 天，讓黴菌繁殖，再徹底乾燥成品，保存起來以供日後使用。後面這道手續叫做「現成乾燥法」，製作時和目前市售產品不同，不使用糙米或木屑，而且效果相當好。

► 作法

❶先在小木碗中放入半碗作好的自製米麴，然後放到培養箱，溫度則保持與市售麴的製作過程一樣，讓菌絲體從白色變成淡淡的橄欖綠。

❷壓碎後放到烤箱，依照上述方式乾燥，之後密封存放在陰涼乾燥的地方，用法和全穀粒的種麴一樣。

【圖 82　手搖研磨器】

自製味噌（現成的麴）

接下來介紹的幾種基本味噌，都可以輕鬆在家製作。事實上，每一種都是把基本作法加以變化，因為每種食譜（批量規模相等）的黃豆份量相同（表 15，見 155 頁）。基本作法用壓力鍋來煮黃豆，比一般煮法要省時省燃料，也能避免黃豆在烹調時變成紅棕色，如此便能視需要做出顏色深或淺的味噌。一般的壓力鍋一次只能煮兩碗乾黃豆，批量較大時需要多煮幾次。若壓力鍋裝進太多黃豆，鬆的豆殼可能會堵塞蒸氣出口。

用壓力鍋煮黃豆時，第一批味噌原料在開始烹調後的一個小時，就可裝桶發酵了。美國市面零售的味噌，每磅價格是以下食譜的 2.5 倍，更比自己從麴開始製作的味噌要貴上 5.5 倍！

廚具

製作小批量的味噌，需用到以下常見的廚具和發酵容器（圖 81）：

標準壓力鍋或湯鍋：1 個，3.8 公升。

調理用湯鍋：1個，容量5.7到9.5公升。

濾鍋或竹篩：1個。

木杵：亦可用直徑約5公分的木條、細長的罐子、馬鈴薯壓泥器、研磨器或絞肉器代替（圖82）。

量杯：1個，另外還要數支量匙。

大型（木製）湯匙或鍋鏟：1個。

發酵桶：容量至少3.8公升。

封膜：1張，亦可用長寬45公分的牛皮紙、雙層未染色，織得很密的布、幾張大昆布、保鮮膜或玻璃紙代替。

壓蓋：1張，由木頭、合板、硬塑膠或其他堅固材料製成，大小裁成與發酵容器桶壁的間距不要大於0.3公分。

重物：1.4到1.8公斤左右，例如洗淨的石頭、磚塊或裝滿水的瓶子。

包裝紙：1張，亦可用報紙或塑膠膜代替。

繩子：1條，幾公尺長。

標籤卡：1張，約7.5×12.5公分大。

其中，發酵桶是最重要的器具，小型或中型的桶子（3.8到15公升）最好是上過釉或無孔隙的陶所製成，圓筒型或桶口很大皆可。傳統的美國瓦缸（圖83）就很好用，還可用來醃漬食品；另外，也可用能觀察到發酵過程的玻璃容器，磁鍋也很好用。味噌或日式醬油的專用小木桶，很適合裝15公升以上的味噌，但要確定木材很乾，且不要裝太少量的味噌，因為只要稍有孔隙就會導致水份過度流失。大木桶（有114公升和208公升大小）或者二手大酒桶（容量從238到530公升不等）很適合用做社區或大規模生產。無論發酵桶多大，桶子口的直徑不宜超過其深度（最好稍小一點），而味噌要能填滿發酵桶容量的80%。日本人常用19到38公升的塑膠桶，不過有經驗的味噌師傅認為天然材料所產生的風味較好，也可能比較安全，不要使用金屬桶子。

若製作較大批量的味噌，廚具也應隨之加大。

原料

每種味噌的基本原料，現在都可在以合理的價格購得。

黃豆：可用在天然健康食品行、合作社與超市買的整顆乾黃豆，散裝購買較省錢。在較好的天然食品行，可找到粗或細的黃豆粒。相較於較小顆且常見的美國「農地」黃豆，有些人偏好較大顆且稍貴的「蔬菜種」黃豆（由日本株培育而成）。

現成乾麴：是把鮮麴放到大篩上，置入烤箱以60℃乾燥，現成乾麴主要有兩種：

【圖83　味噌發酵瓦缸】

硬顆粒麴是由一顆顆米或麥粒所組成，每顆穀粒上看得見小小的、毛絨絨的白菌絲體，米黃或乳白的穀粒看起來有點像膨發的米花。硬顆粒麴有一種是做味噌用，還有一種則是用來做鹽漬醃菜。

軟網狀麴是正方形片狀販售，每片20到25公分，厚約2公分。它由蒸煮過的蓬鬆米粒構成，白菌絲體毛絨絨的質感就像是一顆全新網球。這種麴主要用來製作甜酒，但也很適合做味噌和鹹醃菜。

以往多以硬顆粒麴來做味噌，現在仍是不二之選，因為它比軟網狀麴有「力道」來分解蛋白質和碳水化合物。品質好的硬顆粒麴多為乳白色，透明的穀粒（菌絲尚未穿透）比例很小；若把一顆顆的穀粒剝開，應可看見白色菌絲體穿透到深處，中心不是透明的。

一般來說，乾麴不如新鮮米麴有「力道」，因此需要花稍長的時間讓味噌成熟。

麴都要封好放在陰涼處，如需長期保存，應小量冷藏（但不要冷凍）。若出現了橄欖綠或變黃的麴，可能是在導致孢子生長的溫暖處放太久；最好一次把麴全用完或磨成種麴。

現成鮮麴：在美國要買到現成的鮮麴很容易，日本人會在煮黃豆前一天，到麴鋪子或味噌店直接購買鮮麴，立刻壓碎後，並與做味噌所需之全部的鹽混合，再裝入有蓋容器中，存放到涼爽乾燥之處。相等容量的鮮麴約比乾顆粒麴重14%。以下食譜中，若要使用鮮麴取代乾麴，則使用60%調理液即可。

鹽：各種鹽皆可使用。用陽光曬乾的未精製海鹽來製作，味噌的風味最好、營養價值最高。現在天然健康食品行可買到海鹽，富含超過六十三種以上的礦物質。天然鹽也可以自己動手做：把乾淨的海水放到大鍋子中煮，等到水份幾乎完全蒸發，再把濕濕的鹽放到鋪了布的濾網或篩子上靜置瀝乾幾天。要用自製鹽做味噌時，以體積量取份量，而勿以重量計算。

由於味噌中的鹽味會隨著發酵過程而變得甘醇，因此六個月時嚐起來還很鹹的味噌，一年之後可能剛剛好。為了彌補這個現象，有些食譜會按照預計發酵時間的比例，來增加鹽份。比如，一年紅味噌可能需要1.13公斤的鹽，但是二年半的紅味噌就會需要1.8公斤。

若想做低鹽味噌，就做甜紅或甜白味噌，其他種類的味噌勿隨意減鹽，以免味噌腐壞。一般來說，特定重量的穀類或乾麴所需要的最小鹽量，不應該低於圖 84的標線。最少鹽量的等式如下：

S ＝（45-G）/10

S代表鹽的磅數，G代表每10磅乾黃豆所使用的穀類或乾麴磅數。因此需要黃豆與乾麴各10磅（4500公克）的菜單，鹽的含量不應少於3.5磅（1600克）。

水：任何水都可用來煮黃豆或當作調理

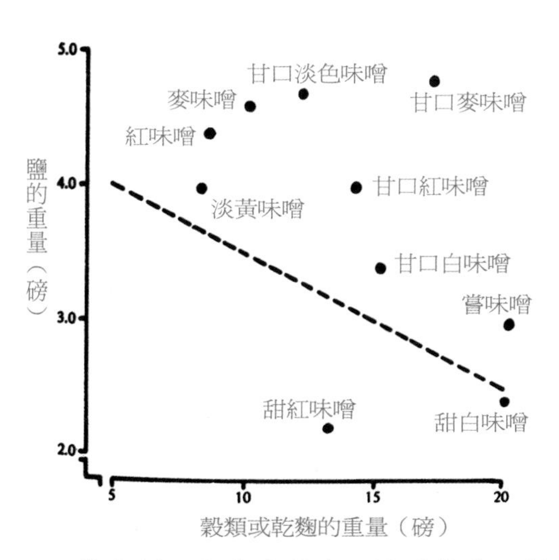

【圖 84　各式味噌中，10磅乾黃豆搭配的鹽與穀類或乾麴之比】

液，但仍以新鮮純淨的水為佳，如深井水、泉水或蒸餾水，可賦予味噌最佳風味，發酵起來也不麻煩。若水中含很多氯或其他化學物質，會導致味噌裡細菌活動遲緩，不純淨的水則會帶來有害的微生物。

種子味噌：任何一種品質好的成熟味噌，如前一批的自製味噌，或未經加溫殺菌、不含防腐劑的市售味噌。利用少量的種子味噌來「接種」，可幫未經發酵的原料增添許多酵素與細菌，進而增加成品的香氣與滋味，還能減少50%的發酵時間。最好使用和所要製作的同一種味噌，但任何一種味噌都能發揮效用。

調理液：可把煮沸過的水或煮黃豆所剩下的水，和其他材料混合，以賦予味噌適當的水份，日本稱為「種子水」。生水若非從極純淨的深井中汲取，則一定要煮沸，以確保其中不含任何污染的微生物。從十一月到隔年四月初，煮黃豆的水效果非常好，還能充分利用黃豆的養分。但若在較暖的時節製作味噌就用水，因為煮過黃豆的水可能會導致腐敗；這時黃豆應要煮到剩下很少的水份。若想在較暖和時使用煮過黃豆的水，那麼黃豆瀝乾後，立刻在煮豆水中加進3大匙的鹽，而其他材料所加進的鹽則隨之減少。

在材料中該加入多少調理液，其實沒有一定的標準，因為還得視麴的水份，以及發酵桶所流失的水份而定，而這又和發酵桶的大小與結構有關。加太多調理液會導致味噌過度發酵，散發過濃的酒氣。要調整味噌的水份含量很簡單，只要在發酵過程中增加或減少壓的重量即可。

改變碳水化合物的來源：米麴或大麥麴可用玉米粉或玉米、蕃薯、馬鈴薯或日本南瓜來取代，比例最多可達50%，且需很徹底地蒸或煮滾過，小麥麴則可等量取代。

變化蛋白質來源：黃豆可改用蠶豆、黑豆、紅豆、萊豆、鷹嘴豆或第五章談新美國味噌時所列出的其他材料取代，比例可達 100%；此外印度豆（印度黃豆、印度扁豆、綠豆或野豌豆）也很好用。如果10 到 20%的黃豆（與花生）與這些材料一起搭配，所增加的胺基酸以及總可用蛋白質將相當可觀。

自製紅味噌（仙台味噌）〔6碗〕

基本重量比例為：黃豆 10、乾米麴 8.5、鹽 4.4、調理液 11.1（用鮮米麴則減少到 6.7）、種子味噌 0.4。

▶材料

完整的乾黃豆……………………………2碗
水…………………………………… 3 1/4碗
天然鹽……………………9大匙（160g）
種子味噌（可不加）………………1大匙
調理液…………………………………1 3/4碗

【表 15】 各式自製味噌的原料重量比

味噌種類	批量	乾黃豆		乾麴			鹽		調理液		種子味噌（可不加）	
					軟網	硬顆粒[1]						
紅味噌	基本比例（重量）	10		8.5			4.4		11.1		0.4	
	小批	370g	2 碗	315g	3.4 碗	2.4 碗	162g	8.9 大匙	408g	1.7 碗	14g	1 大匙
	中批	1475g	8 碗	1247g	13.4 碗	9.7 碗	650g	2.碗	1615g	6.9 碗	60g	4 大匙
	大批	5895g	32 碗	5018g	53.5 碗	39.0 碗	2610g	9.0 碗	6550g	27.7 碗	235g	1 碗
麥味噌	基本比例（重量）	10		10			4.6		13.0		0.4	
	小批	370g	2 碗	370g	3.9 碗	2.9 碗	170g	9.3 大匙	480g	2.0 碗	14g	1 大匙
	中批	1475g	8 碗	1475g	15.7 碗	11.4 碗	680g	2.3 碗	1930g	8.1 碗	60g	4 大匙
	大批	5895g	32 碗	5895g	62.7 碗	45.7 碗	2721g	9.4 碗	7655g	32.5 碗	235g	1 碗
淡黃味噌	基本比例（重量）	10		8.5			4.1		11.1		0.4	
	小批	370g	2 碗	315g	3.4 碗	2.4 碗	150g	8.3 大匙	408g	1.7 碗	14g	1 大匙
	中批	1475g	8 碗	1247g	13.4 碗	9.7 碗	605g	2.1 碗	1615g	6.9 碗	60g	4 大匙
	大批	5895g	32 碗	5018g	53.5 碗	39.0 碗	2352g	8.4 碗	6550g	27.7 碗	235g	1 碗
甜紅味噌	基本比例（重量）	10		13			2.2		12.3		—	
	小批	370g	2 碗	480g	5.1 碗	3.7 碗	82g	4.5 大匙	454g	1.9 碗		—
	中批	1475g	8 碗	1900g	20.4 碗	14.4 碗	323g	1.1 碗	1815g	7.7 碗		—
	大批	5895g	32 碗	7600g	81.5 碗	59.4 碗	1305g	4.5 碗	7257g	30.8 碗		—
甜白味噌	基本比例（重量）	10		20			2.4		19.2		0.4	
	小批	370g	2 碗	795g	8.4 碗	6.2 碗	85g	4.9 大匙	710g	3.0 碗	14g	1 大匙
	中批	1475g	8 碗	3175g	33.7 碗	24.6 碗	355g	1.2 碗	2835g	12.0 碗	60g	4 大匙
	大批	5895g	32 碗	12.7kg	134.9 碗	98.5 碗	1415g	4.9 碗	11.2kg	48.0 碗	235g	1 碗
甘口麥味噌	基本比例（重量）	10		17			4.8		16.3		0.4	
	小批	370g	2 碗	625g	6.6 碗	4.8 碗	176g	9.7 大匙	600g	2.6 碗	14g	1 大匙
	中批	1475g	8 碗	2495g	26.5 碗	19.3 碗	710g	2.4 碗	2410g	10.2 碗	60g	4 大匙
	大批	5895g	32 碗	10kg	106.0 碗	77.3 碗	2835g	9.8 碗	9610g	40.9 碗	3765g	1 碗
豆味噌	基本比例（重量）	10		—			2.0		3.4		0.4	
	中批	1475g	8 碗	—	—	—	295g	1.0 碗	470g	2 碗	60g	4 大匙
	大批	5895g	32 碗	—	—	—	1190g	4.1 碗	1870g	8 碗	266g	1 碗

1. 美國的美彌子東方食品公司所生產的現成顆粒乾麴，每碗重量為 175 公克，比圖表中的每碗重量要多出 36%。由於表中的基本比例是依照重量來計算，因此使用表格中的重量，或者所需用量的 66%。比方說用美彌子的顆粒乾麴製作紅味噌，用 315 克或者 1.58 碗的美彌子顆粒乾麴。
2. 若使用新鮮的麴，用量為比乾麴要多 1.14 倍的重量。
3. 若使用新鮮的麴，調理液用量則減為 40%到 60%；若使用硬顆粒麴，則使用 80%到 90%。

現成乾米麴……………………………315g

前置作業

在開始前，要先仔細取出破碎的黃豆（其鬆去的殼很容易堵塞壓力鍋），並在壓力鍋裡徹底洗淨豆子。加入 3 ¼碗的水，加蓋浸泡3小時，或待黃豆膨脹到塞滿豆子殼。去掉水中任何浮起來的殼；若用木桶，裡面裝滿水後先靜置一夜，等縫隙都密合再浸泡黃豆。

【圖 85】

燒煮與磨壓黃豆

首先把鍋子的壓力加到最大，轉中火。等蒸汽開始搖動通氣口時，立刻把火關到很小以免起泡；以6.8公斤煮25分鐘（4.5 公斤煮 30 分鍾或 2.3 公斤煮 75 分鐘）後，關火靜置10到15分鐘，待壓力恢復自然。打開鍋子看黃豆是否已煮好：每顆豆子應該要夠軟，能輕鬆以大拇指和無名指壓碎，之後把鍋子蓋好。

【圖 86】

所有廚具都已洗淨且用沸水沖過後，把濾網放到調理鍋上或裡面，倒進煮熟的黃豆（圖 85），瀝3到5分鐘後再放回壓力鍋。用木杵或馬鈴薯壓泥器把三分之二的豆子壓成泥，亦可放進研磨器或絞肉器（圖 86）；喜歡吃口感滑順的味噌的話，就把所有的黃豆都一起磨。最後，等黃豆的溫度冷卻到43℃。

加入麴

【圖 87】

倒出調理鍋裡的湯汁，但保留1 ¾碗的煮豆水，而剩下的湯汁可用做其他烹飪；若剩下來的水不夠，則加入足量的沸水。在調理鍋裡加入鹽（但要留下1茶匙半），若使用種子味噌也一併加入。加入¼碗的調理液，用木匙拌勻，再拌入剩下的1碗半湯汁。洗淨雙手，用手指壓碎麴（圖 87），把麴加到調理鍋的湯汁中攪拌。然後加進黃豆，並徹底拌勻所有材料，先用木匙拌勻，再用手擠壓（圖 88），拌好後，材料的質地應和成熟味噌一樣。

【圖 88】

放進味噌材料

將發酵桶洗淨、晾乾。之後在發酵桶內壁上抹上¼茶匙鹽，桶子底部亦同，之後舀入拌好的味噌材料，用力壓到底部，以驅除氣泡。順一順味噌表面，再灑上剩下的 1 茶匙鹽，並輕輕抹進味噌。鋪上封膜，緊緊壓住味噌，以驅除表面的氣泡，然後蓋上壓蓋與重物（圖 89）。

【圖 89】

幾天後再加入幾批新混合好的材料，加進混合物前，發酵桶內壁一樣要抹鹽，但不要在先前一批的味噌上面灑鹽。等到發酵桶裝到八分滿以上、至少含有 12 碗未發酵的味噌時，在表面上灑鹽，鋪上封膜，蓋上壓蓋和重物。

容器蓋上雙層的包裝紙，以繩子繫好（圖 90）。標籤卡上寫上製作的味噌種類、確切的使用材料、日期和預計味噌完成日。把味噌成熟日也寫到年曆上，而標籤卡則貼到已包裝好的發酵桶上（圖 91）。

【圖 90】

發酵進行曲

進行天然發酵時，要選一個沒有暖氣的環境，例如車庫、儲藏室、工作間或穀倉，且不要直接日曬、通風要夠。發酵區要先清乾淨，地上鋪幾個磚塊，再放上發酵桶。讓味噌至少發酵 6 個月（一整個夏天）；味噌在 12 個月後風味最好（或 18 到 24 個月），過程中勿攪拌味噌。

發酵期間，幾個月檢查一次味噌，不過不要把發酵桶開得太大，以免味噌和空氣接觸後，而促使表面會產生污染的生物生長，導致顏色稍微變深，香氣流失。若幾個月後，壺底汁還未浮到味噌表面，就增加重物的重量；而在較暖的時節，若浮上來的壺底液超過 1.2 公分，則減輕重物的重量。試吃味噌時，移開蓋子和封膜，稍微傾斜發酵桶身，讓壺底汁流向一邊，用乾淨的湯匙，從表面挖出 8 到 10 公分深的小洞，取出一點樣品。和市面上你最喜歡的味噌種類比較，並在說明卡上寫下你的印象。若味道太鹹或顏色太淡，則延長發酵時間；如果質地太軟，則增加重物的重量，並把壺底汁取出作烹飪用；但酒味或酸味太重就沒辦法改變，可能得丟掉味噌。每次試吃後，在年曆上寫下下一次的試吃時間。

可以開動了

味噌成熟後，移開所有覆蓋物。小心除去表面上的黴菌，以免減損味噌的香氣與味道。徹底拌勻容器裡的味噌，讓壺底汁與較鹹的幾層均勻分布（壺底汁不要都拿去煮菜，以免減損了味噌的風味）。把一個月食用份量的味噌舀到小罐子中，放到冰箱或陰涼處，供日常食用。弄平發酵桶裡剩下的味噌表面，蓋上壓蓋和重物，如同之前的做法。所有不甜的味噌可在發酵桶存放一到三年；甜味噌要放在很涼爽的地方，並在一、二個月之內吃完。

【圖 91】

百變味噌

◆**不用壓力鍋煮黃豆**：在鍋中徹底洗淨黃豆、瀝乾後，加入8碗水，加蓋後在室溫中靜置12到14小時（若溫度低於 10℃，浸泡時間要延長到 18 小時）。以大火煮滾黃豆後，轉很小火，鍋蓋半開地燉煮2個小時，並撇去表面上的泡沫與殼。加入3碗熱水再燉煮 2.5 到 3 小時，或待所有黃豆都變軟。視需要加水，讓黃豆煮好時仍含有2碗的煮豆水。

◆**溫控發酵**：把 1 桶拌好但尚未發酵的原料放到溫暖處，例如熱水器或有火爐的房間、火爐上，或者隔熱良好的閣樓。最初 2 個月，選一個溫度21℃到24℃的地方放置，再放到30℃的地方2個月，最後放回原來的溫度2個月。打開味噌前，先在沒有暖氣的環境放1週（表8，76頁）。若要發酵得更快，在30℃的地方放1週、32℃放 2 到 3 個月、30℃的地方再放1週，最後於沒有暖氣的地方放1週，使其成熟。發酵期間若能徹底攪拌味噌一兩次，味道則會更好。材料趁熱放進發酵桶（32℃到37℃），並在桶上放幾層厚毛巾，也可以縮短發酵時間。

◆**使用鮮麴**：把315公克的現成乾麴，換成360公克的鮮麴。在烹煮黃豆之前，先購買或把麴做好，只要加上1碗調理液即可。

◆**使用黃豆粒**：採用黃豆粒可縮短浸泡、烹煮與發酵的時間，且味噌的顏色也會較淺。

❶和整顆黃豆一樣浸泡，再以壓力鍋烹煮 12 分鐘，之後的步驟和基本食譜一樣。

❷把黃豆粒和5杯水放到大鍋子中，加蓋，浸泡2個半小時。用小火煮滾，

鍋蓋半開燉煮1個小時。

◆**使用其他蛋白質與碳水化合物來源：**這些替代來源在44與171頁列出，可取代全部或部分的黃豆。

❶先將這些豆類浸泡、烹煮後，再加入味噌。若使用替代的碳水化合物來源，則材料用量以煮好後不超過156公克為標準，而麴的重量也減少至加進碳水化合物之後的一半。先壓成泥，再加入麴拌勻。

❷比方要做一小批的蕃薯味噌，把乾麴和煮好的蕃薯泥各156公克加在一起。拌入鹽巴、煮好並壓成泥的黃豆、種子味噌和1碗調理液（基本份量的2/3），之後的發酵過程同紅味噌。

◆**改變基本比例：**紅味噌的種類如此繁多，皆由改變基本材料的重量比例而來。比如在西方國家販售一年天然紅味噌的仙台味噌醬油公司，其比例為黃豆10、麴5.8、鹽4.5。山崎順正的一年紅味噌所使用比例為10:10:2.5，而二年味噌的鹽比例則提升到3.5。赫曼・相原的八個月味噌所使用的比例為10:10:3。日本其他常用的比例有（鹽比例都高於美國）：

❶黃豆10、麴6.4、鹽5.3。

❷黃豆10、麴5.0、鹽4.1。

❸黃豆10、麴7.2、鹽4.9。

自製麥味噌

原料的基本比例與份量，見表15。

►作法

製作方式與自製紅味噌一樣，除了：

❶用麥麴代替米麴。

❷煮黃豆時要多加點水，黃豆煮好時才會有夠多的調理液。

❸若使用天然發酵，讓味噌至少發酵12到18個月，二、三年之後的味道最好。若用溫控發酵，把發酵時間縮短到一半。

❹製作麥味噌時，幾乎都需要乾黃豆與乾麴各10份（以重量計算）。美國人所使用的鹽比例可能只有3.5，而日本則從4.6到6.0都有，後者需要二到三年的發酵時間。

自製淡黃味噌（信州味噌）

原料的基本比例與份量，見表15。

►作法

製作方式與自製紅味噌一樣，除了：

❶浸泡後把水瀝乾，量出共瀝掉多少水份，並加回等量的淨水。

❷為作出顏色較淺的味噌，以雙手搓揉浸泡過的黃豆，除去外皮後再烹煮。

❸壓力烹煮可讓黃豆的顏色變淺。

❹若顏色還要更淺，倒掉煮豆水，以開水當作調理液，但養分會流失。

❺採天然發酵過程，陳年時間和紅味噌相同。若使用溫控發酵過程（顏色會更淡），先在30℃發酵1週、35℃發酵3週，再放回30℃1週，之後在室溫中

放1週再食用。

❻若想吃鹹一點的味噌，把鹽的比例從4.1增加到4.5，熟化的時間則增加10%。

自製甜紅味噌（江戶味噌）

想吃自製味噌，卻不想等上一個月的人，那麼江戶味噌是最好的選擇。

▶作法

除以下幾點，製作方式同自製紅味噌：

❶黃豆煮8到10小時，視需要加水；或煮4個小時，加蓋靜置隔夜，第二天早上再煮滾。這兩道手續都可以讓黃豆變成紅棕色。

❷黃豆瀝乾的時間不要超過1分鐘，以免變冷。

❸壓成泥的黃豆不要超過50%。

❹趁熱（60℃到70℃）加進麴，不要加入種子味噌，以免最後味噌變酸。

❺趁熱把混合物加到發酵桶裡（50℃到55℃）。

❻用厚毛巾包住發酵桶，避免溫度流失，之後和基本食譜一樣蓋上壓蓋和重物。放在很溫暖的環境（40℃到45℃）3週後，除去包在容器四周的毛巾，在室溫中置放1週成熟，即可食用（或包好毛巾，自然發酵4到5週）。剩下的味噌要冷藏，以免腐壞。

自製甜白味噌（西京味噌）

甜白味噌的碳水化合物含量高、鹽份低，因此發酵時間最短，是初次嘗試自製味噌的不二之選。

▶作法

黃豆洗淨、烹煮的方式和自製淡黃味噌一樣。而黃豆要趁熱加到發酵桶裡，像自製甜紅味噌一樣包好。除以下步驟，處理方式和淡黃味噌一樣：

❶縮短發酵時間，若採自然發酵，夏天熟化期為1到3週（記得要常試吃）、秋天5週、冬天6到8週。如果採用溫控發酵，35℃發酵1到3週，或45℃1到2週。

❷市面產品的製造者說，若把基本材料的重量比例調整為黃豆10、乾麴20、鹽1.5，溫度控制在60℃，那麼24小時就可以完成發酵。

❸食用前以研磨機或絞肉機磨過，這樣味噌的口感才會滑順。

❹有些製作者建議，若使用乾麴而不是鮮麴，重量比例可從20提升到24，若於冬天採自然發酵，比例可以提高到30。採溫控發酵時，許多人會在中途攪拌味噌一次。

自製甘口麥味噌

原料的基本比例請參照表15。

▶作法

除下列步驟，製作方式同自製紅味噌：

❶以麥麴替代米麴。
❷加入夠多的水，黃豆煮好才有足夠的調理液。
❸味噌發酵的時間與溫度，和自製甜白味噌一樣。

自製醬〔4碗半〕

醬又稱「嘗物」，是鄉下常見的嘗味噌，其所需的發酵時間很短，常在十月到次年的五月於農舍製作，而有些地區做麴時會加黃豆，有些地區則不加。使用黃豆的做法比較難，產納豆菌的話，會繁殖，使得味噌做不好。有些地方不每天攪拌味噌，而是蓋上壓蓋之後就不再碰觸味噌。醬據說是現代醬油的先驅。

▶材料

徹底洗淨的茄子⋯⋯⋯⋯⋯⋯⋯⋯⋯110g
徹底洗淨的小黃瓜或越瓜⋯⋯⋯⋯⋯140g
鹽⋯⋯⋯⋯⋯⋯⋯⋯⋯⋯⋯⋯⋯⋯8大匙
現成的乾麥麴⋯⋯⋯⋯⋯⋯⋯⋯⋯⋯3碗
開水⋯⋯⋯⋯⋯⋯⋯⋯⋯⋯⋯⋯⋯2 ¼碗
汆燙切薄片的薑（可不加）⋯⋯⋯⋯60g

▶作法

❶茄子和小黃瓜汆燙1分鐘殺菌後，放涼切丁。
❷把1小碗水和1大匙鹽加在一起，並在蔬菜上輕輕抹上鹽。把蔬菜放在碗裡一層層疊好，蓋上盤子，並在盤子上壓2.3公斤的重物；以塑膠膜包好碗，壓一個星期。
❸開始壓製蔬菜的那天，把麴、水和剩下7大匙的鹽加到發酵容器中，若使用薑片也一併加入。用紙蓋好容器或以塑膠膜包好，再用繩子捆好，置於日光不會直射之處，每天拌勻一次。
❹1週後，倒掉蔬菜壓出來的汁液。洗淨雙手，擠出蔬菜多餘的水份，然後放進正在發酵的醬裡，再發酵3個星期以上，每天攪拌一次。完成品應該有如蘋果泥般濕潤的口感、宜人細緻的甜味與香氣。加蓋放在涼爽的地方保存或冷藏，以免繼續發酵。
❺若以黃豆製作相同的味噌，使用3 ⅓碗的米麴、1碗黃豆和⅓碗的鹽，以及上述其他材料。黃豆煮好後冷卻到和體溫一樣，磨成泥並與米麴、煮豆水一起混合。加進剩下的材料，放到瓦缸中發酵1、2週，並且每天攪拌。

印度豆類與黃豆味噌

這是1963年，印度麥索中央食品科技研究所的拉奧（T.N.Rao）博士所研發。這道美味的佳餚說明了日本味噌可隨各國口味與材料而調整。這裡黃豆與花生的用量較少，而當地的豆類用量較多，搭配在一起可增加胺基酸的含量；若使用印度黃豆，蛋白質含量為11.2%，印度扁豆則為8.7%；鹽量的百分比分別為5.0和5.4。為延長保存期限，可酌量加辣椒粉。

【圖92　方形竹蒸籠】

▶材料

去殼的印度黃豆或印度扁豆………1.25kg
浸泡 12 小時的整顆的乾黃豆………220g
碎花生……………………………………340g
米麴………………………………………700g
鹽…………………………………………340g

▶作法

❶先將印度黃豆放在水中浸泡 15 小時，再用壓力鍋煮豆類，以 6.8 公斤的壓力煮 25 分鐘後，瀝乾保存。
❷把黃豆和花生加在一起，以基本方式用壓力鍋烹煮。
❸將煮好的材料和麴與鹽混合（可隨喜好加進香料），加上足夠的煮豆水，作出喜歡的口感（45%到 47%的水），再放進發酵桶裡以 28℃發酵 5 到 10 天。保存在很涼爽的地方或冷藏。

自製味噌（用自製麴）

接下來的味噌食譜中，把麴的製作步驟也一併納入。

自製八丁味噌或豆味噌〔約 10 碗半〕

按照以下步驟，可做出相當不錯的味噌。重點在於溫度要保持 37.8℃以下，不然會產生污染的細菌就會開始繁殖，把黃豆變成黏黏的納豆。有些人喜歡用特殊的黃豆種麴，不過一般用來做米味噌或麥味噌的種麴效果也很好。請先看自製米麴的做法，它和接下來的食譜非常相似，也請參看市售八丁味噌的做法。

▶材料

整顆乾黃豆……………………………8 碗
孢子粉種麴…………………………半茶匙
稍微烤過的白麵粉或全麥麵粉……5 大匙

鹽…………………………1 碗（295g）
調理液或開水……………………2 碗
八丁味噌或豆味噌…………4 大匙

▶作法

❶將黃豆浸泡 10 個小時後瀝乾，放到大蒸籠蒸 6 小時，直到豆子可用拇指與小指輕鬆壓碎。同時，將種麴和麵粉加到小碗中拌勻。
❷黃豆冷卻到與體溫相仿後，放到一張乾淨的墊布上，並灑上一半的麵粉和種麴混合物。用木匙徹底拌勻黃豆，再灑上剩下的混和物，攪拌到所有黃豆都已裹上覆蓋上種麴後，放到麴盤上。
❸將麴盤、熱水瓶與裝了熱水的罐子一起放到培養箱，同自製米麴的作法。箱裡的溫度盡量保持在 30℃（或介於 26℃到 31℃之間），依照自製米麴的時程表

攪拌。若溫度超過 37.8℃ 或黃豆變黏，立刻取出熱水瓶和熱水罐，打開保溫箱的蓋子，讓溫度與濕度下降，等 4 小時或黃豆不再黏黏的，再放回一個熱水瓶。

❹繼續培養 40 到 50 小時，或等黃豆之間有芳香的白菌絲網密合在一起，把黃豆麴的三分之二壓成泥，並和鹽、煮豆水與成熟的味噌放到大鍋裡拌勻後，再放到發酵桶，蓋上封膜與壓蓋，並加上重物：壓八丁味噌的重物要和發酵物重量相同，而一般豆味噌的話則使用三分之一到四分之一的重量。

❺在自然溫度下靜置至少 12 個月，若能發酵 18 個月以上風味更佳，其中要包括兩個夏天。

❻孢子粉種麴可用 4.4 公克的粗粉狀或整顆穀粒的種麴代替；味噌若要陳年兩年以上，把鹽的份量增加到 1 ¼ 碗。

百變味噌

◆**壺底味噌**：請先閱讀 99 頁的市售作法，製作方式同自製八丁味噌，不過調理液要增加到 8 至 10 碗。在一般發酵桶裡發酵（中央不要有孔或過濾槽），每天徹底拌勻一次，共一年。

要萃取壺底液時，把成熟的醪倒入紗布袋，或在大鍋子上放一個鋪了布的濾鍋。瀝乾後，盡量把液體完全擠壓出來。壺底液可配開胃菜，也可當作和日式醬油一樣的萬用調味料，袋中壓過後的殘留物可以當作淋醬。

自製金山寺味噌〔20 碗〕

傳統上，農家會在十月的第一個星期做金山寺味噌，那時很少下雨，空氣冷而清新。米麴是以去皮大豆，加上等重的全麥製成的，味噌是否美味，關鍵就在比例。由於金山寺味噌所使用的大豆相當多，會引發許多納豆菌的污染，且必須以手工去皮，所以十分耗時，因此若不拿來販賣，有人會把全麥與黃豆的重量比例改成四比一，這樣較容易成功且省時。

商人總說，要做出道地的金山寺味噌非常困難，絕非單純的味噌可比擬。有些人製作時，會用一種很特別的現成金山寺麴（可於靜岡縣與愛知縣購得），有些人則用米麴，讓味噌更具甜味，注意培養麴時，務必小心控制溫度。

▶材料

全小麥⋯⋯4 ⅝ 碗
整顆的乾黃豆⋯⋯4 ¼ 碗
茄子⋯⋯800g
薑片⋯⋯220g
切片成 1 公分厚的越瓜⋯⋯2~3 條
牛蒡片（可不加）⋯⋯半碗
鹽⋯⋯1 ¼ 碗
磨碎的米麴⋯⋯4 ¼ 碗
昆布（可不加）⋯⋯2 片
青紫蘇葉（可不加）⋯⋯6~8 片

▶作法

❶茄子縱向切半，再橫向切備用；若有加昆布，亦先洗淨，裁成每片 15 到 20 公分的方形備用。

❷在鍋裡把 4 ¼ 碗的小麥清洗幾次，加水浸泡 24 小時後瀝乾。小麥浸泡完成前 1 個小時，把黃豆放到長柄鍋或湯鍋裡面，以中火烘烤攪拌，直到烤出香氣並呈淺棕色。

❸把熱黃豆放到木碗中，以雙手掌心用力搓去豆殼並丟棄（亦可放到簸穀籃或墊子上，藉小木箱在上面滾以壓碎豆殼），再把黃豆放到水中浸泡30 分後瀝乾。

❹將小麥和黃豆放到分開的蒸籠裡面。黃豆約蒸 5 個小時，使其軟到可輕易地以拇指和無名指壓碎；小麥則蒸 90 分鐘或待其表皮裂開。

❺把剩下⅜碗還沒煮過的小麥放到平底鍋烘烤出香氣並呈淡棕色，再倒入進果汁機打碎或以手搖研磨機磨成麵粉。

❻煮好的黃豆和小麥放進大型麴盤，灑上烤過的麵粉拌勻。將麴盤放入培養箱中，蓋上被子，做法同自製麴，發酵 4 天。要經常檢察溫度和黴菌的生長情形，若菌絲散發出甜香，變成白色且夾雜著黃點，麴就完成了（若開始變棕色，並出現很重的臭味，即發酵過久，丟棄）。

❼預計麴將完成的前一天，把四種蔬菜和鹽放到大碗裡面拌勻，並用大盤子將之蓋好，以 2.3 到 2.7 公斤的重物壓製，最後瀝乾蔬菜的水份並保留。

❽壓碎黃豆麥麴，放到表面乾淨處日照乾燥，6 小時後放到陰涼處冷卻。

❾把豆麥麴和壓碎的米麴放到大發酵桶裡，加上瀝乾的蔬菜和醃汁拌勻，然後順一順表面，並蓋上一層昆布，可隨喜好加上青紫蘇葉。在味噌上面加上壓蓋，並以 900 到 1300 公克的重物壓至少三個星期，亦可到六個月。等到越瓜變成琥珀色且有點透明，味噌就可以吃了（若以小黃瓜替代越瓜，則等味噌完成之前一、二個星期之前再加進來）。

百變味噌

◆烤好黃豆後除去表皮，並剝成一半，與和全麥混合，一起蒸到豆子變軟。混合物冷卻後加入種麴，發酵45 小時以製作黃豆麥麴。加入少量的水和鹽，裝進發酵容器，發酵兩個月；然後加進鹽漬、瀝乾的蔬菜，再發酵四個月；食用前拌入少量的蜂蜜或麥芽糖，可增加風味與色澤。上述作法中，麥子與黃豆的重量比例可用 4：1。準備 15%的鹽水（水與鹽的重量比為 100：15），加入做好的麴裡，這樣味噌的質地會很好；省略米麴。

自製天然醬油〔13 公升〕

這種日式醬油的製作過程和味噌非常

類似，除了：

❶麴是以等份量的黃豆與碎烤小麥混合而成的。

❷以不同的麴菌來促酵。

❸調理液的份量要多三倍才行，鹽也要多兩倍。

❹液體是在發酵之後才壓製萃取。

在整個過程中，最困難的就是要把的液體（日式醬油）萃取出來，因此在以前的日本，每年都會有幾個男人攜帶著醬油壓桿，巡迴於農家之間，負責壓製醬油。

▶材料

整顆的乾黃豆…………24 碗半（4.5kg）
全小麥……………………22 碗（4.5kg）
醬油種麴或米麴菌…………………1 大匙
鹽………………………12 碗半（3.6kg）
調理液（開水或非常純淨的水）……13 ℓ

▶作法

❶清洗黃豆，在水中浸泡 12 個小時後瀝乾。以 6.8 公斤的壓力蒸 75 分鐘後，讓壓力下降（或以大氣壓力蒸 5.5 小時）。同時，以乾的大平底鍋將小麥烤出香氣並呈金棕色，然後磨成或壓成粗粒，每顆穀粒大約碎成四等份。

❷待黃豆和小麥冷卻到與體溫相仿之後，加進種麴拌勻。

❸把 3 公升的混合物倒進約八個麴盤中，以 25℃ 到 30℃ 培養 60 到 72 小時。和自製米麴一樣攪拌 2 次，不要讓麴的溫度超過 40℃。

❹把調理液和鹽加入 30 到 37 公升的大發酵桶裡，加入麴拌勻。不加蓋並於乾淨處以自然溫度發酵整整 12 個月。

❺發酵期間，前三天每天拌一次，之後每週攪拌一次（夏天攪拌兩次）以融入氧氣、排除二氧化碳，並可防止表面發霉（若要發酵得更快，把發酵桶放在有 20℃ 到 25℃ 的暖氣房六個月，每週攪拌兩、三次）。完成的醪應該是深紅棕色，質地像蘋果泥，有著宜人的味道與香氣。

❻要從醪萃取出醬油，最好是用液壓榨油器及擠壓袋，許多豆腐鋪子都採用這種方式。也可用 4 到 6 枝堅固的掃帚柄，或 2 到 4 塊板子，間隔 5 公分平行放好，然後擺到空木桶或穩固的鍋子上，形成一個壓製架。

❼把紗布袋放到架子上，並倒進醪。讓兩個人各持一塊堅固大板子的一端，並移到紗布袋上，以全身重量用力壓榨出袋裡的液體。重複數次，注意袋口要扭緊，盡量榨出所有液體。

❽取出袋上所有殘留的醪，可作為調味料，未使用的部份則以有蓋容器冷藏。醬油倒入瓶中封好後，放到陰涼的地方收藏。若表面有油累積或產生白色黴菌，撇取後丟棄即可。

自製嘗味噌〔7.5 公升〕

東京麻布十番（Amanoya）的嘗味噌很好吃，以下就是他們的食譜。該餐廳通常每批所製作的份量，是以下菜單的九倍。

▶材料

小茄子………………………………220g

鹽⋯⋯⋯⋯⋯⋯⋯⋯2 ⅓ 大匙（0.7kg）
烤過並弄碎的小麥⋯⋯⋯⋯29 碗（6kg）
完整的黃豆⋯⋯⋯⋯⋯⋯⋯⋯⋯⋯⋯220g
種麴⋯⋯⋯⋯⋯⋯⋯⋯⋯⋯⋯⋯1 大匙
醬油⋯⋯⋯⋯⋯⋯⋯⋯⋯⋯⋯⋯⋯3.8ℓ
味醂⋯⋯⋯⋯⋯⋯⋯⋯⋯⋯⋯⋯⋯¾碗
水麥芽糖⋯⋯⋯⋯⋯⋯⋯⋯⋯⋯1 ⅓ 碗
去皮切薄片的薑⋯⋯⋯⋯⋯⋯⋯⋯220g

►作法

❶把未切過的茄子放到桶中，灑上鹽，以 1.4 到 1.8 公斤的重量壓製 1 週後，洗淨瀝乾，縱向切對半，再切成 1 公分小丁。
❷把小麥和黃豆一起浸泡 2 到 3 個小時（天冷時要泡久一點）或等黃豆變軟後，蒸 40 分鐘，或直到打開蒸籠時，小麥已經沒有白色的部份。
❸等黃豆冷卻到 26.7℃ 後，加入種麴攪拌，依照自製米麴的方式來製作麴。
❹把做好的麴、剩下的材料與鹽壓製的茄子混合拌勻，盛夏時在桶中發酵 10 天、春、秋 20 天，冬天發酵 30 天。

【表 16】 相等容量的味噌原料之重量

原料	容量	重量（公克）
完整的乾黃豆	1 碗	185
乾的軟網狀麴（弄碎）	1 碗	94.1
乾的硬顆粒麴	1 碗	129
鮮麴（弄碎）	1 碗	130
鹽	1 碗	290
味噌	1 碗	236
水	1 碗	276
米或大麥	1 碗	205
味噌	1 大匙	17.3

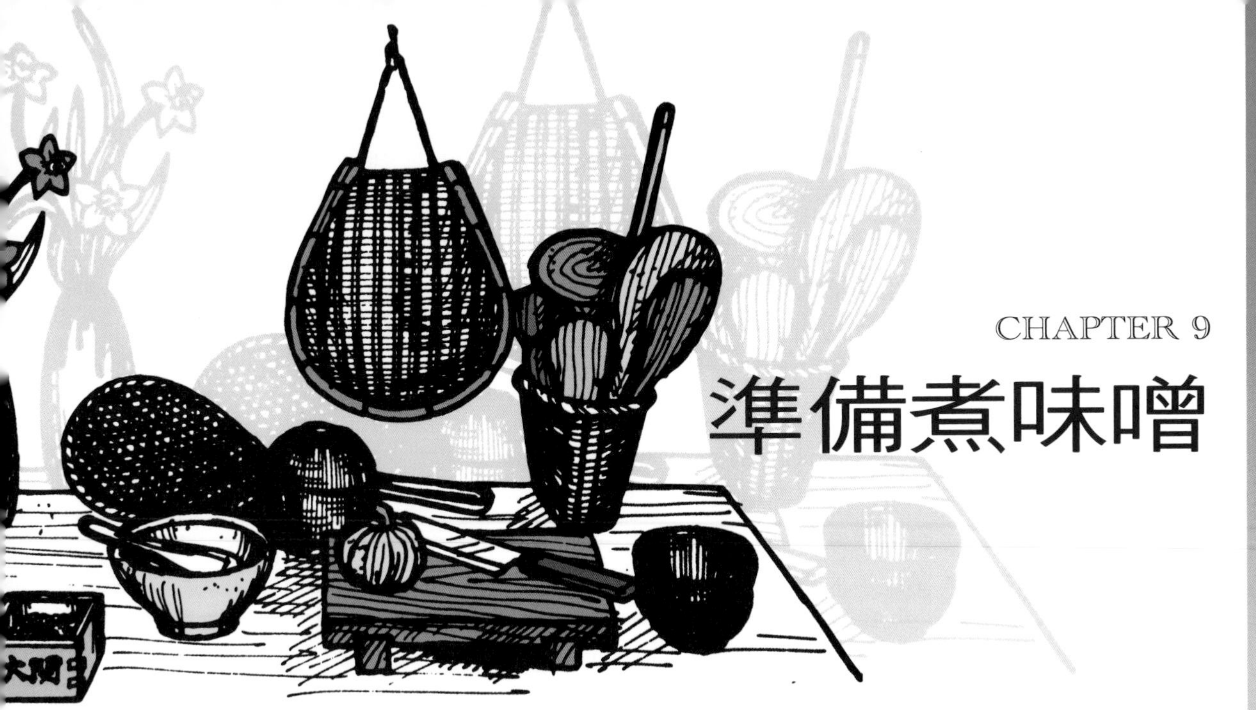

CHAPTER 9

準備煮味噌

許多各式各樣的味噌，現在已能以很合理的價格買到，天然健康食品行、日本或其他東方食品行與一些超市，也都能找到味噌的蹤影，此外新的味噌種類也常看到。大部份的味噌都裝在450到900公克的密封塑膠袋、類似鄉村起司的容器或小塑膠桶裡販售，而在天然食品行的味噌則裝在木桶裡；有時味噌是裝在瓶子裡，或裝在塑膠管裡，可以擠出來；至於常用來做速食味噌湯的乾燥味噌，則裝在小箔包裡（圖 93）。

【圖 93　味噌的包裝】

味噌的購買與保存

購買味噌時要多買幾種，每種都少量購買，才能熟悉味噌的味道、顏色、口感與香氣。比較進口味噌和國產品，看看哪些種類和你最喜歡的食譜最搭配。喜歡天然食品的人或許較愛傳統的天然味噌，其價格也較得實惠。下圖的標籤，囊括天然味噌的所有基本資訊：

品名：紅味噌（仙台甜味噌）
種類：米味噌
質地：顆粒
原料（含添加物）：有機種植的白米與整顆黃豆、未精製的海鹽、井水、酒精、味噌菌
加溫殺菌：無
溫度控制發酵：無
陳年期：至少12個月
重量：450公克
製造商：Nakamura Miso Co
160 Westlake Blvd.
Berkley, CA 94706

味噌都應存放在陰涼處，甜味噌則一定要冷藏保存，天熱時，其他種類最好也

放冰箱，以免表面發霉。裝在塑膠袋的味噌一定要密封保存，袋裡不要有空氣，袋口折好、用橡皮筋捆住。從桶裡取出購買的散裝味噌後可放進瓦罐、玻璃容器或保鮮盒，在味噌表面鋪上保鮮膜、蠟紙或肉類包裝紙並緊緊壓好；也可直接放在保鮮膜裡，用橡皮筋綁好，甚至就放在商店提供的小紙盒冷藏即可。天然味噌若沒有冷藏，天氣熱時，暴露在空氣中的表面可能有一層黴菌，它不會危害人體健康，也沒有什麼味道，食用前先刮掉，丟棄或混入味噌中皆可。若暴露在空氣中的時間過長，甜味噌可能會出現酒精味，淺色味噌顏色可能變深，稍加烹煮便可消除酒精味，顏色變深也不會影響味道。

把味噌拿來當調味料

味噌常用來取代鹽或日式醬油，其風味比日式醬油甘醇多變，也可賦予高湯或醬料更濃郁的口感。下面幾種調味料的份量，鹹度差不多，可交替使用：

鹽……………………………… 半茶匙
醬油……………………………2 茶匙
鹹味噌…………………………1 大匙
甘口味噌………………………2 大匙
甜味噌…………………………2 大匙

裝在塑膠袋販賣的味噌，使用時先在袋子上斜剪出一個 2 公分的開口，即可擠出乾淨、滑順的味噌，像從做蛋糕的擠花袋擠出糖霜一樣。

天然味噌是活的食物，煮太久會殺死裡面的許多益菌；關火前把味噌加入湯或其他料理中，或用在不需烹煮的菜餚上。

基本原料

我們建議使用全天然的食品，瓶瓶罐罐的包裝會造成環境負擔，因此本書的食譜所採用的食材，不用生物無法分解的包裝。以下材料是味噌料理所不可或缺：

麵粉：與天然全麥麵粉相比，白麵粉只有 75%的蛋白質、36%的礦物質和 25%的維生素。用全麥麵粉來製作烘焙食品、醬料等菜餚較好，但講究酥脆的天婦羅麵糊及派皮，建議使用未經漂白的白麵粉，或等量的全麥麵粉與白麵粉混合。

蜂蜜與糖：本書多以蜂蜜作甜味劑，用量只要達到想要的風味，並與味噌的鹹味達到平衡即足夠。1 茶匙蜂蜜的甜度相當於 2 茶匙的糖，多數食譜中兩者可交替使用。蜂蜜是全天然的食品，味道溫和，而天然未精製的糖，糖蜜味很重，白糖則對身心健康有害，我們建議應減少糖的比例，以穀類、蔬果作天然甜味劑。

糖最早於西元 753 年傳入日本，當時東渡日本的中國和尚鑑真（Ganjin）在船上帶了中國味噌與糖。但在 1500 年代晚期之前，幾乎沒有什麼人知道糖，第一座製糖廠則要到 1776 年才成立，雖然在全球工業化的國家中，日本人的糖消耗量最低，但是每人消耗量也從 1955 年每年 13 公斤躍升到 1975 年的 29 公斤（占同年美國人糖用量的 57%）。在日本，糖多用來烹調，其甜味已被味噌或醬油的鹹味「平

衡」了；現在流行西方飲食模式，因此甜點、零食和「垃圾食物」中，糖的用量也大為提高。

油：天然植物油的風味最佳。炒菜和做沙拉醬時，我們較喜歡使用黃豆、玉米或沙拉油——通常會和少許麻油混勻；油炸時，我們會使用油菜籽或是黃豆沙拉油。西式淋醬很適合用棕櫚油，至於中國菜則常用的麻油。本書食譜不用氫化植物油或動物油脂。

米：比起天然糙米，碾製過的米或白米平均只含有 84%的蛋白質、53%的礦物質、38%的維生素與30%的膳食纖維。我們較喜歡滋味、口感和營養價值都較高的天然食品；但糙米的烹煮時間較白米長，也耗費較多燃料（除非用壓力鍋），且含有會化合礦物質的植酸，油脂含量也較多，在熱帶氣候比較容易腐敗。

在日本，現在大家（包括和尚）幾乎都吃白米，這股風潮始於 1600 年代，當時白米是貴族階級的地位象徵，到了 1900 年代，大家都享用白米。二次大戰期間，沒人有時間精力來碾製白米，所以當時大家都吃糙米，使今天許多日本人看到未經碾製的米，就會想起恐怖的戰爭；所幸日本的長壽飲食社群大力推廣糙米的優點，因此特別是在年輕一代、講求另類生活的社群區塊中，糙米已象徵著更新、更天然健康的生活飲食方式。

鹽：未精製的天然海鹽含豐富的珍貴礦物質，一旦精製過，不只養分會流失，也會失去天然海鹽豐富且更濃縮的風味。

日式醬油與醬油：日本料理的關鍵，在於如何有技巧地使用道地的醬油與味噌。醬油是全方位的調味料，含有 6.9%的蛋白質和18%的鹽；五百年來，天然醬油一直是日本料理的重要支柱。本書所提到的醬油指日式醬油，而非西方國家常用的醬油，即化學或人造醬油。

❶天然日式醬油：這種傳統產品需經 12 到 18 個月的釀造過程，使用的是天然發酵法，而非在溫控環境下發酵；最好的天然醬油是把全黃豆、天然鹽與井水一起加到大杉木桶裡發酵；所有的天然醬油都含有種麴（米麴菌）和烤碎麥。現在西方國家也買得到各種天然醬油，其中有些是從日本進口的「壺底油」，但日本的壺底醬油是醬油的前驅物，和西方國家常見的壺底醬油並不相同。

❷日式醬油：目前日本販賣的普通醬油，也在美國大規模生產，其色香味與最好的天然醬油十分相似，但價格卻便宜得多。一般醬油基本上是依循古法，再加上 1950 年代後的方式來釀造，通常是把去脂黃豆粉放到大槽裡釀 4 到 6 個月，溫度與溼度也都受到嚴格控制。

❸壺底日式醬油：壺底日式醬油很類似中國醬油，含有大量的黃豆（85% 到 100%），小麥含量則很低，甚至完全不含小麥（0%到 15%）。壺底日式醬油多於日本中部（愛知、三重、岐阜縣）生產食用，只佔日本醬油的 2.2%，顏色較深、質地豐富，味道比一般醬油

濃，不過香氣較淡；因為壺底日式醬油只含少量或不含小麥，故無一般醬油的酒香。許多西方國家與日本製造商，會使用「壺底日式醬油」和「壺底油」兩種不同的名稱做區分，前者含有少量的小麥，後者則完全不含小麥（但可能含有 0.15%的烤大麥粉）。根據一些報告指出，壺底日式醬油或壺底油在製作初所使用的微生物是壺底麴菌，而非米麴菌。在日本，壺底日式醬油的產量是壺底油的五倍以上；此外，製作一般日式醬油的廠商約有三千五百家，但是製作壺底日式醬油（或壺底油）的廠商卻只有八家。

「壺底油」（tamari）這個字陰錯陽差地在西方國家非常知名，常被誤用來指天然醬油。大約在 1960 年代，比利時的「利馬食品公司」開始從日本進口第一批天然醬油，他們詢問國際長壽飲食運動的領導人喬治大澤，該怎麼稱呼天然醬油，才能與市面上一般日式醬油和未經發酵、化學製造的便宜醬油有所區別。大澤則建議把這種醬油稱做天然日式醬油（Shoyu），不過利馬公司覺得Shoyu這個字對法國人和德國人來說都不容易發音；於是，大澤提到日本人也用壺底油等字眼來指醬油。利馬食品喜歡壺底這個字，覺得它簡短特別又容易發音，便決定用「壺底油」一字來稱呼他們的天然醬油。大澤後來也在授課與著作之時使用壺底油一詞，此外，西方長壽飲食運動在西方國家推廣醬油功不可沒，倡導人士也採用這個術語，並推廣之。其實很少人知道，西方人逐漸熟悉的天然醬油與真正的壺底醬油並不同，而商人開始販售這兩種高級調味

料後，錯誤的命名更導致兩種產品混淆。

日本已很少使用天然的壺底油，一般來說都加了味噌壺底油、水麥芽糖、蔗糖、焦糖，做成生魚片醬油，通常也含防腐劑；雖然這在日本並不普遍，不過在京都和日本中部，卻是生魚片常用的調味料。以前人都是使用天然型態的壺底醬油，視它為很好的調味品，和最高級的中國醬油有相同的風味；今天大多數的壺底油則是合成製作。

壺底醬油的近親叫味噌壺底油或新鮮壺底醬油，這是在味噌發酵過程中收集的類似壺底醬油的液體，比味噌醬油濃、味道豐富，產量很少且不足販售。味噌壺底油是自製味噌的副產品夏天會浮在上面，冬天則會沉澱，用法和醬油一樣，搭配開胃菜特別美味。

❹中式醬油：這是傳統的中國產品，味道比日式醬油重且鹹，發酵過程可能是天然或經過溫控。有些中式醬油非常棒，但在西方國家不易買到；若買不到中式醬油，亦可用日式醬油代替。

❺化學或人造醬油：屬美國的產品，會使用幾種中國品牌名，多數西方人說的醬油，就是指這種。這種醬油未經釀造或發酵，是用去脂大豆與鹽酸反應而成的水解植物蛋白（HVP）製成；製作過程僅需短短幾天，價格相當低廉，有些種類可能含有苯甲酸鈉或醇等防腐劑。

黃豆：大部份的天然健康食品行都買得到便宜、整顆的乾黃豆，散裝購買則可以省下不少錢。

天貝：經發酵的黃豆所製成的餅狀食品，香氣和口感非常像美國南方的炸雞，其蛋白質含量是漢堡肉的兩倍，也是世界上維生素 B_{12} 的最佳素食來源。

豆腐：是傳統東方飲食中最重要的蛋白質來源，不僅物美價廉，熱量與脂肪含量低，且完全不含膽固醇。豆腐的種類和功用很多，也常與味噌搭配，本書食譜中所

【表 17】 日式醬油的種類、成分與生產

名稱	可溶性固形物(Be)	氯化鈉%	總含氮量%	還原糖%	酒精%	酸鹼值	顏色	佔年產量之比例%
一般日式醬油	22.5	17.6	1.55	3.8	2.2	4.7	深棕	85.4
淡色醬油	22.8	19.2	1.17	5.5	0.6	4.8	淡棕	11.7
壺底醬油	29.9	19.9	2.55	9.3	0.1	4.8	棕黑	2.2
白醬油	26.9	19.0	0.5	20.2	微量	4.6	黃或褐色	0.4
濃口醬油	26.9	18.6	2.0	397.5	微量	4.8	棕黑	0.3

【資料來源：節取自福島（1979）】

使用的主要種類有豆腐、中式豆腐、油豆腐塊、日式油豆腐餅、油豆腐泡、絹豆腐。

醋：可以使用西式蘋果醋、白酒醋，或味道較溫和、帶細緻甜味的日式米醋。日式米醋和沙拉醬、甜酸醬以及壽司米最好搭配，1茶匙的米醋，可代替¾茶匙的蘋果醋或白醋。

味精：本書食譜中皆不含味精，常用來增添蛋白質食品的風味。但味精會過度刺激神經末梢，可能導致腦部損傷，尤其腦血管障壁尚未發育完成的嬰兒，無法阻止味精自由流向腦部。美國食品與藥物管理局組成的科學委員會建議，一歲以下的嬰兒不應攝取味精，美國的嬰兒食品製造商也同意不在產品中使用味精。

1968年，羅伯博士（Dr. Robert Ho Man Kwok）在極具權威的《新英格蘭醫學期刊》發表文章，發現味精會導致所謂的「中國餐館症候群」：有些人在吃了使用許多味精調味的食品後，出現頭暈、頸後有灼熱感、胸部壓迫與噁心等症狀。

味精是高度精製的化學添加物，它是麩胺酸的鈉鹽，和天然麩胺酸的化學結構不同。味精原本是從昆布所萃取，不過現在都是經過發酵製作，由糖蜜、樹薯粉、玉米粉或馬鈴薯粉水解而來；原則上，我們建議不使用。

東方廚具

日本廚師通常只用幾種簡單的工具就能做菜，雖用西式廚具即可，但若用以下器具來料理味噌，會更得心應手且有趣。這些工具多不貴，日式或中式五金行都買得到，一些大型日系超市也找得到。

竹箕：通常是圓的凹型物，由細竹條編成，直徑約30公分，可拿來瀝乾水或盛裝天婦羅等食物（圖94）。

【圖94　竹箕】

燒烤架：長寬約20公分的雙層網子，可置於爐上燒烤食物。架子兩層都由薄金屬片製成，下層佈滿0.3公分的孔，上層的孔則是1公分；上層可抽起，以方便清理。用燒烤架燒烤食品，比西方烤箱節省燃料（圖95）。

【圖95　燒烤架】

中式竹蒸籠：有圓形的，也有方型蒸籠。蒸籠都是由竹片編成，其底板之間有0.6公分的空隙，讓蒸氣可透過蒸籠蓋逸出，防止水氣聚集而滴到食物；蒸籠可以堆疊二到四層來蒸食品（圖96）。

砧板：約50×25公分，厚約4公分。可橫放在廚房水槽上，不用時可懸掛起來。

日式磨泥器：約20公分長的金屬板，上面有許多尖銳凸出的牙；磨泥器上沒有洞，磨好的食物是收集到尾端的槽中。

日本菜刀：專門設計來切菜的刀子，可展現刀工；最好的菜都是手工打造，接近木柄處的刀刃上，會刻有師父的印記。

【圖 96　中式竹蒸籠】

棕刷：天然棕梠纖維所製成，刷洗鍋子上所殘留的蔬菜非常好用；它很便宜，而且比合成材料的刷子要耐久（圖 97）。

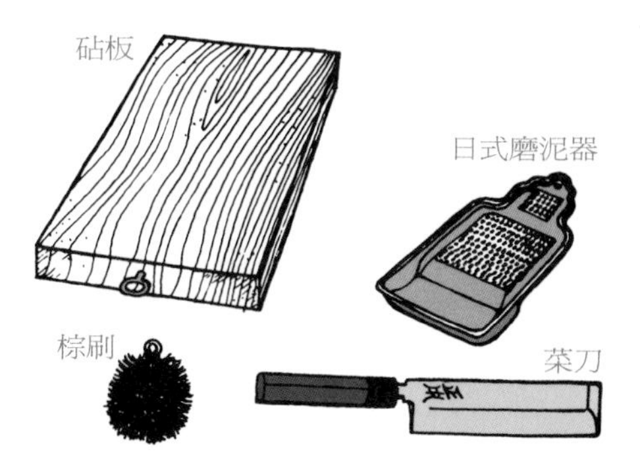

【圖 97】

擠壓袋：這種簡單布袋約長寬約 40 公分，是用粗織的布料做的，在擰乾或壓碎豆腐時非常好用。

竹簾：大約長寬 25 公分的竹墊子，用來捲壽司或其他食品的；小的竹桌墊也是很好的替代品（圖 98）。

研磨缽：陶製研磨碗或磨缽，內層有鋸齒狀紋路；一般缽直徑約 25 公分，9 公分深，附有一支木製研磨棒。研磨缽需妥善保養，使用前先以熱水擦洗，並以沸水浸過後，用布擦乾後倒置。晾乾時要抬高一端，讓空氣能夠循環；使用後研磨缽要灌滿熱水，浸泡 1 小時再擦乾（圖 99）。

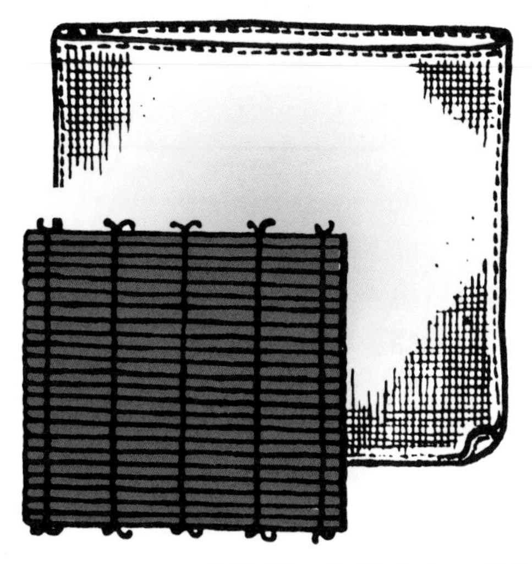

【圖 98　擠壓袋與竹簾】

【圖 99　研磨缽】

炒菜鍋組：炒菜鍋是東方廚具的標準配備，可用來煎、煮、炒、炸，現在在西方國家也很受歡迎。

❶炒菜鍋：金屬製、直徑約 30 公分，深約 9 公分；若放到特殊的圓形支架上，則可搭配電爐使用。炒菜鍋非常便宜，其設計比一般平底鍋多了許多好處，尤其油炸食品時更好用：

【圖 100　鍋蓋、炒菜鍋、瀝油架與支架】

(a)可使用最少的油量（3 到 5 碗），提供最大的油的表面積和油深。

(b)食物可以從鍋子邊緣緩緩滑入鍋中，而非直接丟到鍋子裡導致油花濺起。

(c)剛炸好的食物可放在鍋子的瀝油架上，除了讓食物多瀝掉一些油外，油流回鍋子裡，還可以省油。

(d)其圓底和薄鍋面，可以更快加熱、更容易調整油溫。

(e)在煎炸食品時，其寬鍋面積可讓每塊食材與鍋底接觸面積達到最大，進而能在最短的時間內，炸出酥脆的口感。

(f)可以很輕鬆地舀起煮好的食物來，且比起平底鍋更容易清理油漬。在煎或炒過後，立刻以水和棕刷清洗熱鍋（勿使用清潔劑），再放回火上，待其剛好乾燥，很快地用乾布擦拭。

❷炒菜鍋支架：中式廚房常用，可支撐炒菜鍋，也能集中底下的大火。

❸瀝油架：炒菜鍋所附的半圓形架子，食物油炸過後可置於其上，讓多的油流回鍋中。

❹木蓋：燉煮食物時要用到，它的大小剛好符合鍋子內緣。

❺長柄杓與鍋鏟：在中式廚房用來炒菜的廚具，大又耐用，長柄杓可讓你用眼睛看，就知道要把多少份量的湯汁和調味料加到鍋中的菜餚（圖 101）。

【圖 101　長柄杓及鍋鏟】

❻調理長筷：形狀同一般日本木製筷子，但長達 25 到 35 公分，尾端繫有繩子，可在油炸時將食物翻面，或將食物夾到瀝油架上的，亦可用長夾子代替。

❼濾網：油炸時，用來撈去熱油表面的渣滓與小片油炸物。

❽油炸溫度計：使用溫度刻度可達到 195 度的一般西式大溫度計（圖 102）。

【圖 102　調理長筷、濾網與溫度計】

木鏟、飯匙與湯匙：這些廚具可在炒

菜、攪拌和上菜時更得心應手（圖 103）。

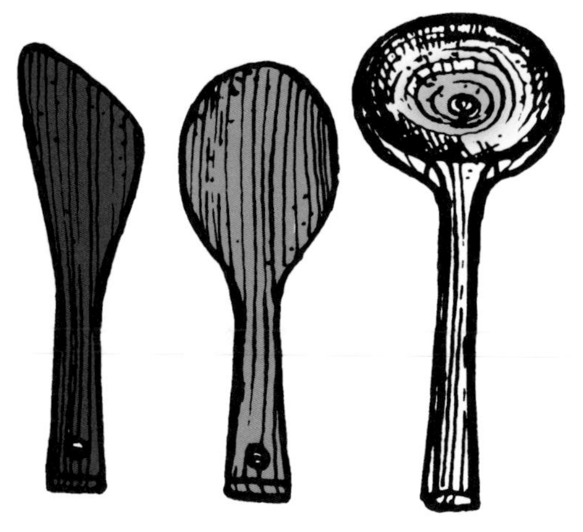

【圖 103　飯匙與湯匙】

基本食譜

接下來的高湯、各式醬汁與沾料、飯、麵及其他食譜，常和味噌一起搭配。

各式味噌料理都要用到不同種類的新鮮日式高湯，只要運用天然材料，就能簡單地做出日式高湯。還能買到速食的高湯粉，新鮮高湯若放在密封容器中冷藏，保存兩三天也不至於走味，西式蔬菜高湯粉或湯塊也是很不錯的替代選擇。

二番高湯〔2 碗半〕

二番高湯的味道比較溫和，使用的是至少已經用過一次的材料。因此昆布可以切細，並用醬油與味醂燉煮成佃煮；或把昆布切成小段，每段打個結，在關東煮或醬油味噌煮裡面燉，整片的昆布有時也會放到醋或米糠醬裡作成泡菜。二番高湯比較常用來燉菜、製作味噌湯或加到麵湯裡。

▶材料

水……………………………………2 碗半

用過至少一次的昆布……………… 適量

▶作法

❶把所有材料放到小鍋裡，煮沸。

❷取出昆布再燉 1 分鐘，再過濾放涼。

昆布高湯〔3 碗〕

昆布高湯是是禪風料理的特色。昆布表面有一些風味成分（如麩胺酸），洗滌時要注意不要把它洗掉；且昆布的風味元素與營養素會很快地進入高湯，因此不要煮太久，以免味道流失。

▶材料

7.5 到18公分的昆布……………………1 條

水…………………………………………3 碗

▶作法

❶先以擰乾的濕布輕輕擦拭昆布。

❷昆布和水到鍋中，煮到快沸騰；關火後拿起昆布，可用到別的菜餚上，或視其他需要使用昆布高湯。

❸若喜歡味道明顯點、質地黏些，可在昆布表面每隔 1.2 公分橫刻刻紋，燉 3 到 5 分鐘再拿起昆布；可隨喜好加倍昆布用量。

❹選 2 到 3 朵香菇，加入剛煮好的昆布高湯中 30 分鐘，便是香菇昆布高湯。使用前先過濾，不要從香菇裡擠壓吸收的高湯，以免湯的顏色變深；香菇也可以用¼碗乾香菇莖或不完整的香菇代替。

香菇高湯

▶作法

把 1、2 碗香菇莖或香菇塊洗好瀝乾，加到黃豆高湯中．食用黃豆前，通常會把香菇取出。

壽司飯（醋飯）〔2碗半〕

▶材料

米（糙米）……………………………… 1碗
醋汁：米醋……………………… 2大匙半
　　　蜂蜜………………………1茶匙半
　　　味醂（可不加）……………2茶匙
　　　鹽……………………………半茶匙

▶作法

❶在 1.9 到 3.8 公升的大鍋子中，用 1 碗半的水浸泡糙米隔夜
❷在加蓋的鍋子中把米煮滾，轉小火再燉煮 40 到 50 分鐘或等所有水份收乾、米飯變輕又乾（白米的話燜 15 到 20 分鐘），關火並靜置 5 分鐘。
❸把熱米飯放到大型木碗、盤子或其他非金屬容器後，立刻灑上淋汁。
❹一手拿木匙、筷子或大叉子，另一手拿扇子或扁平的鍋蓋，一面用力拌勻米飯，同時搧風讓米飯盡快冷卻。幫米飯搧風和攪拌大約 3 分鐘後，靜置在室溫當中冷卻。
❺若要做點變化，可準備不甜的壽司飯，淋汁不要加蜂蜜和味醂，而醋增加到 4 大匙，鹽則增加到 1 茶匙半。

薄蛋皮〔約8份〕

這種蛋捲可做成信封或錢包狀，用來包壽司飯，或切成細絲灑到壽司上。

▶材料

蛋………………………………………4個
鹽……………………………………¼茶匙
碎烤芝麻（可不加）………………1茶匙
油…………………………………1~2茶匙

▶作法

❶將蛋、鹽和芝麻放到小碗中拌勻。
❷熱小平底鍋，上面鋪薄薄的一層油。把⅛的蛋汁倒入平底鍋，快速搖動，讓蛋汁剛好鋪滿鍋底。
❸用大火煮 20 到 30 秒，讓一面正好形成蛋捲皮即可，最後把蛋捲皮放到盤子上冷卻。做 8 個蛋皮，每做 3 到 4 個就在鍋中加點油，切絲可當配菜。

芝麻鹽〔約半碗〕

這道調味料可搭配穀類、沙拉、豆類、蛋、穀片和炒菜。製作芝麻鹽時，通常用七份的全芝麻搭配一份的鹽。

▶材料

海鹽………………………………………2茶匙
白芝麻或黑芝麻………………………5大匙

▶作法

❶熱大平底鍋，灑上鹽後烘烤，不停翻面約 1 分鐘，加入芝麻烤好。
❷用研磨缽或手搖研磨器來磨鹽與芝麻的混合物，做好後以密封罐收藏。

【圖 104　芝麻】

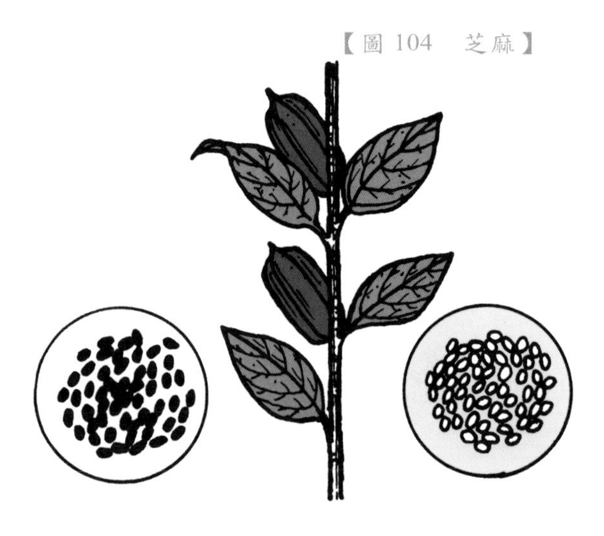

CHAPTER 10

味噌美食世界

味噌細緻的風味與濃郁的香氣，在經過幾世紀的演變後，有了許多繁複的組合，而且每種組合都能展現出各式各樣最微妙的滋味。

味噌可以像清湯或以肉熬成的高湯一樣，拿來做為湯、素滷汁和燉菜，也可以像醬油或蕃茄醬一般，當做各式沾醬。若以味噌當做烤醬，其美味更是無與倫比；味噌也可以和起司一樣，當做砂鍋料理或抹醬，或者像酸甜醬或佐料一樣，搭配穀類、生菜片或單片三明治。在炒菜或蒸煮食物的時候，味噌就能當作滷汁，甚至像醋一樣醃漬食品。

以上這些用法，在日本的廚房早已行之數百年之久，除了造就日本料理細緻的特色之外，更讓長久以來以穀類、海陸蔬菜與豆腐為主的日式飲食，滋味更加豐富；而其溫暖的色澤就像是藝術品一般，讓我們在滿足味蕾的同時，也能享受一場視覺饗宴。

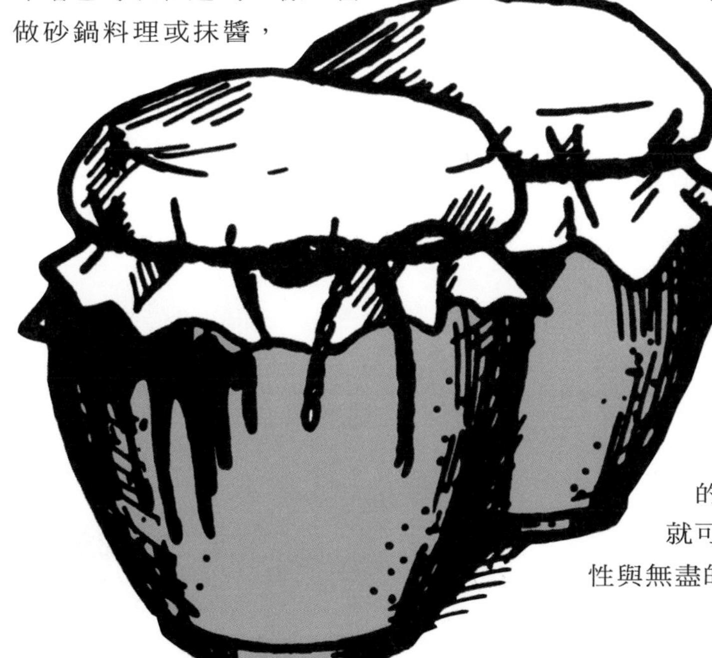

藉由本書的二百多份菜單，我們希望能夠證明：味噌的確是一種美妙的多功能調味品。其中，每個部分的一開始介紹的，都是我們最喜歡的菜色，它們都是眾多做法中最基本的料理。當你開始根據自己最愛的菜色發明出各種新的食譜時，就可以發現味噌那永無止境的可能性與無盡的美妙滋味了。

味噌淋醬

味噌湯、拌菜及以下的菜色，是日本料理中最常見的味噌運用方式。甜醬味噌、綜合味噌、烤味噌和柚仔餅味噌不僅美味、功能多，而且容易製作，很適合搭配各式西式菜餚。

一、甜醬味噌

甜醬味噌的名稱來自於「攪拌成醬」（neru）這個動詞，指「燉煮並持續攪拌到濃稠」。甜醬味噌是味噌加上糖或蜂蜜、水或高湯及調味品所製成，也常加進堅果或蔬菜末。有些甜醬味噌可在市面上買到，不過大部份還是家庭自製或由禪風餐廳所製作。甜醬味噌可以保存好幾個星期，通常一次會製作 1、2 碗的份量，裝在漂亮的小瓷罐裡面，可淋在飯、粥、冷豆腐或油豆腐、麻糬、咖哩、燕麥與其他熱的早餐穀片、蕃薯或馬鈴薯（烘焙、燒烤、壓成泥或做成天婦羅）、新鮮蔬菜片和各式各樣的熟蔬菜上，做為用餐時的調味料，亦可做味噌關東煮、醬茄子與拌菜。較甜的種類還可塗在吐司或三明治、鬆餅、可麗餅、煎餅和蒸蔬菜上做為抹醬，也可把少許（1 茶匙）的甜醬味噌放在小瓷盤上，搭配日式茶與和果子。不過，甜醬味噌從不用來做味噌湯。

餐廳通常會作好幾公升的甜醬味噌，他們會攪拌 1 到 2 小時使味噌變得濃稠有光澤，同時增進風味並延長保存期限。甜醬味噌冷卻後比一般味噌硬，質地很類似花生醬，有人會以水麥芽糖當做甜味劑，創造出更結實、類似太妃糖的質地。

我們會固定在冰箱裡擺個三、四種甜醬味噌，它們的風味在幾個星期後會更融合而美味，若每次食用後都能封好，那麼一個月後的風味最佳。製作甜醬味噌時，可依口味調整甜味劑的份量。

紅甜醬味噌〔半碗〕

這是最簡單、最基本的甜醬味噌，其他各種菜色都可依此來變化，只要在下列材料中，加上不同的原料和調味料，就能創造出千變萬化的各式美味淋醬。

►材料

紅味噌或麥味噌……………………5 大匙
蜂蜜……………………………………2 大匙
水………………………………………1 大匙

►作法

❶所有材料都放進一個小陶鍋裡煮滾。
❷以小火燉煮 2 到 3 分鐘，期間不斷攪拌，當混合物開始變濃稠即可關火。
❸將味噌靜置待涼到室溫時再食用，未食用的部份蓋好冷藏保存。

百變紅甜醬味噌

◆**中式甜醬味噌**：最適合淋在炸醬麵

上，製作方法如上，材料為：紅味噌或麥味噌（最好有顆粒口感）3大匙、醬油1大匙半、蜂蜜1大匙半、花生油1茶匙、麻油半茶匙、水1大匙及芝麻醬1大匙半（可不加）。

白甜醬味噌〔1 ¼碗〕

京都的「中村樓」是一家有四百年歷史的餐廳，它的招牌菜就是在田樂豆腐上淋上白甜醬味噌。春天時，味噌裡會加入磨碎的嫩花椒葉，或在每份田樂旁搭上一枝嫩花椒葉。因為白甜醬味噌裡加了蛋，所以口感更為濃郁滑順。

▶材料

甜白味噌……1碗
味醂……3大匙
水……1大匙半
蛋黃……1個
芝麻醬……1大匙半

▶作法

❶把所有材料放進小陶鍋中以小火燉煮2到3分鐘，不斷攪拌直到濃稠即可。
❷將味噌靜置，待涼到室溫時再食用，未食用的部份蓋好冷藏保存。

核桃味噌〔1碗〕

核桃味噌是我們最喜歡的味噌之一，禪風餐廳都有供應，市面上也買得到，很適合搭配脆蘋果片。

▶材料

大粒核桃……1碗
紅味噌或麥味噌……¼碗
蜂蜜或水麥芽糖……2~3大匙
水……1大匙

▶作法

❶把所有材料放進小陶鍋中，以小火燉煮2到3分鐘，不斷攪拌直到濃稠即可，待涼食用。
❷核桃可先用油炒1分鐘或用烤箱乾烤過，再加入其他材料。
❸將核桃變化為腰果、杏仁、花生、芝麻或葵瓜子，並可隨喜好加入¼碗的芝麻醬。

柚子味噌〔1碗〕

柚子料理源自於東京笹乃雪餐廳，這家餐館把味噌淋在絹豆腐上，也裝在小瓷罐裡販賣。柚子（柑橘）芳香的外皮會在燒酒裡浸泡一年才拿來做味噌，廚師一次得製作16公斤的柚子味噌，他們會把原料混合倒入大湯鍋中，以小火拌煮1.5到3小時，直到味噌呈現深深的色澤。市面上有些乳白色的柚子味噌，裡面的柚子皮是在裝了糖的瓦缸裡埋了1年後才切丁和甜白味噌一起燉煮。在家磨新鮮的柚子時，只能磨表面黃色或綠色的那一層，若磨到裡面的白皮，味噌就會變苦。

▶材料

淡的紅味噌或麥味噌…………………半碗
糖…………………………………6大匙
水…………………………………6大匙
柚子表皮碎末……………………半茶匙

▶作法

❶把味噌、糖和水放進小陶鍋中，以小火燉煮2到3分鐘，不斷攪拌直到濃稠，關火前加入柚子表皮碎末，待涼食用。
❷若希望色澤深一些，可燉煮久一點；若喜歡顏色淺一點，就用甜白味噌來取代紅味噌，並把糖的份量減少到1.5大匙。如果加1大匙的味醂，不必漫長的烹煮就可賦予味噌漂亮的色澤。
❸柚子表皮碎末可用1至2茶匙檸檬、萊姆或柳橙表皮碎末代替。

百變柚味噌

◆**微醺冬柚味噌：**這道味噌有著細緻的甘味，非常適合當作熟蔬菜或烤豆腐的淋醬。在傳統日本家庭客廳裡，會把一只大鐵壺擺在燒著炭火的火盆暖爐上，壺口放著一只小陶壺燉煮柚子。你可以在十二月或一月時選一顆熟透的黃柚子，洗淨後放進有蓋的小湯鍋中以水淹過，再把小鍋子放在雙層鍋裡燉煮到柚子融化。若無雙層鍋，可直接以小火燉煮並偶爾攪拌。柚子去子後拌入甜白味噌和一點糖，以小火燉煮並持續攪拌到濃稠。

新鮮花椒葉味噌

【圖105　柚子】

這道淋醬又稱作花椒味噌，翠綠的顏色加上清新的芬芳，最適合春季食用。每年四月初，花椒樹就會冒出嫩綠的新葉，此時很多人喜歡將新鮮花椒葉味噌淋在田樂豆腐、拌菜或是奶油炒蘑菇上，好好享受一番。

▶材料

不含樹枝的花椒葉……¼碗（約60片）
甜白味噌…………………………5大匙
蜂蜜……………………………1茶匙半
水…………………………………2大匙
日式醬油（可不加）………………1茶匙
味醂（可不加）…………………1茶匙半
花椒（可不加）………………………少許

▶作法

❶把葉子放到濾網上，用滾水淋過後瀝乾，再用研磨缽徹底磨碎葉子，或以刀子切成末。
❷把接下來的五種材料放入小鍋以小火燉煮2到3分鐘，不斷攪拌直到變濃稠，待涼食用。
❸亦可以把煮好的味噌、花椒以及花椒葉一起研磨過，然後攪拌均勻，即可享用。

百變花椒味噌

◆**翠玉味噌**：將 115 公克的菠菜嫩葉尖切末，以研磨缽磨成糊，接著加入一杯水，以指尖刷下塞在溝槽中的菜泥。準備一個小鍋子，上面擺一個網眼很細的篩子，把缽中的菜泥倒進篩子，用大湯匙背面把菜泥壓到鍋子中。在篩子上鋪一層布，再倒進鍋中的菜泥瀝乾，最後用小湯匙小心地從布上刮下翠綠的菜泥，就成了「青寄」。加 1 茶匙的青寄到花椒葉味噌裡拌勻，就能讓味噌變成非常雅緻的綠色。另一種較簡單的作法是把綠葉蔬菜汆燙瀝乾後，以指尖壓爛、用研磨缽磨過或用篩子過篩，即可與味噌混合。花椒葉多會和青寄搭配，賦予菜餚更艷麗的顏色，方法是混合青寄和味噌後再加入花椒葉拌勻。

【圖 106　花椒葉】

紫蘇味噌〔半碗〕

▶材料

奶油……………………………………1 大匙
紅味噌或麥味噌……………………3 大匙
蜂蜜……………………………………1 大匙
水………………………………………4 大匙
紅辣椒末……………………………¼ 茶匙
青紫蘇末……………………………¼碗

▶作法

❶把奶油放入鍋中融化，下接下來的四種材料，拌煮 3 到 5 分鐘到變濃稠。
❷加入紫蘇葉再煮 1 分鐘即可享用。
❸亦可用 ¾ 碗的紫蘇子代替紫蘇葉，先以奶油炒 1 分鐘，再加入其他材料。

醋味噌〔半碗〕

製作醋味噌通常不必烹煮，而且可淋在各式各樣的拌菜上。醋味噌只有在加熱或烹調之後，才算是甜醬味噌的一種。

▶材料

紅味噌或麥味噌……………………3 大匙
醋或檸檬汁…………………………3 大匙
蜂蜜……………………………………1 大匙

▶作法

❶把味噌放入小平底鍋燒到溫熱後關火，加入醋和蜂蜜拌勻即可。
❷食用前先冷卻，可以配熟的蔬菜和油炸食品，或當作拌菜的沾醬。
❸若要做點不同的變化，可依照上述作法，再加進甜白味噌、味醂、芥末、芝麻、核桃或花生等。

辣椒牛蒡味噌〔¾碗〕

東京知名的蕎麥麵館會在小木碟子上放一點這種味噌，讓客人配綠茶食用。

▶材料

油………………………………………1 茶匙
去皮的牛蒡末………………………6 大匙
紅味噌…………………………………2 大匙半
甜紅味噌……………………………2 大匙半

糖……………………………………2大匙
水或煮蕎麥麵的水…………………2大匙
紅辣椒末或塔巴斯哥辣醬…………少許

▶作法

❶牛蒡末泡水10分鐘後，瀝乾備用。
❷炒鍋燒熱入油，下牛蒡炒2、3分鐘，加入剩下的材料以小火攪拌燉煮5分鐘即可，待涼食用。
❸可用紅味噌或麥味噌代替，並把糖的份量再加1大匙半。

【圖107　牛蒡】

二、炒味噌

炒味噌源於中式料理的麻油炒蔬菜，是非常美味的淋醬，可搭配糙米飯或粥、生菜或熟蔬菜、冷豆腐或炸豆腐等；未食用的部份封好冷藏可保存一個星期。食譜中的油，用量的一半以上可用麻油代替，便能賦予菜色迷人的堅果味與香氣，也可試著使用其他蔬菜、堅果或水果。

原味炒味噌〔¼碗〕

▶材料

油或麻油…………………………1大匙半
紅味噌、麥味噌或八丁味噌……4大匙半

▶作法

❶炒鍋燒熱入油，下味噌以小火炒1分鐘，等味噌開始黏鍋即可。
❷待涼食用，搭配小黃瓜片非常美味。

蘑菇炒味噌〔半碗〕

▶材料

油…………………………………2大匙
蘑菇薄片…………………………10朵
紅味噌、麥味噌或八丁味噌………1大匙
蜂蜜………………………………1茶匙

▶作法

❶炒鍋燒熱入油，下蘑菇以中火炒1分鐘直到熟軟。
❷轉小火後加入味噌和蜂蜜，攪拌燉煮1分鐘，直到蘑菇均勻的裹上味噌即可，待涼食用。
❸若想來點不同口味，可用奶油取代一半的油，並加入¼碗的胡桃碎末以小火炒一炒。也可使用甜白味噌，並把蜂蜜減到半茶匙。

百變蔬菜炒味噌

以下各種食譜的作法基本上與蘑菇炒味噌一樣，使用1到2大匙的油、1到1大匙半的味噌，以及1到1茶匙半的蜂蜜。

◆**南瓜**：把1碗半的南瓜薄片以中火炒4到5分鐘直至熟軟，加入味噌和蜂蜜和1大匙的芝麻醬拌煮1分鐘。
◆**蕃薯**：1¼碗的蕃薯、山藥或馬鈴薯丁，以大火炒3到5分鐘直至熟軟。
◆**牛蒡**：將1碗半到2碗切火柴棒狀的牛蒡泡水瀝乾，以大火炒8到10分鐘直至熟軟，加入1條胡蘿蔔絲或末再炒5分鐘，直到兩種蔬菜都炒軟。
◆**香蕉**：以中火將2根切圓薄片的香蕉及半碗核桃或杏仁碎末炒軟，加入1大匙甜白味噌及半茶匙蜂蜜。若喜歡更濃的顏色和味道，可改用紅味噌或八丁味噌，並加入1茶匙半的蜂蜜。

酥脆鐵火味噌〔1碗半〕

這道味噌的漢字為「鐵」與「火」，因為傳統上這道調味料都在淺鐵鍋或大鐵鍋中燉煮很長的一段時間。鐵火味噌很適合拿來沾糙米飯、粥、飯糰及一般豆腐或油豆腐，也可作小菜單獨食用。在日本天然食品行或味噌零售店裡，可找到許多種鐵火味噌，但每個好廚師都有自己獨門的料理方式。酥脆鐵火味噌的特色在於不加甜味劑，一般以顆粒八丁味噌和削得很薄的牛蒡製作。此外，鐵火味噌也會用麻油炒個幾小時，做出乾爽顆粒的口感，許多種類甚至還含有烤黃豆。

在日本，這道料理的正式名稱是「根性鐵火味噌」，「根性」是指了不起的人所擁有的優點，能讓他們度過重重難關；聽說吃鐵火味噌有助於培養一個人的根性。據信鐵火味噌是在二次大戰時發明的，當時用來配便宜又營養的糙米飯，也不需要碾製白米的時間、精力和人力。今天仍有許多日本人認為鐵火味噌是最好、最高級的味噌，大家都非常珍惜其風味、香氣、能保久、多功能和具藥效（因此很適合當探病的禮物）的特性。在禪寺中，鐵火味噌常是每日膳食的佐料。

▶材料

麻油……………………………………3大匙
牛蒡末……………………………………半碗
胡蘿蔔末或泡開的昆布絲 ………6大匙
蓮藕末或整粒花生…………………¼碗
生薑末……………………………………茶匙
烤黃豆（可不加）……………………¼碗
八丁味噌、紅味噌或麥味噌………1碗
紅辣椒末（可不加）………………少許

▶作法

❶牛蒡洗淨去皮切末，泡冷水15分鐘後瀝乾備用。
❷炒鍋燒熱入油，下牛蒡以大火炒1分鐘。
❸轉中火並加入胡蘿蔔和蓮藕，炒2到3分鐘後拌入薑和味噌。若使用黃豆和紅辣椒，也於此時加入。
❹炒2分鐘後把火關小，以木匙不時攪拌20到30分鐘，直到味噌變成顆粒狀且相當乾燥即可。
❺待涼食用，未吃完的可裝在密封容器中冷藏保存。
❻若買不到烤黃豆，可將¼碗整顆黃豆洗淨泡水30分鐘後瀝乾，並以毛巾擦乾水份，再放入炒鍋中烘烤，直到變成棕色並出現斑點時，加入¼碗水以小火蒸煮15分鐘即可。

綿脆鐵火味噌〔2碗〕

▶材料

非精製的麻油 …………………3~4大匙
胡蘿蔔末………………………………¼碗
蓮藕末…………………………………¼碗
牛蒡末…………………………………¼碗
黑芝麻糊或芝麻醬……………………¼碗
薑末……………………………2茶匙半
顆粒八丁味噌…………………………1碗

▶作法

❶炒鍋燒熱入油，倒入之後五種材料炒5分鐘。
❷加入味噌攪拌均勻，把火關到很小並偶爾攪拌，繼續煮20到30分鐘，直到

味噌變成乾而微脆的口感。

橙皮鐵火味噌〔3碗半〕

▶材料

麻油……………………………………5大匙
香椿末…………………………………2碗
牛蒡末…………………………………2/3碗
蓮藕末…………………………………2/3碗
胡蘿蔔末或磨碎………………………2/3碗
紅味噌、麥味噌或八丁味噌…………1碗
水………………………………………1碗
薑末……………………………………1大匙
柳橙表皮碎末…………………………1茶匙

▶作法

❶炒鍋燒熱入油，依序下香椿、牛蒡、蓮藕和胡蘿蔔稍微炒過。
❷以水稀釋味噌後倒入炒鍋中，並加入薑和橙皮攪拌。
❸關小火蓋上鍋蓋燉煮30到40分鐘，偶爾攪拌直到味噌變硬。

香甜鐵火味噌〔1 1/4碗〕

最受歡迎的鐵火味噌，比酥脆鐵火味噌多加蜂蜜，且煮到均勻結實即可。

▶材料

油………………………………………1大匙
牛蒡片或絲……………………………2/3碗
胡蘿蔔細條……………………………半根
蓮藕小片………………………………1/3碗
八丁味噌、紅味噌或赤出味噌……1/3碗
蜂蜜……………………………………2大匙
水………………………………………1大匙
芝麻醬…………………………………2大匙
烤黃豆…………………………………1/4碗

▶作法

❶牛蒡去皮切成圓薄片或火柴棒大小，浸冷水15分鐘後瀝乾備用。
❷炒鍋燒熱入油，下牛蒡和胡蘿蔔以中大火炒3到4分鐘。
❸關小火，加入剩下四種材料炒3到4分鐘，再加入黃豆拌勻，即可關火起鍋，待涼後即是多功能調味料或沾醬。

胡蘿蔔辣炒味噌〔3/4碗〕

▶材料

麻油……………………………………3大匙
紅辣椒末或辣椒醬……………………1/4茶匙
胡蘿蔔末………………………………1根
薑末……………………………………1大匙
紅味噌、麥味噌或八丁味噌………1/4碗

▶作法

❶炒鍋燒熱入油，下辣椒炒15秒後，加入胡蘿蔔末和薑末炒1分鐘。
❷拌入味噌再炒6分鐘，即可關火起鍋，待涼食用。

香辣茄子炒味噌〔1碗半〕

▶材料

油………………………………………2大匙
帶皮茄子丁……………………………2碗
紅味噌、麥味噌或八丁味噌……3大匙

蜂蜜……………………………2 茶匙半
水……………………………………2 大匙
香椿末…………………………………⅔碗
紅辣椒粉或塔巴斯哥辣醬………¼ 茶匙

▶作法

❶熱鍋入油，小火炒茄子 3 到 4 分鐘。
❷加入味噌、蜂蜜、水和香椿末一起煮 2 到 3 分鐘，不時攪拌，以辣椒調味後再煮 1 分鐘。
❸若要做點變化，可用籤子插起當做開胃菜，冷熱食皆宜。

韓式辣炒味噌〔¾碗〕

▶材料

麻油…………………………………2 大匙
生薑末………………………………1 大匙
香椿末………………………………半碗
紅辣椒末或塔巴斯哥辣醬…………少許
紅味噌、麥味噌或八丁味噌……3 大匙
黃豆醬………………………………2 茶匙
水……………………………………1 大匙

▶作法

❶熱鍋入油，下薑末及辣醬炒 2 分鐘，加入味噌、黃豆醬與水煮滾後關火。
❷靜置放涼可搭配小黃瓜、芹菜或蕃茄片享用，也很適合拌麵或配油豆腐。

三、綜合味噌

綜合味噌簡單又美味，不需烹煮，作起來又快又容易。

綜合紅味噌淋醬〔¼碗〕

淋醬是最簡單的味噌食譜，而且很能靈活變化，可以隨心所欲加上你最喜愛的香草或香料。以下的各種綜合味噌都可以搭配飯、粥、一般豆腐或油豆腐、新鮮蔬菜片、麻糬、烘焙點心或是燒烤馬鈴薯享用，都非常美味。

▶材料

紅味噌、麥味噌或八丁味噌………¼ 碗
下列食材任選一種：
- 鹹梅干：剁碎的梅干 1 大匙半（約 10 顆），可隨喜好再加 2 大匙的海苔片。
- 山葵：磨碎的新鮮山葵或山葵醬 1 茶匙，可隨喜好加入 1 茶匙半的蜂蜜。
- 薑：生薑末 2 茶匙。
- 白蘿蔔：白蘿蔔末 4 至 6 大匙，可隨喜好加入 2 大匙的海苔片。
- 柑橘：檸檬、萊姆或柚子表皮碎末 1 至 2 茶匙。
- 香料：蒔蘿、馬鬱蘭、奧勒岡、百里香、羅勒或龍艾半茶匙至 1 茶匙。
- 芥末：辣芥末 1 茶匙加上味醂 2 大匙。
- 檸檬：檸檬汁、萊姆汁或醋 2 大匙半。
- 芝麻：芝麻醬或堅果醬 1 大匙半，可隨喜好加入 1 大匙半的蜂蜜。
- 芝麻起司柑橘：芝麻醬及起司碎末 1 大匙，加上檸檬表皮碎末¼ 茶匙；可裝在半個空檸檬皮裡食用。

▶作法

❶將味噌與所選擇的材料拌勻即可。
❷未食用完畢的部分，可加蓋放入冰箱冷藏保存。

【圖 108　奧勒岡】

綜合白味噌淋醬〔¼碗〕

▶材料

甜白味噌……………………………………¼碗
蜂蜜…………………………………………1 茶匙
以下佐料任選一種（可不加）：
●檸檬皮碎末¼茶匙及檸檬汁 1 茶匙
●青紫蘇葉碎末 1 大匙及水半茶匙
●起司及巴西利各 1 大匙及水 1 茶匙

▶作法

把所有材料混合拌勻，可以搭配小黃瓜片、蕃茄片、餅乾、蘋果片或香蕉片食用，非常美味。

自製赤出味噌〔¼碗〕

▶材料

八丁味噌…………………………………2 大匙
紅味噌或淡黃味噌………………………2 大匙
蜂蜜或水麥芽糖…………………………1 大匙
日式醬油…………………………………1 茶匙

▶作法

❶把所有材料加在一起拌勻即可。
❷若喜歡較滑順的質地，可以用篩子篩過。

起司味噌〔¼碗〕

這個淋醬可灑在燒烤的馬鈴薯上或塞入其中當做餡料，也可以搭配小黃瓜片、酥塔點心、麻糬、糙米飯或油豆腐。

▶材料

磨碎的硬起司或帕瑪起司………………¼碗
紅味噌、麥味噌或八丁味噌……1 大匙
奶油（可不加）……………………1 大匙
胡椒（可不加）……………………少許

▶作法

❶混合起司和味噌，可隨喜好加入奶油和辣醬，輕輕攪拌，讓碎起司保有原來的質地。
❷辣醬可自由變化為香椿末 2 茶匙

自製甜麵醬〔半碗〕

許多日本的中餐廳常用這道食譜做類似甜麵醬的醬料，不過味道更甜且質地更軟。它可加入許多種醬料中，也很適合搭配油炸食品或麵餅捲等菜餚。

▶材料

八丁味噌……………………………………¼碗
麻油………………………………………1 茶匙半
植物油……………………………………半茶匙
水…………………………………………¾茶匙
日式醬油…………………………………1 茶匙
蜂蜜………………………………………1 大匙半
水…………………………………………2 大匙

▶作法

❶把所有材料加在一起拌勻即可。

❷未食用完的部份可以密封罐冷藏保存。

素烤醬〔3/8碗〕

▶材料

自製甜麵醬……………………………1/4碗
麻油…………………………………1茶匙
蜂蜜………………………………1茶匙半
味醂…………………………………1茶匙

▶作法

把所有材料加在一起拌勻即可。

自製韓式辣椒味噌〔3/8碗〕

▶材料

八丁味噌或紅味噌……………………1/4碗
紅辣椒粉或塔巴斯哥辣醬………半茶匙
醬油…………………………………1大匙
蜂蜜…………………………………1大匙
麻油…………………………………1茶匙

▶作法

把所有材料加在一起拌勻即可，最適合搭配韓式拌飯。

四、烤味噌

味噌經火烤後，會散發出迷人的香氣與風味，在日本多以柳杉或日本杉當做烤板，更添雅緻清香。烤味噌能搭配熱騰騰的米飯、粥、一般豆腐油豆腐、酥塔點心、燒烤馬鈴薯或小黃瓜片食用，讓最簡單的菜色躍升成一道珍饈，此外，還可作為小菜，或在夏天時加入冷湯中享用。

香烤味噌〔1人份〕

▶材料

下列食材任選一種，用量為1~2茶匙：

- ●顆粒天然八丁味噌、麥味噌或紅味噌。
- ●任何深色甜醬味噌。
- ●各式綜合味噌，以含有海苔片的為佳。
- ●起司味噌

▶作法

❶若用瓦斯爐、炭爐或炭火堆來燒烤，可在薄杉木烤板、陶碗蓋、大木匙、金屬鍋鏟或湯匙的凹面，抹上一層約0.3公分厚的味噌（圖109）。

❷用手或夾子拿住抹好的味噌，在離火3到5公分處來回慢慢揮動15到30秒，

【圖109　烤味噌】

每5秒要檢查一下，烤到味噌散發出香味並稍微起斑。

❸如果是用杯蓋或碗蓋烤味噌，則把蓋子放到同一組的杯或碗上，以保持味噌的香氣。假使是用木板、鏟子或湯匙，就把味噌刮進淺淺的小碟子中，然後趁熱食用。

❹若使用烤箱，則把味噌抹在鋁箔紙或脆餅酥塔、塗了奶油的餅乾或吐司、切成薄片的煮馬鈴薯、油豆腐或茄子上，燒烤與食用方式同上。

百變香烤味噌

◆**串烤味噌：**把味噌捏成直徑4公分的丸子，可加入海苔碎片或起司碎末讓質地更硬些。用籤子、筷子或叉子串起來，放在爐火上燒烤。

◆**烤柑橘味噌：**製作柚子味噌，把它們緊緊塞進半個挖空的柚子中，在炭火上慢慢烤出香氣。

◆**藥膳烤味噌湯：**這道湯品是日本治療感冒發燒的民俗療法，混合烤紅味噌和1大匙切細末的香椿，一次一點加入半碗沸水，直到湯變滑順，然後趁熱食用。

木蘭葉味噌〔2人份〕

這道味噌是鋪在野生木蘭樹的大橢圓葉上，一片木蘭葉的長度通常超過40公分，乾燥後會散發出怡人芳香，燒烤後香氣會滲透到味噌裡，這在日本岐阜山區的村莊很普遍：那兒的餐廳常在桌上擺個小炭爐來烹調，而農舍則會在客廳央暖爐中快熄滅的炭火上烤，而燒木頭的香氣，正是味噌美味的秘訣（圖110）。

▶材料

乾木蘭葉……1大張
紅味噌、麥味噌或八丁味噌……2~3大匙
白蘿蔔末……2~4大匙
香椿細絲……1大匙
新鮮蘑菇薄片……4朵
時令野菜細絲或堅果（可不加）…適量
油（可不加）……1茶匙

▶作法

❶葉子的凹面朝上，放在點燃的炭爐或烤架上，把所有材料放到葉子中央燒烤。

❷偶爾用筷子把材料翻面，大約烤個5、6分鐘，直到味噌開始冒煙。

❸燒烤時，可從葉子上先取下已熱好的味噌蔬菜料，拿來沾糙米、飯糰、小黃瓜片或茶泡飯，亦可光吃少量的味噌，當做配飲料的開胃菜。

❹較簡易的作法是用鋁箔紙取代木蘭葉，並用烤箱來烤。日本有些地方還會以七葉樹的乾葉子來代替木蘭葉。

款冬芽味噌〔1 ¼碗〕

款冬花是一種可以吃的野生山菜，當它的嫩芽從冰凍的土地冒出時，就是春天即將到來的信號。款冬花成熟的莖本身就是道佳餚，而根部靠近地面的嫩芽也可入

【圖110　木蘭葉味噌】

菜，它獨特的微微苦味加上舒服的香氣，讓這道菜大受歡迎。

▶材料

紅味噌或麥味噌……………………………半碗
核桃末或芝麻醬……………………………¼碗
蜂蜜或味醂（可不加）…………1大匙半
款冬芽…………………………………5個

▶作法

❶把前三種或二種材料加在一起拌勻，並分成兩等份。
❷把款冬芽的外皮小心取下保存後，切碎款冬芽，加入其中一份味噌中混勻，然後依烤味噌的作法來料理。
❸如果喜歡比較甘醇的風味，可以把這個帶有嫩芽的味噌放在涼爽的地方，靜置十天後再燒烤。
❹將第二份味噌混合料分成五份，捏成小球，每個都用款冬的外皮包好，放到預熱過的蒸籠中蒸15分鐘後，置於涼爽乾燥處靜置六個月。
❺把外皮剝掉丟棄，把味噌切成小圓片，可當做開胃菜、加入味噌湯，或者當作茶泡飯和糙米飯的沾料。

五、柚餅仔味噌

「柚餅仔」這個字源於中文，第一個字指柚子，第二個字表示甜點，尤指麻糬，而第三個字指孩子。日本農家會在天氣冷的月份裡製作柚餅仔，特別是過年前，他們將味噌餡塞滿半個柚子（或檸檬）皮中蒸過，放到陰涼處風乾。味噌和柑橘的香氣會彼此滲透，最後的成品會變硬，可切成圓薄片。柚餅仔主要有兩種，一種較少見，裡面含有麻糬，味道甜而清爽，不帶辛味，很適合拿來當開胃菜或點心；另一種則多含味噌，常用來當沾醬，亦可切成很薄的薄片作開胃菜。

柚餅仔味噌淋醬〔半碗〕

▶材料

紅味噌、麥味噌或八丁味噌………半碗
海苔或起司碎末……………………2大匙
芝麻醬或核桃末……………………2大匙
柚子或檸檬…………………………2大個

【圖111　柚餅仔味噌】

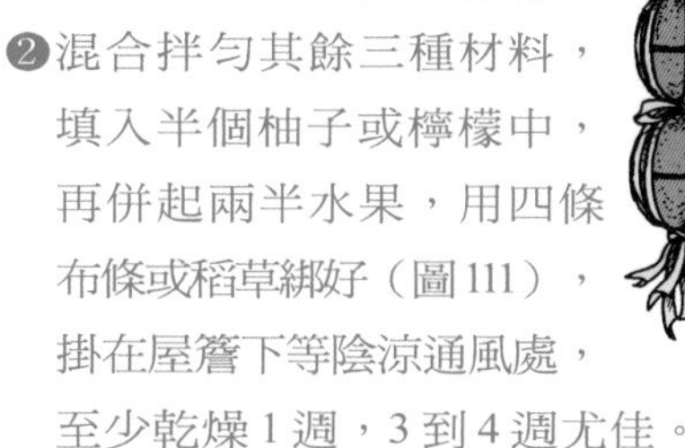

▶作法

❶將柚子或檸檬洗淨，對切兩半，挖出果肉並保存。
❷混合拌勻其餘三種材料，填入半個柚子或檸檬中，再併起兩半水果，用四條布條或稻草綁好（圖111），掛在屋簷下等陰涼通風處，至少乾燥1週，3到4週尤佳。
❸可把做好的柚餅仔橫向切成0.6公分圓片，或是把味噌餡挖出來，搭配穀類或豆腐類菜餚、小黃瓜片、蕃茄片、蘋果、餅乾或酥塔點心等享用。

百變柚餅仔

◆**快製柚餅仔：**在上述材料中加入半茶匙的柚子或檸檬皮，省略蒸的手續，把填好味噌餡的柑橘類水果以保鮮膜包好，冷藏一兩天即可。食用時把香噴噴的味噌挖出來，果皮則丟掉。

沾料、抹醬與開胃菜

這部份的食譜常用到堅果醬和乳製品，相當符合西方人的口味，也很能展現味噌好吃又好用的特性。

一、味噌沾醬

味噌奶油起司調味醬〔¾碗〕

這道醬料可搭配餅乾、薯條、生鮮蔬菜片、芹菜條或蘋果片食用，亦可當做三明治或酥塔點心的抹醬享用。

►材料

奶油起司……………………………110g
紅味噌或麥味噌……………………2茶匙
軟化的奶油…………………………1大匙
磨碎的起司…………………………¼碗
水……………………………………2茶匙

►作法

❶用2至3大匙的溫水軟化奶油起司。
❷混合所有材料徹底拌勻，裝到密封罐中冷藏5到7天，風味最佳。

百變味噌奶油起司醬

◆**辛味**：起司碎末2大匙，香椿碎末1茶匙，美乃滋4茶匙。
◆**咖哩**：咖哩粉半茶匙。
◆**芝麻**：芝麻醬1大匙半，塔巴斯哥辣醬或紅辣椒少許。
◆**檸檬**：用2至3茶匙的檸檬汁加1大匙溫水來軟化奶油起司，檸檬皮半茶匙，美乃滋3大匙，巴西利末1大匙，胡椒少許。

酪梨味噌沙拉醬〔1碗〕

►材料

成熟酪梨……………………………1個
蕃茄丁………………………………¼個
檸檬汁………………………………2茶匙
紅味噌或麥味噌……………………1大匙半
芝麻醬（可不加）…………………2大匙
辣椒粉或塔巴斯哥辣醬……………¼茶匙
巴西利末……………………………1~2大匙

►作法

❶酪梨洗淨後去皮去子，與接下來的五種材料混合，並以叉子搗碎，使之均勻滑順。

❷灑上巴西利，密封冷藏 1 小時以上，風味會更佳，可以當作沾醬、抹醬或沙拉醬。

辛口芝麻味噌沾醬〔1碗〕

▶材料

紅味噌、麥味噌或八丁味噌⋯⋯⋯2茶匙
芝麻醬⋯⋯⋯⋯⋯⋯⋯⋯⋯⋯⋯⋯⋯半碗
檸檬汁⋯⋯⋯⋯⋯⋯⋯⋯⋯⋯⋯⋯⋯¼碗
水⋯⋯⋯⋯⋯⋯⋯⋯⋯⋯⋯⋯⋯⋯⋯¼碗

▶作法

❶混合拌勻所有材料，若要甜一點，可加 2 茶匙蜂蜜。
❷如果要做成調味醬，再多加¼碗水。

二、味噌抹醬

味噌可以搭配堅果醬或乳品、酪梨泥或奶油、高蛋白的豆腐或熟大豆。只要是你喜歡的三明治夾心餡，都可以加上味噌讓它的口感更為豐富；當味噌抹醬稍加稀釋後，就是絕佳的淋汁；如果以熱高湯或一般湯汁乳化，則更是令人食指大動的醬料。

味噌抹醬〔1碗半〕

這道抹醬的風味與口感很類似鵝肝醬，它包含了小麥、芝麻醬和味噌，蛋白質非常豐富，可作為脆餅、小塔點心或麵包的抹醬。

▶材料

乾的全麥麵包碎塊⋯⋯⋯⋯⋯⋯⋯⋯2碗
水或高湯⋯⋯⋯⋯⋯⋯⋯⋯⋯⋯⋯⋯半碗
芝麻醬⋯⋯⋯⋯⋯⋯⋯⋯⋯⋯⋯⋯⋯半碗
紅味噌、麥味噌或八丁味噌⋯⋯1大匙半
香椿末⋯⋯⋯⋯⋯⋯⋯⋯⋯⋯⋯⋯小半碗
麻油⋯⋯⋯⋯⋯⋯⋯⋯⋯⋯⋯⋯⋯1大匙
巴西利末⋯⋯⋯⋯⋯⋯⋯⋯⋯⋯⋯⋯¼碗
百里香、迷迭香和鼠尾草⋯⋯⋯⋯少許

▶作法

❶麵包加水，以手指壓成泥狀，加進其餘所有材料混合，靜置 1 小時以上，若能放一整天更好。
❷若喜歡質地硬一點，可放到長型烤盤中以176℃烤1到1個半小時，直到表面呈漂亮的棕色。

豆腐味噌抹醬〔1 ¾碗〕

▶材料

豆腐⋯⋯⋯⋯⋯⋯⋯⋯⋯⋯⋯⋯⋯⋯2 塊
紅味噌、麥味噌或八丁味噌⋯⋯⋯5茶匙
芝麻醬⋯⋯⋯⋯⋯⋯⋯⋯⋯⋯⋯⋯⋯¼碗
巴西利末⋯⋯⋯⋯⋯⋯⋯⋯⋯⋯⋯3大匙
蒔蘿子末⋯⋯⋯⋯⋯⋯⋯⋯⋯⋯⋯1大匙
香椿末⋯⋯⋯⋯⋯⋯⋯⋯⋯⋯⋯⋯2大匙
肉豆蔻⋯⋯⋯⋯⋯⋯⋯⋯⋯⋯⋯⋯¼茶匙

▶作法

❶先將豆腐輕輕壓過，擠出水份，加入其餘所有材料混勻，然後再放到長型烤盤中。
❷烤箱預熱到 176℃，將抹醬送入烤 15 到 20 分鐘，直到呈微棕色，可以當做抹醬，不烤也很好吃。

味噌芝麻酪梨抹醬〔¾碗〕

▶材料

紅味噌、麥味噌或八丁味噌……2 茶匙
芝麻醬……6 大匙
酪梨……半個
蕃茄碎丁……¼個
香椿碎末……1 大匙
檸檬汁……1 大匙
巴西利末……1 大匙

▶作法

❶酪梨去皮去子，加入巴西利之外的所有材料，壓成均勻的泥狀，灑上巴西利即可享用。
❷巴西利也可以改為¼碗的苜宿芽。

味噌黃豆堅果抹醬〔半碗〕

這道抹醬嚐起來像芝麻醬，也像花生醬，不過較便宜，蛋白質卻比較高，可搭配餅乾、小塔點心或新鮮蔬菜片，都非常好吃。

▶材料

油或奶油……2 大匙半
烘烤過的黃豆粉……半碗
紅味噌、麥味噌或八丁味噌……1 茶匙
蜂蜜……1 大匙
水……1~2 大匙

▶作法

炒鍋入油燒熱後關火，把所有材料加進鍋中攪拌到均勻滑順。

甜花生味噌抹醬〔¾碗〕

▶材料

花生醬……¼碗
紅味噌、麥味噌或八丁味噌……1 大匙
蜂蜜……1 大匙
蘋果丁……¼碗
葵瓜子或其他堅果碎末……2 大匙
葡萄乾……2 大匙
清酒或白酒（可不加）……1 茶匙

▶作法

❶把所有材料混合拌勻，搭配塗上奶油的全麥麵包食用。
❷若想有些變化，可以去掉葡萄乾、葵瓜子和蘋果，改用 4 茶匙的味噌，搭配萵苣、小黃瓜、蕃茄、芽菜和乳酪，做成蔬菜三明治。
❸如果喜歡酸一點的話，可以加 2 大匙半的醋。

甜芝麻味噌抹醬〔半碗〕

▶材料

芝麻醬……¼碗

紅味噌、麥味噌或八丁味噌……2~4 茶匙
蜂蜜……1~2 大匙
肉桂辣椒粉或塔巴斯哥辣醬……少許
水……1~1 大匙半

▶作法

❶把所有材料混合攪拌均勻，可以搭配麵包、吐司或油豆腐，也可以當作田樂的沾料。
❷若想來點變化，可以加半茶匙磨碎的檸檬或柚子皮，更增風味。

辛口黃豆芝麻抹醬〔1碗半〕

▶材料

黃豆……1 碗
芝麻醬……⅓碗
紅味噌、麥味噌或八丁味噌……1 大匙半
檸檬汁……2 大匙
香椿末……小半碗
蜂蜜……1 大匙
胡椒……少許

▶作法

❶將黃豆煮熟瀝乾並壓成泥，加入其餘材料拌勻，壓成均勻的泥狀。
❷食用前先靜置 8 小時，若想達到最佳風味，就放 24 小時。

百變豆類味噌抹醬

◆**豐盛顆粒抹醬**：把檸檬汁和香椿改為幾大匙的葵瓜子、葡萄乾和蘋果丁，以及半茶匙的碎柳橙皮。
◆**埃及豆或四季豆抹醬**：用等量的其他豆類來代替黃豆。
◆**扁豆味噌抹醬**：扁豆的烹調方式和扁豆味噌濃湯一樣，如果喜歡更滑順的口感，可以把扁豆打成糊，在每一

杯扁豆糊加上 2 茶匙的紅味噌、一撮肉豆蔻及巴西利末。亦可加入芝麻醬或碎烤芝麻，全部拌勻後冷藏使之濃稠，可搭配塗奶油的全麥麵包或吐司食用。
◆**紅豆味噌抹醬**：做法同紅豆蔬菜味噌湯，但只要用 2 杯半的水。可搭配印度麵餅或當作三明治抹醬。

三、味噌三明治

味噌烤起司三明治〔4人份〕

▶材料

味噌醬料：
紅味噌或麥味噌……1 茶匙半
香椿末……¼茶匙
融化的奶油……¼碗
檸檬表皮碎末（可不加）……半茶匙
法國麵包或酵母麵包……4 大片
帕瑪起司碎末……半碗
巴西利末……4 茶匙

▶作法

❶把味噌醬料混勻，刷在麵包表面上，再灑上起司和巴西利。
❷送入烤爐或烤箱，以中火把麵包表面烤成漂亮的棕色。
❸亦可把蕃茄或油豆腐片放到麵包上，

再灑起司。或把奶油軟化後與醬料的其他食材混合，再放到小塔上食用。

烤起司蕃茄三明治〔5份〕

▶材料

帕瑪起司碎末……………………………半碗
紅味噌、麥味噌或八丁味噌………1大匙
香椿末……………………………………1大匙
巴西利末…………………………………1大匙
全穀類麵包………………………………5片
蕃茄圓片…………………………………2顆

▶作法

❶把前四種材料混勻塗到麵包上，再放上蕃茄片。
❷送入烤箱以中火烤4到5分鐘，直到散發香味，並呈現漂亮的棕色，趁熱享用。

煎蛋三明治配炸豆腐味噌〔1份〕

▶材料

奶油………………………………………4茶匙
油豆腐細條 ……………………… 70～85g
蛋…………………………………………1個
紅味噌、麥味噌或八丁味噌……1茶匙
蕃茄醬（可不加）………………… 1茶匙半
全麥吐司…………………………………1大片

▶作法

❶把3茶匙奶油入鍋融化，鍋底舖上一層豆腐細條，在上面打個蛋。
❷蓋上鍋蓋把蛋煎硬，然後以胡椒調味，再加蓋關火。
❸混合剩下的1茶匙奶油與味噌，可隨喜好加入蕃茄醬，拌勻後塗到吐司的表面，再放上豆腐煎蛋，蛋黃面朝上，立即食用。
❹如果要讓顏色與滋味更豐富，可灑上巴西利末與碎起司。

四、味噌開胃菜

味噌堅果〔3～4人份〕

▶材料

無鹽核桃、腰果或杏仁………………半碗
紅味噌或麥味噌………………… 1茶匙半

▶作法

❶炒鍋燒熱，下堅果以中火乾烤3到4分鐘，偶爾攪拌。
❷用3大匙水溶解味噌，加入堅果中再炒30秒，直到水分收乾。注意不要過分烹調，否則可能會燒焦味噌。
❸放涼後再食用；如果希望口感更脆一點，可用烤箱以中溫烘烤20分鐘，直到散發出香氣。

蘑菇佐味噌滷汁〔2～4人份〕

▶材料

紅味噌、麥味噌或八丁味噌……… 1大匙
米醋……………………………………2~3大匙
蜂蜜……………………………………1茶匙半
芝麻醬（可不加）……………………1大匙
蘑菇或香菇……………………………20朵

▶作法

❶磨菇洗淨瀝乾，在平底鍋將兩面都小火烤1分鐘，直到出現斑點並散發香氣。

❷將前四種材料放入鍋中攪拌到均勻滑順，加入磨菇滷30分鐘即可。

❸可以用籤子叉起磨菇食用，也可以把磨菇堆在萵苣葉上淋上滷汁享用。

味噌塔〔30份〕

▶材料

全麥麵包或土司⋯⋯⋯⋯⋯⋯⋯⋯7~10片

抹醬：甜醬味噌⋯⋯⋯⋯⋯約2~3大匙

嘗味噌⋯⋯⋯⋯⋯⋯⋯約2~3大匙

甜白味噌⋯⋯⋯⋯⋯約2~3大匙

起司味噌⋯⋯⋯⋯⋯約2~3大匙

蔬菜：小黃瓜橢圓薄片⋯⋯⋯⋯⋯半條

切成四等份的青椒⋯⋯⋯⋯1個

切薄片的水煮蛋⋯⋯⋯⋯⋯1顆

蕃茄薄片⋯⋯⋯⋯⋯⋯⋯⋯1顆

胡蘿蔔橢圓薄片⋯⋯⋯⋯⋯半根

汆燙豌豆（可不加）⋯⋯⋯⋯8片

煮熟的馬鈴薯薄片⋯⋯⋯小型1顆

▶作法

❶將麵包或土司切成長寬5公分的正方形。

❷在把麵包片上輕劃出四個區塊，分別抹上四種抹醬。

❸蔬菜可分別放到麵包上，也可混合後再一起放上去。若喜歡的話，可用籤子叉起每個小塔，盛裝在大盤子中上桌。

百變味噌塔

◆**味噌油豆腐：**把油豆腐切片或切一口大小，很快地烤過，讓上面起斑點並散發香氣，再放上上述任何一種抹醬與蔬菜，用小籤子插起食用。也可以把這些材料裝進油豆腐袋包起來，每三到四個用籤子插起，並橫切成小圓柱。

蕃茄小點佐芝麻味噌〔8~12人份〕

▶材料

芝麻醬⋯⋯⋯⋯⋯⋯⋯⋯⋯⋯⋯⋯¼碗

紅味噌、麥味噌或八丁味噌⋯⋯⋯2茶匙

美乃滋⋯⋯⋯⋯⋯⋯⋯⋯⋯⋯⋯2大匙

蜂蜜⋯⋯⋯⋯⋯⋯⋯⋯⋯⋯⋯⋯半茶匙

水（可不加）⋯⋯⋯⋯⋯⋯⋯1~2茶匙

蕃茄⋯⋯⋯⋯⋯⋯⋯⋯⋯⋯⋯⋯3個

▶作法

❶把前五種材料加在一起混合均勻。

❷將蕃茄切成1公分厚的圓片，放到大盤子上，每片上面都放一小團芝麻味噌即可，亦可作為三明治抹醬。

❸蕃茄可換成其他新鮮蔬菜切片或小塔點心。

新鮮小黃瓜片醪味噌〔2人份〕

日本有一道很受歡迎的開胃菜叫「小黃瓜醪味噌」，是把新鮮小黃瓜斜切成橢圓薄片，其中一面抹上醪味噌、嘗味噌或甜醬味噌。

▶材料

油⋯⋯⋯⋯⋯⋯⋯⋯⋯⋯⋯⋯⋯1大匙

香椿末⋯⋯⋯⋯⋯⋯⋯⋯⋯⋯⋯1大匙

紅味噌、麥味噌或八丁味噌……1大匙
薑末……1大匙
蘑菇或香菇薄片……1朵
小黃瓜斜薄片……大型1條

▶作法

❶炒鍋燒熱入油，把接下來四種材料倒入，以小火拌炒3到4分鐘。
❷放涼後塗抹在小黃瓜片上享用。

壺底味噌小點心〔4人份〕

▶材料

水煮蛋……2個
小黃瓜……1條
蕃茄……小型1個
炸豆腐塊或豆腐餅……2塊
壺底味噌……2大匙

▶作法

❶蛋去殼縱切兩半，小黃瓜切斜長薄片，蕃茄切1公分厚圓片，豆腐切成一口大小，全部放在上菜用的盤子上
❷灑上壺底味噌即可享用。

芹菜味噌開胃小點

芹菜莖與大多數的味噌都很對味。

▶材料

芹菜莖……6大條
●花生醬味噌：
花生醬……2大匙
紅味噌或八丁味噌……2~3茶匙
香椿末……1茶匙
●奶油起司芝麻甜味噌：
奶油起司……2大匙
甜白味噌……2大匙半
日式醬油……半茶匙
芝麻醬……1大匙
●奶油起司檸檬味噌
奶油起司……2大匙
紅味噌或八丁味噌……1大匙
檸檬汁……1茶匙
美乃滋……2大匙

▶作法

❶先將三種味噌餡料分別混合拌勻至滑順，然後填進芹菜莖，再把芹菜莖切成5公分長。
❷可隨喜好灑上辣椒粉，當作小菜享用。

奶油味噌蓮藕〔12片〕

▶材料

直徑5公分的蓮藕……1根
奶油起司……30g
紅味噌、麥味噌或八丁味噌……1茶匙
香椿末……1茶匙
巴西利末……半茶匙
咖哩粉……1/8茶匙

▶作法

❶蓮藕去皮切除兩端，露出中間的空心管，再切成5公分長，放入足以蓋過蓮藕的滾水中燉煮15到20分鐘，熟軟後撈起瀝乾，放涼備用。
❷把其餘材料混合均勻，用手或小湯匙把混好的餡料塞進蓮藕的空心中，再把蓮藕段切成六小片，每面都抹上剩餘的醬料，放冷享用。
❸如果要做點變化，可以用一個水煮蛋壓成泥來取代奶油起司；或者可以省略咖哩粉，並加入少許胡椒和2茶匙美乃滋。

紫蘇味噌捲〔2人份〕

這道料理在日本很有名，市面上也買得到用鹽漬紅紫蘇葉所製作的紫蘇捲，其味道和口感都比較溫和，至於餡料，也可以用花生醬味噌來替代。

▶材料

甜白味噌⋯⋯⋯⋯⋯⋯⋯⋯1大匙半
芝麻醬⋯⋯⋯⋯⋯⋯⋯⋯⋯1大匙半
蜂蜜⋯⋯⋯⋯⋯⋯⋯⋯⋯⋯⋯半茶匙
青紫蘇葉⋯⋯⋯⋯⋯⋯⋯⋯⋯⋯6片

▶作法

❶把前三種材料混勻並分成六等份。
❷把每一份醬料放到每片紫蘇葉一端的中央，用力捲起葉片把味噌芝麻餡包成圓柱即可。
❸也可以隨喜好用牙籤串起一串，放在大盤子上食用。

味噌麻花〔約40個〕

這道點心是用不甜的派皮所製成，帶有淡淡的鹹味，食用方式和洋芋片一樣，也可以搭配甜的水果和點心。

▶材料

紅味噌、麥味噌或八丁味噌⋯⋯3 大匙
水⋯⋯⋯⋯⋯⋯⋯⋯⋯⋯⋯⋯6大匙
冰過的奶油⋯⋯⋯⋯⋯⋯⋯⋯⋯140g
麵粉⋯⋯⋯⋯⋯⋯⋯⋯⋯⋯約2 ¼碗
蛋黃⋯⋯⋯⋯⋯⋯⋯⋯⋯⋯⋯⋯1個

▶作法

❶把味噌和水混合拌勻，將奶油及兩碗麵粉放入大盆，以拌匙拌切直到奶油變成豆子般大小，即可輕輕地拌入稀釋的味噌，做成濕麵糰，用微濕的毛巾把麵糰包好，冷藏約1個小時。
❷取出冷麵糰擀薄，折成三層，輕輕灑上麵粉，再重覆之前的步驟四次，做出一個可呈現十二層的麵糰，然後捲成厚0.6公分、寬7.5公分的長條。
❸把麵糰扭捲一兩圈後，刷上蛋黃，放到稍微抹油的烤盤中，入烤箱以200℃烤4分鐘，然後把溫度調到150℃再烤8到10分鐘，直到麵糰變成漂亮的棕色即可。
❹如果要做點變化，可以用碎起司取代一半的味噌，或在最後一次折疊時，灑上¼碗的碎核桃。

沙拉醬與各式拌醬

滑順的酸奶油淋醬、愛不釋口的堅果沙拉醬、微酸的法式或柳橙醬汁、濃郁的豆腐或優格沙拉醬……，味噌可為各式沙拉醬的美味加分，還可讓你的脂肪攝取量降到最低。

一、西式醬汁

浮雲味噌沙拉醬〔約1碗〕

這是我們最愛的一種沙拉醬，它巧妙地結合了味噌與麻油，帶來無窮的美味，它和所有的青菜沙拉都很對味，尤其是大白菜，蕃茄、豆腐或油豆腐，配青花菜也很美味。

▶材料

蔬菜油……………………………6大匙
麻油………………………………¼茶匙
醋或檸檬汁………………………2大匙
紅味噌、麥味噌或八丁味噌…… 2大匙
水…………………………………¼碗
薑粉………………………………少許
乾芥末……………………………少許

▶作法

❶把所有材料混合拌勻即可。
❷你亦可以用它來醃辣青豆或是朝鮮薊菜心，醃一晚後瀝乾，放到萵苣葉上，冷食即可。

檸檬芥末味噌沙拉醬〔半碗〕

這道沙拉醬搭配一小顆撕好的奶油萵苣葉和六片鮮香菇享用，會非常美味。

▶材料

紅味噌、麥味噌或八丁味噌………3大匙
油…………………………………2大匙
檸檬汁……………………………1大匙
檸檬皮……………………………⅛茶匙
辣芥末……………………………半茶匙
蜂蜜………………………………1茶匙半

▶作法

混合拌勻所有材料即可。

奶油起司味噌美乃滋〔半碗〕

這道沙拉醬特別適合搭配蘆筍、花椰菜、青花菜或者朝鮮薊菜心沙拉。

▶材料

美乃滋……………………………¼碗
紅味噌或麥味噌…………………1 大匙
檸檬汁……………………………2 大匙
軟化的奶油起司…………………1 大匙半
芝麻醬或花生醬…………………1 大匙

▶作法

把所有材料混合拌勻即可。

芝麻白味噌沙拉醬〔⅜碗〕

▶材料

甜白味噌…………………………2 大匙
芝麻醬……………………………2 大匙
味醂或水…………………………2 茶匙
蜂蜜………………………………半茶匙
日式醬油…………………………1 茶匙

▶作法

把所有材料混合拌勻，可搭配汆燙波菜（450 公克）或 1 份蘋果葡萄乾沙拉。

法式味噌沙拉醬〔⅜碗〕

味噌的鹹味比鹽要來得溫和，可取代許多傳統菜色的所使用的調味鹽，在享受到味噌細緻的風味之餘，還能減少用油比例。喜歡吃沙拉醬又需要注意脂肪攝取量的人，味噌沙拉醬絕對是不二之選。

▶材料

油…………………………………4 大匙
檸檬汁或醋………………………2 大匙
紅味噌或麥味噌…………………2～3 茶匙
巴西利末…………………………1 茶匙
蒔蘿或葛縷子……………………半茶匙
胡椒………………………………少許

▶作法

❶把所有材料混合拌勻，淋到沙拉上即可享用。
❷亦可用任一種甜醬味噌（1 大匙半）或 2 大匙的甜白味噌取代紅味噌。
❸若喜歡辛辣的口味，可以加少許的乾芥末或薑；如果喜歡豐富的口感，可以加少量你最喜歡的香草、辣椒醬或印度酸甜醬。

【圖 112　巴西利】

酸辣法式味噌沙拉醬〔¾碗〕

▶材料

油…………………………………4 大匙
紅味噌、麥味噌或八丁味噌……3 大匙半
醋…………………………………3 大匙半
檸檬汁……………………………2 大匙半
辣芥末……………………………¾茶匙
胡椒………………………………少許

▶作法

❶把所有材料混合拌勻，吃的時候加一點點在沙拉上即可。
❷搭配萵苣、豆薯、小黃瓜與油豆腐沙拉都非常美味。

薑醋味噌沙拉醬〔1/3碗〕

▶材料

紅味噌、麥味噌或八丁味噌………2大匙
醋………………………………………2大匙
油（麻油）……………………………2茶匙
薑汁……………………………………1大匙
塔巴斯哥辣醬…………………………少許

▶作法

❶把所有材料混合拌勻即可。
❷可搭配新鮮蕃茄與小黃瓜片，也可以淋到汆燙過的芽菜、或是海帶芽與油豆腐上，都非常好吃。

濃稠豆腐味噌沙拉與沾醬〔約1碗〕

這是利用沙拉、開胃菜和三明治把豆腐和味噌同時融入日常飲食的絕妙方法，這些菜色做起來又快又簡單，並可發揮無窮的創意。每種都有濃郁的口感和豐富的滋味，脂肪和熱量卻很低，是愛吃沙拉醬又不喜歡油膩的人的最棒的選擇。

▶材料

豆腐……………………………………1塊
檸檬汁或醋……………………………2大匙
油………………………………………2大匙
紅味噌、麥味噌或八丁味噌………1大匙
下列調味料任選一種：

- 咖哩：咖哩粉半茶匙加上1大匙巴西利末。
- 蒔蘿：蒔蘿子約半茶匙，灑上巴西利食用。
- 薑：薑末1茶匙及少許塔巴斯哥辣醬，可灑上巴西利末，搭配蕃茄小黃瓜沙拉食用。
- 酪梨：一個成熟的酪梨，去皮去子壓成泥。想吃辣的話，可加幾滴塔巴斯哥辣醬。
- 胡蘿蔔：胡蘿蔔末1/4碗，灑上巴西利末食用。
- 芝麻：芝麻醬2大匙。
- 核桃：核桃和蕃茄醬各1/4碗，可搭配水煮蛋、蘆筍與蕃茄沙拉。
- 甜味：白味噌加上1到3茶匙的蜂蜜，很適合搭配蕃茄。
- 香料：新鮮或乾燥的香料半茶匙（奧勒岡、墨角蘭、葛縷子、羅勒）。

▶作法

❶把材料放進果汁機打20秒，使之成糊。可隨喜好灑上巴西利末或少許胡椒享用。
❷亦可以把所有食材壓成泥，食用前靜置15到30分鐘即可。
❸容器中冷藏，可以保鮮2到3天，而且質地會更濃稠美味。

豆腐美乃滋味噌〔約1碗〕

靠著這道食譜，你可以在家自己作好吃的美乃滋，脂肪與熱量都很低，又不含膽固醇高的蛋，更棒的是，只要1分鐘就能輕鬆完成。這份食譜可供 4 到 6 人食用，熱量只有466大卡，比起市面上等量美乃滋的1820大卡，足足少了四倍！

▶材料

豆腐……………………………………1 塊
檸檬汁或醋…………………………2 大匙
油………………………………………2 大匙
甜白味噌……………………………2 大匙
胡椒（可不加）……………………少許

▶作法

❶將豆腐瀝乾水分，可隨喜好加以壓榨。
❷把所有材料放入果汁機打 20 秒，使之變成質地均勻的糊狀即可。保存方式同濃稠豆腐沙拉醬。

豆漿美乃滋沙拉醬〔約1碗〕

▶材料

豆漿……………………………………半碗
油………………………………………半碗
檸檬汁………………………………3 大匙
甜白味噌……………………………2 大匙

▶作法

❶把豆漿和¼碗的油放入果汁機打 1 分鐘使成糊狀，再慢慢把其餘的油以一條細線的速度加入。
❷等醬汁變得相當濃時，加進檸檬汁和味噌再打 30 秒即可。
❸亦可加點薑末、酪梨、咖哩、紅辣椒或你喜歡的香料、蔬果或調味料。

味噌優格沙拉醬〔約半碗〕

這道醬很適合搭配青菜與水果沙拉。

▶材料

優格……………………………………半碗
紅味噌………………………………4 茶匙
柳橙汁………………………………1 大匙
橄欖油………………………………2 大匙
胡椒……………………………………少許
新鮮羅勒或百里香（可不加）…半茶匙

▶作法

把所有材料混合拌勻即可。

甜味噌滷汁〔¾碗〕

▶材料

甜白味噌……………………………6 大匙
蕃茄醬………………………………2 大匙
檸檬汁………………………………2 大匙
油………………………………………2 大匙

【圖 113　羅勒】

辣椒粉……………………………………少許

▶作法

把所有材料混合拌勻即可，可當作新鮮蔬菜的滷汁。

二、西式沙拉

胡蘿蔔葡萄乾核桃佐味噌〔4人份〕

▶材料

胡蘿蔔丁、蘋果丁或芹菜末…………1碗
葡萄乾……………………………………半碗
烘烤過的核桃丁…………………………半碗
紅味噌、麥味噌或八丁味噌……1大匙半
蜂蜜……………………………………1茶匙
水………………………………………1茶匙
芝麻醬…………………………………2大匙
萵苣葉（可不加）……………………4片

▶作法

❶把所有材料混合拌勻即可，可隨喜好包在萵苣葉裡食用。

❷如果偏好稍淡、稍甜的口味，可用約3.5大匙的甜白味噌及半茶匙的日式醬油代替紅味噌和蜂蜜。

鮮蔬片佐豆腐味噌醬〔3人份〕

▶材料

紅味噌、麥味噌或八丁味噌……3 大匙
醋或檸檬汁……………………2大匙半
蜂蜜……………………………………1大匙
油………………………………………2大匙
巴西利末………………………………2大匙
辣椒粉…………………………………少許
豆腐……………………………………2塊
萵苣葉…………………………………3大片
蕃茄……………………………………2顆
小黃瓜…………………………………2條
花生……………………………………2/3碗

▶作法

❶把前七種材料混合壓成泥（或以果汁機打成糊），把蕃茄切成楔形，小黃瓜斜切薄片。

❷在每個沙拉碗裡放上萵苣葉，並把蕃茄和小黃瓜擺到葉子上，然後再用湯匙把沙拉醬舀到碗裡。食用前灑上花生即可。

水果沙拉與味噌奶油起司球〔3人份〕

▶材料

奶油起司………………………………85g
甜白味噌……………………………2大匙半
核桃末或葵瓜子……………………1/4碗
萵苣葉…………………………………2片
蘋果或梨子……………………………1個
葡萄乾…………………………………3大匙
美乃滋…………………………………2大匙
檸檬汁…………………………………2大匙

▶作法

❶混合拌勻前三種材料，然後捏成約 25 個小丸子，把蘋果切成1公分大小方塊備用。

❷把萵苣葉放在盤子上，再擺上水果丁、葡萄乾和奶油起司味噌丸。

❸把美乃滋和檸檬汁混合成沙拉醬，淋到

沙拉上，立即食用。

通心粉沙拉佐味噌美乃滋〔4~5人份〕

▶材料

煮熟的通心粉……………………3 碗
小黃瓜，圓薄片…………………2 條
小蕃茄，楔形片…………………2 個
萵苣葉……………………………4 片
巴西利枝…………………………少許
白味噌芥末美乃滋沙拉醬：
　甜白味噌……………………¼碗
　美乃滋………………………¼碗
　檸檬汁………………………1 大匙半
　辣芥末………………………半茶匙
　香椿末………………………1 大匙
　胡椒…………………………少許

▶作法

❶把前三種材料與沙拉醬混合，輕輕拌勻。
❷冰涼幾個小時後放到萵苣葉上食用，可搭配巴西利。
❸若要做點變化，可以加 255 克的油豆腐塊、半碗葡萄乾、100 克海帶芽或胡蘿蔔丁。沙拉醬的份量可以加倍，通心粉也可以用等量的麵條取代，如全麥麵、蕎麥麵、米粉或冬粉。

新鮮海菜沙拉佐味噌美乃滋〔4人份〕

▶材料

海帶芽……………………………1 碗
青椒絲……………………………1 顆
小黃瓜薄片………………………1 條
油豆腐……………………………200g
蕃茄………………………………1 個
萵苣葉……………………………4 片
濃郁味噌美乃滋沙拉醬：
　蛋黃醬………………………¼碗
　紅味噌或麥味噌……………6 大匙
　檸檬汁………………………¼碗
　胡椒…………………………少許

▶作法

❶海帶芽切 5 公分長，油豆腐斜切成絲，可隨喜好稍微烘烤過，蕃茄則切楔形薄片備用。
❷混合前五種材料，加入沙拉醬拌勻。
❸把萵苣葉放進大沙拉碗裡，上頭擺上蕃茄塊，最後把沙拉醬倒入，冷藏幾個小時後即可食用。
❹亦可用蘋果丁或蕃茄丁來代替海帶芽。

海陸鮮蔬沙拉佐檸檬味噌醬〔3人份〕

▶材料

切 5 公分長的海帶芽……………1 碗
小黃瓜圓薄片……………………1 條
蕃茄楔形薄片……………………1 個
大頭菜、白蘿蔔或芹菜根………1 ¼碗
油豆腐……………………………60g
沙拉醬：甜白味噌………………2 大匙
　　　　檸檬汁…………………3 大匙
　　　　蜂蜜……………………1 茶匙
　　　　辣芥末…………………¼茶匙

▶作法

❶根莖菜類切圓薄片；油豆腐切薄片，可隨喜好稍微烘烤過。
❷把前五種材料和沙拉醬混合，輕輕拌過，立即食用。

【圖 114　大頭菜（蕪菁）】

爽口馬鈴薯沙拉佐味噌醬〔5~6 人份〕

▶材料

馬鈴薯 ……………………………… 570g
紅味噌、麥味噌或八丁味噌……1 大匙半
檸檬汁……………………………… ¼碗
胡椒…………………………………少許
美乃滋……………………………… ¼碗
蜂蜜…………………………………1 大匙
小黃瓜圓薄片………………………1~2 條
巴西利末…………………………… ¼碗
橘子切片…………………………… 1 碗
葡萄乾（可不加）………………… ¼碗

▶作法

❶馬鈴薯切半或四等份，入鍋蒸 30 分鐘，取出切一口大小，放入碗中備用。
❷混合拌勻味噌、檸檬汁和胡椒，淋到馬鈴薯上輕拌過，靜置冷卻 20 分鐘。
❸把美乃滋和蜂蜜混勻，加入馬鈴薯、小黃瓜和巴西利拌勻，再加入橘子片及葡萄乾輕輕攪拌，冷藏後食用。
❹橘子片也可以自由變化為蘋果丁或是切成楔形片的蕃茄。

三、和風拌菜醬

除了味噌湯之外，日本料理中最常使用味噌的就是拌菜。西方人到日本最愛吃涼拌菜，不光是因為拌菜的風味細緻、排盤有如藝術品，更因涼拌菜非常有創意地結合了荒野與深海中最新鮮美味的時令蔬菜。拌菜的起源可追溯到日本精緻料理的兩個派別：禪風料理和茶道料理，這兩者皆由熱愛優雅樸素及精緻簡約的人所發展。早期禪寺中的廚師、僧侶與茶道師傅，最愛在初春時來趟山林之旅，尋找可食的野生花苞、蕨類、嫩枝及新芽，這趟旅程愉快又便宜，而他們找到的植物，則成了許多日本精緻拌菜的絕佳食材。

「拌菜」指淋了醬汁的食物，有些人稱這些菜是「使用濃厚醬汁的和風沙拉」。西式沙拉的青菜多味道淡而口感鮮脆，但拌菜中的蔬菜通常經過汆燙，還會用甜日式醬油高湯燉煮或用鹽抹過，因此口感較軟。有些菜色仍會使用新鮮蔬菜、蒟蒻及油豆腐等。

在日本，拌菜的醬汁叫做「伴衣」，這個字來自「外衣」，意思是和尚穿的袈裟。拌菜醬汁最常用的材料是味噌、醋、堅果芝麻醬及豆腐，有時還會加甜味劑。含醋的醬汁若用米醋，可賦予淡而溫和的口感，若改用水果釀成的西式醋，風味就較強烈。拌菜醬汁幾乎不用油，因此熱量低又好消化。不過，由於日本醬汁的味道很豐富，因此涼拌菜幾乎都是以很小的份量當配菜食用（通常不超過 3 到 4 大匙），好讓主菜更色香味俱全。

味噌可做出十四種基本拌菜醬，其他醬汁則多以日式醬油或鹽調味。以下依照受歡迎的程度，介紹幾種基本醬汁。

紅味噌拌菜醬〔¼碗〕

紅味噌拌菜醬和白味噌拌菜醬，在日

文通稱作「生綜合味噌」，其原料比例幾乎與紅甜醬味噌和白甜醬味噌一樣。通常這兩種拌醬不會直接用做拌菜醬汁，而會再加入醋、芥末、芝麻和其他原料，當作其他各種醬汁的基礎。

▶材料

紅味噌或麥味噌…………………2 大匙半
蜂蜜………………………………1~3 茶匙
水或日式高湯……………………1~3 茶匙
味醂………………………………1 茶匙

▶作法

把所有材料混拌勻即可。

白味噌拌菜醬〔¼碗〕

▶材料

甜白味噌…………………………3 大匙
蜂蜜………………………………¼ 茶匙
水或日式高湯……………………2 茶匙
味醂………………………………2 茶匙

▶作法

把所有材料加在一起，拌勻即可。

醋味噌拌菜醬〔¼碗〕

醋味噌拌菜醬不僅適合搭配各種拌菜，拿來佐西式沙拉、蔬菜片或油炸食品也都十分爽口。拌菜醬裡可加入你喜歡的香草或香料，若希望味道更強烈，可用少量蘋果醋或檸檬汁代替米醋。製做的訣竅在於醋的用量要恰到好處，味道才夠酸，但也不能用太多，以免稀釋質地。醋味噌涼拌醬可分成兩大類：一種味噌比醋多，口感比較豐富、醬也較濃；另一種醋比較多的就比較酸，質地也較細緻。

▶材料

紅味噌、麥味噌或八丁味噌………2 大匙
醋…………………………………… 1 大匙
蜂蜜………………………………1~1 茶匙半
味醂………………………………2 茶匙

▶作法

❶把所有材料混合拌勻即可。
❷醋也可以用 2 茶匙半的檸檬汁來取代。

百變醋味噌

◆**酸味醋味噌**：醋 2 大匙，紅味噌、麥味噌或八丁味噌 1 大匙以及日式高湯或水 1 至 2 大匙混勻，是海菜及野生山蔬的絕妙搭配。

◆**甜白醋味噌**：甜白味噌 2 大匙，醋或檸檬汁 1 大匙半，以及蜂蜜半茶匙混勻，很適合搭配蒸花椰菜。

◆**味噌三杯醋**：紅味噌 2 大匙，醋 5 大匙，日式高湯或水 2 大匙半，以及蜂蜜 4 茶匙混勻，即能創造出酸酸甜甜的好滋味。

芥末醋味噌拌菜醬〔半碗〕

這道菜通常以甜白味噌製作，只要在醋味噌中加點辣芥末，就能變出許多花樣。這道醬汁特別適合搭配海菜（如海帶芽）、青豆莢、茄子、甘藍菜、蒸南瓜（灑上巴西利），蒟蒻片及油豆腐。

▶材料

甜白味噌……3大匙
醋……3大匙
蜂蜜……¾~1茶匙
味醂（可不加）……1茶匙
辣芥末……¼茶匙

▶作法

❶把所有材料混合拌勻即可。
❷也可以直接用5大匙的醋味噌拌菜醬，加入1茶匙的辣芥末。

百變芥茉醋味噌

◆**酸味芥末醋味噌：**紅味噌2大匙、醋1大匙、蜂蜜2茶匙、味醂半茶匙及芥末¼茶匙混勻，最常配蒟蒻片。

堅果味噌拌菜醬〔6大匙〕

日本人製作這道醬料時，通常會先用研磨缽把烤過的種子或堅果磨成泥，再加入其餘材料磨勻。白味噌要搭配白芝麻，紅味噌則黑芝麻和白芝麻都可搭配；剛烤好的碎芝麻風味最佳，而芝麻醬則較方便。這道醬料很適合搭配波菜、菊苣、煮白蘿蔔、大頭菜、芹菜甚至蘋果。

▶材料

甜白味噌……2大匙
碎烤芝麻或芝麻醬……3大匙
蜂蜜……半茶匙
味醂、水或高湯……1大匙
鹽……¼茶匙

▶作法

❶把所有材料加在一起拌勻即可。
❷也可以用碎核桃、花生或你愛吃的堅果醬來替代芝麻。日本人對核桃味噌拌菜醬可是情有獨鍾。
❸把成品再加兩大匙醋即成堅果醋味噌，搭配青豆莢、小黃瓜、蘑菇、油豆腐或各式海菜都十分合適，也可搭配西式蘋果核桃芹菜沙拉。

豆腐味噌拌菜醬〔4人份〕

豆腐拌菜醬本身就是沙拉的主體，蔬菜只是用來增加色香味的。其中豆腐是主角，輔以白味噌和碎烤芝麻，有時可以加醋。這個醬料特別適合搭配煮過的胡蘿蔔、蒟蒻與香菇，也可搭配蓮藕、牛蒡、蕃薯、茄子或你愛吃的山菜。蔬菜通常會先以甜的日式醬油高湯燉軟，再和拌菜醬混合。而增甜用的味醂及醋的用量，需依使用的蔬菜及其他基本食材來調整。

▶材料

碎烤芝麻……3~6大匙
豆腐……1塊
蜂蜜……1~4茶匙半
味醂（可不加）……1~2茶匙

▶作法

❶剛烤好的芝麻放到研磨缽裡磨成芝麻糊，加入壓過或擰過的豆腐繼續磨。
❷加入味噌、糖和味醂，再磨幾分鐘使之黏稠，之後加入煮熟的蔬菜裡輕輕拌過，立即食用。
❸如果要製作酸味豆腐味噌拌菜醬，可在拌入蔬菜前先加2大匙醋或檸檬汁，以及2、3滴日式醬油。
❹亦可用1至3大匙的芝麻醬取代碎烤芝麻，只要把所有材料加到碗中，並以湯匙拌勻3分鐘，使之呈濃稠質地。

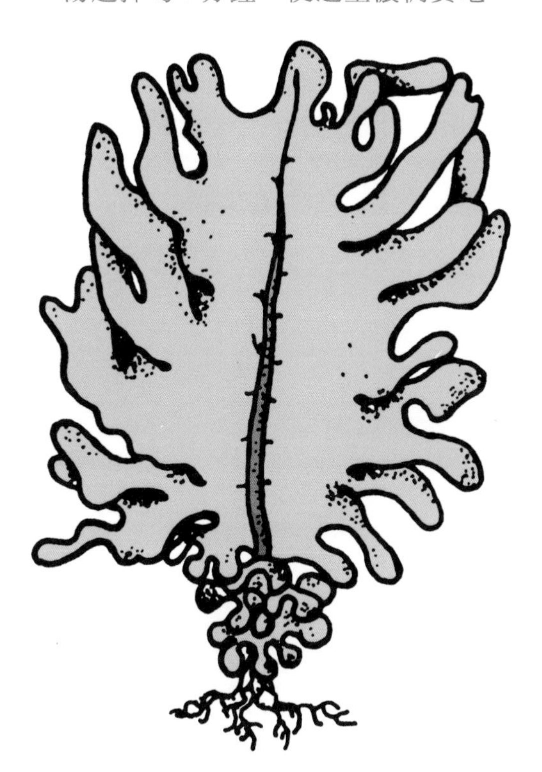

四、拌菜

做拌菜時要確定蔬菜表面沒有過多水分，因此淋上醬汁前務必要把菜瀝乾，並以乾布輕輕拍過。汆燙青菜時，只要讓菜剛好軟即可，以保持菜的清脆口感及維生素。汆燙綠色蔬菜時，水裡要加點鹽，燙過後立刻放到冷水中，青菜才會翠綠。至於調味醬的用量，則得依據你所使用的食材與口味來調整；多運用時令食材或手邊的材料。禪風料理有時會把蔬菜用很漂亮的切法來剝皮，非常有創意。

小黃瓜拌醋味噌〔4人份〕

▶材料

小黃瓜圓薄片……………………………3條
鹽……………………………………1茶匙
米醋…………………………………3大匙
紅味噌、麥味噌或八丁味噌………2茶匙
蜂蜜…………………………………1茶匙
薑末…………………………………¼茶匙

▶作法

❶小黃瓜片放到碗裡，灑上鹽靜置1到2小時，瀝乾並擠出多餘水份。
❷在上菜用的碗中加入醋、味噌、糖與薑末，再加入小黃瓜拌勻，冰涼後食用。
❸若要做點變化，可在醬汁裡加⅓碗泡開的海帶芽、葡萄乾或煮好的冬粉。

南瓜拌芥末醋味噌〔2~3人份〕

▶材料

南瓜……………………………………270g
芥末醋味噌：
　紅味噌或麥味噌……………1大匙半
　醋……………………………2大匙
　蜂蜜…………………………半茶匙
　辣芥末………………………¼茶匙
　味醂…………………………半茶匙
　巴西利末……………………2大匙

▶作法

❶南瓜蒸熟，切成2.5公分大小的方塊，放涼備用。
❷把南瓜和醬汁加在一起，輕輕拌過，冷藏幾個小時後食用。

雙色蘿蔔蒟蒻拌豆腐味噌〔4人份〕

▶材料

胡蘿蔔……¼根
白蘿蔔……110g
蒟蒻……半塊
鹽……1~¼茶匙
香菇絲……3朵
日式醬油……2茶匙
味醂……4茶匙
烤芝麻或芝麻醬……1大匙
老豆腐……1塊
甜白味噌……3大匙
蜂蜜……半茶匙

▶作法

❶胡蘿蔔切火柴棒狀，白蘿蔔及蒟蒻切小長方塊，放入小碗以1茶匙的鹽抹過、洗淨並壓過。
❷炒鍋燒熱，下蒟蒻乾炒幾分鐘，等到變乾縮小即盛起放涼。
❸把香菇、日式醬油和1茶匙的味醂放入小鍋，燉煮到湯汁收乾後，把香菇瀝乾，冷卻到常溫。
❹把芝麻和¼茶匙的鹽放入研磨缽中磨到稍微出油。
❺混合豆腐、味噌、糖和剩餘的味醂，並加進芝麻，以木杵拌過，倒入白蘿蔔、胡蘿蔔、蒟蒻和香菇拌勻即可。

青豆豆腐拌薑味噌〔3人份〕

▶材料

青豆莢……140g
油豆腐……140g
花生或烘烤過的黃豆……⅓碗
薑味噌拌菜醬（以下材料混勻）
　紅味噌或麥味噌……1大匙半
　生薑末……1茶匙
　蜂蜜（可不加）……1茶匙

▶作法

❶青豆莢汆燙並橫向斜切對半，油豆腐切小長方塊，和拌菜醬一起放入大碗中，輕輕拌過。
❷食用前可以撒上花生，青豆莢也可以用汆燙過的完整雪豆來代替

菠菜拌芝麻味噌〔4人份〕

▶材料

菠菜……450g
甜白味噌……3大匙
芝麻醬……1大匙半
蜂蜜……1茶匙半
水……1~3茶匙

▶作法

❶把1公升加了點鹽的水煮滾，下菠菜再煮滾，燉1到2分鐘後用濾網撈起瀝乾，以冷水沖過。用手把波菜抓緊成圓柱，切成2.5公分長的菠菜段。
❷把味噌和其餘材料放進大碗中拌勻，倒入波菜中，靜置幾個小時再享用，風味最佳。

味噌調味醬

無論東西方，各地的醬料都能因為味噌而更添風采。香濃的豆腐沙拉醬也非常好用，最適合搭配穀類和蔬菜。

味噌營養酵母調味汁〔2~3 人份〕

這道食譜很適合搭配糙米飯、麵條、小米飯、烤馬鈴薯、熟的青花菜、花椰菜、或油炸天貝、豆腐。

►材料

奶油或乳瑪琳……………………………¼碗

營養酵母……………………………………¼碗
全麥麵粉……………………………………¼碗
紅味噌……………………………………2 大匙

►作法

❶將奶油入鍋融化後，加上營養酵母攪拌 30 秒，再放進麵粉炒 1 分鐘。
❷將味噌用 1 碗半熱水溶解，慢慢倒進鍋裡，持續攪拌成濃稠質地。
❸所有材料都加進鍋子，把醬料煮沸後即可關火。

味噌生薑調味醬〔1 碗〕

►材料

日式高湯、一般高湯或水 …………⅔碗
紅味噌或麥味噌…………………約 4 大匙
蜂蜜………………………………………1 大匙
竹芋粉、玉米粉或葛根粉…………2 茶匙
新鮮薑末……………………………………茶匙

►作法

❶用 2 大匙的水溶解竹芋粉。
❷把日式高湯、味噌和蜂蜜一起煮滾，再加入溶解的竹芋粉和薑末攪拌，煮 1 分鐘至醬料變濃稠。

味噌蘑菇調味醬〔3 人份〕

這道調味醬配穀類（尤是墨西哥塔可

餅和玉米捲餅）或油炸、燒烤食物很美味。

▶材料

奶油……………………………1大匙半
香椿末……………………………1大匙
生薑末……………………………半茶匙
蘑菇薄片……………………………5朵
蕃茄醬……………………………⅓碗
紅味噌、麥味噌或八丁味噌………1大匙
胡椒……………………………少許

▶作法

❶奶油入鍋融化後，下香椿和薑炒1分鐘，再加蘑菇炒2分鐘。
❷拌入蕃茄醬和味噌，以胡椒調味，再炒1分鐘即可。

味噌白醬〔1碗〕

西方人很愛吃白醬，味噌可賦予白醬獨特的風味與濃稠的質地；和蔬菜搭配時只要稍加調味；與豆腐類搭配時，味道便可以稍重一點。

▶材料

奶油或油……………………………2大匙
全麥麵粉……………………………2大匙
豆漿或高湯……………………………1碗
紅味噌、麥味噌或八丁味噌……3~4茶匙
胡椒、辣椒粉或紅辣椒粉……………少許
巴西利末（可不加）………………1大匙

▶作法

❶把奶油入鍋融化，加入麵粉並以小火拌煮1到2分鐘，等麵粉完全融合或沒有生麵粉味。
❷慢慢加入半碗豆漿，持續攪拌後加進味噌及剩下的豆漿。
❸轉中火持續攪拌3到4分鐘至醬汁成均

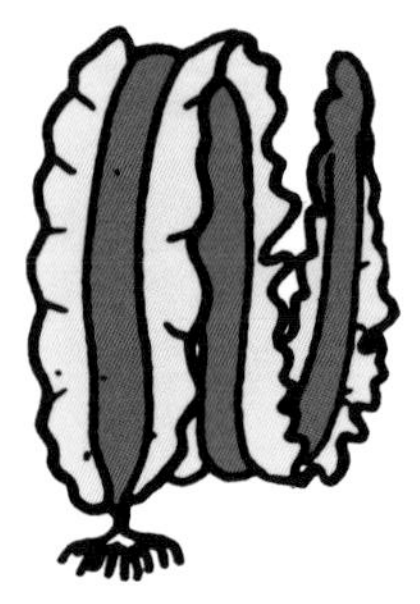

勻、濃稠的質地，拌入胡椒（與巴西利）後關火。味噌也可以用約2大匙半的甜白味噌、甘口白味噌代替。

百變味噌白醬

◆**起司味噌白醬：**在加入麵粉前，加半茶匙的乾芥末及半碗的磨碎起司，幾分鐘之後再關火。
◆**蘑菇味噌白醬：**最後一次加入豆漿後，再加入¼碗的香椿末及6朵切成薄片的蘑菇。持續攪拌，以小火燉煮4到5分鐘，再加入1茶匙的檸檬汁、胡椒和1大匙的水。
◆**芝麻味噌白醬：**關火前幾分鐘加入1大匙的芝麻醬。搭配蒸花椰菜、菇類、唐萵苣、球芽甘藍或芹菜，灑上巴西利之後食用。
◆**豆腐味噌白醬：**使用4茶匙的紅味噌；在關火前2分鐘，加入340公克的豆腐泥或210公克的油豆腐丁。

味噌義大利麵醬〔3~4人份〕

▶材料

油……………………………2大匙
香椿末……………………………半碗
蘑菇片……………………………10朵
蕃茄丁……………………………5個
青椒丁……………………………3個
胡蘿蔔絲……………………………半根

水或高湯……………………………………2碗
月桂葉………………………………………2片
紅味噌、麥味噌…………………4大匙半
奶油…………………………………………1大匙
胡椒…………………………………………少許
奧勒岡或羅勒……………………………少許
磨碎的起司…………………………………⅓碗

►作法

❶鍋子燒熱入油，下香椿炒3分鐘，再下接下來的四種食材炒4分鐘。

❷加水後，放進月桂葉煮沸，不加蓋再燉煮10分鐘。

❸拌入味噌和接下來的三種材料燉煮1小時，每隔5分鐘攪拌一下。靜置6到8小時後風味最佳；取出月桂葉後淋在蕎麥麵或者義大利麵上，灑上起司冷熱食用皆可。

百變義大利麵醬

◆**加黃豆**：在上述食譜中，把下列材料和味噌一起加進：1碗烹煮大豆的湯汁或泡香菇的水、1大匙半的紅味噌以及2¼碗的熟黃豆。做法如上述冷藏後食用，食用時灑上3大匙碎起司或帕梅善起司；醬料本身就是一道佳餚。

◆**加豆腐**：340到680公克的一般豆腐丁（或140到280公克的油豆腐）和味噌一起加到醬料中，蓋上鍋蓋燉煮，關火前再加上半碗的碎起司。

味噌塔可捲餅或比薩醬〔¼碗〕

►材料

蕃茄醬…………………………………………⅔碗
磨碎的起司……………………………1¼碗
紅味噌、麥味噌或八丁味噌………2大匙
香椿末……………………………………2大匙
薑末（可不加）………………………1茶匙
塔巴斯哥辣醬……………………………少許
胡椒…………………………………………少許
水……………………………………………1大匙

►作法

❶把所有材料加在一起拌勻，食用前靜置幾個小時，味道最好。

❷在12片抹了奶油的墨西哥塔可捲餅上，各抹上3到4茶匙的醬，再灑上碎萵苣、蕃茄丁、碎起司和你喜歡的其他配料，也可用在比薩上。

鳳梨酸甜味噌醬〔1碗半〕

鳳梨的酸甜搭配炒青菜、糙米飯、蕎麥麵或油豆腐，十分美味。

►材料

鳳梨塊…………………………………1¼碗
蜂蜜……………………………………2茶匙半
醋………………………………………3大匙
水………………………………………半碗
紅味噌、麥味噌或八丁味噌……3大匙
蕃茄醬…………………………………2大匙
薑末……………………………………半茶匙
玉米粉…………………………………1大匙

▶作法

鳳梨塊瀝乾後，混合所有材料，拌勻煮滾，持續攪拌1分鐘至質地變得濃稠。

柳橙芝麻味噌調味醬〔半碗〕

此醬料非常適合淋到醬煮白蘿蔔、炸茄子片或脆蘋果片上，也可當作味噌關東煮的沾醬；稍加稀釋後，沾馬鈴薯、南瓜及秋葵，更增添其風味。

▶材料

紅味噌、麥味噌或八丁味噌………3大匙
芝麻醬………………………………1大匙半
蜂蜜…………………………………1茶匙半
水或日式高湯………………………2大匙
碎柳橙皮……………………………半茶匙
蛋黃（可不加）……………………1個

▶作法

把所有材料都入鍋，小火燉煮2到3分鐘，持續攪拌直到質地比一般味噌稍硬，冷熱食用皆可。

鷹嘴豆淡麻味噌醬〔4碗〕

此醬料搭配白飯、小米飯、蕎麥片或蒸青菜都非常好吃，也很適合當沾醬。

▶材料

鷹嘴豆………………………………1碗
西式淡麻醬…………………………半碗
檸檬汁………………………………2大匙半
紅味噌或麥味噌……………………2大匙
胡椒或塔巴斯哥辣醬………………少許
巴西利末……………………………3大匙
辣椒粉（可不加）…………………少許

▶作法

❶把鷹嘴豆用3碗半的水浸泡3小時後，連同水一起倒入壓力鍋，開到最大壓力（4.6公斤）燉煮30分鐘。關火靜置10分鐘，讓壓力恢復正常。
❷把豆子、湯汁及接下來的五種原料都加入果汁機裡打成均勻的糊狀。
❸灑上巴西利辣椒粉，冷熱食皆可。

甜白味噌調味醬〔1碗〕

▶材料

甜白味噌……………………………半碗
水、一般高湯或日式高湯…………半碗
蜂蜜…………………………………1大匙
芝麻油………………………………¾茶匙
樹薯粉、竹芋粉或玉米粉…………¾茶匙
清酒或白酒（可不加）……………1茶匙

▶作法

❶用1大匙的水溶解樹薯粉備用。
❷所有材料入鍋煮沸，並持續攪拌燉煮3分鐘至稍微濃稠，搭配烤豆腐蔬菜或者球芽甘藍都很對味。

味噌奶油起司調味醬〔半碗〕

▶材料

奶油起司……………………………110g

紅味噌或麥味噌……………………2 茶匙
日式醬油……………………………1 大匙
水或牛奶……………………………3 大匙

▶作法

把所有材料加在一起拌勻，當熟青菜的沾醬。

味噌滷汁〔1 碗半〕

味噌滷汁很適合配燙過的花椰菜或青花菜，亦可淋在糙米飯或油豆腐上。

▶材料

奶油…………………………………2 大匙
香椿末………………………………半碗
全麥麵粉……………………………3 大匙
紅味噌、麥味噌…………………12 大匙半
水……………………………………1 碗
胡椒…………………………………少許

▶作法

❶融化 1 大匙奶油，下香椿炒 5 分鐘。
❷將剩下的 1 大匙奶油與麵粉拌炒 2 到 3 分鐘，再加入味噌炒 30 秒。
❸慢慢加進水，持續攪拌；煮滾後以胡椒調味，再燉煮 1 分鐘。若喜歡濃郁一點，味噌可增加到 2 大匙半。

香辣印尼花生味噌醬〔2 碗〕

香香辣辣的醬料，無論冷熱皆可淋在飯、麵上食用，佐燙過的甘藍菜、花椰菜或青花菜，味道尤佳。

▶材料

油……………………………………3 大匙
無鹽烤花生…………………………1 碗
七味唐辛子或塔巴斯哥辣醬……半茶匙
蜂蜜………………………………1 茶匙半
紅味噌、麥味噌或八丁味噌……2 大匙半
高湯、水或牛奶…………………1 碗半
香椿末……………………………¼碗
巴西利末…………………………1 茶匙

▶作法

❶鍋子燒熱入 2 大匙油，炒花生 3 到 5 分鐘，直到呈棕色並散發香味。
❷加進接下來的 4 種材料煮滾後關火，靜置放涼。同時，再熱剩下的 1 大匙油，下香椿炒 5 分鐘。
❸把放涼的花生醬倒進果汁機打成均勻糊狀後，倒入食器中，加入炒過的香椿拌勻，並灑上巴西利。

韓式味噌調味醬〔¼碗〕

▶材料

紅味噌、麥味噌或八丁味噌……1 大匙半
麻油………………………………半茶匙
水…………………………………1 大匙
七味唐辛子或塔巴斯哥辣醬………少許

▶作法

把所有材料加在一起拌勻，可搭配燒烤或油炸食品，與素味噌串烤更是絕配。

酸辣味噌醬〔⅓碗〕

▶材料

紅味噌、麥味噌或八丁味噌………2 大匙
檸檬汁……………………………4 茶匙
白蘿蔔泥…………………………2 大匙半
香椿圓薄片………………………2 大匙半

七味唐辛子或塔巴斯哥辣醬………少許

▶作法

把所有材料加在一起攪拌均勻。可與豆腐、油豆腐、各式鍋物、天婦羅或可樂餅搭配食用。

蘋果咖哩醬佐油豆腐味噌〔3~4 人份〕

▶材料

油豆腐丁……………………………………210g
蘋果丁…………………………………………1 個
馬鈴薯丁……………………2 個（1 ¾ 碗）
水或高湯……………………………………1 碗
奶油………………………………………3 大匙
薑末………………………………………1 茶匙
香椿末………………………………………半碗
蘑菇末……………………………………5~6 朵
咖哩粉…………………………1 茶匙半~2 茶匙
全麥麵粉…………………………………2 大匙
紅味噌、麥味噌………………3~3 大匙半
蜂蜜………………………………………1 大匙
蕃茄醬……………………………………2 大匙
馬來西亞辣椒醬（Sambals）：香蕉片、椰絲、葡萄乾、蘋果丁、花生或杏仁、剁碎的水煮蛋和印度酸甜調味醬

▶作法

❶將前四種材料放進大湯鍋煮滾，加蓋以小火燉煮。
❷將奶油入鍋融化，下薑炒 30 秒後，再下香椿和蘑菇炒 5 到 6 分鐘，加入咖哩粉和麵粉，持續拌煮 1 分鐘。
❸取約⅓碗的熱湯將味噌乳化，並與咖哩、蜂蜜、蕃茄醬混合做成滑順濃稠的醬料。
❹將咖哩醬倒入大湯鍋中，加蓋燉煮 20 到 30 分鐘，期間需不時攪拌。可以灑上馬來西亞辣椒醬，搭配糙米飯或蕎麥麵。
❺若想吃更豐盛的醬料，可加上蓮藕丁、熟扁豆、蕃薯、南瓜。當作不含穀類的前菜時，可把味噌和咖哩粉的份量減半，而油豆腐可用 510 公克的一般豆腐或 1 碗半的熟黃豆代替。

蕃茄檸檬味噌酸醬〔¾碗〕

此醬料可搭配油炸或燒烤食品，也很適合佐鮮蝦盅或海鮮。

▶材料

蕃茄醬………………………………………半碗
紅味噌、麥味噌或八丁味噌………2 大匙
檸檬汁…………………………………1 大匙半
香椿末……………………………………1 大匙
巴西利末…………………………………1 大匙
胡椒…………………………………………少許

▶作法

❶把所有材料加在一起拌勻即可。
❷若想吃不同的口味，可加入以下任一材料：¼茶匙的辣芥末、1 茶匙的辣根、半茶匙的碎茴香、碎烤芝麻或 1 大匙的巴西利末。

薑味噌烤醬〔半碗〕

烤醬搭配油豆腐、烤物、天婦羅或新鮮蔬菜片，味道極佳。

▶材料

油…………………………………………1 茶匙半
薑末……………………………………半茶匙

紅味噌、麥味噌或八丁味噌……3 大匙半
日式高湯、一般高湯或水……………¼碗
蜂蜜…………………………… 2 茶匙半
味醂…………………………… 1 大匙半
七味唐辛子或花椒（可不加）……少許

▶作法

❶先把薑末爆香 1 分鐘。
❷加入接下來的 4 種材料烹煮，持續攪拌 3 分鐘等醬料的質地變得濃稠。可加入胡椒，關火，放涼後食用。

韓式味噌烤肉醬〔¼碗〕

▶材料

紅味噌、麥味噌或八丁味噌………3 大匙
蜂蜜……………………………1 大匙
香椿末…………………………1 大匙
碎烤芝麻………………………1 大匙
麻油…………………………… 2 茶匙
七味唐辛子或塔巴斯可辣醬…… ¼ 茶匙
白胡椒……………………………少許

▶作法

把所有材料加在一起拌勻，搭配烤過的油炸食品，風味絕佳。

味噌串烤醬〔¼碗〕

在日本，這道醬料的做法和烤雞肉串用的醬料很類似。可當作滷汁或烤醬，搭配你最愛的菜色或串烤。

▶材料

紅味噌、麥味噌或八丁味噌………2 大匙
油………………………………1 茶匙
蜂蜜……………………………半茶匙
薑末……………………………¼茶匙
水………………………………2 大匙

▶作法

把所有材料加在一起拌勻即可。

味噌蕃茄烤醬〔半碗〕

▶材料

紅味噌、麥味噌或八丁味噌………2 大匙
蕃茄醬 …………………………2 大匙
香椿末……………………………¼碗
融化的奶油……………………1 大匙
水 ………………………………1 大匙
蜂蜜…………………………¾ 茶匙
七味唐辛子或塔巴斯哥辣醬………少許

▶作法

把所有材料入鍋拌勻，蓋上鍋蓋以中火煮 1 分鐘。搭配可樂餅或油豆腐，冷熱食用皆非常好吃。

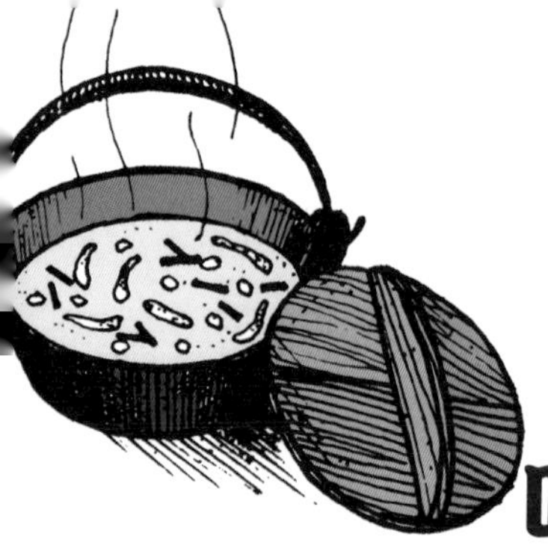

味噌湯與味噌燉菜

全日本的味噌有80%到85%是用來煮味噌湯，據調查顯示，約有73%的日本人每天至少會享用一次味噌湯，對多數日本人來說，味噌幾乎就等於味噌湯。

味噌湯的日文為「御付け」，在高級餐廳也稱作「味噌仕立て」。大約在七百年前，味噌開始於日本普及。那時的一餐就是穀類配味噌湯、熟青菜和豆腐，偶爾才會有魚和貝類。今天，味噌湯仍是傳統日式早餐不可或缺的一部分，通常會配一大碗飯或粥、鹹醃菜或鹹酸梅，以及海苔。

一天的活力來源

要製作味噌湯，首先得使用多功能的日式高湯，把新鮮或稍微炒過的蔬菜燉到剛好軟，豆腐或油豆腐及海帶芽則等青菜快熟時才加入湯裡。最後加入味噌（每份約一大匙），當湯加熱到剛好冒泡時，便可盛裝到漆碗中，輕輕灑上調味料或配料，並蓋上蓋子。味噌湯通常在熱騰騰的上桌時風味最佳，一定要用筷子夾出豆腐和蔬菜來享用，再喝下暖呼呼的湯。

世上少有民族大清早就喝湯，但味噌湯做起來快又簡單，只要五分鐘就能上桌，很適合趕時間的早餐。幾乎任何食材都能做味噌湯，且由於只稍微烹煮，因而能保有食物中有益健康的維生素及清脆細緻的風味。此外，味噌湯可鹼化血液，喚醒神經系統，提供充分的營養與元氣；味噌還能幫助消化吸收，舒緩胃酸過多，安撫胃腸不適；愛喝清酒的人都說，味噌湯還有解決宿醉的妙用。對日本人而言，能填飽肚子的味噌湯，其美味絕不遜咖啡，味噌湯甘醇、細緻而濃厚的風味，加上溫暖又低熱量，最適於展開美好的一天。

味噌湯富含人體不可或缺的養分：一份豆腐和味噌加起來，約可提供9到12克的蛋白質，約為成年人每日需求量的六分之一，此外還有重要的多元不飽和脂肪。而海帶芽和豆腐可提供豐富的鈣質與其他礦物質，新鮮蔬菜有維生素，味噌本身則能提供鹽分。

許多農家會在每天早上準備一大鍋味噌湯，午餐和晚餐前再加熱來喝，不僅能幫家庭主婦省下煮飯的時間，還能讓湯的滋味更為融合好喝。想像在寒冷的冬夜，全家圍著客廳中央的火爐吃晚餐，火爐上方掛著一只鉤子，鉤子底下掛著一只鍋湯，而燃燒著的炭火就燉著這鍋味噌湯，好一幅洋溢著歡樂與溫暖的景象！在日本，許多「長壽」村最常吃的食物就是味噌湯，據說這正是村民常保健康與長壽的妙方，有些地方的村民平均每天要喝4到6碗的味噌湯。許多日本禪寺每餐都會提供味噌湯，早餐和午餐配飯或粥，以及熟或醃漬的青菜，而晚餐則是將剩菜混合煮成豐富美味的粥。

漆碗中的文學風味

味噌湯是四季皆宜的日本料理，許多廚師都發揮巧思，在湯中加入新鮮蔬菜、嫩枝芽或花朵，於是深色的漆碗裡，開始蘊藏著偉大自然界的循環節奏，並被喻為「漆碗中的俳句」，幾乎每位日本大文豪與詩人的作品中，都能找到總瀰漫著味噌芳香的孩提回憶。日本最善此道的作家是川村涉（Wataru Kawamura），曾著有《味噌湯百科與各地味噌湯》，他覺得味噌湯是日本人個性與文化的縮影，並自稱「不是味噌學者，而是味噌湯學者」。他說，光是想到熱騰騰的味噌湯，就能觸動日本人的心弦。當代旅行詩人佐佐木（Nanao Sasaki）曾寫道：「一切都是從美好早晨的味噌湯開始。味噌湯是用亮晶晶的蜘蛛網做成……。」日本全國味噌協會的信頭則是：「快樂的家庭，以味噌湯開啟每一天。」許多日本與國外作家都不約而同地提到味噌與禪道的精華，簡樸卻令人深深滿足的風味，可每天享用。味噌湯向來是寺廟僧侶及隱居的茶道大師生活中的一部分，他們最愛自製味噌，和從附近山區採來的季節食材中所蘊含的細緻風味。

日本茶道料理大師辻嘉一（Kaichi Tsuji）說味噌湯：「味道要細緻、繁複、精巧，和茶道恰恰相同。好的味噌湯如同廟鐘，餘韻中蘊藏著無限奧妙，讓客人一碗接一碗……這是道地的日本味。」甚至有日本人認為，年輕女性得精通味噌湯的製作之道才能嫁人。雖然跟著基本食譜就能輕鬆做出好滋味，但要做出非常好喝的味噌湯卻不容易，得花好幾年功夫；不過許多人都在學習過程中找到樂趣，且付出不僅能讓做菜的人展現廚藝與愛心，並能為家人的健康打下重要的基礎。

日本有許多專作味噌湯的餐廳，提供好幾種口味。近年來拜現代科技之賜，出現許多新型態味噌湯，有些和咖啡一樣使用販賣機，有些則是金屬箔包裝的「速食味噌湯」。裡頭含有一般味噌或乾燥味噌，加上脫水高湯、海帶芽、豆腐及冷凍乾燥蔬菜，只要加入熱水拌勻就能立即享用，很適合攜帶、露營與野餐使用。

1960 年代以來，味噌湯就在西方廣受歡迎，尤以喜歡健康食品的人為最。於是，以傳統日本製法為基礎，運用西方食材做變化的味噌湯紛紛出現，更能迎合西方人的口味。有人會用鄉村起司代替豆腐或加個蛋，並灑上他們喜歡的香料。

基本材料

每種味噌湯都有四種基本材料：高湯、味噌、蔬菜或豆腐、配菜或調味料。

高湯

濃郁芬芳的高湯是味噌湯不可或缺的

生命。禪風料理的高湯是用昆布或昆布加香菇燉煮而成，在西方也可使用蔬菜高湯或蔬菜高湯塊。把一份高湯和一份香草、自行萃取的薄荷茶或果菜汁（胡蘿蔔、蕃茄、萵苣等）混合，味道好得出奇。

味噌

除了嘗味噌和甜醬味噌外，其他所有味噌都能用來做味噌湯，最常用的是紅味噌、麥味噌和八丁味噌，甜白味噌和甜紅味噌只在特殊情況下使用。家常料理中，通常一次只用一種味噌，比例是 1 碗高湯搭配 1 到 1 大匙半的紅味噌、麥味噌或八丁味噌；不過餐廳的廚子和烹飪書上，常會同時用兩種甚至三種味噌。結合數種不同的基本味噌（紅味噌與白味噌、甜味噌和鹹味噌、米味噌和麥味噌等），其風味與香氣將產生非常協調的美味。最常見的五種綜合方式是：

◆四份紅味噌或淡黃味噌，搭配一份八丁味噌。
◆三份紅味噌搭配兩份甜白味噌。
◆一份紅味噌和九份甜白味噌。
◆一份淡黃味噌和一份甜麥味噌。
◆一份紅味噌和一份麥味噌。

蔬菜或豆腐

日文 mi（味）指的是湯裡的固體材料。根據一項全國性的調查，發現最受歡迎的二十五種食材包括：白蘿蔔、豆腐泡、海帶芽、豆腐、大白菜、馬鈴薯、波菜、甘藍、麵筋、胡蘿蔔、牛蒡、茄子、香菇、蓮藕、野菜、蕃薯、腐皮、天婦羅及銀杏子等。一般味噌湯會添加兩到三種材料，以一種為主材料，其餘為配角；所有食材都切很細，煮起來才快。廚藝佳的人在選擇食材的時候會考慮：使用當地生產的時令鮮蔬、哪些材料最能搭配味噌的顏色與風味？食材會沉到碗底還是浮上來陪襯配菜？食材要切成葉狀或花朵形狀來表現季節感，或者要切成環狀、松針或扇形？蔬菜的顏色和形狀能否搭配食器的顏色和設計？

調味料與配菜

適當的調味料或配菜，都可以為味噌湯畫龍點睛，日本許多調味料都具有季節性，意外的是，西式香草和香料與味噌湯非常搭配。若要展現香料最迷人的香氣，可選用新鮮採收、壓過或磨碎的香草。帕瑪起司、芝麻醬和堅果醬也都能增添味噌湯的滋味，使其更為濃郁。有時也會灑上一點清酒或白酒，加入葛根粉或竹芋粉，使其更濃稠。

味噌湯的製作與食用原則

融化味噌：味噌在進入湯料之前，一定會先與高湯混合，有時還會先粥化或磨過，方法包括以下四種：

❶乳化：把味噌放到小碗中，另取半碗熱高湯，一次一點地加到味噌中攪拌，然後把膏狀的味噌倒入湯料中，記得要把小碗浸入湯中，以取出所有味噌。

【圖 115　用來煮味噌湯的蔬菜切片】

❷粥化：把放了味噌的小篩子或是竹編的味噌篩半浸到湯中，以湯匙背面把味噌壓出篩子進入湯中，最後再把篩裡剩下的麴或黃豆加入湯中，這樣的味噌湯會有絲綢般的滑順口感。

❸磨：把味噌和少許熱高湯加入研磨缽中，用木杵磨成滑順的糊狀，用篩子篩入或直接倒入熱湯料中，並撥出缽裡剩下的味噌，再以少許熱湯把缽裡的味噌沖到湯中。這種方式多用來料理含有麴或黃豆硬顆粒的自製味噌。

❹切：把很硬的味噌在砧板上堆好，以利刃切碎。這個方式通常只用來處理八丁味噌，且之後還要粥化或乳化。

稍微烹煮即可：過度烹煮會破壞味噌迷人的香氣及能幫助消化的微生物與酵素，因此只要等湯汁開始滾就關火，並立即食用，以品嚐最佳風味。

食材用量：在準備早餐或以蔬菜為主原料的味噌湯時，日本人會用較多的紅味噌或麥味噌，使其味道濃而豐盛。當晚餐或湯裡面多以豆腐為原料時，就會少加點味噌，較淡的湯汁，能突現每種食材的特殊風味。高級餐廳所提供的晚餐味噌湯多用較淡的湯汁所製成，裡面的固體材料較少，但自家食用的味噌湯卻很像豐盛的西式燉菜。

季節的搭配：在較熱的季節裡，多用紅味噌或麥味噌，且固體食材較少。仲夏的午餐和晚餐則常吃涼的味噌湯。較冷的時節裡，固體食材較多，也較常吃濃稠的甜味噌湯，隆冬時分，濃得像燉菜的味噌湯為主菜而春分秋分前後的三、四月和八、九月，則常會吃甜鹹夾雜的味噌湯。

用餐順序：味噌湯通常是日本正餐的最後一道菜。

一、和風味噌湯

油豆腐海帶芽味噌湯〔2~3人份〕

這是日本最受歡迎、最傳統的一道味噌湯。海帶芽能提供豐富的鈣與其他礦物質，而油豆腐和味噌則含有蛋白質和不飽和油脂，且製作時間不用3分鐘，是早餐桌上的常客。

【圖 116　瘋和尚磨味噌】

▶材料

日式高湯或一般高湯……………………1 ¾碗
新鮮或泡開的海帶芽………………約⅓碗
油豆腐絲 …………………………… 30~60g
紅味噌、麥味噌或八丁味噌………2 大匙
七味唐辛子……………………………少許

▶作法

❶高湯煮滾後，加入切成 2.5 公分的海帶芽和油豆腐，再燉 1 分鐘。
❷加入用一點點熱湯乳化的味噌再煮滾，灑上七味唐辛子，立即食用。

豆腐海苔菠菜白味噌湯〔2 人份〕

加州柏克萊的天然日本料理店「風月」，以這道湯為招牌菜，美味的秘訣在於甜白味噌裡加了點鹽。湯做好之後，放在雙層鍋裡面保溫，食用前把材料放進碗裡，淋上熱湯就能上桌。

▶材料

一般高湯或日式高湯…………………1 碗半
甜白味噌……………………………¼碗
鹽……………………………………¼茶匙
邊長 1 公分豆腐丁…………………45~60g
蒸或汆燙的菠菜（瀝乾）………3~4 大匙
香椿花………………………………2 大匙
邊長 4 公分大的正方形海苔………2 片

▶作法

❶先煮滾高湯，加入用熱湯乳化的味噌與鹽，再煮滾。
❷把豆腐、波菜、香椿分裝進一個個溫熱過的碗，倒入熱湯，灑上海苔片，立即食用。

清新南瓜味噌湯〔2 人份〕

▶材料

邊長 2.5 公分的南瓜丁……………1 ¼碗
日式高湯、一般高湯或水……………2 碗
赤出味噌或紅味噌…………………2 大匙
青紫蘇葉絲……………………………1 片

▶作法

❶把南瓜和高湯放到鍋子中煮滾後，加蓋再燉煮約 15 分鐘或直到南瓜煮軟。
❷拌入用熱湯乳化的味噌，再把湯煮滾；搭配紫蘇葉食用。

納豆大白菜味噌湯〔2~3 人份〕

▶材料

日式高湯、水或一般高湯……………¼碗
大白菜葉………………………………2 片
紅味噌、麥味噌或八丁味噌………1 大匙
甜白味噌……………………………2 大匙
香椿末………………………………¼碗
七味唐辛子……………………………少許
納豆 ……………………………… 半碗

▶作法

❶白菜葉先縱向切對半，再橫向切成 4 公分寬的白菜絲備用。
❷將高湯煮沸，放入大白菜，加蓋燉煮 2~3 分鐘。
❸加入以少許熱湯乳化過的味噌、納豆

【圖 117　紫蘇葉】

後，把湯煮沸，灑上香椿末，關火，最後灑上辣椒調味。

赤出味噌豆腐香菇湯〔2~3 人份〕

赤出（意指赤高湯）味噌原是指一種味噌湯，由豆味噌（通常是八丁味噌）和一兩種米味噌混合而成。它起源於日本中部，製作方式有二：一種是把硬的豆味噌放到做麵包的板子上切，並與較軟的味噌混合放進紗布袋，然後浸到熱高湯裡面，讓味噌的風味和顏色滲進高湯裡；另一種作法則是把紅味噌和切過的豆味噌放到研磨缽裡，加進熱水拌勻後靜置，要把綜合味噌加入湯時，再過濾味噌。

二次大戰之後，赤出味噌是指一種新的味噌類別。而以下這道色香味俱全的味噌湯，是許多高級日本料理店最受歡迎的菜色，材料可能是現代味噌或傳統味噌。由於製作時會先把味噌加到湯裡面後，才加基本原料，因此應選用只需稍為烹煮的食材。

▶材料

日式高湯或一般高湯………………1 ¼碗
八丁味噌……………………………2 茶匙
紅味噌………………………………1 大匙
甜白味噌（可不加）………………1 茶匙
1 公分大小的豆腐丁………………170g
滑子菇及香菇汁……………………⅓碗
切 2.5 公分長的三葉草………………3 枝

▶作法

❶先煮沸高湯，加入以高湯乳化過的味噌後，再煮滾。
❷加進豆腐、香菇，再煮滾，灑上三葉草之後即可食用。
❸如果買不到滑子菇，可把六朵切細的蘑菇以奶油炒軟，再和豆腐一起加到高湯裡面。亦可隨喜好以麵筋代替豆腐，再以山椒調味。

山藥汁甜白味噌湯〔5~6 人份〕

這道日式佳餚有點類似冷的西式清湯，但傳統的做法是把原料加到缽中磨好，而非放到果汁機裡打勻。

▶材料

日式高湯或一般高湯………………2 碗半
甜白味噌……………………………7 大匙半
山藥 ………………………………… 300g
雞蛋…………………………………1 個
烤海苔碎片…………………………1 張

▶作法

❶先將煮好的高湯冷卻至室溫，山藥去皮磨碎備用。
❷把前面四種食材加進果汁機，用 1 分鐘打成糊；灑上海苔之後即可食用，或者冷藏後再吃。

味噌雜煮〔3 人份〕

日本人從過年那一天起，會連續一個星期，每天吃有著麻糬的雜煮湯，吃的時候會用特別的粗筷子（丸箸）夾出軟軟的麻糬，以象徵著年節的氣氛。在京都一帶，濃郁的甜白味噌湯裡會放進剛做好的麻糬、芋頭、白蘿蔔、胡蘿蔔、烤豆腐，並灑上海苔；麻糬在熱湯裡面會稍稍融化，使湯汁變得濃郁，甚至有點稠稠的質地。鄉下人會先把麻糬，在最後才放入以紅味噌製作的湯裡面，以避免麻糬融化。本章節裡的許多味噌湯都可以加進新鮮或烤過的麻糬，或試試以下這種作法。

▶材料

日式高湯或一般高湯⋯⋯⋯⋯⋯⋯⋯2 碗
香椿末⋯⋯⋯⋯⋯⋯⋯⋯⋯⋯⋯⋯⋯⋯1 根
油豆腐絲 ⋯⋯⋯⋯⋯⋯⋯⋯⋯⋯⋯ 200g
紅味噌、麥味噌或八丁味噌⋯⋯3 大匙
5×4×4 公分的麻糬⋯⋯⋯⋯⋯⋯⋯3 塊

▶材料

❶將麻糬烤至出現斑點，並用筷子或叉子分成小塊。
❷把高湯、香椿和油豆腐放到鍋中煮滾，加進用熱湯乳化的味噌，再煮滾。
❸分別倒入碗中，加上麻糬，立即食用。

四色味噌湯〔2 人份〕

▶材料

日式高湯或一般高湯⋯⋯⋯⋯⋯⋯1 ¼碗
奶油或油 ⋯⋯⋯⋯⋯⋯⋯⋯⋯⋯⋯ 1茶匙
香椿末⋯⋯⋯⋯⋯⋯⋯⋯⋯⋯⋯⋯⋯⋯⅔碗
紅味噌、麥味噌或八丁味噌⋯⋯⋯1 大匙
甜白味噌⋯⋯⋯⋯⋯⋯⋯⋯⋯⋯⋯1 大匙半
蛋汁⋯⋯⋯⋯⋯⋯⋯⋯⋯⋯⋯⋯⋯⋯⋯1 個
薑末⋯⋯⋯⋯⋯⋯⋯⋯⋯⋯⋯¼～½茶匙

▶作法

❶以中火加熱高湯。
❷炒鍋燒熱，並淋上奶油，下香椿末炒20 到 30 秒，再放進高湯裡煮滾。
❸加入以熱湯乳化的味噌，再把湯煮滾；一次次慢慢加進蛋汁，之後關火，灑上薑末後食用。
❹若喜歡更濃郁的質地，蛋汁倒入味噌湯前可先加入 1 茶匙以 1 大匙的水溶解的葛根粉或太白粉。

蘑菇味噌湯〔2 人份〕

▶材料

奶油⋯⋯⋯⋯⋯⋯⋯⋯⋯⋯⋯⋯⋯⋯1 大匙半
香菇絲⋯⋯⋯⋯⋯⋯⋯⋯⋯⋯⋯⋯⋯⋯6 朵
香椿末⋯⋯⋯⋯⋯⋯⋯⋯⋯⋯⋯⋯⋯⋯半碗
日式高湯、一般高湯或水⋯⋯⋯⋯2 碗
赤出味噌⋯⋯⋯⋯⋯⋯⋯⋯⋯⋯⋯3 大匙
巴西利末⋯⋯⋯⋯⋯⋯⋯⋯⋯⋯⋯2 大匙

▶作法

❶炒鍋燒熱並融化奶油，下香菇和香椿炒一下。
❷加入高湯煮滾，倒入以熱湯乳化的味噌再煮滾；灑上巴西利後趁熱食用。

奶油檸檬甜味噌湯〔3~4 人份〕

▶材料

奶油⋯⋯⋯⋯⋯⋯⋯⋯⋯⋯⋯⋯⋯2 大匙半
香椿末⋯⋯⋯⋯⋯⋯⋯⋯⋯⋯⋯⋯⋯⋯半碗
汆燙過的玉米或青豆⋯⋯⋯⋯⋯⋯半碗
熱水或高湯⋯⋯⋯⋯⋯⋯⋯⋯⋯⋯⋯2 碗
檸檬汁⋯⋯⋯⋯⋯⋯⋯⋯⋯⋯⋯⋯2 茶匙
甜白味噌⋯⋯⋯⋯⋯⋯⋯⋯⋯⋯⋯6 大匙
胡椒（可不加）⋯⋯⋯⋯⋯⋯⋯⋯⋯少許

▶作法

❶炒鍋燒熱並融化奶油，下香椿和玉米

炒 4 到 5 分鐘。

❷加入熱水煮滾，倒入檸檬汁和以熱湯乳化的味噌再煮滾；加點胡椒調味，趁熱食用。

甜白味噌濃湯〔2~3 人份〕

▶材料

奶油……………………………………2 大匙
香椿末……………………………………¼碗
全麥麵粉……………………………1 大匙半
日式高湯、一般高湯或水……………2 碗
甜白味噌……………………………6 大匙
胡椒（可不加）………………………少許
巴西利末……………………………1 大匙

▶作法

❶炒鍋燒熱並融化奶油，下香椿炒 4 到 5 分鐘，轉小火再下麵粉炒 1 分鐘。

❷一點一點加入高湯，持續攪拌均勻。

❸加入以一點熱湯融化的味噌，用胡椒調味並煮濃湯汁，灑上巴西利即可。

二、日式味噌燉菜

味噌是許多燉菜不可或缺的調味料，若燉菜以黃豆或豆腐做成，份量與蛋白質都足夠當主菜。晚餐最常吃的三道料理為蔬菜豆腐燉湯、狸湯和豆汁燉菜。

蔬菜豆腐湯〔5 人份〕

▶材料

麻油……………………………1 大匙半
豆腐丁 ……………………………… 510g
牛蒡薄片…………………………………半碗
白蘿蔔半月形片………………………1 碗
香菇或木耳切片………………………5 朵
蕃薯、山藥或芋頭塊………………約 1 碗
稍為醃過的蒟蒻小塊…………………半塊
胡蘿蔔銀杏葉塊………………………半碗
紅味噌、麥味噌或八丁味噌………5 大匙
日式高湯、一般高湯或水…………2 ¼碗
鹽…………………………………………¼茶匙
味醂……………………………………2 茶匙
配料：七味唐辛子、大蔥片、碎海苔、碎檸檬皮或柚子皮

▶作法

❶平底鍋入油燒熱，依序下腐、牛蒡、白蘿蔔、香菇、蕃薯、胡蘿蔔、蒟蒻，每次約炒 1 分鐘。

❷轉小火，加入高湯、味噌、鹽、水，加蓋燉煮 30 到 40 分鐘，或等白蘿蔔煮成透明狀；靜置 6 到 8 小時風味最佳，灑上配料即可食用。

❸將牛蒡根和胡蘿蔔的份量增加三倍，不加其他蔬菜，並用麥味噌製作，則稱為狸湯。

豆汁燉菜〔4~6 人份〕

這道味噌濃湯以豆汁為原料。在冬雪靄靄的日本東北地區，這是人們冬天最愛吃的食物。豆汁燉菜可用各式各樣的食材、調味料與配料，只要看起來很不錯，都可以試試看。

▶材料

黃豆………………………………………半碗
日式高湯、一般高湯或水…………4 碗半
油………………………………………2 大匙
香椿末……………………………………半碗
胡蘿蔔半月形片…………………………半根

油豆腐細條……………………………60g
香菇絲……………………………………3 朵
白蘿蔔半月形片 …………………… 5 公分
馬鈴薯、蕃薯、山藥或芋頭丁…………1 個
紅味噌、麥味噌或八丁味噌……5~6 大匙

▶作法

❶黃豆洗淨並用 1 公升的水浸泡 8 至 10 小時，洗淨後瀝乾。把黃豆和¾碗的水放到果汁機，以高速打 3 分鐘成糊或均勻質地。
❷大湯鍋入油燒熱，下接下來六種材料炒 5 到 10 分鐘，或直到馬鈴薯變軟。
❸加入黃豆糊及剩餘的 3 ¾ 碗水，煮滾後不加蓋再煮 10 到 15 分鐘，偶爾攪拌。
❹加入以幾大匙熱湯稀釋過的味噌，再燉煮 1 分鐘，立即食用；若偏好更濃郁、更甜的風味，則靜置冷卻至少 6 小時。白蘿蔔亦可用半碗芹菜末代替。

百變豆汁燉菜

◆下列配菜或調味料，可和味噌一起加入湯裡面，或分別加入每份湯中：七味唐辛子、綠海苔、花椒、清酒粕、切絲的柚子皮或檸檬皮、蒜末、麵包塊、鼠尾草或百里香。
◆亦可試試其他蔬菜，如青豆莢、含葉的芹菜、雪豆、昆布或去殼毛豆。若想讓湯更濃些，可加兩個蛋花，或和味噌一起加進兩片馬鈴薯薄片。

三、西式味噌湯和味噌燉菜

味噌的用途結合了美味高湯塊、湯與調味料。可以在喜歡的菜色中，用一大匙的紅味噌、麥味噌或八丁味噌，代替半茶匙的鹽。為賦予味噌最佳的香氣、滋味與營養，煮好前再加進乳化的味噌。

冬南瓜味噌濃湯〔4~5 人份〕

▶材料

油……………………………………1 大匙半
日本南瓜、一般南瓜或義大利瓜……450g
香椿末……………………………………半碗
水或高湯…………………………………2 碗
肉豆蔻或肉桂………………………¼茶匙
紅味噌、麥味噌或八丁味噌………4 大匙
巴西利末………………………………3 大匙
麵包丁或乾麵包片……………………半碗
碎烤芝麻（可不加）…………………2 大匙

▶作法

❶南瓜先去子、切 1.2 公分的方塊備用。
❷大湯鍋入油熱，下南瓜和香椿炒 3 分鐘。
❸加水、加蓋煮滾後轉小火燉 25 分鐘。加入肉豆蔻和以熱湯稀釋過的味噌攪拌，煮滾後關火，放涼到室溫後風味最佳。
❹灑上巴西利、麵包丁，若用芝麻也可加入，可冷食或再加熱之後食用；可用果汁機打成糊，風味也很棒。
❺若想濃稠一點，可加兩大匙奶油。

玉米蕃茄味噌濃湯〔2人份〕

▶材料

油……………………………………1大匙
香椿末………………………………半碗
玉米粒………………………………半碗
蕃茄丁…………………………大型1個
豆漿或牛奶……………………………1碗
紅味噌、麥味噌或八丁味噌……2大匙半
胡椒或芥末…………………………少許
奧勒岡或馬鬱蘭……………………¼茶匙
巴西利末……………………………1大匙

▶作法

❶鍋子燒熱入油，下香椿、玉米炒 4 分鐘，加入蕃茄再炒2到3分鐘。
❷加豆漿和味噌攪拌並以胡椒和奧勒岡調味，持續拌煮1分鐘但勿煮滾。
❸關火後靜置冷卻到和體溫一樣，放到果汁機裡打成均勻糊狀，倒回鍋中煮滾，灑上巴西利再食用，冷熱皆宜。

奶油玉米起司味噌湯〔3人份〕

▶材料

油……………………………………1大匙
香椿末………………………………半碗
胡蘿蔔末……………………………1碗
新鮮玉米粒…………………………1碗
水或高湯……………………………2碗

【圖 118　日本南瓜】

磨碎的起司…………………………1碗
紅味噌、麥味噌或八丁味噌……2大匙
甜白味噌……………………1大匙半
胡椒…………………………………少許
巴西利末……………………………1大匙

▶作法

❶大湯鍋燒熱入油。依序下香椿、胡蘿蔔和玉米，各炒3分鐘。
❷加入水，加蓋煮滾再燉10分鐘。
❸加起司和以熱湯乳化過的兩種味噌再煮滾，之後以胡椒調味，並灑上巴西利，食用時冷熱皆宜。
❹若想多攝取一點蛋白質並增加湯料，可用140到280公克一般豆腐或油豆腐的丁和味噌一起加入湯裡，而味噌也可再增加1茶匙半到3茶匙。

清爽優格味噌湯〔2人份〕

▶材料

奶油…………………………………1大匙
香椿末………………………………半碗
青椒圈………………………………1個
日式高湯或一般高湯………………1碗
紅味噌、麥味噌或八丁味噌……1大匙半
優格…………………………………¼碗
胡椒…………………………………少許

▶作法

❶炒鍋燒熱並融化奶油，下香椿和青椒炒3分鐘。
❷加高湯煮滾，加入以熱湯融化的味噌、優格再煮滾；以胡椒調味後食用。

奶油味噌濃湯〔4人份〕

▶材料

奶油…………………………………2大匙

香椿末……………………………………1 碗
馬鈴薯薄片………………………………2 個
水或高湯…………………………………2 碗
紅味噌、麥味噌或八丁味噌………2 大匙
鮮奶油或濃豆漿……………………1 碗半
胡椒………………………………………少許
水田芥末（可不加）…………………適量

▶作法

❶以炒鍋融化奶油，下香椿炒 3 分鐘。
❷加進馬鈴薯、水和以幾大匙水乳化的味噌，加蓋燉 15 分鐘後，稍微放涼。
❸倒入果汁機打勻後，加入鮮奶油和胡椒再打勻，放到完全冷卻，灑上巴西利末即可食用。

速食味噌湯〔1 人份〕

▶材料

非常燙的熱水或是沸水………………半碗
味噌：擇一
　紅味噌或麥味噌………………2 茶匙
　甘口白味噌……………………4 茶匙
　甜白味噌………………………6 茶匙

▶作法

把味噌放入杯子或小碗中，一次加入一點熱水拌勻，立即食用。

類布丁味噌湯〔3 人份〕

▶材料

奶油……………………………………1 茶匙半
香椿末……………………………………半碗
全麥麵包丁………………………………1 ¼碗
豆奶或牛奶………………………………2 碗
紅味噌、麥味噌或八丁味噌……2 大匙半
小型雞蛋…………………………………1 個
新鮮肉豆蔻碎末…………………………少許
巴西利末…………………………………1 大匙

▶作法

❶炒鍋裡融化奶油，下香椿炒 5 分鐘，再下麵包丁及 1 杯半的豆奶煮滾。
❷關火後加蓋靜置 20 分鐘，再用攪拌器或叉子拌勻。
❸混合味噌、蛋和半碗豆奶拌勻，倒入湯中後再煮滾，並持續拌勻。拌入肉豆蔻並灑上巴西利，冷熱食皆可。
❹若要當做甜點，可將¼到半碗的葡萄乾和肉豆蔻一起加到湯裡。

胡蘿蔔味噌湯〔2~3 人份〕

▶材料

油…………………………………………2 茶匙
香椿末……………………………………¼碗
甘藍菜葉絲………………………………¼片
胡蘿蔔圓薄片……………………………¼根
小型馬鈴薯、山藥或是蕃薯…………1 個
胡蘿蔔汁或蕃茄汁………………………¾碗
水或高湯…………………………………¾碗
紅味噌、麥味噌或八丁味噌………4 茶匙
帕梅善起司………………………………3 大匙
奧勒岡或胡椒……………………………少許
巴西利末…………………………………1 大匙

▶作法

❶馬鈴薯切成 0.6 公分大小的方塊。
❷湯鍋燒熱入油，下接下來四種材料炒 2 分鐘，再加入果汁和水煮滾，加蓋燉煮 20 分鐘。
❸放入熱湯乳化過的味噌，加入帕梅善起司攪拌，並以奧勒岡調味。再把湯煮滾，灑上巴西利之後食用。

基本味噌湯〔4~6 人份〕

這道湯使用了最常見的蔬菜，價廉物美、做法簡單，一年到頭都很適合享用。

▶材料

油……………………………………2 茶匙
香椿末………………………………半碗
胡蘿蔔片……………………………1 碗
甘藍菜絲……………………………2 碗
水或高湯……………………………4 碗
紅味噌、麥味噌或八丁味噌…3 大匙半
巴西利末……………………………2 大匙

▶作法

❶炒鍋入油燒熱，依序下香椿胡蘿蔔炒 3 到 4 分鐘，再下甘藍菜炒 2 分鐘。
❷加水、加蓋煮滾，再燉煮 15 分鐘；拌入以湯乳化的味噌後關火。灑上巴西利之後食用，冷熱食用皆宜；剩下來的湯打成糊，冰涼後特別好喝。

❸若要變換口味，可用 1 碗馬鈴薯丁和胡蘿蔔一起加入湯裡。

絲絨義大利瓜味噌湯〔4 人份〕

溽暑中一道清新的義大利瓜湯，午後和晚餐享用一番，全身都清涼暢快起來，剩湯冷凍後可保存很久。

▶材料

油……………………………………1 大匙
香椿末………………………………半碗
芹菜末…………………1 ¼碗（2 根）
義大利瓜丁………………………2 碗半
水或高湯……………………………3 碗
紅味噌、麥味噌或八丁味噌…3 大匙半
巴西利末……………………………2 大匙

▶作法

❶炒鍋入油燒熱，依序下香椿、芹菜和義大利瓜炒 2 到 3 分鐘。
❷倒進水或高湯後加蓋燉煮 5 分鐘關火，並拌入以湯汁乳化的味噌。
❸稍微放涼，倒入果汁機裡打勻，冰涼後灑上巴西利食用。天冷時，可以不打成糊、趁熱騰騰時喝也很美味。

紅豆蔬菜味噌湯〔4~6 人份〕

▶材料

洗淨並瀝乾水份的紅豆………………1 碗
水……………………………………3 碗
油……………………………………1 大匙
香椿末………………………………半碗
胡蘿蔔絲…………………………1 小根
紅味噌、麥味噌或八丁味噌………4 大匙
蜂蜜…………………………………2 大匙
芝麻醬………………………………2 大匙
肉桂或肉豆蔻……………………¼茶匙

▶作法

❶把紅豆和水放進壓力鍋，以最大壓力（15磅）小火煮40分鐘；關火後靜置15分鐘，讓壓力自然下降。
❷熱炒鍋入油，下香椿和胡蘿蔔炒5分鐘後關火。
❸加入味噌、蜂蜜、芝麻醬、肉桂和幾大匙煮紅豆的熱湯，拌勻後，加入壓力鍋再和紅豆拌勻。
❹放涼後冷藏至少8小時，若24小時則風味最好。可冷食，也可再加熱食用。

味噌燉菜〔4~5人份〕

這道美味珍饈，非常像以炒青菜製作的濃味噌湯。

▶材料

麻油……………………………1大匙半
香椿末…………………………………半碗
胡蘿蔔半月形片……………………半根
馬鈴薯塊………………………………2個
大白菜絲……………………………1碗半
水或高湯………………………………3碗
紅味噌、麥味噌或八丁味噌……5大匙半
巴西利末（可不加）………………2大匙

▶作法

❶大鍋子燒熱入油，依序下四種蔬菜，約各炒1分鐘，然後加水煮滾。
❷轉小火，加蓋燉煮15分鐘；拌入以熱湯乳化的味噌，再把湯煮滾。
❸靜置冷卻6到8小時後風味最佳，灑上巴西利即可食用，也可加熱食用。
❹若希望湯更豐盛、蛋白質更高，可用340到510公克的一般豆腐，或140到200公克的油豆腐來代替馬鈴薯，並運用各種時令蔬菜。另外，馬鈴薯可用4個芋頭代替；大白菜絲亦可用1碗切圓薄片的白蘿蔔代替。

【圖119　日式家庭暖爐】

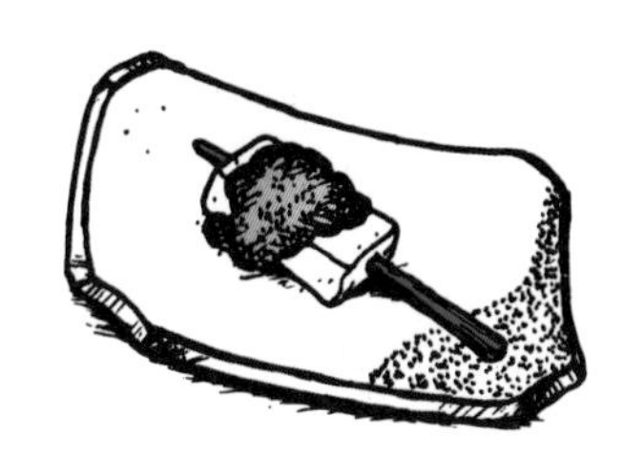

搭配穀類及豆類

穀類與豆類是人類最基本的糧食，若能配上味噌，更能突顯其簡單又讓人滿足的風味。這些糧食價廉物美，作法簡單，可每天當做健康飲食的骨幹，亦可參考味噌烤物及味噌三明治。

一、味噌搭配糙米

糙米有益於健康，根據歷史記載，全球半數以上的人都靠著吃糙米維生。

炸酸甜味噌米丸〔3~4人份〕

▶材料

冷卻至體溫或室溫的糙米飯⋯⋯⋯1 碗
香椿末⋯⋯⋯⋯⋯⋯⋯⋯⋯⋯⋯⋯⋯¾碗
紅味噌、麥味噌或八丁味噌⋯⋯⋯2 大匙
芝麻醬或西式淡麻醬⋯⋯⋯⋯⋯⋯¼碗
薑末⋯⋯⋯⋯⋯⋯⋯⋯⋯⋯⋯⋯⋯2 茶匙
玉米粉、竹芋粉或葛根粉⋯⋯⋯⋯半碗

油炸用油⋯⋯⋯⋯⋯⋯⋯⋯⋯⋯⋯⋯適量
鳳梨酸甜醬⋯⋯⋯⋯⋯⋯⋯⋯⋯⋯1 碗半

▶作法

❶混合前五種材料拌勻，做成 20 到 25 個直徑 4 公分的丸子，裹上玉米粉。
❷炒菜鍋熱油到 177℃，一次放入 8 到 10 個丸子，炸到表面呈酥脆的金黃色。
❸瀝乾油後灑上熱的沾醬，立即食用；若喜歡較濃郁又甜的口味，靜置 6 到 8 小時再吃。

韓式菜包飯〔3~5人份〕

這道韓國名菜是把飯和辣辣的配菜一起包進清脆爽口的萵苣葉裡，像三明治一樣用手拿起來吃。在這我們用豆腐或炒蛋來替代一般的漢堡肉或豬肉味噌。

▶材料

麻油⋯⋯⋯⋯⋯⋯⋯⋯⋯⋯⋯⋯⋯⋯1 大匙
磨碎的豆腐⋯⋯⋯⋯⋯⋯⋯⋯⋯⋯⋯340g
紅味噌、麥味噌或八丁味噌⋯⋯⋯3 大匙
薑汁⋯⋯⋯⋯⋯⋯⋯⋯⋯⋯⋯⋯⋯⋯1 茶匙
香椿⋯⋯⋯⋯⋯⋯⋯⋯⋯⋯⋯⋯⋯⋯⅓碗
紅辣椒粉⋯⋯⋯⋯⋯⋯⋯⋯⋯⋯⋯¼碗匙
萵苣葉或奶油萵苣葉⋯⋯⋯⋯⋯12~15 片
檸檬薄片⋯⋯⋯⋯⋯⋯⋯⋯⋯⋯⋯3~5 片
蕃茄楔形薄片或起司片⋯⋯⋯⋯6~10 片
糙米飯⋯⋯⋯⋯⋯⋯⋯⋯⋯⋯⋯2~2 碗半

►作法

❶炒鍋先燒熱入油，再下豆腐（或 3 個不加鹽的炒蛋）炒 3 分鐘，再加入薑汁和味噌炒 30 秒後關火。

❷拌入香椿和紅辣椒，把所有材料徹底壓成泥，舀進小碗。

❸把小碗的醬料放到大盤子中央，周圍鋪上萵苣葉，上面擺檸檬和蕃茄塊；盛一碗飯，整道就是主菜或開胃菜。

❹把萵苣葉放到掌心，在葉子中央加兩大匙的飯，飯上加一大匙的配菜。可擠些檸檬汁或加一塊蕃茄片到配菜上，收攏包好葉子尾端和兩邊即可。

❺其他很受歡迎的韓式配菜還有紅辣椒味噌，也可試試看嘗味噌。

味噌飯糰〔9 個〕

►材料

紅味噌、麥味噌或八丁味噌……1 大匙半
碎鹹梅甘（可不加）……………………6 個
磨碎的起司（可不加）……………3 大匙
冷卻 5 分鐘的糙米飯……………… 2 碗
烤海苔………………………………3 張

►作法

❶將每張海苔切成 6 片正方形。

❷拌勻前面三種材料（或只用味噌）後加到飯裡，用木匙或木鏟輕輕拌過。

❸雙手用冷水沾濕以免粘手，把飯捏成 9 個三角楔型；在每個飯糰的兩面鋪上海苔，輕輕把海苔邊緣與角落和飯糰壓緊（注意隨時保持手濕潤）。

❹把飯糰擺到盤子上，配上巴西利枝，或放進餐盒。亦可把紅味噌綜合配料換成¼碗的芝麻味噌、甜醬味噌或嘗味噌，也可將味噌或綜合味噌醬料捏成 9 個小丸子，分別塞進飯糰中央。

❺若飯糰不要包海苔，可以裹上完整或碎的烤芝麻。

百變味噌飯糰

◆**烤飯糰：**可用脆而金黃的鍋粑來作飯糰；每個飯糰表面鋪上薄薄一層味噌（不要包海苔），之後很快用火烤過，把飯糰烤出香氣。

◆**炸味噌飯糰：**將飯糰兩面都炸成金黃色、散發出香氣；若要做點變化，可用 2 大匙的烤芝麻裹在飯糰上或在味噌裡加 2 大匙的芝麻醬後再油炸。

香菇味噌茶飯〔3~4 人份〕

又稱「菜飯」，滋味豐富又受歡迎。

►材料

洗淨並瀝乾水分的糙米……………1 碗半
水或綠茶……………………………1 ⅔ 碗
香菇或松茸切絲……………………5 朵
新鮮青豆……………………………半碗
紅味噌、麥味噌或八丁味噌………2 大匙
味醂…………………………………2 茶匙
巴西利末（可不加）………………適量

►作法

❶把所有材料加進壓力鍋快速拌過，製作方式同糙米飯。熱食，可隨喜好加入巴西利末。

❷更簡單的製作方式是把 1 大匙半的紅

【圖 120　飯糰】

味噌、米與水加在一起，之後的做法同煮糙米飯。

❸若要作栗子味噌糙米飯，則用半碗整顆或切半的栗子（新鮮或乾燥皆可）取代香菇和青豆。

糙米味噌奶昔〔3 人份〕

▶材料

蕃茄汁、胡蘿蔔汁或綜合蔬菜汁……2 碗
糙米飯……3/4 碗
紅味噌、麥味噌或八丁味噌……1 大匙
胡椒或奧勒岡……少許
烘烤過的小麥胚芽（可不加）……1/4 碗
檸檬汁（可不加）……1 茶匙

▶作法

把所有材料加到果汁機，打 2 到 3 分鐘成均勻濃稠的糊狀。可冰涼後食用。

雜炊或雜菜粥〔1~2 人份〕

「雜炊」指「許多東西加在一起煮」，是日本許多家庭喜歡用來處理剩飯和味噌湯或清湯的方式。在戰爭或飢荒時，由於米十分稀少，因此雜炊是常見的家常料理，料理時會加入大量的湯水，以填飽肚子、抵抗飢餓。在富饒的今天，熱騰騰的豐盛雜炊是冬天最受歡迎的佳餚，身心都能靠著這道粥而暖和起來。

東京人口頭上把雜炊稱作「雜菜粥」，它源自於古中國，現在中國更發展出上百種粥料理。十五世紀時，粥流行於整個日本，並成為 1 月 7 日必吃的料理，也就是新年的最後一天食用。製作雜菜粥時要用七種春天的藥草、新汲的水與味噌，還得看時辰來烹調。若能把新收集來的野草，在良辰吉時加入粥裡面，並趁著「中國白鷹飛過頭頂」前食用（一種婉辭，是指害怕中國大陸傳進日本的疾病），據說神仙就會賜與八千年的幸福生活，且立即年輕七十歲；時至今日，人們還是覺得這道粥能在感冒流行季抵抗疾病。飯與湯的比例可以依照剩菜的份量做變化。

▶材料

味噌湯……1 碗半
糙米飯或糙米粥……1 碗

▶作法

❶先煮滾味噌湯，加入飯後再煮滾；加蓋煨煮 15 到 30 分鐘，或等飯變軟。

❷若要吃不同的口味，可加進豆腐丁、剩菜或天婦羅，也可加蛋之後再關火。可隨喜好以七味唐辛子或薑末調味；配上碎的烤海苔、綠海苔片、香椿末、檸檬皮或巴西利末。趁熱食用。

味噌茶泡飯〔1 人份〕

如果你很忙，想迅速製作一道輕食，或有剩飯，卻沒時間再加熱，那麼茶泡飯就是最理想的選擇。日本人在吃飽後，會把碗裡剩下的飯做成茶泡飯，許多餐廳甚至以之為招牌菜。茶泡飯最受歡迎的配菜是醃蘿蔔（或其他鹽漬蔬菜）以及佃煮（昆布絲或切成 2.5 公分的昆布塊、紫蘇子、小魚乾等等，以日式醬油或味醂燉成綜合鹹菜），也使用各種不同的味噌當作淋醬。

▶材料

飯或剩飯……………………半碗~1 碗
非常熱的綠茶……………………¼~1 杯
烘烤過的碎海苔……………………1 大匙
味噌淋醬：選擇 1 至 2 種
味噌醃菜
烤味噌
嘗味噌
甜醬味噌
炒味噌
木蘭葉味噌

▶作法

❶把飯分別放進一個個的碗中，上面放上味噌；倒入熱茶，並用筷子尖把味噌壓入飯裡。
❷加蓋靜置幾分鐘，灑上海苔，然後一口湯、一口飯地吃。

韓式拌飯〔6 人份〕

這道很有名的韓國菜是用很辣的紅辣椒味噌調味，再配上炒青菜。它和日本的五色壽司一樣，是在特殊場合食用。由於製作方式很繁複，且每個廚師各有不同做法，因此在此只以簡略的方式概述。

▶作法

❶準備兩個和紙一樣薄的蛋備用。
❷兩條小黃瓜切圓薄片，稍微抹鹽、靜置 20 分鐘後洗淨。用麻油炒小黃瓜片，並搭配些碎烤芝麻及辣椒炒 3 分鐘。
❸將 3 碗黃豆芽以加了一點鹽的水汆燙 10 分鐘並瀝乾，再配上和小黃瓜一樣的配料，炒 4 分鐘。
❹把香菇絲（或彈簧花）用同樣的醬料炒過，並加上糖炒 9 分鐘。
❺在一個大型的淺碗裡面，加上五碗糙米飯，再放炒菜、蛋皮絲、杏仁片，以及碎的炸昆布或烤海苔。
❻用一小碗自製的辣椒味噌來配飯。請客人選擇自己喜歡的蔬菜，並把飯裝進自己的碗裡，然後在飯菜上加上一些辣味噌。

二、味噌麵

麵好消化，可當作無肉飲食的主食。用富含全麥、未精製的蕎麥或黃豆麵粉，營養價值最高。

風味十足的蕎麥麵、胖嘟嘟的烏龍麵、義大利麵、有嚼勁的中式拉麵、冬天熱騰騰的麵、夏天配上清爽醬汁的涼麵、以豐盛醬汁做成的炒麵、金黃酥脆的炸麵、家常的湯麵、拌麵或砂鍋麵……。麵有無窮風貌，而味噌則可為麵食加分。

味噌豆漿醬蕎麥麵〔2 人份〕

▶材料

豆漿或牛奶……………………1 碗半
香椿末……………………半碗
紅味噌、麥味噌或八丁味噌………1 大匙
甜白味噌……………………2 大匙
奶油……………………2 大匙
磨碎的起司……………………半碗

【圖 121　木製麵撈】

煮熟並瀝乾水分的蕎麥麵……………100g
胡椒…………………………………………少許
巴西利末或碎烤芝麻…………………2 大匙
烘烤過的碎海苔（可不加）………適量

▶作法

❶把豆漿和香椿加進大鍋子，以中火煮滾後持續攪拌。
❷拌入以熱湯乳化的味噌，再加入奶油、起司和麵條煮滾，以胡椒調味後關火。
❸靜置幾個小時後食用風味最佳，直接或後來再加熱食用皆可。記得灑上巴西利末，亦可再灑上海苔。
❹若要變化口味，把所有材料加進燉鍋，用 180℃烤 20 分鐘成漂亮的棕色。

酥炸麵條佐酸甜味噌醬〔4 人份〕

▶材料

麵條…………………………………………170g
油炸用油……………………………………適量
鳳梨酸甜醬…………………………………3 碗

▶材料

❶把麵條煮熟放在濾網上瀝約 1 小時。
❷熱炒鍋到 180℃，用鍋鏟將¼碗的麵條，滑進油中炸 30 秒，翻面後炸 30 秒或呈酥脆金黃，再徹底把油瀝乾。
❸所有的麵條都如法炮製，把麵條裝到個別的盤子上，淋上醬料立即食用。

味噌烏龍麵〔6 人份〕

這道味噌麵非常受歡迎，煮過麵的水不要丟棄，可用來製作濃味噌醬。若把烏龍麵靜置一夜，麵條會讓醬料變得更濃稠，味道更好；冷食或再加熱食用皆可。

▶材料

【圖 122　自製麵】

麵粉（一半使用全麥麵粉）…………2 碗
溫水……………………………………8 碗半
鹽………………………………………¼茶匙
甜白味噌………………………………5 大匙
紅味噌、麥味噌或八丁味噌………3 大匙
香椿 ……………………………………半碗
七味唐辛子……………………………適量
烤過的碎海苔（可不加）…………適量

▶作法

❶把 2 碗麵粉放進大碗中，加入半碗水，一次加進一點拌勻，並把麵粉揉成大麵糰。
❷和麵板上灑上麵粉，把麵糰壓滾成 0.3 公分厚，表面稍為灑上麵粉，縱向折成四層。
❸將麵糰橫向切成 0.3 公分寬的麵條，灑上麵粉後，放在和麵板上稍微晾乾。
❹把剩下的 8 碗水加到鍋中煮沸，放進麵條和鹽，把麵條煮到浮上水面。
❺加入用熱湯乳化過的味噌，燉煮 10 分鐘後關火，靜置過夜；灑上香椿、唐辛子和海苔之後食用。
❻若要省時，可用 280 公克的乾麵取代自製麵。日本有些地方會先把白蘿蔔、香菇、芋頭、胡蘿蔔和油豆腐汆燙或者以甜的醬油湯燉煮，再和味噌一起

加入麵裡，這樣就成了一道令人食指大動的濃燉蔬菜麵了。

味噌拉麵〔2~3 人份〕

日本好幾千家賣中式拉麵的餐館中，味噌拉麵是深受顧客喜愛的一道，多用雞湯所熬成，要趁熱食用。以從味噌拉麵發源地發展出的札幌味噌拉麵最有名。

►材料

中式麵條 …………………………… 100g
麻油…………………………………1 大匙
豆芽 ………………………………… 半碗
香椿末…………………………………半碗
紅味噌、麥味噌或八丁味噌……3 大匙
日式醬油……………………………1 大匙
一般高湯或日式高湯………………2 碗半
七味唐辛子或塔巴斯哥辣醬………少許
泡軟的乾香菇………………………1 大匙

►作法

❶麵煮好瀝乾後靜置一旁。
❷炒鍋燒熱入油，下豆芽和香椿炒 3 分鐘。
❸用半碗高湯和醬油融化味噌，並和唐辛子與香菇一起加入炒鍋中煮滾。加入剩下的高湯持續攪拌到滾。
❹把麵條放入濾網，置於滾水快速燙過至熱即可，放到大碗裡，倒上蔬菜和湯料。

醋味噌涼麵〔4 人份〕

►材料

煮熟、瀝乾並冷卻的麵條…………200g
甜芥末醋味噌……………………………半碗
小黃瓜片…………………………………1 條
蕃茄楔形圓片……………………………1 個
水煮蛋楔形薄片…………………………1 個

►作法

把涼麵放進大碗中，味噌放到麵條中央，在周圍擺上配菜。請客人自行取用。

三、味噌與其他穀類

味噌可佐小麥片、墨西哥捲餅、麻糬、法式吐司，也可搭配燕麥、玉米粉與小麥粉當作淋醬，全都是美味的佳餚。

在日本，市面上可以買到味噌仙貝和味噌麵包，兩種食品都只用紅味噌和甜米麴或是麵麴混合，之後烘烤而成。

咖哩小麥粉起司味噌飯〔2 或 3 人份〕

小麥片也稱「庫斯庫斯」，是把完整的小麥穀粒稍為烹煮、乾燥後壓碎。這是近東與北非很常見的食材，不太需要烹煮，而且有爽口的堅果味。在西方，現在多稱作阿拉（Ala）。

►材料

奶油…………………………………2 大匙
小麥粉…………………………………半碗
香椿末…………………………………半碗
水或高湯………………………………1 碗
咖哩粉…………………………………半茶匙
紅味噌、麥味噌或八丁味噌……1 大匙半

帕梅善起司或磨碎的起司……2大匙半
巴西利末……1大匙

▶作法

❶用炒鍋融化奶油，下小麥粉和香椿炒4到5分鐘，再加水和咖哩粉燉煮15分鐘，或等湯汁收乾。
❷拌入味噌和起司，關火。配上巴西利，冷熱食用皆可。

味噌塔波利〔4~6人份〕

▶材料

小麥片……1碗
檸檬汁……¾碗
巴西利末……¾碗
新鮮薄荷末……2大匙
蕃茄丁……3個
青椒碎末……半個
橄欖油……6~8大匙
紅味噌、麥味噌或八丁味噌……1茶匙

▶作法

❶用2茶匙的溫水溶解味噌備用。
❷把小麥片和檸檬汁加在一起稍微拌勻，靜置1小時。
❸拌入剩下的材料，靜置幾小時或2到3天的道會最好，冰涼後非常好吃。
❹若是用3大匙乾燥薄荷片代替新鮮薄荷末，則須先用2大匙的熱水泡開。

玉米粉味噌麵包〔1條〕

這道佳餚和起司蛋糕一樣濃郁，並且有漂亮的三個層次。味噌再加上黃豆、玉米和奶類，蛋白質含量提高了13%。

▶材料

【圖123　海苔烤麻糬】

粗粒玉米粉……半碗
全麥麵粉……¼碗
發粉……1茶匙
豆漿或牛奶……1碗半
蛋汁……1個
蜂蜜……1大匙
紅味噌或麥味噌……1大匙半
葡萄乾……¼碗
奶油……2大匙

▶作法

❶烤箱預熱到190℃；將前三種材料加在一起，過篩或拌勻。
❷把1碗豆醬和接下來四種材料混合，攪拌到味噌融化，再和入麵粉中拌均。
❸在長型烤盤中讓奶油融化，倒入麵糊，淋上剩下的半碗豆漿，烤45分鐘。可配上奶油、趁熱食用，若喜歡濃一點的偏甜口味，可冷藏後食用。

甜味噌海苔烤麻糬〔2~4人份〕

▶材料

7.5×5×2公分的麻糬……8塊
奶油……8茶匙
蜂蜜（可不加）……4茶匙
薑末（可不加）……2茶匙
7.5×15公分的海苔……8片
味噌（擇一）：甜醬味噌……8茶匙

嘗味噌……… 8 茶匙
甜白味噌………8 茶匙

▶作法

❶把麻糬的兩面都烤過，直到變成脆而金黃，厚度也加倍。
❷每塊麻糬的一端切開，塞進奶油、蜂蜜和薑末。
❸在麻糬兩面塗上味噌後，用海苔包起來（圖 123），趁熱食用。
❹若買不到海苔，可用味噌當作部分餡料；或略過蜂蜜和薑末，用 8 茶匙的薑末綜合紅味噌和¼碗的白蘿蔔泥混合，填入麻糬之中。
❺先烤好麻糬後，在四個碗裡各放兩塊，淋上約¼碗的味噌調味汁、味噌檸檬醬或味噌薑醬，就是味噌醬麻糬。

酥脆玉米餅配塔可醬〔5 人份〕

拉丁美洲和印度有許多以穀類製作的大餅，簡單的天然風味十分好吃，加點味噌更是令人食指大動。

▶材料

直徑 18 公分的玉米餅………………10 張
奶油………………………………適量
味噌塔可捲餅醬……………………1 碗半
蕃茄丁………………………………2 個
萵苣絲、苜蓿芽或甘藍菜絲………2 碗半

▶作法

❶以中溫加熱玉米餅 5 到 7 分鐘，或表面呈金黃色且酥脆（亦可用熱油炸過）。
❷薄餅的一面先塗上奶油，再塗上醬料，並灑上蕃茄和萵苣。
❸若喜歡口感實在一點，可以加上 280 到 430 公克的油豆腐絲和萵苣，灑上一些碎起司和塔巴斯哥辣醬；亦可用玉米餅捲些味噌調味過的蔬菜食用。

百變大餅

◆**味噌餡氣球餅：**用熱油先炸過墨西哥玉米捲餅（或氣球餅麵糰），炸到膨脹，並呈金黃色。把奶油、蜂蜜、薑、味噌填進餅裡，做法如同烤麻糬。

【圖 124　製作玉米餅】

【圖 125　仿北京烤鴨】

中式味噌煎餅〔4 人份〕

這道菜的做法類似北京烤鴨，薄薄的軟餅皮裡，包著好吃的味噌（甜麵醬）。中國人會在自家廚房製作類似印度麵餅的餅皮，他們先用鍋子油炸過麵餅，再用大大的竹蒸籠。由於手續繁複，在此使用已做好的玉米餅皮替代。

▶材料

油……………………………………4 茶匙
蛋汁…………………………………4 個
香椿末………………………………半碗
豆芽…………………………………1 碗半
青椒薄片……………………………2 個
蕃茄楔形薄片………………………大型半個
蒸熱的全麥玉米捲餅………………12 張
味噌醬：
　紅味噌或麥味噌…………………3 大匙半
　蜂蜜………………………………4 茶匙
　麻油………………………………2 大匙
　醬油………………………………1 茶匙
　水…………………………………2 大匙

▶作法

❶平底鍋燒熱入 1 大匙油，下蛋和香椿，炒到蛋變硬後裝到小碗裡。
❷再熱平底鍋，淋上剩下 1 大匙的油，炒豆芽和青椒 2 到 3 分鐘，再盛到另一個碗裡。
❸把味噌醬的材料加到第三個小碗裡拌勻，小碟子中放好蕃茄塊香椿末。
❹把玉米餅折成四分之一，和醬與餡料一起放在餐桌上。請客人自行打開餅皮，先鋪上醬料，再放餡料；用餅皮包好餡料，吃法同三明治或墨西哥塔可脆餅。

仿北京烤鴨〔2 人份〕

北京烤鴨是許多中國餐館最名貴的一道佳餚，鴨肉片酥脆的表皮，配上蔥段和甜麵醬，包到薄得像紙、和小飾巾一樣漂亮的麵皮中（直徑約 15 公分），或蒸過的荷葉餅裡。以下介紹一道素北京烤鴨。

▶材料

玉米餅………………………………4 張
奶油…………………………………適量
油豆腐塊（切成 10 公分）…………280g
甜麵醬………………………………2~3 大匙
香椿末………………………………¼碗

▶作法

❶玉米餅先切對半，並用蒸籠加熱，一面抹上奶油，豆腐條則垂直放置在玉米餅切過的一緣，塗上甜麵醬，撒上香椿。
❷捲好，也可用籤子固定；趁著玉米餅還熱熱的時候食用。

四、味噌與黃豆和豆腐

料理黃豆和各式日式和中式豆腐，訣竅就在使用味噌或日式醬油。油豆腐或一般豆腐都很適合搭配味噌淋醬或調味醬，尤其是甜酸味噌、薑味噌或味噌白醬。

味噌黃豆青椒盅〔6 人份〕

▶材料

煮熟並瀝乾的乾黃豆…………………1 碗

紅味噌、麥味噌或八丁味噌………2 大匙
蕃茄醬……………………………………¼碗
香椿末……………………………………半碗
黑糖………………………………………2 大匙
芥末…………………………………約 2 茶匙
磨碎的起司………………………………半碗
青椒………………………………………3 個
油…………………………………………1 大匙

▶作法

❶先將青椒去子，然後放到鹽水中汆燙 5 分鐘備用。
❷烤箱預熱到 180℃，把前七種材料加在一起拌勻後，填進青椒皮中。
❸青椒皮上稍微抹油，並放到抹油的烤盤上，烤 20 分鐘；冷熱食用皆可。其他可以當作青椒的美味餡料有回鍋花豆泥及波士頓烤黃豆。

美味黃豆玉米味噌砂鍋〔4 人份〕

除了作為一道主菜，這道料理也可當作米飯的沾料。

▶材料

煮熟並瀝乾的黃豆…………………1 ¼碗
煮熟的玉米…………………………1 ¼碗
蕃茄丁……………………………………1 個
蕃茄醬……………………………………¼碗
紅味噌或麥味噌……………… 1 大匙半
蜂蜜………………………………………半茶匙
香椿末……………………………………¼碗
碎花生或麵包丁……………………¼碗

▶作法

烤箱先預熱到 180℃備用；把前七種材料混合攪拌均勻，然後再放到稍微抹過油的烤盤上，灑上花生烤 45 分鐘，冷熱食用皆可。

豆煮玉米〔3 人份〕

這是美洲印地安人最愛的一道佳餚，而在此則以黃豆代替一般使用的萊豆（lima beans），並以味噌取代鹽。

▶材料

奶油或油…………………………………2 大匙
煮熟且未調味過的黃豆………………1 碗
新鮮玉米…………………………………1 碗
紅味噌、麥味噌或八丁味噌………1 大匙
辣椒粉…………………………………⅛茶匙
巴西利末…………………………………1 大匙

▶作法

❶炒鍋中融化奶油，下玉米和黃豆以小火炒 5 分鐘。
❷加入味噌，以辣椒粉調味，關火後灑上巴西利。亦可加半碗香椿末和玉米一起炒，味噌中也可加¼碗的碎起司。

波士頓烤豆味噌糙米〔3 人份〕

▶材料

煮熟並瀝乾的黃豆……………………1 碗
煮熟的糙米………………………………2 碗
香椿末……………………………………¼碗
蕃茄醬……………………………2 大匙半
紅味噌或麥味噌…………………5 茶匙
蜂蜜…………………………………1 茶匙半
乾芥末……………………………………2 茶匙
煮過黃豆的水……………………………半碗
咖哩粉…………………………………¾茶匙
醋…………………………………………半茶匙
日式醬油…………………………2 茶匙半

▶作法

烤箱預熱到 120℃；把所有材料加在一起拌勻，放到稍為抹過油的盤子上，加蓋烤 30 分鐘後，移開蓋子再烤 30 分鐘，冷熱食用皆宜。

味噌豆腐盒子〔4 人份〕

▶材料

豆腐……………………………………680g
柚子味噌或任何甜醬味噌……………半碗

▶作法

❶把豆腐等分成四份，各 170 公克。
❷在豆腐較大的那一面，用刀子尖端切下長寬 5 公分，深 2.5 公分的豆腐塊，並小心挖出（圖 126）。
❸在「豆腐井」塞進 1 到 2 大匙味噌，再蓋上剛剛切下的小豆腐塊；用強力吸水紙（日本稱作「和紙」）或鋁箔紙，包好每塊豆腐。
❹蒸籠裡煮滾水，把包好的豆腐放進蒸籠蒸 5 到 10 分鐘，或等味噌完全變熱。趁熱食用，請客人在食用前，撕去自己的那份豆腐的外層紙或鋁箔。

五、味噌與其他豆類

墨西哥風花豆味噌〔6~8 人份〕

▶材料

洗淨並用 9 碗水浸泡一夜的花豆…2 碗
香椿末…………………………………1 個
紅味噌、麥味噌或八丁味噌……3 大匙半
蒔蘿種子或紅辣椒（可不加）……少許
磨碎的起司或帕梅善起司…… 半碗~1 碗

▶作法

❶把豆子和水放到大鍋子中煮滾把火關到很小，加蓋燉煮 1 小時半。
❷加上香椿、味噌和蒔蘿子，再燉 30 分鐘或待豆子變軟。放到湯碗裡，灑上起司食用。

回鍋花豆泥與酸奶味噌〔3 人份〕

在墨西哥，一大鍋的花豆若沒吃完，會以下列方式料理，繼續在下一餐食用。

▶材料

油……………………………………2 大匙
香椿末………………………………半個
不含起司並瀝乾的鍋豆………………2 碗
磨碎的起司…………………………半碗
酸奶油………………………………半碗
紅味噌、麥味噌或八丁味噌……2 茶匙

▶作法

❶炒鍋燒熱入油；入香椿炒 1 分鐘。
❷加入豆子，以叉子壓成泥，再炒 3 分鐘或變酥脆。
❸拌勻起司、酸奶油和味噌後，加入豆泥中，關火，做配菜、夾入玉米捲餅，或當抹醬都非常好吃。

【圖 126　製作豆腐盒子】

味噌焗烤與炸物

焗烤菜色多為西式料理，其中許多道菜的基本材料皆為穀類。而天婦羅等各種油炸食品，沾點甜醬味噌，絕對讓人愛不釋口，搭配其他淋醬也十分美味。

一、焗烤味噌料理

蘑菇味噌煲〔5人份〕

►材料

奶油……………………………………3大匙
蘑菇片…………………………4碗（340g）
全麥麵包………………………………6片
香椿末…………………………………半碗
青椒末…………………………………半碗
芹菜末…………………………………半碗
紅味噌或麥味噌…………………3大匙半
豆奶或牛奶……………………………1碗
蛋汁……………………………………4個
美乃滋…………………………………¼碗
胡椒……………………………………少許

►作法

❶麵包抹上奶油並切成適口大小備用。
❷在炒鍋裡融化奶油，下蘑菇炒3分鐘，之後盛到一個抹了奶油的大砂鍋裡，並加上麵包和蔬菜末。
❸用一點豆奶把味噌乳化，並與剩下的材料混合拌勻。然後裝到砂鍋中，和蔬菜與麵包加在一起。
❹材料表面保持均勻平滑，並加蓋冷藏6到8小時，之後放進以163℃預熱的烤箱，烤50分鐘。

烤滷味噌馬鈴薯〔6~8人份〕

►材料

馬鈴薯……………………………6~8個
蔬菜高湯或水…………………………1碗
奶油…………………………………3大匙半
紅味噌或麥味噌…………………3大匙半
蜂蜜…………………………………3大匙半
日式天然醬油………………………1大匙

►作法

❶烤箱預熱到232℃。
❷馬鈴薯去皮並各切四等分，然後放進抹了油的砂鍋，剩下的材料放進碗或果汁機中打勻，再淋到馬鈴薯上。
❸加蓋烤30分鐘後拌勻，再加蓋烤30分鐘；冷食或熱食皆可。

味噌白醬焗烤馬鈴薯〔3人份〕

►材料

油……………………………………1茶匙半
香椿末………………………………………半碗
味噌白醬…………………………………1碗
煮過並切丁的馬鈴薯…………………3個
磨碎的起司………………………………¼碗
奶油…………………………………1茶匙
麵包粉……………………………1大匙半
帕梅善起司………………………1大匙半

►作法

❶烤箱預熱到205℃；炒鍋燒熱油，下香椿炒3分鐘。
❷製好味噌白醬之後，加入馬鈴薯、香椿和碎起司，再把材料舀進塗了奶油的烤盤或砂鍋，加入奶油，並灑上麵包粉和帕梅善起司。
❸烤10到15分鐘，或至呈漂亮的棕色；趁熱食用，若喜歡濃一點，可冷藏一夜之後冷食。若要變化口味，則可用南瓜來代替馬鈴薯。

尼斯味噌鹹派〔6人份〕

►材料

22 公分大的派皮……………………1 張
橄欖油……………………………6大匙
香椿末………………………………………半碗
蕃茄丁……………………………………4個
羅勒…………………………………1茶匙
百里香……………………………1茶匙
紅味噌、麥味噌或八丁味噌……1茶匙半
稍微磨過的胡椒……………………少許
蛋………………………………………3個
蕃茄醬……………………………　3大匙
巴西利末…………………………………¼碗
紅辣椒粉或塔巴斯哥辣醬……………少許
黑橄欖切薄片（可不加）……………8顆
帕梅善起司……………………………半碗

►作法

❶派皮以220℃烤7分鐘，半熟後靜置一旁備用。
❷炒鍋燒熱入4大匙油，下香椿炒4分鐘或炒軟。
❸加入接下來的六種材料，加蓋小火煮約5分鐘，打開鍋蓋再煮5分鐘，或等湯汁收乾後，靜置一旁冷卻10分鐘。
❹把蛋和最後四種材料放到碗裡，加上2大匙的橄欖油拌勻，再輕輕拌入煮好的食材，最後把餡料舀進派皮中。
❺亦可以橄欖片裝飾，並灑上起司、淋上剩下的1大匙油。以191℃烤25分鐘或等奶蛋的部份變硬；冷熱食皆可。

雞蛋味噌蕃茄盅〔4人份〕

►材料

結實未去皮的蕃茄…………………2大個
水煮蛋丁……………………………2個
麵包粉…………………………………¼碗
紅味噌、麥味噌或八丁味噌……1 大匙

巴西利末……………………………1 大匙
奶油………………………………1 大匙
胡椒………………………………少許
帕梅善起司………………………3 大匙

▶作法

❶烤箱預熱到 180℃。
❷切掉蕃茄的頂端，挖出果肉，其中一半留作其他菜色時使用。
❸把挖出來的果肉雞蛋丁和其他五種材料加在一起；加入 1 大匙的帕梅善起司拌勻，並把餡料填入蕃茄裡。
❹把蕃茄放到抹了油的烤盤，灑上剩下的 2 大匙帕梅善起司烤 20 分鐘；食用之前先冷卻到和室溫一樣。
❺若要變化口味，把蕃茄裝入烤盤後，上面倒入 1 碗的味噌白醬（以 4 大匙的紅味噌調味），灑上帕梅善起司和 2 大匙的麵包粉後，烤成漂亮的金黃色。

味噌芹菜煲〔4~6 人份〕

▶材料

芹菜莖葉切片……………………2 碗
水或高湯…………………………2 碗
奶油………………………………6 大匙
麵粉………………………………6 大匙
紅味噌、麥味噌或八丁味噌………¼碗
豆漿或牛奶………………………2 碗
胡椒………………………………少許
放了幾天的全麥麵包………………4 片

磨碎的起司或帕梅善起司…………¼碗

▶作法

❶鍋子裡面加上芹菜和水煮滾，不加蓋燉煮 10 到 12 分鐘，熄火並稍微冷卻後放到果汁機裡面打勻。
❷烤箱預熱到 180℃。
❸在大鍋子裡融化¼碗的奶油，再用麵粉、2 大匙味噌、牛奶、芹菜糊和胡椒來製作味噌白醬，做好後關火。
❹每片麵包兩面分別塗上 2 大匙的奶油和味噌，然後分成小塊，放到稍微抹了油的砂鍋裡。
❺倒入白醬，靜置 1 到 2 小時，灑上起司後，不加蓋烤 30 分鐘，或烤成漂亮的金黃色。煮熟的飯或麵都可以代替麵包，亦可直接加 2 大匙的味噌和奶油到白醬裡。

咖哩蔬菜飯味噌煲〔3 人份〕

▶材料

蛋汁………………………………2 個
豆漿或牛奶………………………¾碗
紅味噌、麥味噌或八丁味噌………3 大匙
糙米飯……………………………2 碗
巴西利末…………………………半碗
磨碎的起司………………………半碗
香椿末……………………………半碗
咖哩粉……………………………¼茶匙
奶油………………………………1 大匙

▶作法

❶烤箱預熱到 163℃。
❷雞蛋、牛奶與味噌混合拌勻後，再加上接下來的六種材料。
❸砂鍋或烤盤上抹奶油，並舀進味噌和飯的綜合餡料，烤 40 分鐘或呈漂亮的金黃色，靜置冷卻 6 到 8 小時之後，風味

最佳；冷熱食用皆可。

❹若要來點不同的口味，可先把香椿炒幾分鐘再使用，其用量的一半可用半碗的玉米粒替代。

二、配炸物

酥脆蓮藕填起司味噌餡〔4人份〕

這是日本熟食店很受歡迎的一道菜，很適合當開胃菜，自己動手做也樂趣十足。

►材料

磨碎的起司……………………………1碗
紅味噌、麥味噌或八丁味噌……2大匙
香椿末………………………………半碗
胡椒…………………………………少許
15公分長的蓮藕……………………2根
油炸用油……………………………適量
全麥麵粉…………………………2大匙
蛋汁…………………………………1個
日式醬油（可不加）………………適量

►作法

❶把前四種材料加到大碗裡拌勻。

❷蓮藕兩端切除，露出中間的蓮藕洞，把蓮藕橫向對切成兩半，汆燙5分鐘後快速瀝乾。

❸用小毛巾拿住蓮藕段以免燙手，把比較大的一頭壓進起司味噌餡，讓餡料填滿蓮藕的洞。

❹讓蓮藕緊緊貼著碗緣滑出來，以免餡料被吸力吸出去；另一份蓮藕段也以相同方式製作。

❺炒鍋熱油到180℃。蓮藕段灑上麵粉、沾上蛋汁，炸成金黃色

❻瀝乾後橫向切成1.2公分厚的蓮藕片，冷熱食用皆可。可依喜好，灑上醬油調味。

百變蓮藕

◆**芥末蓮藕：**餡料可以改用

・甜白味噌…………………………6大匙
・紅味噌……………………………1大匙
・香椿末……………………………2大匙
・辣芥末……………………………1茶匙

◆**蓮藕三明治：**在兩片塞了餡料的油炸蓮藕圓片中，夾進以下任何材料：起司（亦可混合新鮮蔬菜片）、油豆腐（豆腐餅或豆腐泡為佳）、素肉。

炸奶油玉米味噌可樂餅〔3~4人份〕

酥脆金黃的外皮、入口即化的口感，這道風味獨特的可樂餅，美味關鍵就藏在味噌裡。

►材料

奶油……………………………2大匙半
全麥麵粉……………………………半碗
豆漿或牛奶………………………1 ¼碗
紅味噌、麥味噌或八丁味噌………2大匙
胡椒…………………………………少許
香椿末………………………………半碗
新鮮玉米粒…………………………半碗
蛋汁…………………………………1個
麵包粉或麵包屑片………………¾碗
油炸用油……………………………適量

▶作法

❶用 1 大匙半的奶油、¼碗麵粉、奶類、1 大匙半味噌與胡椒，做成味噌白醬。

❷在炒鍋裡融化 1 大匙的奶油，下香椿和玉米炒 4 分鐘。

❸加入味噌後關火，並拌入白醬，靜置到室溫後加蓋冷藏 30 分鐘。

❹用大湯匙或長杓子，一次挖出⅛的蔬菜糊，捏成丸子後放到裝了剩下¼碗麵粉的碗裡。

❺在蔬菜糊上輕輕灑上麵粉，並用指尖把丸子搓成長 10 公分、直徑 4 公分的香腸型；再小心沾上蛋汁、裹上麵包粉，步驟重覆八次，並晾乾 10 分鐘。

❻炒鍋熱油到 200℃，把兩個丸子從鍋子旁滑進鍋中炸約 1 分鐘，或直到呈酥脆的金黃色。瀝乾油後立即食用，可依喜好搭配萵苣、蕃茄片和巴西利。

❼若喜歡更豐富的口感，白醬裡面可加上半碗磨碎的起司。

香酥味噌起司三明治〔2 人份〕

這道包著海苔的三明治在日本稱作「炸博多」，其名稱是源於有著繽紛線條的博多和服腰帶；通常麵包會用凍豆腐或者壓得很乾的一般豆腐來取代。

▶材料

邊長 9 公分厚 1 公分的麵包片………4 片
紅味噌、麥味噌或八丁味噌………2 茶匙
邊長 9 公分厚 0.6 公分的起司片………2 片
9 公分寬 20 到 25 公分長的海苔條……6 條
蛋汁……………………………………2 個
全麥麵粉………………………………¼碗
麵包粉或麵包屑片（可不加）……¼碗
油炸用油………………………………適量
連枝的巴西利……………………2~4 枝

▶作法

❶每片麵包的一面塗上半茶匙的味噌後，用兩片麵包夾一片起司（圖 127），共做成兩個三明治。

❷每個三明治橫切三等份，每塊都用海苔條包起，海苔的一端沾濕以黏合。

❸混合蛋汁和麵粉，並輕輕拌勻成蛋糊。

❹炒鍋熱油至 180℃，三明治沾上蛋糊，可依喜好裹上麵包粉或芝麻，再放入油鍋炸成金黃色。

❺瀝乾油份後，每塊三明治橫切三等份，切面朝上，配上巴西利後食用。

炸馬鈴薯塊佐薑味噌〔3 或 4 人份〕

▶材料

紅味噌、麥味噌或八丁味噌……2 大匙

【圖 127 油炸味噌三明治】

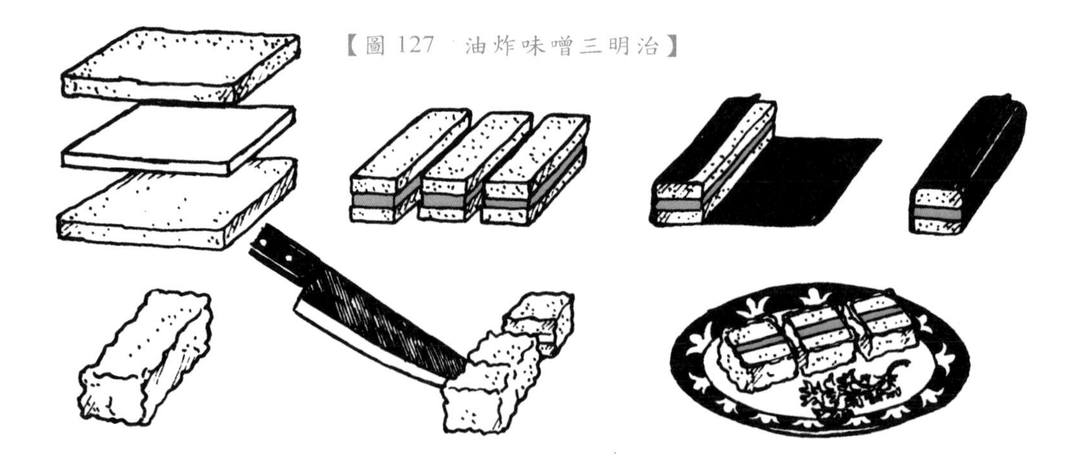

蜂蜜……………………………2~2 茶匙半
薑粉………………………………半茶匙
水或高湯……………………………¼碗
直徑約 6 公分的小型馬鈴薯………2 個
油炸用油……………………………適量

▶作法

❶小型馬鈴薯切成塊狀，餐巾紙吸乾水分。
❷把前面四種材料加進小鍋子拌勻，靜置於一旁的爐子上。
❸炒菜鍋熱油到 162℃，再放進馬鈴薯塊炸 6 分鐘，或呈金黃鬆軟。
❹同時煮滾味噌和薑的醬料再小火燉煮。快速瀝乾馬鈴薯，並徹底沾好醬汁，再分裝到盤子；冷熱食用皆可。

味噌裹黃金蛋〔3 份〕

▶材料

奶油………………………………2 大匙
香椿末………………………………半碗
胡蘿蔔末……………………………半碗
邊長 2.5 公分方塊的馬鈴薯丁……2 碗
紅味噌、麥味噌或八丁味噌……1 大匙半
咖哩粉………………………………半茶匙
去殼並放涼至室溫的水煮蛋…………3 個
全麥麵粉……………………………3 大匙
蛋汁…………………………………1 個
麵包粉………………………………⅓碗
油炸用油……………………………適量
蕃茄醬………………………………適量
巴西利末……………………………適量

▶作法

❶馬鈴薯煮 20 分鐘後，瀝乾並壓成泥。
❷奶油用炒鍋融化，下香椿和胡蘿蔔炒 3 分鐘，然後下馬鈴薯泥、味噌和咖哩粉裡一起拌勻，分成三等份，並至少冷卻到和體溫一樣。
❸把每個蛋均勻裹上一層馬鈴薯味噌糊，灑上麵粉、沾上蛋汁，並裹上麵包粉。
❹熱油鍋到 180℃，把蛋炸成金黃，用有孔的湯匙或濾杓撈起蛋，瀝乾油份。
❺把蛋靜置到體溫相仿，再縱向切成對半，上面塗上醬油、灑上巴西利後食用。可依喜好在底下先鋪好萵苣葉或胡蘿蔔絲，並搭配蕃茄塊。
❻若要做點變化，可省略裹麵粉和蛋汁，只要裹上麵包粉即可；不要油炸，而以 180℃烤 20 分鐘或呈漂亮的金黃色。

腐皮（雲吞）炸甜味噌〔6 人份〕

▶材料

邊長約 10 公分的新鮮腐皮…………6 張
新鮮腐皮丁或餛飩皮丁……………9 大匙
柚子味噌或紅甜醬味噌……………3 大匙
油炸用油……………………………適量
日式醬油……………………………適量

▶作法

❶腐皮中央鋪上 1 大匙的腐皮丁和 1 茶匙半味噌，再灑上半茶匙的腐皮丁。
❷把腐皮的四個角折攏封好，並用籤子把角落串緊。
❸熱油鍋到 180℃，放進包好的腐皮塊油炸約 40 秒，不時以筷子或夾子翻面，或表面呈金黃色。瀝油之後放到折好的白紙上，搭配日式醬油食用。
❹要變化口味，可用 1 大匙的香菇炒味噌代替腐皮丁當做餡料，腐皮亦可以用 6 張餛飩皮代替。

煎、炒菜與火鍋

接下來的菜單是一些基礎菜色，靠著這些技巧，可變化出許多美味的佳餚。試試看在你最愛的菜色上，運用這些方式。

一、炒菜

日式味噌淋醬和炒蔬菜可說是絕配，尤是芝麻味噌、核桃味噌及炒味噌。這裡烹飪味噌的方式叫做「煮付」，指先把蔬菜炒到剛好變軟後，用水和味噌一起蒸或燉，煮熟後即可上桌。

川式茄子〔4人份〕

▶材料

油……………………………………3 大匙
小型茄子………………4 條（約 340 g）
薑末…………………………………1 茶匙半
香椿末………………………………3 大匙
七味唐辛子或塔巴斯可辣醬………少許
高湯或水……………………………半碗
紅味噌、麥味噌或八丁味噌………2 大匙
蜂蜜…………………………………半茶匙
麻油…………………………………1 茶匙半
醋……………………………………1 茶匙半

▶作法

❶把茄子切 1.2 公分的小丁，炒鍋燒熱入油，下茄子炒 3 分鐘；在鍋子上稍微瀝乾後，盛裝在另一個容器裡。
❷在炒鍋裡面加入薑末、2 大匙的香椿末和適量的唐辛子炒 15 秒。
❸拌入高湯、味噌和蜂蜜煮滾後，加入茄子燉煮 1 分鐘再關火。
❹灑上麻油和醋，並配上剩下 1 大匙切好的香椿末。

海陸蔬菜味噌〔4人份〕

▶材料

麻油…………………………………2 大匙
香椿末………………………………1 個
胡蘿蔔絲……………………………1 根
蓮藕半月形薄片……………………1 碗
乾的羊棲菜…………………………¾碗
紅味噌、麥味噌或八丁味噌……2 大匙半
水……………………………………¾碗

▶作法

❶羊棲菜先在水中浸泡 15 分鐘，洗淨並

瀝乾水分

❷炒鍋燒熱入油，下香椿、胡蘿蔔和蓮藕炒 4 分鐘，下上羊棲菜炒 3 分鐘。

❸拌入味噌和水煮滾，加蓋燉煮 10 分鐘，冷熱食用皆可。

二、炸或煎

煎醬茄子〔4 人份〕

這道菜是日本人最愛的味噌佳餚之一，和的烤醬茄子一樣廣受歡迎。要吃出美味，記得挑選鮮嫩的茄子。

▶材料

直徑約 3 公分的日本茄子…………4 個
紅味噌、麥味噌或八丁味噌………2 大匙
蜂蜜……………………………………1 大匙
薑末……………………………………¼茶匙
水………………………………………1 大匙
油……………………………………3~4 大匙
碎烤芝麻或帕梅善起司…………1~2 茶匙

▶作法

❶把茄子縱向削皮，去皮的寬度是 1.2 公分，並與未去皮的 1.2 公分交錯，再於水中浸泡 10 分鐘。

❷同時把味噌、蜂蜜、薑和水放進炒鍋，持續以小火攪拌燉煮 3 到 4 分鐘，待湯汁變得均勻而稍微濃稠，關火。

❸用紙巾拍乾茄子，並縱向切對半；炒鍋加熱入油，下茄子片，加蓋煎 2 分鐘或呈金黃色，再把茄子翻面，重複上述步驟。

❹把茄子片放到大盤上，灑上味噌醬和芝麻，冰涼後食用風味最佳。

❺若要變化口味，可把茄子切成 2 公分厚的圓片，並用筷子或叉子在上面戳兩三個洞，以上述方式油炸，再淋上白甜醬味噌或者花椒葉味噌，並可隨喜好灑上芝麻。

❻日本茄子若用 2 個小西洋茄子代替，則需斜切成 1.2 公分寬的薄片。

炸蕃薯佐芝麻味噌〔2 或 3 人份〕

▶材料

15 公分長的蕃薯………………………1 個
油…………………………………………2 茶匙
芝麻味噌…………………………約 3 大匙

▶作法

❶蕃薯蒸 20 分鐘後切 1.2 公分厚的圓片。

❷熱鍋入油，放入蕃薯片，兩面各炸 2 分鐘或呈漂亮的棕色。

❸炸好後放到吸油紙或大盤子上靜置幾分鐘；每片蕃薯的其中一面抹上味噌，當作配菜或開胃菜皆可。

三、鍋物與燉煮

「鍋物」就是在餐桌上自己動手做的火鍋，常用味噌來當作沾醬的基礎。製作味噌煮時，蔬菜會先以濃郁又帶點甜味的味噌醬慢火燉煮。蔬菜在日式高湯或一般高湯中燉軟之後，配上味噌沾醬或淋汁，絕對讓人回味無窮。

南瓜味噌煮〔4 人份〕

▶材料

麻油…………………………………2 大匙

香椿末……………………………………半碗
南瓜丁……………………………………450g
水…………………………………………1 碗
紅味噌、麥味噌或八丁味噌…………¼碗

▶作法

❶用半碗的溫水稀釋味噌備用。
❷熱炒鍋並入油，下香椿炒 5 分鐘，再下南瓜炒 3 分鐘。
❸加水煮滾，加蓋燉煮 30 分鐘，或把南瓜煮軟。
❹拌入稀釋過的味噌，打開鍋蓋燉煮約 5 分鐘或等湯汁都收乾。此外，亦可取相同重量的馬鈴薯或蕃薯、櫻桃蘿蔔、大頭菜、竹筍、款冬代替南瓜。

甜味噌燉炒馬鈴薯〔2 人份〕

▶材料

油………………………………………1 大匙
小型馬鈴薯……………………………4 個
甜白味噌………………………………1 大匙
紅味噌或麥味噌……………………1 茶匙半
蜂蜜……………………………………半茶匙
薑末……………………………………¾茶匙
水、一般高湯或日式高湯……………¼碗

▶作法

❶馬鈴薯先棋面切對半再切楔形薄片。
❷炒鍋燒熱入油，下馬鈴薯炒 3 分鐘，再把剩下的材料加進來煮滾。
❸以小火燉煮 10 分鐘，冷熱食用皆可。若要變化口味，可用茄子或者 140 公克的油豆腐取代馬鈴薯。

醬煮白蘿蔔〔4 人份〕

▶材料

白蘿蔔塊………………………………8 塊

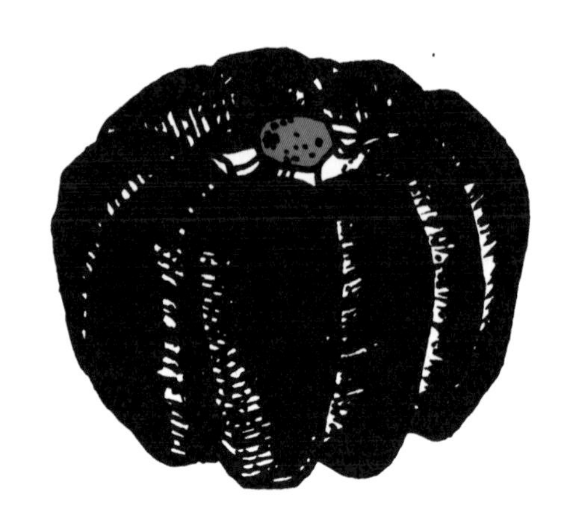

柳橙芝麻味噌醬………………………半碗

▶作法

❶把直徑約 6 到 7.5 公分、2 公分厚的白蘿蔔塊和水放到鍋子裡，水要蓋過蘿蔔，煮滾後再燉 20 到 30 分鐘至熟軟。
❷瀝乾後排到盤子上，每片白蘿蔔上面擺一大團的味噌，冷熱食用皆可。若要變化口味，作法可同味噌關東煮，把 4 個白蘿蔔片和 4 個芋頭、4 片蒟蒻三角片一起放進火鍋裡煮，鍋子中央放一碗味噌醬，沾醬食用。

味噌關東煮〔3 人份〕

在寒冷的冬天，日本小販會推著推車，賣起味噌關東煮。這道菜也可在家自己做，尤其適合在特殊場合食用。

▶材料

醬料（擇一）：柳橙芝麻味噌醬
薑味噌烤醬
濃的紅味噌醬
柚子味噌

一般豆腐或烤豆腐……………………340g
蒟蒻 ……………………………………1 塊
白蘿蔔…………………………… 10 公分
拭淨並 12.5 公分大小的昆布………1 片

▶作法

❶豆腐 2.5×7.5×1.2 公分條狀；白蘿蔔切 1.2 公分厚的半月形薄片備用。

❷把味噌放到能抗熱小碗中。

❸每塊豆腐用兩根 15 公分的竹籤或一根叉子串起，蒟蒻用鹽巴抹過，洗淨後橫向切成 1 公分寬的蒟蒻條，並串起；白蘿蔔汆燙好並串起來。

❹把昆布放進砂鍋，上面放 1 碗味噌。把串好的食物放到碗的四周，並且把籤子當柄的部份擺在砂鍋的邊緣（圖 128）。

❺加進滾水，讓水剛好醃過食材，然後以小火煮滾，並燉煮 3 分鐘。

❻食物串沾上味噌即可食用；如果要變化口味，還可以串汆燙過的花椰菜、馬鈴薯、蕃薯、山藥或大頭菜。

土手鍋〔4 人份〕

土手是指土堤或肩狀物，而這道菜就像在鍋緣築起了一道紅棕色的味噌牆，後來會溶到湯裡。最有名的土手鍋裡面有牡蠣，而我們以油豆腐代替。

▶材料

日式高湯或高湯……………………2 碗半
小型馬鈴薯……………………………1 個
浸泡並瀝乾水分的牛蒡片…………⅓ 碗
白蘿蔔塊………………………………4 塊
紅味噌、麥味噌或八丁味噌…………¼碗
蜂蜜…………………………約 1 大匙半
味醂……………………………2 大匙半
柴魚片（可不加）……………1 大匙
蒟蒻……………………………………半塊
切 8 片的炸豆腐………………………140g
去殼的水煮蛋…………………………2 個
大白菜葉………………………………1 片
香椿末…………………………………適量
辣芥末………………………2~3 茶匙
花椒……………………………………少許
煮熟的麵（可不加）…………………1 碗

▶作法

❶白蘿蔔切成每塊直徑 5 公分，厚 1.2 公分；蒟蒻亦先撕小片並稍抹鹽；大白菜葉則橫向切 4 公分的絲。

❷前四種材料加到平底鍋中煮滾後，加蓋燉煮 15 分鐘。

❸把味噌、蜂蜜、1 大匙味醂加進炒鍋。持續攪拌，以小火烹煮 2 到 3 分鐘或質地變硬。

❹在直徑 20 到 25 公分的火鍋內緣，抹上一層 2.5 公分寬的薄味噌。把先前煮好的菜、蒟蒻及接下來四種材料，一起放到砂鍋中。

❺加進剩下 1 大匙半的味醂和足量的高湯，高湯要蓋過 0.6 公分的味噌圈（從底部算起）。

❻把砂鍋放到桌上的爐子，加蓋煮滾後，再燉煮約 15 分鐘或等味道完全融合，味噌也融入湯汁裡面。

❼讓客人以筷子夾取喜歡的食物，放到

【圖 128　土手鍋】

自己的碗裡（把蛋縱切對半）。舀進一些熱湯，加上少許芥末和花椒。

❽快吃完時，把煮好的麵加到砂鍋剩下的湯裡熱一熱，再取出，放到個別的碗，淋上一點湯食用。若喜歡較濃的口味，可把煮好的材料在鍋中放一夜，第二天再吃，冷食或再加熱皆可。

農村醬油味噌煮〔8人份〕

日本人很喜歡在新年、春分秋分及其他節日，享用這道美味的日式燉菜。農家醬油煮通常以自製味噌當作基本調味料，而在餐館或者城市的家庭裡，則多使用日式醬油；其共同點是都會準備很大的份量，供一個星期食用，而菜餚的味道也會隨著時間而更融合、更美味。

許多食譜只使用下列材料的 3 到 4 種，所以買不到的材料就不用加，湯汁也可隨之調整。有些廚師會先把各種食材，以能搭配其特色的調味汁分別煮過，讓熟食材都在湯汁滷一夜，但是食用時就不要吃滷汁，而是和其他材料一起食用。

▶材料

日式高湯、一般高湯或水……………3 碗
紅味噌或麥味噌…………………8~10 大匙
蜂蜜或味醂……………………………4 大匙
水………………………………………3 大匙
鹽………………………………………半茶匙
蒟蒻（橫向切成 1 公分厚片狀）……1 塊
胡蘿蔔塊………………………………1 根
牛蒡……………………………………半根
芋頭或馬鈴薯（切八等份）………1 大個
白蘿蔔半月形薄片…………………5 公分
蓮藕半月形薄片………………………半條
昆布 ……………………………… 20 公分
小型竹筍塊……………………………1 根
切成四等份的磨菇或香菇………… 3 朵
燙過並切適口大小的油豆腐…………300g
切大三角形的豆腐（可不加）……340g
花椒嫩枝………………………………8 枝

▶作法

❶牛蒡縱向切半，再切 4 公分長，汆燙 10 分鐘備用；昆布用濕布拭淨，再橫向切 2.5 公分寬條狀；蒟蒻則橫向切成。

❷把前五種材料放進大湯鍋中煮滾。

❸每片蒟蒻中間縱向切一道，把其中一端塞進縫中，再從另一個方向塞回來。

❹把蒟蒻和剩下八種材料加入湯裡煮滾後，轉小火加蓋再燉煮 40 分鐘。

❺加入豆腐，和青菜一起攪拌，讓原本浮在最上面的材料沉到鍋底，加蓋煮約 40 分鐘，直到湯汁到剩下¾碗。

❻關火，靜置放涼至少 5 小時，以 24 小時為佳。把材料分別盛裝到碗中，淋上剩餘的湯汁，並配上花椒嫩枝。

味噌配蛋與烤物

每天吃早餐和午餐時，若在你最愛吃的蛋類加點味噌，不僅芳香四溢、口感豐富，還可獲得更多蛋白質。

燒烤能賦予味噌和它所包裹的食物溫暖且令人食指大動的香氣，若使用烤肉架、營火或炭火，更擁有說不盡的美味。剛開始可先從傳統西方很普遍的烤玉米著手，再試試味噌串燒，還有風行日本的田樂；亦可參看烤味噌淋醬。

一、配蛋

瓦斯蛋佐味噌〔1 人份〕

這道美味佳餚也叫做「埃及怪味蛋」，是結合味噌和小麥蛋白質的完美早餐。

▶材料

甜味噌或甘口白味噌……………1 茶匙
奶油…………………………………5 茶匙
全麥麵包……………………………1 片
雞蛋…………………………………1 個

▶作法

❶先在麵包上抹一層味噌，再均勻塗上 1 茶匙奶油。
❷用小玻璃杯在麵包中央切下一個洞，並取出圓麵包片。
❸將剩下的 4 茶匙奶油於鍋中融化，再放進麵包，抹了奶油的那一面朝上，並把蛋打到洞裡。
❹把剛才取出的圓麵包片（抹奶油的那一面朝上）放在旁邊煎 2 到 3 分鐘，使底部呈漂亮的金黃色，而蛋已經半熟。
❺翻面再煎，直到第二面也成酥脆金黃，立即食用。

【圖 129　瓦斯蛋佐味噌】

味噌炒蛋或味噌蛋捲〔2~3 人份〕

▶材料

蛋汁…………………………………4 個
紅味噌、麥味噌或八丁味噌………4 茶匙
香椿末……………………………2~3 大匙
油………………………………3 ½ 茶匙
胡椒…………………………………少許
連枝的巴西利………………………適量

▶作法

❶把前三種材料一起拌勻。
❷加一半的油熱鍋，倒入一半的味噌蛋汁炒到硬，然後用鍋鏟背面壓蛋的表面，直到蛋的底部呈金黃色，並散發

出香氣。

❸把蛋翻面，另一面也以相同方式料理後關火；剩下的味噌蛋汁也以相同方式製作。食用時以胡椒調味，並灑上巴西利。

❹若要做蛋捲，稍微減少油量，分兩批烹調且不必炒；可隨喜好在蛋捲裡面包進 1 大匙的甜醬味噌和一些苜蓿芽。

味噌芙蓉蛋〔2 人份〕

▶材料

紅味噌、麥味噌或八丁味噌⋯⋯⋯1 大匙
高湯或水⋯⋯⋯⋯⋯⋯⋯⋯⋯⋯2 ¾ 大匙
蛋汁⋯⋯⋯⋯⋯⋯⋯⋯⋯⋯⋯⋯⋯⋯2 個
油（其中一半可用麻油）⋯⋯⋯1 ½ 大匙
綠豆芽⋯⋯⋯⋯⋯⋯⋯⋯⋯⋯⋯⋯⋯¾碗
香菇（切絲）⋯⋯⋯⋯⋯⋯⋯⋯⋯3 朵
香椿末⋯⋯⋯⋯⋯⋯⋯⋯⋯⋯⋯⋯⋯半碗
胡椒⋯⋯⋯⋯⋯⋯⋯⋯⋯⋯⋯⋯⋯⋯少許

▶作法

❶用一點高湯乳化味噌後，加入蛋和剩下的高湯拌勻，靜置一旁。

❷加油熱炒鍋，加入剩下三種材料，以大火炒 1 分鐘，或等香椿稍微變成棕色。

❸倒進味噌蛋糊做成一張圓餅，兩面都煎成金黃色；灑上胡椒調味即可食用。

❹若要變換口味，可把油豆腐丁、青椒或豆芽加在一起，淋上味噌生薑調醬或薑味噌烤醬。

和風甜醬味噌千層蛋捲〔2~3 人份〕

許多西式蛋捲都很適合以甜醬味噌當作餡料。這道帶有細緻甜味的蔬菜蛋捲，酥脆爽口與濃郁柔滑同時交錯，嚐起來非常美味。

▶材料

蛋汁⋯⋯⋯⋯⋯⋯⋯⋯⋯⋯⋯⋯⋯⋯⋯4 個
紅糖或蜂蜜⋯⋯⋯⋯⋯⋯⋯⋯⋯⋯1 大匙
蘑菇末⋯⋯⋯⋯⋯⋯⋯⋯⋯⋯⋯⋯⋯2 朵
香椿末⋯⋯⋯⋯⋯⋯⋯⋯⋯⋯⋯⋯⋯⅓碗
鹽⋯⋯⋯⋯⋯⋯⋯⋯⋯⋯⋯⋯⋯⋯⋯少許
日式高湯、一般高湯或水⋯⋯⋯⋯¼碗
油⋯⋯⋯⋯⋯⋯⋯⋯⋯⋯⋯⋯⋯⋯2 茶匙
紅甜醬味噌⋯⋯⋯⋯⋯⋯⋯⋯⋯2 茶匙半

▶作法

❶把前面六種材料加在一起拌勻備用。

❷大平底鍋燒熱入 1 茶匙油，以筷子夾一張 10×15 公分的紗布折成的小墊子，沾油並均勻抹在鍋底和鍋邊。

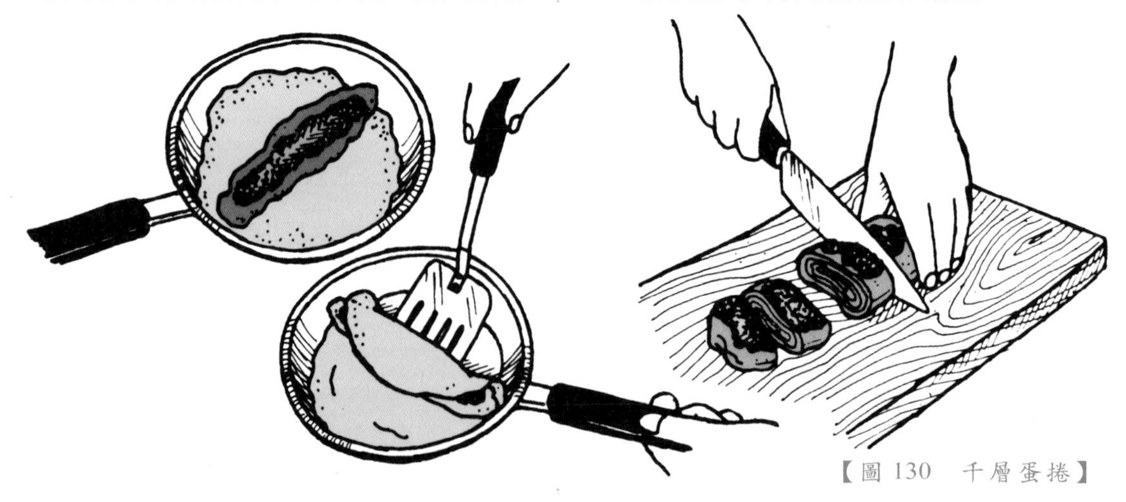

【圖 130　千層蛋捲】

❸倒進1/4的蔬菜蛋糊，快速地在長柄鍋中旋轉，做出一張平整的薄層，並用大火煎其中一面，使蛋捲變硬。
❹轉小火，煎到蛋捲底部酥脆後，再用鍋鏟將之捲好，從鍋中取出，灑上半茶匙的甜醬味噌。
❺平底鍋稍微淋上油，用布墊拍掉黏在鍋緣上的蛋捲，再製作第二個蛋捲。
❻做好第二個蛋捲後，把第一個蛋捲擺回鍋中，放到第二個蛋捲上；把底下的蛋捲一端折起，蓋到第一個的蛋捲上，再用第二個蛋捲包好第一個蛋捲。
❼小心地從鍋裡取出取出蛋捲，在上面裹上半茶匙的甜醬味噌。
❽重複步驟，做出一個由四個蛋捲組成的大蛋捲，最後一層上面淋上1茶匙的甜醬味噌，放涼到和室溫一樣；食用前把蛋捲切成2.5公分寬的小塊。

二、配烤物

味噌烤玉米〔2人份〕

這道美味的佳餚在日本廣受歡迎，不過多以日式醬油來製作，而非味噌。人行道上常可看到烤玉米攤，顧客也趁著剛烤好的時候，享用著香噴噴的玉米。

►材料

新鮮玉米……………………………………2根
紅味噌、麥味噌或八丁味噌………2茶匙
奶油……………………………………4茶匙

►作法

❶首先，將玉米的表面烤出現漂亮的斑點後，用小橡膠鏟或奶油抹刀，在表面上塗上味噌，再烤1分鐘，直到散發香氣；抹上奶油，趁熱食用。
❷若是煮玉米，食用前抹味噌和奶油。

味噌串烤〔4人份〕

►材料

味噌串烤醬……………………………………3/4碗
串物原料：選擇4種以上
油豆腐（切成適口大小）……140公克
5公分大小的青椒三角塊…………4個
香菇…………………………………………8朵
切成適口大小的蘋果塊……………1個
硬鳳梨………………………………………8塊
燙過的洋蔥………………………小型4個
硬蕃茄…………………………………小型4個
切成適口大小的芹菜莖……………1根

►作法

❶把基本材料放在淺盤上，淋上烤醬滷1個小時，材料要翻面幾次。
❷把材料串在4到8枝籤子上，烤2到3分鐘，並偶爾抹上油；烤出漂亮的斑點，等散發香氣即可食。

田樂〔4人份〕

田樂是日本味噌料理中最老也最知名的一種，做法是把各種食物切成適口大小，串起來在炭火上烤一下，然後在每塊食物的一面或雙面塗上薄薄一層味噌，再烤一會兒，等味噌烤出斑點並散發香氣。最有名的田樂是以許多小豆腐乾做成的，還可使用茄子、芋頭、蕃薯、香菇等。許多餐廳會用細竹籤把食物串在一起，放到炭火爐上燒烤，並刷上一種以上的甜醬味噌。

【圖 131　田樂豆腐】

在農家，豆腐或蔬菜則以 45 公分長的扁竹籤串好，斜插在客廳中央暖爐四周的灰燼上；食物距離灰燼約一手之寬，在烤得滋滋作響的同時，也吸收了木炭的芬芳，通常用的是自製麥味噌或紅味噌。

田樂的意思是「稻田」和「音樂」。據說這個名字是源於六百年前，日本鄉村流行一種載歌載舞的民俗戲劇，其中有齣戲碼是以稻田為背景，裡面有一名和尚踩著稱做「鷺足」的高蹺。這個角色叫做「田樂法師」，他得小心翼翼地平衡著跳起田樂舞——「田裡的樂曲」。這道烤物是後來才發明的，最早是以一根竹籤串起豆腐塊，很容易讓人聯想到田樂法師，於是這道佳餚就稱做田樂了。

田樂在 1600 年代初期在整個日本普遍起來，到了 1775 年，東京與京都的茶室和驛站多會供應這道珍饈，通常還會搭配和茶道料理一起提供。到了 1900 年代晚期，許多豆腐鋪子會製作田樂燒，供人訂購。

接下來的食譜是田樂茄子，其他材料與做法可參考作法變化。

▶材料

小型日本茄子……………………2 個~4 個

味噌淋醬（擇一）…………¼碗~半碗

　芝麻味噌

　薑味噌

　蛋黃味噌

　花椒味噌

配菜（可不加）：

　花椒嫩枝…………………………4 枝

　花椒葉……………………………適量

　罌粟種籽或烤芝麻………………適量

▶作法

❶先做好味噌淋醬放涼備用。

❷把茄子切成 1~2 公分厚圓片（若用大型西方茄子，則切成適口大小的半月形或楔形），在淡鹽水中浸泡 5 到 10 分鐘，瀝乾後以毛巾拍乾。

❸用叉子或筷子在茄子上戳幾個洞，再刷上麻油。

❹一次拿起 3、4 串的茄子串，在瓦斯烤爐上烤 30 秒（也可以把豆腐的一面放在炭火爐或烤架上）。

❺把茄子翻面，在烤過的那一面塗上 0.3 公分厚的味噌，再烤還沒烤的那面。

❻翻面，把味噌醬烤出斑點，若使用配菜的話，也加到味噌上。剩下的材料作法相同，每串茄子可隨喜好使用不一樣的味噌醬。

百變田樂

◆**蕃薯、芋頭、白蘿蔔、竹筍或馬鈴薯：**把蔬菜切成 1.2 公分厚的橢圓片或圓片，並蒸或汆燙到軟；上面塗上芝麻味噌或炒味噌。

◆**香菇：**大朵的整片新鮮香菇先串起來烤，兩面皆塗上甜醬味噌後再烤，最後灑上碎烤芝麻。

◆**新鮮麵筋：**切成和豆腐三角形一樣的大小，或 1.2 公分厚的圓片；烤過並塗上甜醬味噌或花椒味噌，搭配上花椒葉食用。

◆**水煮蛋、麻糬、蒟蒻或青椒：**選雞蛋或鵪鶉蛋，麻糬不要切，蒟蒻和青椒切成適口大小的三角塊。可分別串起，亦可串在一起，塗上甜燉味噌。

味噌白醬烤蔬菜豆腐

加州柏克萊的「風月」日式天然食品餐館，把這道菜當作開胃菜或主菜。餐廳用雙層鍋把醬料做好之後，會放著保溫。

▶材料

嫩茄子……………………………………2 個
大朵的蘑菇………………………………6 朵
瀝乾水分或壓過的豆腐………………340g
甜白味噌調味醬…………………………1 碗
綠海苔片…………………………………少許
花椒………………………………………少許
烤芝麻…………………………………1~2 茶匙

▶作法

❶茄子切成 2 公分厚的薄圓片，並刷上油備用

❷茄子、蘑菇和豆腐兩面各烤 3 分鐘，或等茄子變軟，其他材料呈漂亮的金黃色。

❸烤過的材料分別放到各個盤子，淋上熱醬料，灑上綠海苔、花椒和芝麻。

烤醬茄子〔4 人份〕

醬茄子原指烤鷸。古老的食譜書上記載，這道有名的茄子料理，原本是在醃茄子裡面塞進鷸肉、用柿子葉蓋到茄子上，再用調味過的湯汁來燉這鮮嫩佳餚。以下這道作法類似茄子田樂和煎醬茄子。

▶材料

嫩日本茄子………………………………4 個
麻油………………………………………1 大匙
花椒………………………………………少許
甜醬味噌：（擇一）…………2 大匙半
　紅或白甜醬味噌
　蛋黃味噌、花椒葉味噌或薑味噌
　芝麻或核桃味噌

▶作法

❶茄子不去皮，縱向切對半後，用金屬叉橫串起來，切面塗上麻油，兩面都用炭爐（或烤箱）烤出漂亮的斑點。

❷在切面塗上薄薄一層味噌後，再把味噌烤出斑點和香味。

❸把茄子從叉子上取下，放到各個盤子上，灑上胡椒；可作配菜或開胃菜。

百變醬茄子

◆**油炸醬茄子：**把茄子切成 1.2 公分厚的圓片，油炸並瀝乾。串起來，其中一面抹上甜白味噌，並用濕的刀子把味噌畫出交叉格紋，兩面都要烤過。

【圖 132　油炸醬茄子】

味噌甜點

加點味噌，可突顯許多新鮮水果的天然甜味，蘋果尤其如此。八丁味噌低鹽微澀，又帶著甘醇的風味，最適合烘焙糕點。此外，烤肉桂蘋果、水果餡餅、酥餅、派，都可以嘗試搭配芝麻味噌、甜白味噌、甘口白味噌或紅味噌。

在蔗糖尚未傳入日本之前，甜味噌和嘗味噌主要是用水麥芽糖和甜酒當做甜味劑。這些甜味劑向來多用在糕餅和茶點中，至今仍在使用，其中最有名的就是柏餅，而東京酥脆的仙貝也以味噌當作主原料，其做法是把麵或米糰、甜紅味噌、糖混合在一起，夾在兩小片瓦中間烤，於是中間的餅也會變成瓦片的形狀。甜紅味噌也會和甜紅豆醬混合，用來當作味噌饅頭（一種常見的包子）餡料。

芝麻味噌蘋果餡餅［5人份］

▶材料

（紅）大型蘋果……5個

芝麻葡萄乾味噌：

- 芝麻醬……1大匙半
- 葡萄乾……¾碗
- 紅味噌或麥味噌……1大匙
- 奶油……1大匙
- 黑糖……3大匙
- 水……2大匙
- 清酒或白酒（可不加）……1大匙
- 肉桂（可不加）……¾茶匙

▶作法

❶烤箱預熱到180℃；蘋果挖去⅞的深度備用。

❷芝麻葡萄乾味噌的材料拌在一起後，結實地填進每個蘋果之中。

❸用鋁箔紙把蘋果包好，放到餅乾烤盤上約烤20分鐘；趁熱或冰涼食用皆可。

蘋果味噌凍［5~6人份］

▶材料

- 去皮的蘋果……5個
- 水……1碗
- 紅味噌、麥味噌或八丁味噌……1大匙
- 葡萄乾……半碗
- 檸檬汁……1大匙
- 蜂蜜……2大匙
- 芝麻醬……2大匙
- 肉桂……¾茶匙
- 洋菜（石花菜）……半條（4~5g）

▶作法

❶洋菜用水浸泡 2 分鐘，擠出水分並撕成小片備用。

❷把蘋果和水加到鍋子裡煮滾，蓋上鍋蓋燉煮10分鐘後，將蘋果拿到烤盤或模型中。

❸在煮蘋果的湯汁中，加入味噌和接下來五種材料，拌勻後加進洋菜，煮滾燉煮4到5分鐘，或等洋菜完全融化。

❹湯汁倒進模型，放涼至室溫，加蓋冷藏到變硬，最好是6到8小時，然後即可食用，淋上優格亦十分美味。

味噌蒸糕〔2~3人份〕

▶材料

雞蛋……2個
紅味噌或麥味噌……1大匙
全麥麵粉……2/3碗
發粉……半茶匙
蜂蜜……6茶匙半
碎花生或烤芝麻……1大匙
奶油……適量

▶作法

❶味噌用1茶匙半的水乳化。然後分開蛋白蛋黃，再將蛋黃輕打成蛋汁備用，並預熱蒸籠。

❷把蛋白放到大碗裡打到濃稠，再拌入蛋黃、調過的味噌、麵粉、發粉和2大匙的蜂蜜。

❸麵糊舀進鋪了紙的蛋糕模型杯或者鋪了錫箔紙的長型麵包烤盤。

❹放進蒸籠，若不使用竹蒸籠，則在蓋上蒸籠蓋子之前，先在蒸籠口鋪上一塊濕布；蒸20到25分鐘。

❺每塊蒸糕上表面刷上半茶匙的蜂蜜，灑上花生或芝麻，搭配奶油，冷熱食皆可。日本人和中國人比歡用蒸的勝於烘焙，以節省燃料。蒸糕亦可用烘焙的，下面擺一盤水即可。

味噌派〔9吋的派1個〕

八丁味噌的味道溫和，並且稍微帶點澀味，因而賦予了這道派獨一無二的絕佳美味。

▶材料

去皮且去核的酸蘋果……4個
蘋果汁……半碗
葡萄乾……1碗半
柳橙皮碎末……1個的量
柳橙汁……1個的量
堅果（核桃尤佳）……2碗
肉桂……1/4茶匙
丁香、五香粉或香菜……約半茶匙
八丁味噌……2大匙

▶作法

❶蘋果切丁備用，把前五種材料放加到大鍋子裏煮滾，再燉煮30分鐘。

❷加入接下來3種材料，及已乳化的味噌，拌勻後關火，放涼至室溫。

❸完成後用來當作9吋派或酥餅的餡料，也可當作奶油吐司的抹醬，或替代印度酸甜醬與咖哩菜色一起食用。

❹八丁味噌可用1大匙半的紅味噌或麥味噌代替。

超美味蕃薯餅佐白味噌〔6~12 個〕

▶材料

蒸 20 分鐘並壓成泥的蕃薯…………2 ¼碗
甜白味噌……………………………¼碗
葡萄乾……………………………半碗
蜂蜜……………………………1 大匙
奶油……………………………3 大匙

▶作法

❶把前四種材料加在一起拌勻，並做成 12 個餅。
❷在平底鍋裡融化 1 大匙奶油，加入 4 個蕃薯餅，兩面各煎 2 到 3 分鐘，煎成漂亮的金黃色；做到材料都用完，冷熱食用皆宜。

香蕉、花生醬與甜味噌小點〔2~3 人份〕

▶材料

花生醬或芝麻醬……………………2 大匙
甜白味噌……………………………1 大匙
葡萄乾……………………………¼碗
蜂蜜……………………………1 茶匙
水……………………………2 大匙
切成 1.2 公分的香蕉…………………2 根

▶作法

把前面五種材料加在一起拌勻，並舀到香蕉片上，稍微拌過，讓所有的香蕉片都均勻地被醬料覆蓋，立即食用。

味噌米布丁〔3~4 人份〕

糙米粥有著豐富濃稠的口感，可在許多布丁食譜中發揮和牛奶一樣的功用，而葡萄乾能賦予這道布丁甜甜的滋味。

▶材料

洗淨並瀝乾水分的糙米………………半碗
水……………………………2 碗半
八丁味噌、紅味噌或麥味噌……1 大匙半
葡萄乾……………………………半碗
黑糖……………………………1 大匙
奶油……………………………1 大匙
肉桂 ……………………………少許

▶作法

❶把糙米和水加入壓力鍋，製作方式同糙米粥。
❷打開壓力鍋之後，拌入最後四種材料；靜置幾個小時之後食用，風味更佳。

味噌南瓜派〔6 人份〕

▶材料

未去皮的日本南瓜……………………680g
紅味噌、麥味噌或八丁味噌………2 大匙
蜂蜜或黑糖…………………………2 大匙
奶油……………………………1 大匙半
肉豆蔻或五香粉………………………少許
8 吋大的派皮…………………………1 個

▶作法

❶南瓜切成 2.5 公分小丁，與水一同加進鍋子，加蓋煮滾，再燉煮 20 分鐘。
❷瀝乾後並加進四種材料壓成泥。
❸在 8 吋的烤盤鋪上派皮，並以 204℃的溫度烘烤到稍微成金黃色。
❹舀進南瓜糊之後，再烤 20 到 30 分鐘或呈漂亮的金黃色。如果喜歡濃一點的

口味，此外，則冷冷地吃；這道餡料也很適合做酥餅。

❺若用美國南瓜代替日本南瓜，要先削皮並瀝乾再煮；南瓜糊烘烤之前，先加進1到3個蛋。

甜醬味噌可麗餅〔2人份〕

▶材料

紅甜醬味噌餡：
- 紅味噌或麥味噌……3茶匙半
- 蜂蜜……2茶匙
- 奶油……半茶匙
- 清酒或白酒……1茶匙
- 碎檸檬皮或柳橙皮……半茶匙
- 水……2茶匙

篩過的全麥麵粉……7/8碗
蛋汁……1個
豆漿或牛奶……1碗
油或奶油……1大匙

▶作法

❶用內餡材料做成紅甜醬味噌餡，並靜置放涼。

❷把麵粉、蛋、豆醬及1大匙油加在一起，輕輕打成均勻的麵糊。

❸平底鍋淋上一點油，用麵糊做成10到12個可麗餅。可麗餅放涼後，塗上半茶匙的味噌餡，捲起來即可食用。

味噌柏餅〔8份〕

這是每年五月五日兒童節的特製甜點。柏餅的名字，是源於用來包每塊麻糬的柏葉。和果子舖常可見到柏餅的蹤影，餡料通常是甜白味噌與白菜豆做成的豆沙製作，有時候也會用甜紅味噌以及甜紅豆沙。自製的柏餅則用南瓜或栗子泥當做餡料。

▶材料

日本南瓜或一般南瓜……200g
甜白味噌……3 1/4大匙
蜂蜜……2茶匙半
糯米粉……1 1/4碗
鹽……半茶匙
沸水……3/4碗

▶作法

❶南瓜去皮並切成方塊後，蒸15到20分鐘，再以網子篩過。加入味噌和蜂蜜拌勻，做成餡料。

❷糯米粉和鹽徹底拌勻，慢慢加入沸水，同時用力攪拌3分鐘，做出黏黏的糯米糰。

❸用濕布包起糯米糰，放到已預熱的蒸籠蒸20分鐘。

❹把糯米糰放到研磨缽中，搥打5到10分鐘，使其質地均勻有彈性。

❺把糯米糰分為八等份，並在稍微灑了糯米粉的板子上，滾成直徑9公分的圓餅。

❻餡料等份地加入餅皮中央，將一端對折過來，做成半月型。用手指把糯米糰周圍捏緊。

❼每塊餅糰用大張柏葉（15到20公分長）包好，樹葉的亮面接觸餅糰（也可用山毛櫸葉或鋁箔紙）。

❽放回已預熱的蒸籠，蒸4到5分鐘；冷卻之後食用。

【圖133　柏餅】

味噌醃漬物

醃菜在日本與中國飲食中是基本佐料，也是重要的鹽分來源，佔總攝取量的40%，通常每餐都看得到醃菜，在吃米飯或稀飯時，通常會一起享受醃菜脆脆的口感與深沉、豐富的口味。日本醃菜有六大類，皆以在醃漬的媒介來命名：味噌漬、鹽漬、糠漬、醋漬、粕漬和麴漬。有些學者認為，日本最早的醃菜是以味噌醃製而成，而今天一般人都認為味噌漬物能幫助消化，並能促進健康、延年益壽。

味噌醃菜通常由醃菜店及一般味噌店鋪所製作，在全日本的食品行或味噌零售店都很常見。這些醃菜使用了十二種以上的蔬菜和種子，其中最受歡迎的有白蘿蔔、野牛蒡、小黃瓜、茄子、薑、胡蘿蔔、越瓜、紫蘇子及茗荷；許多魚類或肉類常以甜白味噌醃漬，多在魚市或肉品市場販售。農家與寺廟在每年製作味噌時，也同時製作大批的味噌醃菜。蔬菜會在味噌發酵過程之初放進大桶子，味噌完全成熟後取出；都會家庭則使用店裡買的味噌及特殊的材料（如蛋與蛋黃），也多把醃菜當作小菜。農人與自家製作的人常喜歡在秋冬製作味噌，雖然製作過程會因寒冷而延長，但據說這樣風味會越來越好，表面也不會長出討厭的黴菌。另外，若麴還有剩下一些，亦可變化出各式各樣的菜色。

日式醃菜經過師傅們幾個世紀的發展，已化作一門藝術。市面上最有名的醃菜師傅不僅享有崇高的名聲，還小心翼翼守著產品的獨門秘方。傳統醃菜師傅講求漫長的醃漬過程，並深信這樣能賦與蔬菜甘醇的鹹味、恰

【圖 134　販售味噌醃菜】

到好處的軟硬，去除白蘿蔔和牛蒡等蔬菜的苦味，並展現細膩的餘韻，最重要的是能喚醒其迷人的香氣——醃菜的「生命」。

醃漬容器

容器的大小與種類，應視醃製的規模來決定：

大規模（900 公克到 4.5 公斤）：用 7.6 到 38 公升的容器，最好是陶罐、乾木桶（像日式醬油或味噌所使用的）、玻璃容器（如水族箱）或瓷鍋。也可用塑膠盆或塑膠桶取代。需要醃漬一年或以上的醃菜，建議採用大規模醃製。

中規模（230 到 900 公克的材料）：若醃漬時間不足一年，可使用 2 到 4 公升陶罐或砂鍋、玻璃碗、瓷鍋或淺鍋子，保鮮盒也可以。

小規模（材料少於 220 公克）：在保鮮膜上鋪 1.2 公分厚的味噌，把材料放到味噌上，捲成圓柱狀。這種方式特別適合醃漬少量的細長型食材，例如小黃瓜和牛蒡；也可以用小玻璃瓶或者保鮮盒來裝小型食材，如蛋黃或大蒜。

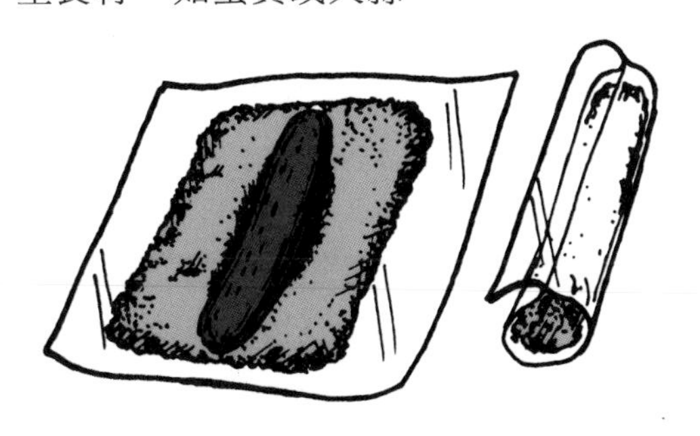

製作方式

蔬菜的水份一定要少，除了能吸收味噌的風味，亦可避免味噌中的鹽分把水份吸出，稀釋了醃漬媒介。下列方式可以去除蔬菜的水份：

汆燙：可消毒蔬菜、軟化表皮。先把加了點鹽的水煮滾，放進洗淨的蔬菜再煮滾，燉煮 1 到 2 分鐘後，以濾網徹底瀝乾，在室溫中冷卻。

抹鹽壓製：用相當於新鮮蔬菜重量 10% 的鹽抹在蔬菜上，然後放上重物壓製。如 225 公克的蔬菜需要 2 大匙的鹽，把整棵切好的食材放進大型平底容器（陶罐、木罐、玻璃或瓷器），並在蔬菜表面灑上鹽；把材料緊密排好，蓋上蓋子或另一個平底容器，再壓上一個石頭或裝滿水的瓶子（圖 135）。少於 450 公克的材料用 2.3 到 4.5 公斤的重量，而 4.5 公斤的食材則以 13 公斤的重量壓製。若無特別說明則壓兩天，壓過後再徹底瀝乾蔬菜的水份，倒掉菜汁並以乾布擦拭蔬菜。

以紗布裹：這個方式可讓柔軟的材料在醃漬過程中不變型，也比較好從味噌底部取出。只要在放進味噌之前，將蔬菜裹上一兩層紗布即可。

風乾：把蔬菜放到濾網上，或以繩子綁成串。夏天時置放或懸掛在陰涼處，天冷時直接曝曬於日光下，晚上則把蔬菜覆蓋起來或拿進室內，以免讓露水沾濕。

味噌醃床

日本人把醃漬的媒介稱做「醃床」，蔬菜要「埋」到醃床裡。若要醃上幾個星期，就使用紅味噌或麥味噌；如果醃製期不到一週則用甜白味噌。甜白味噌帶有細緻的甜味，若加一點米麴或芥末粉，味道會更豐富；如果想吃點不一樣的紅味噌，可加點七味唐辛子或蜂蜜；至於金山寺等各類的嘗味噌，能賦予醃過一夜的醬菜美妙的滋味，尤其是蛋黃。

醃床的製作方式是在容器底部先鋪上一層 1.2 到 2.5 公分厚的味噌，然後緊緊排好一層要醃的食材，再鋪上一層味噌，重複這個步驟幾次，直到所有的材料都處理完為止。最頂層的味噌要蓋上雙層厚的布、蠟紙或塑膠，以避免接觸空氣和發霉。醃床放在陰涼處收藏，若使用甜白味噌、嘗味噌，或紅味噌的量少，則冷藏保存。如果醃菜份量多，容器蓋好了蓋子之後要以重物壓住。

醃菜的清洗與食用

用手取出一兩天份的醃菜，並把多餘的味噌撥回容器裡。若無特別註明，則在冷水下沖去剩下的味噌，把醃菜橫向或斜切成薄片，亦可切成末。

用紅味噌醃的醬菜可配白飯、炒飯或麵，也可以配粥或豆腐；用甜白味噌或嘗味噌製作的醃菜，則當作開胃菜食用。在日本，兩種味噌醃菜都可切成圓薄片，邊吃邊喝綠茶。

在禪寺和家庭，有許多人在用餐時會保留一大塊醃菜到最後，然後夾起醃菜，在碗裡加點茶或熱水，用醃菜把碗抹淨，湯汁則和著這塊醃菜一起吃，一點也不浪費；之後擦乾自己的碗，一個個疊起來，用帶子捆好等下一餐再使用。拜醃菜所賜，廚房的員工不必花時間洗碗了。

等到容器中的自製醃菜都吃完了，剩下的味噌會比平常使用的要軟，因為醃菜的水份都榨出來了。這些味噌可以和平常的味噌一樣用做烹飪，也可以在製作下一批類似的醃菜時，先把蔬菜稍加醃過。味噌若醃過大蒜或白蘿蔔之類的食物，風味會更為濃郁豐富。

一、味噌醃菜

蘆筍

▶材料

嫩蘆筍……6 根
水……2 碗
甜白味噌……半碗
芥末……1 大匙

▶作法

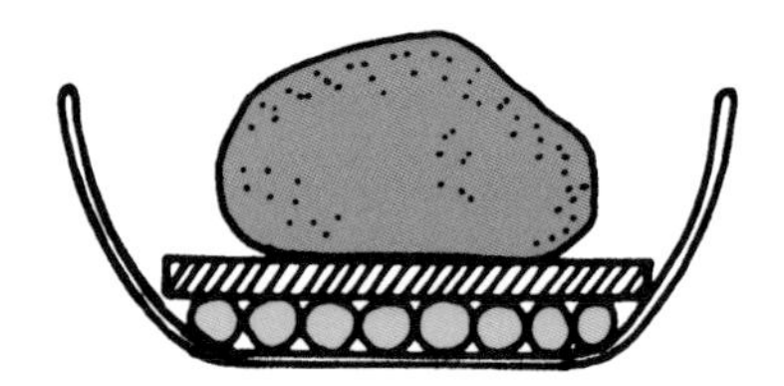
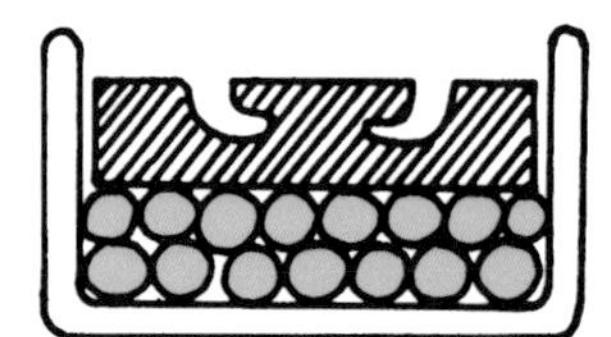
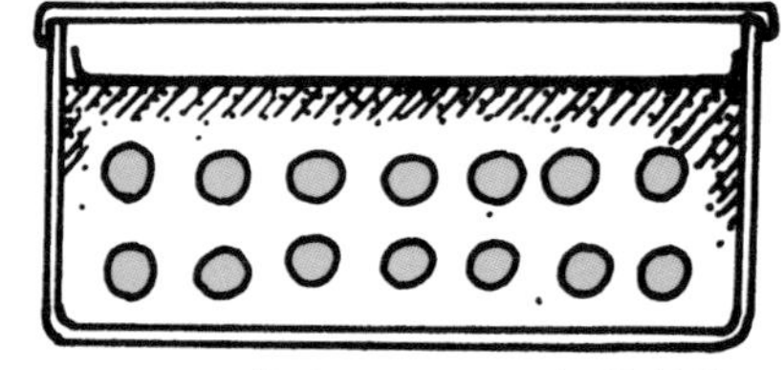

【圖 135　抹鹽壓製】

❶嫩蘆筍去皮，摘除尖端，縱向切成對半，再切成 1.2 公分長。
❷煮滾 2 碗水，放進蘆筍再煮滾；瀝乾蘆筍，用冷水沖涼，並以毛巾拍乾。
❸把半碗的甜白味噌和 1 大匙的芥末粉加在一起，並在一個淺烤盤上抹其中一半的醬料，蓋上兩層厚的紗布。把蘆筍放進其中一層布，再蓋上第二層布，然後灑上剩下的味噌醬。
❹在室溫下靜置 3 小時，或者冷藏一夜，當作開胃菜食用。

紫蘇葉

▶作法

把綠（新鮮或抹鹽壓製）的紫蘇葉，埋進 4 份紅味噌配 1 份味醂的綜合醬料中，靜置 1 到 3 天，切絲或者當作配菜。

紫蘇子

這道醃漬菜餚可以當作飯糰、海苔壽司的餡料或天婦羅的材料，也可以當作湯、蔬菜煎餅或穀類的配菜。

▶作法

把半碗的紅紫蘇子以鹽壓製，裝進小紗布袋中綁好，放到紅味噌裡埋一個月。

牛蒡或野生山牛蒡

山牛蒡是在日本很受歡迎的一種醃菜，比一般牛蒡小，味道也較重，醃過後會呈現漂亮的金黃色。

▶作法

❶以整根的牛蒡製作，或者每段都要相當長，若醃製過程少於一個月，可把長度切成一半。

【圖 136　風乾蕪菁】

❷先氽燙 3 分鐘，以鹽壓製 1 到 3 天，再風乾幾個小時，埋到紅味噌裡至少 4 個月，最好能埋 1 到 3 年。

胡蘿蔔

▶作法

作法如同牛蒡。若偏好較硬的口感，以鹽壓製或風乾一週之後再醃漬。

芹　菜

▶作法

把莖切成 2.5 公分長，在紅味噌裡埋 24 到 36 小時，當作開胃菜。

小黃瓜

▶作法

把整條小黃瓜以鹽壓製 1 到 2 天，再埋到紅味噌裡 3 到 6 個月，若使用甜白味噌，則埋 5 個月。

白蘿蔔或大頭菜

▶作法

❶使用整條的白蘿蔔，以鹽壓製時，要壓上很重的重物，壓 1 週或風乾 5 到 10 天，直到白蘿變軟且縮小。

❷埋到紅味噌至少 4 到 6 個月，可隨喜好延長到 2 或 3 年。

❸若想製作得更快，可先將白蘿蔔縱向切半，再橫向切 7 到 15 公分，以鹽壓製一晚或風乾十天，埋到紅味噌（每 2 碗紅味噌，可加入半茶匙的七味唐辛子）3 到 4 個月，醪味噌則為 5 個月。

❹用含水份的鹹米糠所醃過的白蘿蔔，可用味噌再醃 3 到 4 個星期。

茄　子

▶作法

用嫩的日本小茄子，風味最好。以鹽壓製 24 小時後，埋到紅味噌中 4 到 8 個月，也可埋 1 到 2 年；在醪味噌或嘗味噌裡面埋 70 天，效果也非常好。

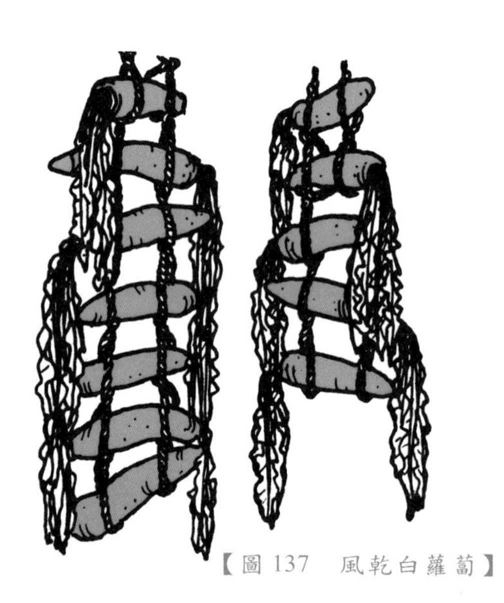

【圖 137　風乾白蘿蔔】

水煮蛋

▶作法

❶用甜白味噌：醃床用¾碗的甜白味噌製作，可隨喜好加入 1 到 4 大匙的味醂。4 顆水煮蛋去殼，2 顆縱向切半後，切面向下埋進味噌，其餘 2 顆則整顆埋進味噌裡。容器加蓋冷藏 1 到 7 天後，取出水煮蛋，撥去多餘味噌，但不要洗掉。把整顆的蛋切成圓薄片，即可當作開胃菜食用，也可放到餅乾或小塔上。

❷用紅味噌：蛋最後會變得較硬較鹹。把整顆蛋埋到紅味噌裡面，若要當開胃菜，醃 5 到 6 小時後切半即可食用。若要放到餅乾或塔上，可醃 10 到 12 小時，再切成圓薄片；配飯則醃 1 到 4 天，後切丁或切薄片。

❸用甜紅味噌：醃床為¾碗的紅味噌或麥味噌、¼碗的糖，與 3 大匙清酒。做法如同上述的紅味噌。

❹用嘗味噌：把蛋縱向切成對半，挖出蛋黃，把蛋黃和蛋白都埋到味噌（如金山寺或醪味噌）24 個小時。取出之後，食用方式和甜白味噌醃漬的水煮蛋一樣。

蛋黃（半熟）

▶作法

❶在 15 公分的方形容器底部，鋪上一層 2.5 公分厚的紅味噌。

❷用蛋比較大的一端在味噌上壓出 4 個凹洞，然後在味噌上鋪上一層紗布，並把布塞到凹洞裡。

❸準備 4 個煮了 3 分鐘的蛋，小心挖出蛋黃，不要弄破，在 4 個凹洞中各放 1 個蛋黃。蓋上一層紗布，輕輕覆上一層味噌，等 1 天半到 2 天。

❹蛋的食用方式如同起司，可當作開胃菜（可隨喜好配上切絲的青紫蘇葉），也可放到熱飯上食用。

薑

▶作法

❶用整條的老薑或嫩薑來製作，先以鹽壓製 1 到 3 天，再埋到紅味噌裡至少 1 年，最好能 2 年。

❷若希望能縮短完成時間，可把新鮮的薑斜切成薄薄的橢圓形薑片，至少埋 2 週，以 3 週為佳。

青　椒

▶作法

❶用淡鹽水汆燙 5 到 6 個青椒約 1 分鐘，再去子去莖，縱向切 1.2 公分寬絲狀。

❷把 230 公克的甜白味噌、2 大匙半的味醂和 1 大匙的水加在一起拌勻，並埋入青椒，加蓋冷藏 1 週。

❸可配熱飯吃，並加上一點胡椒鹽調味；也可灑上幾滴日式醬油，當作小菜。剩下來的味噌可用長柄鍋煮 5 到 10 分鐘，持續攪拌，作法如同甜醬味噌。

❹也可把新鮮青椒縱切成 2.5 公分的青椒絲，並以鹽壓製 24 小時，在放到紅味噌裡埋 2 到 3 個月。

日本南瓜

▶作法

❶把日本南瓜切成 1.2 公分厚的南瓜片，去皮，並挖出內緣軟軟的漿果部份。

❷以淡鹽水汆燙 1、2 分鐘，瀝乾後沖冷水冷卻，再風乾幾個小時。埋到紅味噌裡面 2 到 4 個月。

❸若喜歡吃辣一點，可以在每 2 碗的味

噌中，加入半茶匙的七味唐辛子。

昆　布

▶作法

❶用最高級的高湯昆布來製作，先以濕布擦過表面，切 20 公分長，並蒸過或以壓力鍋煮 20 分鐘，把昆布煮軟。

❷混合 1 碗甜白味噌和 1 茶匙半的水，塗到昆布朝上的表面，也可塗紅味噌。從一端把昆布捲起，埋到味噌裡面靜置 6 個月（使用與塗到昆布表面一樣的味噌），以 12 個月為佳。

❸若使用甜白味噌，醃漬時要加蓋冷藏；食用時切成細絲，配飯吃。

蓮　藕

▶作法

❶ 85 公克的蓮藕去皮，切 5 公分長段。

❷把 1 大匙醋加進 1 碗水裡，再加進蓮藕煮軟、瀝乾。

❸把¾碗的甜白味噌、1 茶匙的辣芥末和 1 大匙的味醂混合，然後埋入蓮藕，味噌醬要填滿蓮藕孔。靜置 24 小時之後撥去味噌、洗淨，切成圓薄片，當作配菜或開胃菜食用。

茗　荷

▶作法

新鮮茗荷縱向切半後，再於味噌裡面埋 5 到 7 天，配飯吃。

花椒子

▶作法

花椒子先以鹽壓製2到3天，之後放到小紗布袋，在紅味噌裡面埋1到2個星期。

豆　腐

這道醃漬料理有像起司般軟綿綿的口感，濃濃的香氣和甘醇的甜味，配飯或當開胃菜都很好吃，也可以和切得很細的蔬菜磨成泥，可以搭配餅乾享用。

▶作法

❶豆腐瀝乾、壓過，橫向切 1.2 公分條狀，汆燙3分鐘後瀝乾，冷卻至室溫。
❷將半碗紅味噌、薑末和麻油各半茶匙、1茶匙的水和少許七味唐辛子或塔巴斯哥辣醬混合好，製作成味噌醃床。
❸把豆腐埋進味噌裡12到15小時，小心取出並用濕布抹去豆腐表面的味噌。
❹切成1.2公分的豆腐丁食用，也可把豆腐兩面都燒出斑點，風味更佳。
❺若要做成三明治的抹醬或沾料，可把3份的醃豆腐和2份的芝麻或花生醬、1份蜂蜜與少許檸檬汁混合。

越　瓜

▶作法

每條越瓜縱向切半，以鹽壓製2到4天，再埋到味噌裡3個月。

海帶芽

▶作法

將 1 碗的新鮮或泡開（未切過）的海帶芽，埋在2碗的紅味噌裡1個星期，或在甜白味噌裡埋8到10天。切成薄片，搭配飯或粥食用。

西瓜皮

▶作法

❶除去綠色的皮及粉紅色的果肉，把果皮切成2.5公分的方塊。
❷在淡鹽水裡汆燙 2 分鐘，瀝乾後再以毛巾拍乾，埋到甜白味噌裡面，冷藏醃漬2到3星期。當作開胃菜或配菜食用，也可製作水果蛋糕時加入。

味噌漬白蘿蔔（市售做法）

接下來醃漬白蘿蔔的方式，是日本大型味噌醃菜商所使用的，大家都說這樣做出來的產品色香味俱全。所有蔬菜的醃製方式大同小異，僅有用鹽比例與醃漬時間的不同。如果白蘿蔔（或其他蔬菜）的重量有所增減，其他材料的份量及壓物的重量也要隨之調整比例。

在醃製白蘿蔔（較細的則使用整條，較粗的則縱向切成4等份）時，一次會把540公斤的白蘿蔔放到水泥槽裡醃製；而較傳統的製造商則使用容量有 80 公斤的木桶。接下來做法的規模，已經縮小到適合家庭或社區使用。

▶材料

白蘿蔔……………………………4.5kg

鹽……………………………………900g
紅味噌或麥味噌…………………………4.5kg

▶作法

主要分鹽漬和味噌漬兩大階段。

第一次鹽漬

徹底洗淨白蘿蔔並瀝乾，放到直徑45公分、深45公分的堅固木桶、陶缸或塑膠桶中，並均勻灑上540公克的鹽（白蘿蔔重量的12%）。盡量把白蘿蔔緊緊排好，再蓋上壓蓋，並壓上9到13公斤的重量；用一層塑膠膜或紙蓋好容器，以免昆蟲與灰塵進入，靜置15到20天。

第二次鹽漬

倒掉容器裡所累積的液體，徹底瀝乾白蘿蔔，灑上270公克的鹽（白蘿蔔原來重量的6%），換水，再壓上9到11公斤的重量，靜置60到90天。

去鹽壓製

用水洗淨白蘿蔔，並在冷水盆裡浸泡15到20小時，或直到白蘿蔔的鹽份只剩下10%（專業的醃菜製作者會用蘿蔔泥的相對密度，或從蘿蔔壓出來的水份來判斷）。白蘿蔔洗淨瀝乾，放到空桶子裡，底部最好有排水孔。放上壓蓋，並以1.4到1.8公斤的重量壓3到4個小時，或直到蘿蔔重量15%的水份流出。取出白蘿蔔，並倒掉汁液。

味噌漬

先準備比蘿蔔乾重量重1.5倍的味噌。在第一次鹽漬所使用的大桶子中，把味噌和白蘿蔔一層層交替排好，讓每塊白蘿蔔都完全包覆著味噌。在味噌表面上直接蓋上雙層布或塑膠膜，上面再壓上加了1.4公斤重物的壓蓋（以防霉菌孳生），靜置5到8天。

基本漬

從味噌裡取出白蘿蔔，保留已富含水份的味噌，做下一批醃菜時，於味噌漬步驟重複使用後再丟棄。先秤出和前一步驟等重的味噌，並加上90公克的鹽和下列任一種有機酸30到60公克：消旋酸（葡萄酸）、麩胺酸、檸酸、蘋果酸或乳酸。埋入白蘿蔔，加蓋靜置至少60天，以120到180天為佳，或等到準備食用時再取出。一次取出一週以內的食用量，並把白蘿蔔上的味噌撥回醃漬容器。清洗白蘿蔔，切成圓薄片之後食用。

百變市售味噌漬

◆**醪漬白蘿蔔：**製作方式同味噌漬白蘿蔔，但在洗鹽時只要保留6%的鹽分，再於醪味噌裡面至少醃漬70天。

二、麴醃菜

在日本，許多醃菜可以麴來醃漬，比如白蘿蔔、茄子和大白菜。

麴醃白蘿蔔

麴漬白蘿蔔好吃又便宜，具獨特的風

味、多汁爽口且散發出令人垂涎的清香。

▶材料

白蘿蔔……………………………小型1個
鹽……………………………………2大匙
白米…………………………………1碗
麴……………………………………1碗
水……………………………………¼碗
紅辣椒末（可不加）………………¼茶匙

▶作法

❶白蘿蔔去皮，縱向切四等份，再橫向切成四等份備用；白米也先煮熟並冷卻至與體溫差不多的溫度。
❷白蘿蔔塊先風乾2到4天，直到變軟且縮小，然後用2大匙的鹽壓製，倒掉多餘的水分。
❸把熱的米、麴與清酒放到已洗淨的1公升瓶子裡、蓋緊，開始以43℃培養2天（或以27℃培養3到4天），等米都已差不多分解。
❹把壓過鹽的白蘿蔔和米、麴混合物加在一起，可隨喜好加入甜味劑和紅辣椒，然後在室溫下靜置6到10天，讓它變甜而透明。
❺取出白蘿蔔，以手指抹去米麴混合物，不要清洗白蘿蔔。把白蘿蔔切成薄片，可配飯或當作開胃菜食用。

麴醃茄子

▶材料

茄子………………………………25條
鹽…………………………………13大匙
水…………………………………4 ¼碗
麴…………………………………1碗半
淡芥末……………………………6大匙
味醂………………………………4大匙半

▶作法

❶茄子選擇約5公分長、秋天採收的日本小茄子，去蒂後以一半的鹽稍微抹過，再把茄子（和鹽）一起放到醃漬容器中，蓋上壓蓋與3.6公斤的重物。
❷混合剩下一半的鹽和水，攪拌到鹽融化，再倒入醃漬容器靜置20到30天。
❸倒出汁液，把茄子夾到碗中。麴、芥末和味醂混合拌勻，再與茄子拌過。
❹把茄子放回醃漬器，再壓15天以上；食用方式如同麴醃白蘿蔔。
❺日本小茄子可用510公克的中型茄子代替。

百變麴醃料理

◆**麴醃大白菜：**在醃漬容器中交替放上一層大白菜（約900公克）與一層鹽（3大匙）。以鹽壓製2到3天後，倒掉湯汁。用¼碗的熱水浸泡半碗的麴15分鐘，再加進1茶匙的蜂蜜、2大匙昆布絲和1個切絲的紅辣椒。壓出大白菜的多餘水份，並把白菜與麴的混合物一層層交錯排列。輕輕壓4到5天，吃法同麴醃白蘿蔔。

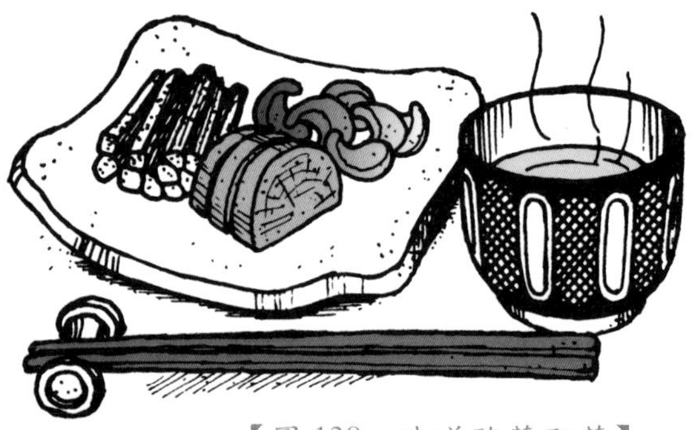

【圖138　味噌醃菜配茶】

食譜一覽表

附  味噌相關資訊

本附錄參考資料的地址，除了台灣的部分外，其餘為作者當年蒐集的資料，由於時空的推移轉變，部分資料可能已有所變更或錯誤，還請讀者多多包涵並指正。

台灣相關資訊

味噌和豆醬相關廠商

廠商或品名	地址或網址	電話	備註
大安工研食品工廠股份有限公司	台北市忠孝東路三段10巷1號 https://www.kongyen.com.tw/	02-27765711	第一家味噌通過GMP、CAS認證。生產非基改味噌，不含人工化學添加物，以傳統古法製作，未達發酵天數不出廠。
味榮食品工業股份有限公司	台中市豐原區三村里西勢路701號 https://www.weijung.com/	04-25320279	生產有機味噌。 味榮食品另設有「台灣味噌釀造文化館」，是目前受到大眾歡迎的一家味噌觀光工廠。
圓金釀造股份有限公司	新北市新莊區新樹路268巷22號 http://www.yuanchin.tw/	02-22022222	主要產品為味噌（部分為有機，亦有非基因改造的產品）、純米醋、味醂、納豆與調味料等等，是台灣第一家納豆釀造廠。
統一生機開發股份有限公司	桃園縣中壢市工業區定寧路15號 https://www.organicshop.cc/	0800-880988	結合「統一企業」製作、販賣、流通……多項資源，提供有機黃豆、納豆、味噌、豆漿等相關黃豆產品，以及健康資訊。
新來源醬園股份有限公司	高雄市大發工業區大有二街29號 http://www.hly-foods.com.tw/	07-7873525 Fax： 07-7872015	主要產品為醬油、醬菜、辣豆瓣醬、辣椒醬、味噌和味醂等。
新高食品股份有限公司	台南市東門路三段129號	06-2671603	主要產品為醬油和味噌。

頂記食品股份有限公司	新北市五股工業區五工路144號 https://www.dings.com.tw/	0800-578578	以「真好家」品牌從事天然香辛調味料及調味食品研發、加工、製造和銷售。生產各式速食味噌及其他相關產品。
十全特好食品生化股份有限公司	竹北市鳳岡路三段398號 http://www.shih-chuan.com.tw/	03-5561666	生產品牌名為「十全」的各式味噌，口味多元，如鰹魚味噌、昆布味噌、干貝味噌……。
無思農莊	http://54farm.strikingly.com 臉書：無思農莊		是兩位嚮往生態村生活的小農，以手作釀造鹽麴、味噌產品為主，固定於小農市集與一些商家配合銷售，並不定期舉辦體驗活動。
漢克手工味噌	http://hankmiso.strikingly.com 臉書：漢克手工味噌		中年失業廠長，赴日當味噌學徒，學成歸國後，堅持100%使用台灣本土種植黃豆、池上米，加上日本金山寺傳承750年麴種，以古法木桶發酵釀製而成。

有機食品商店

全台的有機店已多不勝數，以下僅列舉幾家以供參考。

廠商或品名	地址或網址	電話	備註
棉花田生機園地	台北市大安區信義路四段236號12樓 https://www.sun-organism.com.tw/	0800-559588	販賣各式自然有機之大豆、豆漿、豆乾、豆腐、味噌及醬油等產品。
健康家族有機生活館（林口店）	新北市林口區麗園路2巷53號 https://www.facebook.com/linkouorganic	02-26082835	販賣各式自然有機之黃豆相關製品，其中也包括台灣生產或日本進口的有機味噌。
活水源天癒農法蔬果食品	台北市中山區雙城街38號 https://viachi.tw/	02-25965196	販賣各式有機味噌、豆瓣醬、豆腐等黃豆相關產品。
無毒的家	各門市請參閱網路資訊 https://www.yogi-house.com/		販賣各式生機產品，如有機味噌。
蕃薯藤生機餐飲有機專賣複合店	桃園市大溪區瑞安路一段175巷55號 http://www.organicyam.com.tw/	詳各分店	販賣有機味噌、豆瓣醬等等黃豆相關的產品。
里仁商店（台北旗艦店）	台北市南京東路四段143號 https://www.leezen.com.tw/	02-87707288	販賣有機農業認證之各式大豆產品，如有機味噌辣椒醬、味噌沖泡麵、糙米味噌湯等產品。
有限責任台灣主婦聯盟生活消費合作社	新北市三重區重新路五段408巷18號 https://www.hucc-coop.tw/	02-29996122	販賣各式豆類，包括產自美國的優質黃豆，以及使用非基因改造的黃豆製造各類加工品，如味噌。
花蓮縣無毒農業行銷物流網	花蓮市國福里中山路二段1之3號 http://www.hcfa.org.tw/	03-8569033	由花蓮縣政府農業發展處主辦、花蓮市農會承辦，與台灣優質農家合作，販賣各類無毒產品，從米、蔬果到各式食用油、調味醬品等，無所不包，尤其米味噌、紅麴米味噌為其熱門商品。

生活源有機店	新北市新莊區民安西路155巷7弄11號 https://www.facebook.com/health100points	02-22021136	販賣黃豆及味噌等產品。
聖德科斯生機食品	台北市忠孝東路四段560號7樓 http://www.santacruz.com.tw/	0800-082880	販賣豆類、味噌、醬油等產品。
有機園生物科技股份有限公司	台中市梧棲區港埠路一段537號 http://www.ohealth.tw/	04-26399889	販賣各式有機商品，其中包括生機豆腐、天然味噌辣椒醬。
台灣樂菲股份有限公司	台北市大安區仁愛路四段418號1樓 http://www.lafemarket.com.tw/	02-27065766	販賣有機味噌等相關產品。有門市及網路商店。
有機緣地	台北市內湖區瑞光路583巷32號1樓 http://www.ugnd.com.tw/	0800-666568	販賣有機味噌等相關產品。有門市及網路商店。

相關機構

機構名稱	地址	電話	備註
台灣釀造食品工業同業公會	台北市北平東路24號4樓之3 http://www.tffa.org.tw/	02-23517726	包含的產業種類分為醬油、醬菜、味噌、醋、調味醬及其他釀造相關食品。
美國黃豆協會在台辦事處	台北市長安東路一段27號6樓 http://safesoybeans.com.tw/	02-25602927	1970年初在台北成立，美國黃豆協會所收集及整理之技術及商情資料，已部分納入中文網站，並將繼續添增。
台北縣豆類加工業職業工會	新北市新莊區中華路二段141號2樓	02-22765200	

日本味噌達人與機構

以下參考資料的人名，都依照標準的日文寫法——先姓後名。而地址則採西式撰寫方式（街名、區名、市名、縣名、郵遞區號）。

味噌研究者

研究者	地址	備註
秋月伸次郎 Akizuki Shihichiro	St. Francis Hospital, Hongen Machi 2-535 Nagasaki, Japan.	秋月醫師為聖法蘭西斯醫院的執業醫師兼院長，他以味噌和味噌湯進行廣泛的試驗，從而預防輻射病和促進健康，其研究結果刊在《體質與食物》中。
海老根英雄 Ebine Hideo	Norinsho Shokuhin Sogo Kenkyujo Shiohama 1-4-12, Koto-ku Tokyo 135.	海老根任職於極具聲望的國家食品研究所，擔任發酵部的主管，也以英文撰寫許多關於味噌的文章。
川村昇 Kawamura Wataru	Kugenuma 2373, Fujisawa-shi, 251.	日本知名的味噌先生，有許多關於味噌的著作，曾經擔任過全國味噌協會的宣傳部長，自稱是味噌湯的學者與愛好者。
望月勉 Mochizuki Tsutomu		長野信州味噌研究所所長，是現在信州味噌研究專家。

森下桂一 Morishitta Keiichi	Morishita Eiyo Kyoshitsu, Bunkyoku, Hongo 2-3-10, Tokyo.	森下是味噌營養與健康價值的專家，也是一名醫師，在東京擔任醫院與營養研究中心主管，並著有三十本以上的著作，多年來一直倡導日本發酵黃豆食品的價值。
村上英也 Murakami Hideya	Kokuritsu Jozo Shikenjo, Takinogawa, Kita-ku, Tokyo	國家發酵食品研究中心的主管，此外他也是研究米麴菌的知名學者。
中野雅弘 Nakano Masahiro	Meiji Dagaku, Ikuta Kosha, Ikuta 5158 Kawashaki-shi, Kanagawa-ken 214	他是味噌研究的泰斗，也是海老根與望月醫師的老師，並在明治大學擔任微生物學教授，主持一個實驗室，研究味噌與其他發酵食品。
大內一朗 Ouchi Ichiro	c/o Yamajirushi, Komome 3-15-1, Itabashi-ku, Tokyo.	之前曾任職信州味噌研究所，之後在美國的北部地區研究中心待了一年，研發以味噌來調味的食品。
坂口謹一朗 Sakaguchi Kinichiro	Takabon 3-17-4, Meguro-ku, Tokyo 152	坂口退休前是位研究麴黴的學者，曾榮獲天皇獎的殊榮，常於報章雜誌發表關於味噌與日式醬油的文章。
柴崎和夫 Shibasaki Kazuo	Tohoku University, Nogaku-bu, Shokuhin Kagakuka, Kita 6 Banchi, Sendai-shi.	1958 到 1959 兩年，柴崎博士曾在美國農業部的北部地區研究中心進行味噌研究，並與許多研究者共同撰寫了英文的味噌研究，現在為仙台味噌醬油公司的顧問。

研究機構

研究者	地址	備註
日本全國味噌協會	Zenkoku Miso Kogyo Kyoto Kumiai Rengokai, Shikawa 1-26-19, Chuo-ku Tokyo 104.	這是日本全國味噌店舖與工廠的統籌處，也經營大型的味噌研究實驗室。
信州味噌研究所	Shishu Miso Kenkyojo, 469-6 Nakagosho, Nagano shi-380	由望月博士主持的機構，是一家頗具聲望的大型機構，從事味噌製作的基本科學與技術研究。

製作天然味噌的傳統或半傳統店舖

出口商公司	住址或網址	備註
天野屋 Amanoya		製作嘗味噌、甜紅味噌、麴與甜酒。
府中味噌 Fuchu Miso	Honmachi, Fuchu-shi, Hiroshima-ken.	西方國家主要的天然麥味噌製造商，府中味噌也生產天然金山寺味噌和快製米味噌。
早川右衛門 HayakawaKyuemon Shoten、Hatcho Miso Kakkyu Goshikaisha	Aza, Okan-dori 69, Hatcho, Okazaki-shi. Aichi ken 444	本店的第十八代傳人為早川，鄰近以自流井和黃豆聞名的矢作古川，是最大也是最知名的八丁味噌製造商。據說這家店創立於 1362 年，但學者們認為現在這家店的型態是距今三百五十到四百年前奠定的。早川曾經是御用供應商；現在把 50%的八丁味噌都作成赤出味噌。
堀川屋 Horikawa-ya	Gobo-shi, Toyota-shi, Aichi-ken	是天然金山寺味噌的傳統製造者。
關東屋 Kantoya Shoten	Matsumoto-cho 582, Ebisugawa Noboru, Gokochodori, Nagagyo-ku, Kyoto	這是傳統紅味噌的製造商，並擁有很優良的麴培養室。
川崎商店 Kawasaki Shoten	Nishi Arie-cho, Minami Takagi-gun, Nagasaki-ken, Kyushu	這家傳統製造商，生產天然嘗味噌（納豆味噌）以及甜麥味噌。

川鐵味噌商店 Kawasho Miso Shoten	Kaizan-cho 3-145, Sakai-shi, Osaka 590	生產美味的傳統金山寺味噌
明治製粉 Meiji Seifun	Fuchu-machi 536, Fuchu-shi, Hiroshima-ken 726	是天然麥味噌和紅味噌的製造商。
永田 Nagato Tozaimon	Hatonaka 133, Aza, Taketoyo-cho, Kita-gun, Aichi-ken 470-23	生產天然豆味噌和日式醬油
太田商店 Ota Shoten	Okan-dori 52, Hatcho-cho, Okazaki-shi, Aichi-ken 444	董事長為加藤，為日本第二大八丁味噌製造商，每年生產 1000 公噸的八丁味噌，以及 1500 公噸的一年豆味噌，其價格相當便宜。
仙台味噌醬油公司 Sendai Miso-Shoyu	Furujiro 1-5-1, Sendai-shi, 982	日本東北部最大味噌製造商，也是全日本最大的紅味噌製造商，其天然紅味噌與日式醬油已外銷美國。所生產的味噌，約經過 18 到 24 個月的熟化，而全大豆釀造的日式醬油則耗時 18 個月。此外，公司亦生產天然糙米味噌，並利用溫控發酵科技，生產六個月的紅味噌。該公司並推出彩色影片，說明市售味噌與日式醬油的生產過程，而他們密封包裝的味噌（經過加溫殺菌），不含酒精與其他防腐劑，這種包裝技術擁有獨家專利。
白水商店 Shiromizu Shoten	Meihama-cho 3135, Nishi-ku, Fukuoka-shi, Fukuoka-ken 814	生產天然麥味噌。
土屋味噌醬油 Tsuchiya Miso-Shoyu	Higashi Yokomachi 383, Susaka-shi, Nagano ken 383	生產傳統信州味噌。
田味噌商店 Tsujita Miso Shoten	Kojiya Saburo Unemon, Nakamura 2-29-8, Nerima-ku, Tokyo 176	店主辻田先生是位有名的大師，秉持傳統天然的方式生產，糙米味噌經過 18 到 24 個月的熟化，也製作三年顆粒麥味噌、現成乾麴和糙米甜酒。辻田先生採用有機糙米、天然海鹽，與最好的北海道黃豆。
大和屋 Yamatoya	Adzura Kawamura, Adzura, Nagano-ken	用味噌丸來製作天然味噌。

日本十大味噌製造廠

以下依照規模列出十大味噌製造廠，資料係於 1974 年統計，這些工廠多以溫控發酵的方式製作快速的淡黃味噌。

製造廠名	地址或網址	備註
宮坂釀造 Miyasaka Jozo，神州一	Nogata 2-4-5, Nakano-ku, Tokyo 165 http://www.miyasaka-jozo.com/	這家東京味噌製造廠每年生產約 15000 公噸的味噌，中野廠和山梨廠各約生產 9300 與 3300 公噸，皆為信州淡黃味噌。東京廠還生產冷凍乾燥味噌。

ハナマルキ	Hirade 1560, Tatsuno-cho, Oaza, Kamiina-gun Nagano-ken 399-04 http://www.hanamaruki.co.jp/	其所生產的甘口淡色味噌還外銷到美國。
竹屋 Takeya	Kogan-dori 2-3-17, Suwa-shi, Nagano-ken 392 http://www.takeya-miso.co.jp/e-takeya.html	
マルユメ	Amori 833, Nagano-shi, Nagano-ken 380 http://www.marukome.co.jp/mehome.html	生產經理為山本先生，若以單一工廠而言，這是日本最大的一家，生產乾燥味噌。
かねさ	Tamagawa 202，Hamada-aza, Aomori-shi 030 http://www.kanesa.co.jp/index.cfm	
丸大 Marudai	Ohashi, Hamochi-machi, Sado-gun, Niigata-ken 952-05 http://www.marudai-miso.com/	是一家製作佐渡式米味噌的製造商。
丸三 Marusanai	Aza-arashita 1, Jingi-cho, Okazaki-shi 444-21 http://www.marusanai.co.jp/	擁有三家工廠。
山印釀造 Yamajirushi	Konome 3-15-1, Itabashi-ku Tokyo http://www.yamajirushi.co.jp/	在長野、茨城皆有設廠，總產量為每年 18000 公噸，其中長野廠每年生產 6000 公噸的釀造味噌，以 9 公斤的份量賣給農場合作社，再賣到農家。
イチビキ	Shinto-machi 14, Atsuda-ku, Nagoya-shi http://www.ichibiki.co.jp/	在豐橋設有味噌廠。
金子 Kaneko	Aizumi-machi Okuno, Itano-gun, Tokushima-shi （http://www.miya-shoko.or.jp/kiyotake/kaiin/kaneko/）	每年產量 11000 公噸。

其他高級味噌的製造者

製造名	地址或網址	備註
天田屋 Amadaya	Nakamura Fujio, Gobo 1, Gobo-shi, Wakayama-ken	生產美味的金山寺味噌和醪味噌，裡面富含麴與越瓜。
海老屋 Ebiya	Azumbashi 1-15-55, Sumida-ku, Asakusa, Tokyo	生產品質極佳的花生與鐵火味噌。
江崎本店 Ezaki Honten	Ebisu machi 902, Shimbara-shi, Nagasaki-ken 855	是知名的大型味噌醃菜製造商。
羽衣味噌 Hagoromo Miso	Fuchumachi 533-3, Fuchu-shi, Hiroshima-ken 726	是美國天然麥味噌的主要來源，也製作甜白味噌。

浜本 Hamamoto	Osaki 1-19-6, Shinagawa-ku, Tokyo	生產金山寺味噌。
日之出味噌 Hinode Miso Brewing Co.	3567 Shimo-Oyamada Machi, Machida-shi, Tokyo 194-01	聯絡人為徹大先生（Tetsuo Fumoto）。生產花生味噌、花生葡萄乾味噌及糯米味噌，都加鹽裝進小塑膠包裡面，以便出口銷售。
本田味噌本店 Honda Miso Honten	Ichijo Agaru, Muromachi-dori, Kamikyo-ku, Kyoto 558	本田先生是第四代的店主人，這家傳統店舖生產的甜白味噌是日本最知名的，其中一種天然甜白味噌不含防腐劑或漂白劑。所產的甜白味噌名為「西京味噌」，經過註冊的；該店也生產赤出味噌和紅味噌。
石野味噌 Ishino Miso Co.	Ishiizutsu-cho, Shijo Kudaru, Aburakoji, Shimokyoku, Kyoto	是日本甜白味噌與赤出味噌前二大製造商，目前產品並未出口。
龜源釀造 Kame-gen Jozo	Suwa 2-4-8, Suwa-shi Nagano-ken	生產蕎麥味噌，含有蕎麥粒、黃豆、鹽與酒精防腐劑。
霧島食品公司 Kirishima Food Co.	Okubo 65-1, Kirishima-cho, Kagoshima-ken	日本柚餅仔味噌的第一把交椅。
丸井釀造 Marui Jozo	Azuma-cho 56, lida-shi, Nagano-ken	使用野生山菜和信州味噌，製作味噌醃菜。
長野味噌公司 Nagano Miso C o.	Tenjin 3-9-29, Ueda-shi, Nagano-ken 386	總裁為岡先生，生產無鹽與傳統味噌。
中村屋商店 Nakamura Shoten	Yaji 3225, Tokuyama-shi, Yamaguchi-ken	其所生產花菱牌甜白味噌非常美味。
Sanj釀造株式會社 Sanjirushi Jozo	Meise-dori 1-572-1, Kuwanashi 511	是日本最大的豆味噌製造商，也是天然壺底油的大廠。
信州味噌 Shishu Miso K.K.	Aramachi, Komoro-shi, Nagano-ken 384	董事長為小山正吉（Koyama Masakini），這是信州味噌的大製造商，其「Yamabuki」牌的信州味噌，在美日皆有販售。
信州千日味噌 Shinshu Sennichi Miso K.K.	Kamimachi 82, Susaka-shi, Nagano-ken	是最早以未精製的天然海鹽製作味噌的一家。
山永味噌 Yamanaga Miso	Hyakunin-cho 2-8-1, Shinjuku-ku, Tokyo	生產傳統味噌。
吉田莊八 Yoshida Shohachi	Takashima-cho 382, Shimabara-shi, Nagasaki-ken 855	是美國天然納豆味噌（嘗味噌）的唯一供應商。
吉野家釀造，善光寺味噌 Yoshino-ya Jozo	Nishi-no-mon, Nagano-shi, Nagano-ken, Japan	是信州淡黃味噌的老字號。

種麴與麴的製造者

製造者	地址或網址	備註
天野屋 Amanoya Kojiten	Soto Kanda 2-18-15, Chiyoda-ku, Tokyo	聯絡人為天野先生，這家傳統古雅的店鋪，販售現成麴，店家也把其中一些用來製作他們餐廳的甜酒。他們的麴是在瓦製的槽裡發酵，距離喧囂的東京街道底下六公尺。天野屋也販售美味天然的嘗味噌與甜紅味噌。
高橋麴屋 Kojiya Takahashi	Agebocho, Toyota-shi, Aichi-ken 471	製作傳統的金山寺味噌。
日本釀造公司 Nihon Jozo Kyozo	Koishigawa 3-18-9, Bunkyo-ku, Tokyo 112	日本釀造公司的規模大且值得信賴，其所製作的種麴可用來做味噌和日式醬油，品牌名稱為「丸福萌」。
東海發酵科學研究所 Tokai Hakko Kagaku Kenkyujo	Ichigen 1712, Toyota mura, Iwata-gun, Shizuoka-ken	是傳統味噌種麴的製造者。

北美人士與機構

研究者與機構

研究員或機構名稱	地址或網址	備註
黃豆中心 Soyfoods center	P.O. BOX 34, Lafayette, CA 94549, USA	1974 年 4 月成立，並建置有全世界最大的黃豆和黃豆食品資料庫——SoyaScan。
北部區域研究中心 Northern Regional Research Center；USDA/NRRC	1815 North University St., Peoria IL 61604	這是北美味噌研究的重鎮，出版若干很好的味噌與種麴研究文章。王博士為海索丁博士的助手，而該實驗室曾贊助日本的味噌研究者，包括大內一朗和柴崎和夫。

進口日本味噌、麴、種麴的進口商

進口適名稱	地址或網址	備註
美國太平洋國際貿易公司 American Pacific Trading International Inc.	2309 East 8th St., Los Angeles, CA 90021	從長島縣的信州味噌公司，進口 Yamabuki 牌的味噌。
契科山 Chico-San, Inc.	P.O. Box 810, Chico, CA 95927	是麴和各是天然味噌的進口商。
伊甸食品 Eden Food Inc	701 Clinton-Tecumseh, Clinton, MI 49236	進口天然味噌與日式醬油。

艾德華食品 Edward & Sons Trading Co	Route 1 Box 153, Saluda, NC 28773	進口冷凍乾燥味噌湯，品牌為 Miso Cup。
理想幻境 Erewhon Inc	5 Waltham St., Wilmington, MA 01887	進口各種基本味噌。
GEM 培養食品 GEM Cultures	30301 Sherwood Rd., Ft. Bragg, CA 95437	其所販賣的味噌與醬油種麴，是美國最好的，也是從日本優良的製造者所進口。
龜甲萬國際 Kikkoman International	50 California St., Suite 3600, San Francisco, CA 94111	進口紅味噌，之後乾燥處理，並與脫水豆腐、海陸蔬菜混合，做出自家的速食味噌湯，在超市都買得到。
生命之流 Lifestream	12411 Vulcan Way, Richmond, B.C. Canada V6V 1J791 Esna Park Dr., Markhah, Ont., Canada L3R 2S2	進口天然味噌。
共同貿易公司 Mutual Trading Co.	431 Crocker St., Los Angeles, CA 90013	進口淡黃味噌，也經銷子公司「美彌子東方食品」的味噌與麴。
西本貿易 Nishimoto Trading Co.,	1881 E. 22nd St., Los Angeles, CA 90013	進口夏威夷的甘口白味噌。
威斯貝瑞天然食品 Westbrae Natural Foods	4240 Hollis St., Emeryville, CA 94608	進口糙米味噌、紅味噌、麥味噌、八丁味噌以及嘗味噌，也經銷美國製的麴與味噌。

對味噌有興趣的人士

以下名單雖然有點舊，不過對味噌有興趣的人卻很有幫助，能從中找到志同道合的人士。

人名	地址或網址	備註
相原夫婦 Aihara, Cornellia and Herman	c/o GOMF, 902 14th St. Oroville CA 95965	相原太太開設了味噌製作與味噌烹飪課程，也已製作麥味噌來販售。相原先生寫了很多味噌的書籍並進行演講；其著作包括《味噌與壺底汁》與《黃豆飲食》。
久司夫婦 Kushi, Aveline and Michio	62 Buckminster Rd., Brookline, MA 02146	久司太太進行味噌製作與烹飪的教學，而久司先生則向無數的人宣導味噌的好處；他長壽飲食社群許許多多的成員，都已經試過在家做味噌。
村本升 Muramoto, Noboru	145 W. El Norte Parkway, Escondido, CA 92026	許多熱衷於自做味噌的人，都是他的學生。
艾瑞克・施瑞夫特 Shrift, Eric	P.O. Box 25, Andes Land Project, Andes NY 13731	他是村本先生的學生，打算製作味噌，並開設味噌製作的課程。
威爾・褚施羅 Truslow, Will	36 Hempstead Rd., Jamaica Plain, MA 02130	他也是村本的學生，會在家製作味噌，並在久司於波士頓所設立的研究機構，開設味噌製作課程。
山崎順正 Yamazaki, Junsei		山崎先生是個技術高超的味噌師，在全美都開設了味噌製作課程。

TASTING .5

味噌之書

（45週年暢銷新裝版）

原書書名 / THE BOOK OF MISO
原著作者 / 威廉・夏利夫 （William Shurtleff）
青柳昭子（Akiko Aoyagi）
翻譯 / 呂奕欣
美編 / 吳佩真
執行編輯 / 高煜婷、劉信宏
主編 / 陳師蘭
總編輯 / 林許文二

出版 / 柿子文化事業有限公司
地址 / 11677台北市羅斯福路五段158號2樓
業務專線 / （02）89314903#16
讀者服務專線 / （02）89314903#15
傳真 / （02）29319207
郵撥帳號 / 19822651柿子文化事業有限公司
E-MAIL / service@persimmonbooks.com.tw

業務行政 / 鄭淑娟、陳顯中

初版 / 2005年11月
三版一刷 / 2019年8月
定價 / 新台幣480元
ISBN / 978-986-97680-6-1

國家圖書館出版品預行編目資料

味噌之書／威廉・夏利夫（William Shurtleff），
青柳昭子（Akiko Aoyagi）作；呂奕欣譯.
-- 三版. -- 臺北市：柿子文化，2019. 08
面；公分. --（Tasting；5）
譯自：The book of miso: savory, highprotein seasoning
45週年暢銷新版
ISBN 978-986-97680-6-1（平裝）

1.味噌 2.飲食風俗

427.61 108011958

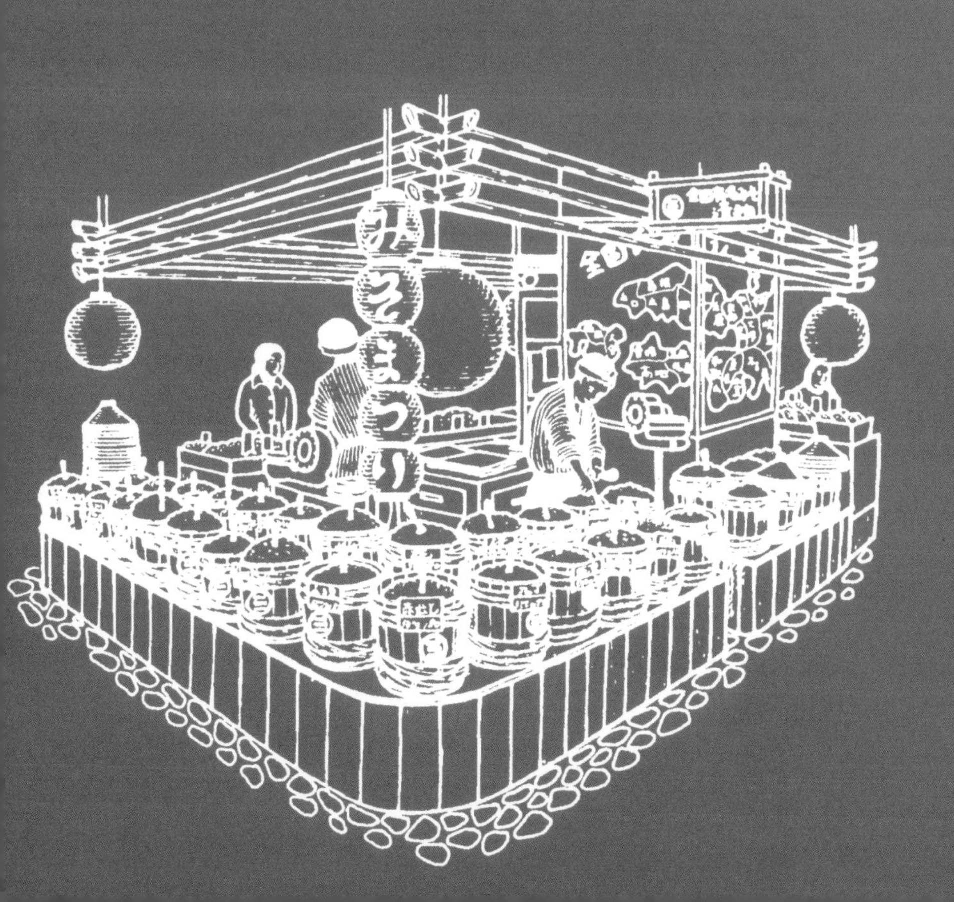
みそまつり